U0276362

中国传统民居首次全面调查成果

中国传统民居类型全集

（下册）

TYPOLOGICAL COLLECTION OF TRADITIONAL CHINESE DWELLINGS III

中华人民共和国住房和城乡建设部 编

Ministry of Housing and Urban-Rural
Development of the People's Republic of China

中国建筑工业出版社

CHINA ARCHITECTURE & BUILDING PRESS

中国传统民居类型全集调查与编写委员会

领导小组

顾　　问：姜伟新　仇保兴
主　　任：陈政高
副 主 任：王　宁
成　　员：赵　晖　卢英方　赵宏彦　白正盛　赵英杰　王旭东（天津）　吴　铁　翟顺河　揭新民
　　　　　张殿纯　袁忠凯　杨占报　倪　蓉　周　岚　谈月明　侯淅珉　王胜熙　陈　平　耿庆海
　　　　　陈华平　赵　俊　袁湘江　蔡　瀛　吴伟权　陈孝京　张其悦　孟　辉　杨跃光　赵志勇
　　　　　陈　锦　张文亮　刘永堂　白宗科　马占林　海拉提·巴拉提　张兴野

调查与编写组

发起与策划：赵　晖
秘 书 长：林岚岚　　　　　协　调：王旭东（住房和城乡建设部）
中心工作组：罗德胤　穆　钧　李　严　李春青　薛林平　王新征　徐怡芳　赵海翔　吴　艳　郭华瞻
　　　　　　潘　曦　杨绪波　周铁钢　解　丹　朱　玮　王　鑫　李君洁　李　唐　方　明　顾宇新
　　　　　　陈　伟　鞠宇平　褚苗苗
专家顾问：陆元鼎　冯骥才　崔　愷　孙大章　朱光亚　罗德启　陈震东　黄汉民　黄　浩　朱良文
　　　　　陆　琦　张玉坤　李晓峰　戴志坚　王　军　陈同滨　何培斌　王维仁　沈元勤

各地区组织人员：

北　京：刘小军　秦仁泽　李　珂
天　津：杨瑞凡　王俊河　张晓萌　连　洁
河　北：封　刚　朱忠帅　刘秋祺　苗润涛　马　锐
山　西：郭　创　张　斌　赵俊伟
内蒙古：温骏骅　杨宝峰　崔　茂
辽　宁：解　宇　胡成泽　孙辉东　于钟深
吉　林：安　宏　肖楚宇　孙　启　陈清华
黑龙江：赵延飞　王海明
上　海：王　青　高宏宇　舒晟岚　陈　卓
江　苏：刘大威　赵庆红　李正仑　俞　锋
浙　江：沈　敏　江胜利　王纳新　何青峰
安　徽：宋直刚　邹桂武　郭佑芹　吴胜亮
福　建：苏友佺　金纯真　许为一
江　西：李道鹏　齐　红　熊春华　丁宜华
山　东：杨建武　陈贞华　张　林　李　晓　宫晓芳
河　南：马耀辉　李桂亭　杨　雁　马运超

湖　北：万应荣　付建国　王志勇
湖　南：黄　立　吴立玖　曾华俊
广　东：黄祖璜　苏智云　廖志坚
广　西：彭新塘　宋献生　刘　哲
海　南：许　毅　韩献光　许　虹　胡杰卫
重　庆：刘建民　冯　赵　揭付军
四　川：文技军　李南希　张　立　候川红　颜　乔
贵　州：张乾飞　余咏梅　张　剑　王　文
云　南：汪　巡　杨建林　王　瑞
西　藏：易湘辉　李新昌　苏占斌
陕　西：胡汉利　苗少锋　李　君　朱剑龙
甘　肃：贺建强　慕　剑　张晓虎
青　海：衣　敏　丁彩霞　马黎光　蒲正鹏
宁　夏：李志国　杨文平　刘海泉　王　栋
新　疆：高　峰　邓　旭　归玉东

各地区指导专家：

北　京：	范霄鹏　杨　威　张大玉　刘　辉 薛林平
天　津：	张玉坤　罗澍伟　刘鸿尧　路　红 全　雷
河　北：	舒　平　曹胜昔　郭卫兵　李国庆 杨彩虹
山　西：	薛林平　王金平　韩卫成　徐　强 霍耀中
内蒙古：	张鹏举　贺　龙　韩　瑛　齐卓彦 额尔德木图
辽　宁：	周静海　朴玉顺　汝军红　彭晓烈 王　飒
吉　林：	张成龙　王　亮　李天骄　李之吉 莫　畏　张俊峰
黑龙江：	周立军　李同予　董健菲　殷　青 孙世钧
上　海：	伍　江　李　浈　张　松　吴爱民
江　苏：	朱光亚　龚　恺　汪永平　雍振华 常　江
浙　江：	丁俊清　沈　黎　黄　斌　姚　欣 陈安华　何情达
安　徽：	单德启　程继腾　洪祖根　汪兴毅 方　巍
福　建：	黄汉民　郑国珍　戴志坚　关瑞明 张　鹰
江　西：	黄　浩　姚　糖　许飞进　万幼楠 肖发标　张建荣
山　东：	刘德龙　潘鲁生　刘　甦　张润武 姜　波

河　南：	许继清　张义忠　金　韬　安　杰
湖　北：	祝建华　王风竹　李晓峰　王　晓
湖　南：	柳　肃　吴　越　伍国正　余翰武 冯　博
广　东：	陆元鼎　魏彦钧　陆　琦　朱雪梅 潘　莹
广　西：	徐　兵　谢小英　全峰梅　孙永萍
海　南：	李建飞　韩　盛　付海涛　袁　红 阎根齐
重　庆：	龙　彬　何智亚　吴　涛　黄　耘 覃　琳
四　川：	季富政　陈　颖　李　路　周　密 庄裕光
贵　州：	罗德启　谭晓冬　董　明　余压芳 王建国　余　军
云　南：	杨大禹　傅中见　朱良文　毛志睿
西　藏：	马骁利　格桑顿珠　赵　辉　单彦名
陕　西：	王　军　穆　钧　李立敏　李军环
甘　肃：	章海峰　刘奔腾　窦觉勇　安玉源 孟祥武
青　海：	李　群　晁元良　王　军　李　钰 崔文河
宁　夏：	蔡宁峰　王　军　燕宁娜　李　钰
新　疆：	陈震东　李军环　艾斯卡尔·模拉克
香　港：	王维仁　徐怡芳　何培斌　龙炳颐 刘秀成　吴志华
澳　门：	王维仁　徐怡芳　马若龙　吴卫鸣 张鹊桥
台　湾：	李乾朗

秘　　书：张蒙蒙　冯崇方

主编单位：住房和城乡建设部村镇建设司

前言

传统民居是民族的写照，是民族的生存智慧、建造技艺、社会伦理和审美意识等文明成果最丰富、最集中的载体。我国传统民居因地理气候、自然资源、民族文化等诸多方面的差异，形成了丰富多样的民居类型和异彩纷呈的建筑形式，蕴含着中华文明的基因，是世界上独特的建筑体系，是民间精粹、国之瑰宝，是难以再生的、珍贵的文化遗产。

2013 年 12 月，住房和城乡建设部启动了传统民居调查，历时 9 个月，经过全国住房城乡建设系统广大干部和 1200 余位专家学者、技术人员的倾情努力，完成了传统民居类型、代表建筑和传统建筑工匠的逐县调查，取得了令人瞩目的成果。本次调查覆盖 31 个省、自治区、直辖市，调查成果包括 1692 种民居、3118 栋代表建筑、1109 名传统建筑工匠，经反复探讨、科学梳理，归纳出 564 种民居类型。此外，香港、澳门特别行政区、台湾地区也调查归纳出 35 种民居类型。全国共归纳 599 种民居类型，全部纳入《中国传统民居类型全集》（以下简称《全集》）。

这是一次对我国传统民居的大调查、大整理、大弘扬、大传承，具有以下重要的现实意义和历史意义：

一、首次国家层面的传统民居全面调查

有关学者和机构很早就已经开始了对我国传统民居的研究，取得了很有价值的丰富成果，但都有一定的地区局限性和分类的片面性。这是第一次从国家层面组织的全国范围的大调查，通过这次调查，一些传统民居研究基础较薄弱的地区填补了空白，如西藏、内蒙古、海南、山东等；一些具有一定研究基础的地区全面扩展了调查范围，如北京、江苏、湖北、湖南等；一些研究基础较好的地区深化了研究成果，如云南、广东、福建、香港、澳门等。这次调查全面掌握了我国传统民居的分布现状。

二、第一部体系完善的中国传统民居分类全集

这次对全国传统民居的体系研究，以地域性和民族性作为主要分类依据，破解了长久以来我国传统民居分类难题，梳理出多达 599 种民居类型，挖掘和发现

了一批新的传统民居类型。这套全集展示了中国传统民居的全貌，丰富了对传统民居的认识。第一次以统一的体例和格式进行梳理和编纂，推进了民居的比较研究。

三、弘扬我国传统建筑文化的新阶段

这次调查既是中国的，也是世界的。这部全集向国人和全世界展示了我国各地区、各民族传统民居的类型和代表建筑，展现了中华民族的生存智慧、建造思想、社会伦理和审美意识，丰富了世界文化遗产记录的文献宝库，彰显了中华民族的文化自觉和文化自信。这次调查充分挖掘的各地区传统建筑要素，是当地特色建筑文化传承的重要依据，也是建筑设计创作的重要源泉，对延续历史文脉、指导当代城乡建设具有重要的现实意义。这次调查极大地提高了社会各界保护传统民居的积极性，凝聚了力量，培养和锻炼了一批新的骨干队伍，推动了传统建筑文化的普及和教育。

四、我国传统建筑文化世代传承的宝典

习近平总书记指出："中华传统文化博大精深"，"要本着对历史负责、对人民负责的精神，传承历史文脉"。这次调查涵盖了全国现存传统民居几乎全部类型，这部《全集》是传统民居的辞海，是我国传统民居研究的里程碑，必将成为对后人有重要参考价值的建筑历史文献和传世宝典。

本书共分三卷，以省为单位进行章节划分，各省按照行政区划顺序排列。每个传统民居类型按照分布、形制、建造、装饰、代表建筑、成因和比较/演变的顺序进行编写。

这部《全集》是中国传统民居调查的第一步成果，下一阶段还将进行传统民居建造技术等调查和编纂。由于时间紧、任务重，本书还留有很多遗憾和不足，欢迎专家学者以及社会各界积极参与，提供补充资料，使之更加完善。

希望这套《中国传统民居类型全集》能为大家所喜爱。希望社会各界共同推动传统民居保护工作，保护好中华民族的文化基因载体，增强中华民族的建筑文化自信。

总目录

中 册

福建民居

1. 闽东民居
2. 闽北民居
3. 莆仙民居
4. 客家民居
5. 闽南民居
6. 闽中民居
7. 土楼
8. 寨堡
9. 番仔洋楼
10. 沿海石厝

江西民居

1. 赣大部分地区
2. 赣东北民居
3. 赣西北民居
4. 赣中民居
5. 赣南客家民居

山东民居

1. 鲁中山区民居
2. 鲁南山区民居
3. 鲁西北平原民居
4. 鲁中平原民居
5. 鲁西南平原民居
6. 胶东沿海地区民居

7. 传统城市民居
8. 近代城市民居
9. 特殊类型

河南民居

1. 豫东民居
2. 豫西民居
3. 豫南民居
4. 豫北民居

湖北民居

1. 汉族民居
2. 少数民族民居

湖南民居

1. 汉族民居
2. 少数民族民居

广东民居

1. 广府民居
2. 潮汕民居
3. 客家民居
4. 雷州民居
5. 少数民族民居
6. 近现代民居

广西民居

1. 汉族民居
2. 壮族民居
3. 瑶族民居
4. 苗族民居
5. 侗族民居
6. 仫佬族民居
7. 毛南族民居
8. 京族民居

海南民居

1. 琼南民居
2. 琼北民居
3. 琼西南民居
4. 琼中南黎族民居

重庆民居

1. 主城区民居
2. 渝西民居
3. 渝东北民居
4. 渝东南民居

四川民居

1. 汉族民居
2. 藏族民居
3. 羌族民居
4. 彝族民居

下册

3. 藏族碉楼

4. 藏族帐篷

5. 蒙古包

宁夏民居

1. 银川平原民居

2. 西海固地区民居

新疆民居

1. 维吾尔族民居

2. 满族民居

3. 汉族民居

4. 哈萨克族民居

5. 回族民居

6. 柯尔克孜族民居

7. 蒙古族民居

8. 塔吉克族民居

9. 锡伯族民居

10. 乌孜别克族民居

11. 俄罗斯族民居

12. 塔塔尔族民居

13. 达斡尔族民居

香港民居

1. 中式合院民居

2. 宗族组合式民居

3. 折中式民居

4. 店铺式民居

澳门民居

1. 中式合院民居

2. 围里式民居

3. 折中式民居

4. 店铺式民居

台湾民居

1. 本岛民居

2. 离岛民居

西藏民居

贵州民居

GUIZHOU MINJU

干栏式民居·南侗民居

"干栏"是用柱子把建筑托起，使其下部架空，是对"人处其上，畜产居下"的居住建筑类型的通称。黔东南是侗族主要聚居区，这里盛产木材，因而为当地居民建房选材提供了一个重要前提。侗族同胞多为聚族而居，具有离地架空居住习俗，从而构成贵州侗族干栏木楼的重要特征。

图1 长屋

1. 分布

侗族主要集中在黔东南及黔东北等地，黔东南侗族又分为南部和北部方言区。南部方言区包括相连的贵州黎平、从江、榕江诸县和广西三江、龙胜、通道、靖州和会同的一部分。"南侗"和"北侗"的建筑文化差异很大。但是这种木柱支托，凿木穿枋，衔接扣合，立架为屋，四壁横板，上覆杉皮，两端偏厦的干栏木楼举目皆是。

2. 形制

建筑空间形态多以三层为主：底层用以饲养牲畜或堆放杂物，二层是主要生活层面，三层阁楼以仓储为主，也有局部设置隔间作为卧室。二层主要生活层面布置有宽廊、火塘间、小卧室等，

是构成侗族干栏木楼的主要建筑特征。侗居的生活层面空间，采取以入口轴线方向为导向的布置方式：即具有由"楼梯—宽廊—火塘间—卧室"的空间序列特征。平面布置是采取"前—中—后"的纵向布置格局。

3. 建造

南侗干栏木楼多为上下串通的穿斗式整体框架结构体系，一般为"五柱七瓜"木排架。将排架同斗枋（开间枋）檩条等构件拼装，构成整体房架。下部柱与地脚枋拉接，控制柱位和便于装修内外墙板之用。中间安装楼楞和企口楼板。上置椽皮后再覆盖杉树皮以木棒绑扎或小青瓦，木楼屋面坡度在5.55~6分水之间。围护结构采用木板横向或竖向铺设。

4. 装饰

木楼立面虚实相间，线条横竖穿插，所取材料非木即石，与周围环境十分协调。装饰着力部位是吊厢、吊厢的吊柱柱头、挑枋与穿枋的外露部分，以及栏板与窗棂的花心等部位。垂花柱头雕刻形式变化多样，雕工不算精致，但图案规整、线条流畅，与木楼风格十分协调。枋头的雕饰，趣味性极强，以猪头、龙头、象鼻形象居多，手法不一，抽象生动。窗棂、栏板装饰大多以拼斗组合方式组成纹样，内容较为丰富。木楼的雕饰纹样朴实无华，体现了侗家爱美、乐观的性格和吉祥如意的愿望。

5. 代表建筑

1）保里计闷寨杨秀长宅

计闷寨位于贵州榕江县乐里区山间

图2 "千家肇洞"风貌

图3 吊柱花饰之一

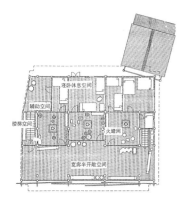

图4 侗居基本平面图

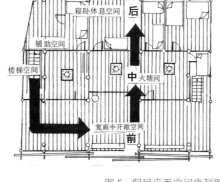

图5 侗居平面空间序列图

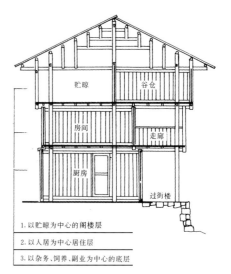

1. 以贮晾为中心的阁楼层
2. 以人居为中心居住层
3. 以杂务、饲养、副业为中心的底层

图7 架空的居住方式

图8 架空悬挑有机融合

的一个规模不大的侗族村落，全村绝大多数的民居都是干栏建筑类型。修建至今已有200年以上历史的杨秀长宅，平面呈矩形，是一幢建筑面宽共有10开间的长屋，宅内世居着4代人。该建筑方位东南向布置，共有三层，北面还有局部吊脚。第二层生活层面的平面布局是典型的侗族传统民居空间序列形式，及"前—中—后"的空间序列：第一列为通长的宽廊位于西北，并与西侧的入口楼梯相通；第二列是堂屋及火塘间；第三列是寝卧空间。

房屋构架为五柱六瓜穿斗式木屋架，双坡小青瓦屋面，木楼楞楼板，正面为宽廊木栏，内隔墙及外墙正、侧面均用木镶板围护。

2）巨洞寨石某氏住宅

巨洞寨是贵州从江县下江区都柳江畔的一个规模较大的侗族村寨。村寨有153户，775人，该村寨只有以船作为出入的水上交通，长期来与周边地域处于隔绝的状态，因此，民居也原生态地被保留下来。

石某氏宅属于典型的侗族民居平面类型，平面二层是生活层面，采取前—中—后的平面空间序列布置：前列是开敞的公共空间—宽廊；中列为半公共空间，作为用餐及用火的火塘间；第三列为私密性的寝室。竖向支座层用于家畜及农作，局部阁楼堆放着谷物。

石某氏宅房屋屋顶覆盖杉树皮，构架采取穿斗式与叉首式木屋架混合搭建的方式，构造方式极为特殊，实属罕见。

成因

侗族聚居的区域范围气候温和，水热条件优越、空气相对湿度较大，土地有机质积累多，适宜林木生长。侗族木楼选用木材的特征，显然是地域具有丰富森林环境形成的结果。侗族同胞将生活层置于楼面，使木楼可以最大限度地适应山地起伏变化的地形地貌，适应炎热多雨气候的通风避潮，适应不易清理的场区环境对蛇虫猛兽的防御，适应河岸水边及低洼地带潮水涨高的侵袭。

比较／演变

随着社会经济的发展，侗族木楼从简单的两层发展为三层，甚至四层；从一个开间发展为两开间、三开间，乃至于"长屋"。

图6 高阡鼓楼

干栏式民居·北侗民居

根据方言细节不同而大致将侗族地区分为南部方言区和北部方言区，简称"南侗"、"北侗"。北侗在贵州包括玉屏、天柱、锦屏、岑巩等诸县。虽然南北方言区的方言有些差异，但整个侗族地区基本上能用侗语通话，南北部的历史文化同出一辙。

图1　印子房

1. 分布

侗族至今高度集中，世代生活在黔、湘、桂及鄂西部分地区的方圆20万km²的毗邻地带，大致呈"工"字形，主体呈南北走向。根据方言的细节不同，大致将侗族地区区分为南部方言区和北部方言区，简称"南侗"、"北侗"。南侗包括相连的黎平、从江、榕江，以及三江、龙胜、通道、靖州的一部分；北侗包括相连的玉屏、天柱、锦屏、三穗、岑巩，以及广西的芷江、新晃等诸县。

2. 形制

北侗民居与当地汉族的民居极为相似，一般都是一楼一底，四列三间的木结构房屋，屋面覆盖小青瓦，四周安装木板壁，或垒砌土坯墙。北侗干栏木楼的特点是房屋平面形成"凹"子形，平屋为单檐，开口部分的屋檐为双檐。有

些侗族民居在正房前二楼下，横腰加建一层坡檐，增加檐下使用空间，便于小憩纳凉。

北侗的"印子屋"和"花屋"，即四合院式的干栏建筑和雕龙画凤的坪地屋也是这个地区的闪光点。

3. 建造

北侗木楼一般呈四排三间、"五柱七瓜"的房屋建造模式。玉屏的木楼有五柱货七柱落脚，一楼一底、四列三间。普遍配有偏厦、厢房。凡柱、梁、坊、瓜、椽等，均以榫卯穿合，其中有鱼尾榫、扣榫、全榫、半榫等。县境西南部侗寨多为双檐屋，即房屋的正面为两层屋檐的木瓦房。

锦屏木楼多为杉木木楼，且多为带走廊的干栏建筑，建筑要求变地不平为"天平"。大多数房屋在前排外加一排

图3　"福、禄、寿、喜"花窗1

图4　"福、禄、寿、喜"花窗2

图2　敦寨入口鼓楼

图5　双檐滴水

图 6　吊脚楼建筑风格

图 7　长廊

悬挑敞廊，作为通道使用。旧时的房屋多为"二檐滴水"，即在屋檐下 1.3m 处加设一道挑檐，可以遮挡下半部的风雨。

4. 装饰

北侗三门塘民居的门窗装修文化内涵相当丰富：大门上宽下窄、房门上宽下窄，便于财富进屋，利于产妇分娩；大门联楹（俗称打门捶）外侧阳刻乾坤两卦，内做水牛角状，表达福寿康宁、安然无恙；大门门槛，前后两门避免对开，寓意财富进得来、出不去，以保富贵常驻。花窗的木雕刻有多重动物图案，如蝙蝠、梅花鹿、麒麟、喜鹊，以取"福、禄、寿、喜"之意。

5. 代表建筑

1）三门塘的印子屋

三门塘的印子屋实际上就是四合院的吊脚楼，只不过是外建风火墙，修成硬山屋顶罢了。三门塘的印子屋多为经营木材发财的大户人家所建，深受汉文化的影响，四合院的木雕、石雕、彩塑、彩绘极为讲究，内容以龙凤、麒麟、八仙及福禄寿喜之类吉祥图案居多。这些四合院的房子一层多立柱，这又带有吊脚楼的建筑风格。

图 8　民居

2）"黎平会议"会址

"黎平会议"会址是最有代表性的花屋。不仅大门雕刻栩栩如生的双龙抢宝，贴着走廊的一方板壁，全是精雕细刻的花鸟图案。

成因

北侗的建筑技术，很明显是受外来文化的影响，如他们崇拜鲁班，但建筑款式是在以前巢居，以及后来在生产技术发展实践过程中创造出来的，具有本民族特点的干栏木楼。高墙窄窗主要是体现防火、防盗、防匪、安静宜居、冬暖夏凉。

比较 / 演变

早在封建社会初期，一些著名汉族文人先后进入侗族地区开办书院，传播文化，对侗族文化发展起到积极作用。周边地区对于民居文化的影响也是十分明显。既有侗族固有文化特点，又有汉族文化的痕迹，充分体现民族文化融合的结果。

侗族南北部方言区的历史文化同出一辙。但是文化差异还是存在，如住房方面，北侗在近县城和河畔边平地上已不再住干栏木楼，而是把架空底层充分利用起来，对楼房利用及附加设施也各有不同。此外，生活层面南侗北侗正相反，南侗村村有鼓楼、风雨桥。而北侗只有少数几个县有零星鼓楼，且没有南侗壮观；在祭祀方面，南侗大多村寨有萨祖坛，而北侗，只是土地神坛随处可见。

干栏式民居·苗族半边吊脚楼

图1 三正一偏实例

苗族半边吊脚楼源于干栏建筑。苗族依山建寨，因险凭高，依山林择险而居。苗族半边吊脚楼的最大特点是楼面层均有部分置于坡坎或与自然地表相连，即便不受地形限制也是如此。苗族半边吊脚楼是利用山区陡坡、陡坎等不可建用地的特定地貌，在陡坡、岩坎、峭壁等地形复杂地段建造，建筑外形构成柱脚下吊、廊台上挑、因险凭高的独特建筑风格。

1. 分布

苗族同胞分布范围以湖南、湖北、贵州、广西为中心，以至涉及整个华南地区和大范围内的东南亚，其中以贵州最多，占该民族人口总数的48.1%。贵州苗族主要集中在黔东南、黔南、黔西南3个自治州和黔东北的松桃自治县，雷公山地区是苗族从中原向西南迁徙的最大最集中的聚居区。在省境中部的贵阳郊区和安顺地区、黔西北毕节地区，六盘水市也有苗族分布。苗族半边吊脚楼大多建房选用木材特征，与其区域的气候条件和资源环境有着密切的关系。

2. 形制

苗居基本平面空间有退堂（吞口）、堂屋、火塘间、卧室、厨房及其他辅助用房。并以堂屋为中心，进行平面组合，强调左—中—右横向间的空间序列关系。平面一般多在三个开间内布置完成，基本单元组合时，其他使用空间围绕堂屋为核心，呈放射形袋状对称式布置。竖向空间为三段式分区，即吊脚层为牲畜杂物区，二层为生活层，三层为粮食贮藏层。一般为三开间，在明间廊前设"美人靠"，在明间前退后一步装壁开门，以扩大美人靠前的空间面积。通廊设在二层或三层的前半部，后半部为卧室，后门是通向居住层的主要入口，如是三层，则在二层梢间或偏厦内设木楼梯。

3. 建造

半边吊脚楼常见的多为上下串通的穿斗式整体框架木构体系，即使是二层以上前部和左右出挑的木楼，也以穿斗通枋支承挑梁。也有的前部檐柱为"接柱"，但不常见。半边吊脚楼一般是前半部架空，后半部为二层的屋基，根据地质条件，设纵向挡墙或利用完整的基岩直接立柱。

4. 装饰

半边吊脚楼造型特色更多是体现在柱脚不在同一平面，形成的高低错落、虚实相间的艺术效果。装饰部位主要在美人靠、腰门、门斗、窗棂及吊柱等部位。有些门斗、连槛刻意做成牛角形，以示为有牛守门，安然无恙。窗棂花心也有多种纹样，常见的有"卍"字、"亚"字、冰裂纹、菱花形等。此外，雕花窗格、雕花栏杆内容也较为丰富。

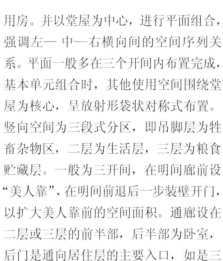

图3 苗居平面空间序列图

图2 苗族"吊脚楼"依山而寨

图4 某苗宅退堂空间图

图 5　正面开阔向阳

5. 代表建筑

郎德上寨陈正平宅

该民居位于雷山县报德乡郎德上寨的一座山坡上，是典型的苗族半边吊脚楼。主体建筑三开间，共有三层：吊脚支座层为牛拦及堆放农具、杂物使用；二层为生活面层，半楼半地，入口前有与室外联系的通廊及退堂（吞口），并布置有美人靠、平面布置以明间堂屋为中心，两侧次间前半楼左右布置有两间卧室，后半部接地部分布置有火塘间、灶房及仓库；三层是卧室和谷物贮藏间。

建筑为"六柱三瓜"穿斗式木结构，上盖小青瓦屋面。四壁及内隔均为木墙板围合。装饰部位主要在美人靠栏及木窗纹饰部位。

图 6　二段式分区

图 7　郎德上寨某六开间苗居

成因

自古至今，苗族依山而居、侗族傍山建寨、水族干栏粮仓等与都历史上交通闭塞，物资流通不易有关。只有致力于发展经济，做到就地取材、就地取衣、就地取食才能赖以生存。因此这一带的干栏建筑正是在这样的自然、社会、经济环境下创造出来的。这种形制的房屋在结构、通风、采光等诸多方面都有其自身特点，因此半边吊脚楼得以长期沿袭，历经千年不衰，并成为贵州山地建筑的一大特色。

比较 / 演变

侗居与苗居差异性比较：1. 居住方式：侗族多同族群聚而居；苗族大杂居、小聚居。2. 村寨分布：前者水边，依山傍水；后者山坡，因险凭高。3. 民居形式：前者传统干栏木楼较多；后者半边吊脚楼较多。4. 生活层面：前者抬高居住层面，与地面隔离，位于二层；后者多置于与地表相连的底层或二层。5. 空间序列：前者以"前一中一后"的纵向序列；后者以"左一中一右"的横向序列。6. 剖面：前者楼层逐层外挑。后者多为楼上一层外挑。7. 廊：前者长廊宽敞，竖向栏杆或栏板廊栏；后者走廊狭窄，退堂加宽，配置美人靠。8. 火塘：侗居火塘架离地面；苗居火塘多设于夯土层面上。

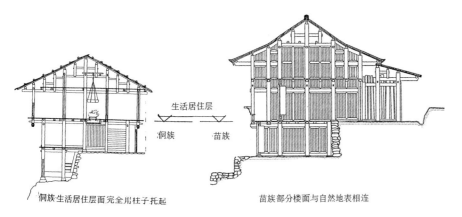

生活居住层　　侗族　　苗族

侗族生活居住层面完全吊柱子托起　　　苗族部分楼面与自然地表相连

图 8　苗居侗居居住方式比较

干栏式民居·苗族吊脚楼

传统苗居以半干栏形式为主，在长期发展中积累了丰富的建筑经验，创造了许多优秀处理手法。全干栏建筑苗居甚少，平面多为"前堂后室"，这与苗族半干栏吊脚楼正相反。

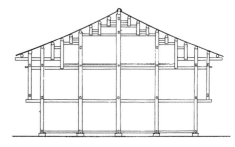

图1 屋架的构造示范图

1．分布

全国苗族人口近900万，而聚居在贵州黔东南的有171万，占全国苗族人口的1/5。苗族在贵州广泛分布在70多个县市，但主要聚居区是黔东南的台江、雷山、剑河、凯里、麻江、施秉、黄平、丹寨等县和黔东北的松桃。在其他广大地区还散居着许多苗族。

2．形制

苗族干栏民居分全楼居和半楼居两种，或称全干栏和半干栏。半干栏又称半边吊脚楼。基本形制以半干栏为主，全干栏甚少。平面布局全干栏为"前堂后室"，半干栏相反。两种苗居在形式、尺度、构造上基本相同，唯半干栏的进深减小而已。建筑平面多为"一"字形，以三间和三间带磨角者为多。"磨角"，

即半个开间大小，设于端部。以住为中心的居住层包括堂屋、退堂、卧室、火塘间、厨房等主要部分，以及贮藏、杂务、副业间、挑廊、过间等辅助部分。退堂是由堂屋退进一步或两步，并与挑廊的一部分共同合为一个半户外空间，退堂靠边设置有美人靠。苗居的火塘间大多设置在房屋后部，与厨房分据于堂屋左右。此外往往利用退堂、挑廊、敞廊、凹廊等半户外空间将室内外空间融为一体，扩大延伸了室内空间效果。

图3 因借地形

3．建造

苗居传统干栏式房屋均为穿斗木构架体系，它是一种承重与围护分工明确、互不影响的简单灵活的结构方式。苗居构架的基本形式为五柱四瓜或五柱四瓜带夹柱。屋面八步九檩，前后各四步架，

图4 屋架的构造

图2 聚族而居

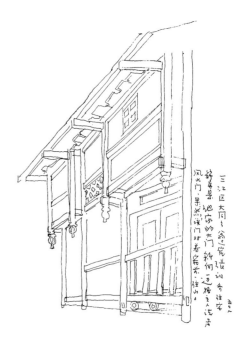

图5 吊柱花饰手绘图

图6 苗居廊道入口接地

其中五柱房为最普遍。其构造特点是以柱和瓜（短柱）承檩，檩上承椽，柱子直接落地，瓜则承于步间枋上，各层穿枋既起拉结作用，又起承重作用。每排构架在纵向由檩和拉枋连结，柱脚以纵横方向的地脚枋联系，上下左右连为整体，组成房屋的骨架。

4. 装饰

苗居以亲切的尺度、和谐的比例、轻盈的造型、活泼的构图使建筑艺术形象丰富而有变化。装饰重点集中在入口、退堂、门窗、栏板、吊柱、檐口以及屋脊等处。退堂的美人靠、曲廊转折处的

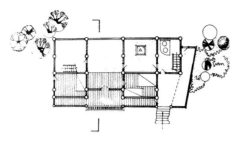

图8 郎德某宅平面图

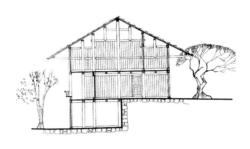

图9 郎德某宅剖面图

"望楼"、门窗的纹样、吊柱下雕垂瓜、檐口封檐板和挑枋、屋脊的青瓦垒脊等都是苗居装饰较为精华的部分。

5. 代表建筑

雷山大沟开觉寨

该苗居已有 200 年历史。平面为三开间二磨角。底层中间为杂物间，次间一作为厨房、火塘、贮藏之用，另一间为圈舍。居住层中为堂屋，左右布置卧室、贮藏、过间等。前部设退堂、挑廊、两磨角设木板楼梯上下联系，整个布局基本上为"前堂后室"的形式。阁楼全为贮藏空间。

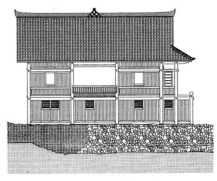

图10 郎德上寨某宅立面图

成因

干栏式建筑在西南分布较多的原因：1）是材料来源。保留较多森林面积使干栏形式线得以延续；2）是对山区复杂的自然环境和气候条件的适应性；3）社会环境闭锁、经济文化发展滞后使建筑发展迟缓；4）民族迁徙的影响，这些迁徙的南方民居都有干栏建筑文化特征。

比较／演变

巢居的发展一部分保持传统的干栏式，另一部分演变为穿斗木构地居式。穿斗式为干栏建筑固有的结构方式，叠架式流行于北方，又称抬梁式，它比穿斗的整体性和稳定性差，但二者的源起与发展均与干栏有关。

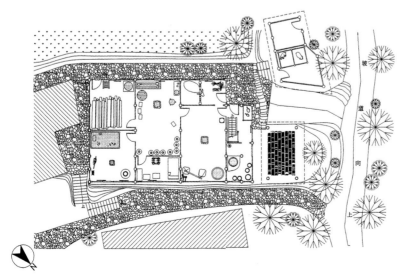

图7 郎德上寨某宅总平面图

干栏式民居·瑶族民居

瑶族主要分布于广西、广东、湖南、贵州和云南等省区，现有人口210多万人。从20世纪50年代初期到60年代，在我国境内的瑶族聚居区，或瑶族与其他民族杂居地区，建立了以瑶族为主或有瑶族参加的10多个自治县。在瑶族人民的小片聚居区，分别建立了200多个瑶族乡。

图1 从江县翠里瑶族壮族自治乡的瑶居1

1. 分布

贵州的瑶族分布较散，大多聚居于黔桂、黔湘边境地区的崇山峻岭中，海拔一般多在1000～2000m之间，"入林唯恐不密，入山唯恐不深"、"所居深山"、"在穷谷中"。山高坡陡、气候寒冷、山峰林立、沟壑纵横、生活条件艰苦，居住不能密集，只能"随山散处"，多择傍水之处生活，史称"随溪谷群处"。

相对较为集中分布的瑶族，主要聚居在黔南布依族苗族自治州荔波县的瑶山瑶族乡和瑶麓瑶族乡。另外，点状分布主要于黔湘、黔桂边境地区的黔东南苗族侗族自治州、黔西南布依族苗族自治州和铜仁地区、安顺地区。与周边的苗族、布依族、侗族、壮族等相邻或混居，体现出大分散、小聚居、大杂居的分布特点。

2. 形制

瑶族村落远离城镇集市，多建于近林靠水的高山地带，一般二三十户自成村落，一姓一寨。由于所处位置气候多潮湿寒冷，住房多为低矮无窗，基本形制为两层三间，中间为堂屋，既是家祭和议事的地方，也是吃饭和待客的场所，堂屋中央置火塘，两侧为厨房和寝室，首层多为牲畜和杂物间。另外在荔波的瑶麓地区还有一种非常有特色的"长屋"，瑶麓的长屋为长方形，一般为五间两厦或四间两厦。长度为20m左右，宽为8m左右，檐口高2.3m，屋脊高6.5m。上层住人，下层养牲畜。

瑶族的谷仓：多建在通风干燥的坡地高处，分上下两层。下层无围栏，可存放杂物。上层粮仓由竹子编围而成，直径约2～3m。每层高约2.5m，经茅草或水稻杆铺顶后构成美观实用的圆亭式建筑。

图5 荔波瑶山民居

图6 图腾

3. 建造

瑶族以前采用极为原始的耕种方式，尚处于"赶山吃饭，游动耕作"的状态，所以在建造房屋上采用极其简单

图2 榫卯结构

图3 下层养牲畜

图4 荔波瑶山民居

图7 荔波瑶山粮仓1

图8　从江县翠里瑶族壮族自治乡的瑶居2

图9　荔波瑶山粮仓2

的围篱式"叉叉房"（又称为"茅寮"）。"叉叉房"是瑶族比较原始的建筑，用天然树干、树枝捆扎而成，四周围以芭茅杆或小木条围合，屋顶用茅草或杉木皮覆盖。"叉叉房"又分为坐地式和楼房式两种。坐地式是挨着地基建筑，楼房式是四个柱子落地，楼板与地面有一定的距离。而今已很少见到这种形式的建筑。

随着社会的发展，瑶族由游动状态变为了固定居住的生活方式，房屋建构也产生了变化逐渐有了半干栏式和干栏式的建筑。一般是下围木板，上盖瓦片。分上、中、下三层：上层放杂物，中层住人，底层为牲口家禽类。半干栏建筑依山而建，前半部架空，以土墙代替了原来的芭茅杆或草席，门前架有晒楼。这类建筑见于贵州荔波的瑶山地区。在从江县的翠里瑶族壮族自治乡，瑶族村落要么临近侗寨，要么混居，建筑多受侗族干栏建筑影响。

瑶族民居中仓屋是一大特色，它是识别瑶族民居的重要标志。瑶族仓屋底部架空，有两种形制：一是圆形攒尖顶，屋顶覆盖芭茅草；另一个是方形青瓦歇山顶，屋顶覆盖小青瓦。

4. 装饰

瑶族民居大多以竹、木、土为材料。由于瑶族喜爱居住在山林中，瑶族的房舍都建成吊脚楼的形式，即美观又舒适。瑶族房舍还有一个特点，就是用木板代替瓦盖房顶，瑶族人把这种房屋称为"木瓦房"。瑶族房舍一般没有正门和后门，但有精致美观的楼梯供上下。瑶家的侧

门前有一个四方形的，用竹条拼搭成的晒台，可以晒制各种物品。

5. 信仰习俗

瑶族的宗教信仰比较复杂，有些地区原始的自然崇拜、祖先崇拜或图腾崇拜占有一定地位；有些地区则主要信奉巫教和道教。道教对瑶族影响很大，凡属丧葬一套祭祀仪式，基本上按道教法旨进行，只是其中掺杂了一些民族原始宗教的内容。另外，瑶族只有寨神而无家神，这一点与苗族、布依族、侗族、水族等都不一样。

6. 代表建筑

荔波瑶山古寨粮仓

瑶族粮仓底部架空，有两种形制：一为圆仓攒尖顶，顶上覆盖篱笆茅草；一为方仓歇山顶，顶上覆盖小青瓦。圆仓以竹子编围，方仓用木板围护。仓门皆为木质，以粗大木栓拴住，无需上锁。防鼠装置是瑶族粮仓的独到之处。每座粮仓（不论圆仓还是方仓）都在离地一人多高处的四根立柱上装以圆形陶坛或一方形木板，用以阻止老鼠的攀爬。

成因

传统的瑶族人采用极为原始的耕作方式，很少有固定的耕地，绝大部分耕地都是刀耕火种的"火捞地"。尚处于"赶山吃饭，游动耕作"的状态。这种游猎和游耕的生产方式导致了家族的迁徙无常和旧的村寨不断废弃，新的村寨不断建立，在建筑上就不过多的讲究，而是普遍修建一种极其简单的"叉叉房"。

比较 / 演变

贵州的瑶族主要聚居在黔南布依族苗族自治州荔波县南端的瑶山和东部的瑶麓两片山地之中。

荔波瑶族是开拓荔波的最早居民之一。远在殷周之前（约公元前14世纪到公元前11世纪），他们就披荆斩棘、繁衍生息在荔波这块沃土上。历史上，瑶族和苗族有密切的亲属关系，同源于秦汉时的"武陵蛮"部落。大约在隋代，居于湖南、湖北一带的瑶族和苗族已分化成两个族群。荔波瑶族过去的他称是"苗族"。旧《县志》中记载："荔波古为荒芜地，苗蛮六种，聚族而居"就包括现今瑶族的先民。

随着社会的发展和生活水平的提高，瑶族人的生活行为也由"游耕"状态渐渐稳定下来而形成相对固定的聚落形式，此时便出现了半干栏房屋和干栏式房屋，这也成了后来瑶族人更愿意接受的建筑形式。由于瑶族居住于其他民族（苗族、侗族、布依族、壮族等）之中，形成混合居住或相邻居住的方式，它们的建筑受到其他民族民居的影响较大，从而在建筑形式上有了趋同性。从江的翠里瑶族壮族自治乡就是典型的案例，建筑形式与侗寨干栏建筑几乎相同。

干栏式民居·水族民居

图1 榕江水西寨潘宅

水族民居虽然与苗族、布依族、侗族等民居一样，同为干栏式的山地建筑，但水族建筑有其自身的特点。苗侗族民居，多从侧面上二楼，布依族民居从正面台阶上二楼，而水族民居则从后面上二楼。因此，水族民居要么是从神龛背面辟门进屋，要么就是神龛面山背水，这是水族民居的一大特点。

1. 分布

贵州水族有 36.97 万人，占全国水族人口的 90.86%，主要分布在黔南自治州三都水族自治县、荔波新、都匀市、独山县，黔东南自治州榕江县、丹寨县、雷山县、从江县。

2. 形制

水族村寨一般选择在平坝建村，或在半山腰台地建寨，少数也建于山顶。村寨的规模大小不等，一般有十几户、几十户，少者几户，多者可达上百户不等。水族是农耕民族，村寨大小要根据耕地面积而定，耕地集中面积大，则村寨大，耕地分散面积小，则村寨小。水族民居平面以"间"为单位，由相邻两榀房架构成，常见平面是由3、5等单数的间组成的长方形，每间开间4m左右，进深10m左右；就内部垂直方向划分，自下而上可分地层、中间层和阁楼三层。地层为牲畜圈、杂物间、烧火房（牲畜喂料加工）和碓磨房（粗杂粮加工）等房间的设置；阁楼则设置贮藏间、次卧室和客卧；中间层布局中，除主卧室外，就是堂屋。堂屋中壁上设神龛位，这与汉族、苗族大同小异；堂屋的中心——火塘，即青石条围筑而成的方形小坑，供取暖和炊煮（相当于动态的厨房）之用，和堂屋一起构成家庭相亲相爱、议事谋事和待客的场所。火塘更是家的标志，邀请客人来访的第一句话是"来看我生火的地方是什么样子呀？（水语直译）"，另外，至今依然存在的家族文化思想"承继香火"，就是指火塘的延续。

3. 建造

水族民居多为干栏式吊脚木楼，采用穿斗式结构，立柱承重，直接将屋面重量传给基础，并以穿枋联系檐柱和中柱，保持立柱的稳定，这与侗、苗等南方少数民族民居没有多大差异。不过，有些水族民居为了在平处建房，一般先在坡地较短的一面建木平台，构成平整的屋基，再在其上建造房屋，平台的柱子与房屋的柱子截然分开，在结构上分上下两层，上层屋架柱脚扣枋用鱼尾式的斗角衔接，牢牢固定每根立柱的方位，整体性较好。屋顶一般是在梁架上钉上椽皮，然后放上瓦片，在没有瓦片之前，屋顶用杉树或茅草覆盖；墙体处理有竖装和横装两种，是用加工好的模板横向或竖向拼合而成；楼板是在楼枕上用较厚的木板铺成。

4. 装饰

水族民居的装饰十分简洁朴素，装饰的重点部分是门窗、腰门及走廊的梁架。门窗材料为木材，格子心是由棂条组成各种几何图案，式样繁多，千姿百态。

5. 信仰习俗

水族的信仰文化属于原始宗教信仰范畴。水族认为万物有灵而崇奉多神。自然崇拜、祖灵崇拜、神灵崇拜构成了水族信仰的核心。在水族社会中，不论是原始宗教信仰的崇拜对象，或是崇拜形式、信仰仪式，还是原始道德的内容及其形式与传承方式，都比较清晰地反映出信仰文化与民间知识二者相互杂糅、有着千丝万缕联系的特点。

6. 代表建筑

榕江水西寨潘宅

图2 榕江水西寨水族民居

图3 三都板庙村陆宅

图 4　杆栏式水族民居 1

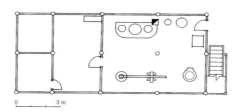

图 7　榕江水西寨潘宅平面图

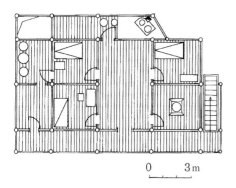

图 5　榕江水西寨潘宅二层平面图

图 8　杆栏式水族民居 2

图 6　榕江水西寨杨宅

榕江水西寨潘宅是典型的水族民居。自下而上可分地层、二层和阁楼。地层为牲畜圈、杂物间、烧火房（牲畜喂料加工）和碓磨房（粗杂粮加工）等房间的设置；二层设卧室和堂屋。堂屋中壁上设神龛位，这与汉族、苗族大同小异，堂屋的中心为火塘。

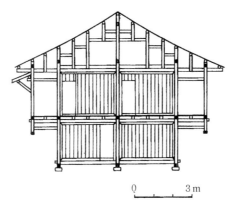

图 9　榕江水西寨潘宅剖面图

成因

水族不仅是一支山地稻作民族，也曾经是以山地狩猎来补生计不足的狩猎民族。换个角度，可以说他们是一支和山地森林打交道的民族，而古老的干栏建筑文化的最重要的资源背景就是森林。

比较 / 演变

水族村寨是典型的血缘聚落，一般是由血缘关系的同姓组成。寨子大都依山傍水，四周环绕着翠竹和参天古树，寨内有很多鱼塘。水族村寨的民居不像苗族村寨那样建在陡峭的山坡上，水族人喜欢选择坡度不大并尽可能平缓的地方修建房屋。有些人家喜欢把房屋建在临水之地。水族的民居多为楼房，全木质材料。

其结构和形制为歇山穿斗抬梁木架干栏房。外形上看同苗、侗、壮、瑶等民族的干栏差异不大，属于同类型干栏建筑，只是在细节和房屋内部的使用功能安排上有一些差异。

另外，有些水族民居，看上去是吊脚楼，其实不然。他们是在坡地较矮的一面建一木构平台，构成一平整的屋基，再在其上建造房屋。平台的柱子和房屋的柱子是截然分开的，不像其他民族（苗、侗、壮、瑶族等）的吊脚楼那样通柱到顶。

15

干栏式民居·东部苗族民居

苗族以相近的支系相对集中居住，形成一片片不相联属的聚居区。在杂居区，苗族居住也比较集中，或是仍以支系类别形成若干小片。居住方式受汉族的影响而采取地居形式。

图1 剑河下羊寨

图3 木构造1

1. 分布

东部苗族主要分布在贵州铜仁地区的松桃一带，毗邻的湘、桂、鄂、等地。

在贵州台江苗族也属于东部方言区。台江是全国苗族人口比例最高的一个县，苗族占全县人口的97%，被称为"天下苗族第一县"。最早由祖国的东海之滨和黄淮平原开始迁徙而来。后分批分期迁往榕江、剑河、台江交界处，最后陆续迁入台江，形成现在的格局。定居台江的时间约在两千年前左右。此外，在榕江、丹寨、剑河、革东、施洞等也居住有苗族。

西部苗族主要分布在贵州的安顺、黔西南、毕节一带。

2. 形制

多为三至五间平房，中为堂屋，左右为卧室及火塘，畜栏与住房分建。有些完全采用汉族的三、四合院，富裕者可以有数进院落或几十间的所谓"走马转角楼"。仿汉式除了广大杂居区较多外，聚居区的松桃、黔东南北部的黄平等地也较普遍。

3. 建造

以穿斗木构架体系为主、柱和瓜承檩，檩上为椽，柱子直接落地。每排构架在纵向由檩和拉枋连结，柱脚以纵横方向的地脚枋联系，上下左右联为整体，组成房屋骨架。

4. 装饰

装饰重点部位集中在入口、退堂、门窗、拦板、吊柱、檐口及屋脊等。外檐吊柱下雕垂瓜是苗居装饰的重要特点，垂瓜形式多样，雕刻手法简洁，在立面上造成韵律感，与退堂拦凳相配合，成为苗居装饰较为精华的部分。

5. 代表建筑

1）东部苗族代表建筑：松桃县德高现苗寨

德高现苗寨建于官舟河畔，三面环水，千仞绝壁，只有一条山路可以进寨。即便如此，各家各户用石头修建围护墙。寨内11条小路，道路两侧均垒砌有3m多高的石墙。寨子周围修建有寨墙，墙

图2 剑河排羊寨

图4 木构造2

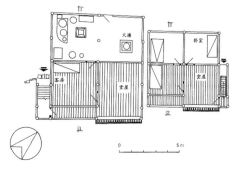

图5 剑河下岩寨雷里正宅平面图

图6　苗寨群体风貌

图10　装饰细部

外挖掘有战壕，寨内道路上上下下、弯弯曲曲，步入如进迷宫。每户拥有各自的朝门和后门，且相互连通，构成一个完整的防御体系。

2）英寨古镇

　　四周环山，三面环水，镇内民居装修具有苗族建筑因地而异、古朴粗放的特点，即使富商同样利用鹅卵石垒砌墙裙，且上下两层反向垒砌，呈"人"字形纹理，苗族居民称为"鱼骨头"。鱼在苗胞心中不仅是代表"年年有余"之意，而且还是祖先崇拜的祭品和生殖崇拜的对象。

图8　苗居外貌

成因

　　苗族源于黄帝时期的"九黎"，尧舜时期的"三苗"，九黎首领蚩尤被黄帝擒杀，余部八退入长江中下游，形成"三苗"部落，建立三苗国。三苗国被夏禹所灭。三苗失败后，一部分被驱逐到"三危"，即今陕甘交界地带，迁徙经历很长时间，逐步进入川南、滇东北、黔西北等形成后来西部方言的苗族。

　　留住长江中下游和中原地区的"王苗"后裔，部分与华夏融合，另外部分形成商周时期所称的"南蛮"，而居住在汉水中游的被称为"荆楚蛮夷"。后来荆楚蛮夷中的先进部分发展为楚族，建立楚，后进的部分继续迁徙至黔、湘、桂、鄂、豫等省毗连山区，成为今天东部、中部方言的先民。

比较／演变

　　苗族是一个历史悠久的古老民族。史书上"苗"的族称始见于唐宋时期。公元3世纪前，生息于长江中游一带。战国末期，迁徙至湘西、黔东一带。秦汉之际，苗族先民居住在清水江流域。

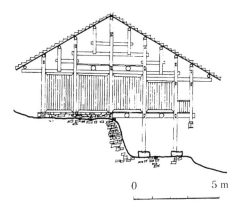

图7　剑河下岩寨雷里正宅剖面图1

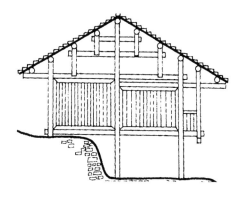

图9　剑河下岩寨雷里正宅剖面图2

生土民居·泥砌土房

生土建筑是指利用原生土作为原材料，不用焙烧，采取不同的施工工艺营造主体结构的建筑，生土建筑是人类最早的建筑形式之一，分布广泛、遍及全球。由于地理条件、生活方式、历史传统、民族习俗的不同，在施工技术和建筑风格上展现不同的特点。生土建筑其中的一个建造方式就是先把生土做成砖，再用这种砖来砌墙，这也就是泥砌土房。

图1 细部装饰

1. 分布

贵州的生土建筑主要分为夯土民居、泥砌土房、刮砌民居三种类型。其中泥砌土房分布较为广泛，呈现小聚居的特点。主要以黔西北、威宁等地较为集中。

2. 形制

泥砌传统民居正屋一般呈长方形，通常为一列三间：正中为厅堂兼厨房。两侧为卧室，入门右上方设火塘，习称"锅庄"，以三块石头支承，是全家家居生活的中心。火塘在居住民俗中占有重要位置。火塘是每一户家庭生活的中心，是饮食、取暖、照明、会客、议事乃至室内宗教活动的场所。

3. 建造

泥砌土房主要采用原生土做成的坯砖，再用这种坯砖来砌墙。做坯砖的方法有碾压、和泥等多种方式。其中一种是在水稻田比较多的地方，做坯砖，多采用碾压的方式。其工序是选一块较平整、交通方便的稻田，在收稻之后，在稻田原生土较湿润的状态下，用牲畜拉石碌将原生土碾结。碾好后，趁原生土呈半湿润状态，用铁锹在土上切出一条条呈平行状态的缝，再使用一种专用锹，前面用人力拉，后面用人掌着锹，把土撮成一块块的坯砖，最后使用这种坯砖来砌房。另一种方式是把适合做土砖的原生土浇上水，在原生土稀释以后，把牛赶到土里，和成泥巴，再把泥巴放进专用的模具里，做成一块块的土坯砖。砌墙的时候，也是使用原生土作为砖和砖之间的粘合剂。

4. 装饰

贵州泥砌土房通常少有装饰，只有其中的彝族民居装饰讲究，主要采用木装饰。一般大门入口和屋檐是装饰的重点，通常在大门上用日、月、鸟兽等图

图3 泥砌土房村寨

图2 泥砌土房群体外观

图4 泥砌土房依山而建

图 5　精美木雕装饰

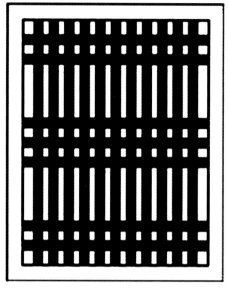

图 9　窗花格栅

案来装饰，窗多采用木格花纹、小花格窗等。屋面的女儿墙和檐口有粗糙的简单的花纹。

5. 代表建筑

1）威宁石门乡潘家岩潘家民居

石门乡是贵州毕节地区威宁彝族回族苗族自治县的　个以彝族建筑为上的乡镇，全乡多为土坯的建筑类型，有部分为平屋顶，部分为坡屋顶。潘家岩潘家是其中一栋平屋顶的两层泥砌土房，平面呈矩形，三开间，中间堂屋，一、二层左边为卧室，右边一层为厨房，二层为储物间。该建筑方位东南向布置，是较为典型的泥砌土房。

2）六盘水中山区大湾镇韭菜坪黄家民居

在贵州六盘水，毕节地区的韭菜坪是环山而居的彝族自发形成三五户一寨，星罗棋布地散居山麓。这地区的建筑多为彝族建筑，土坯砌筑成房。大部分为泥砌坡屋顶土房，黄家就是其中一栋两层泥砌土房。平面呈矩形，三开间，中间堂屋，二层左右两边为卧室，一层右边为厨房，左边为储物间。

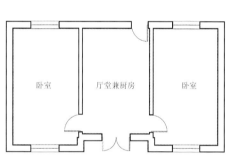

图 6　泥砌土房基本平面图

（卧室　厅堂兼厨房　卧室）

图 7　木格窗

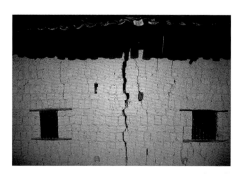

图 8　泥砌土墙

成因

泥砌土房由原生土和少量木料构成。可以就地取材，施工简便，又能满足居民的生产、生活需要。长期生活在土地上的农民，最熟知原生土的特性，知道如何利用原生土来营造自己的家，达到既舒适又安全的效果。于是，利用自然材料和技术，经过广泛的、长期的、反复的实践，形成一种有效的乡土建筑形式。

比较／演变

泥砌土房作为传统的居住建筑，长期以来被认为是我国贫穷的象征，随着社会的发展，通过新技术的改造，演变为具有现代文明与技术的产物。并且随着可持续发展和节约能源的理念逐渐成为当今社会发展的主流，泥砌土房作为经久不衰的居住形式所蕴含的生态特性逐渐呈现。在创造适宜的人居环境的同时，对节约能源、保护和利用自然环境起到积极的引导作用。

生土民居·刮砌民居

图1 刮泥墙

生土建筑有就地取材、便于施工、造价低廉、冬暖夏凉、节约能源、保持生态平衡等优点。因此，这种古老的建筑类型至今仍然具有生命力。随着环境科学的发展，它与以保护自然环境为宗旨的生态建筑学有着密切的关系。刮砌民居正是其中资源循环利用的代表。

1. 分布

贵州的生土建筑主要分为夯土民居、泥砌土房、刮砌民居三种类型。其中刮砌民居主要分布在赫章、六盘水等地区。

2. 形制

贵州刮砌民居一般为一正两厢三开间的长方形，中间正厅作为生活起居空间，正厅前间为堂屋，后间烤火杂用。两厢也各分前后间，前间作卧室用，后间分别为卧室和厨房。两厢均设置阁楼作为贮藏空间使用。

3. 建造

刮砌民居首先用柳条、秸秆、竹、木等材料作为建筑的主体框架结构，然后再做外围护结构和房间分隔。围护结构的具体做法是在外墙框架间填充石块、土坯、废砖等建筑材料做墙体填充，再在外墙内外两侧涂抹一层泥巴找平，最后用石灰粉糊饰面。房间分隔墙采用柳条、秸秆、竹、木等材料做墙体龙骨，刮上泥巴或牛粪做墙体，再刮上石灰粉糊饰面，墙体完成后，顶覆瓦、石板、稻草等屋盖。

4. 装饰

贵州刮砌民居装饰较少，一般多以木装饰为主。大门入口和屋檐是主要的装饰部位，常在大门上作各种拱形图案，并在门楣上做有装饰。屋脊中部有起拱，两端有起翘。山墙的悬鱼、屋檐的挑拱、垂花柱、屋内的梁枋、拱架等也雕刻有牛羊头、鸟兽、花草等线脚装饰和连续图案浮雕。

5. 代表建筑

1）镇远令公庙周家民居

镇远令公庙周家是一个典型的修筑在山边的建筑，它是以木板为墙体基层，其中一开间用泥土刮在木板外，形成较为厚实的墙体。总体平面为三开间，用原生土刮砌的那间较小，作为厨房使用，另两开间为堂屋和卧室。房屋为传统木架结构，屋顶为瓦片坡屋顶。

2）六枝梭嘎村杨家民居

六枝梭嘎村位于贵州省六枝特区和织金县的交界地带，这里生活着一支古

图3 窗花格栅

图2 六枝梭嘎民居

图4 刮砌外墙

图 5　镇远令公庙周家民居

图 8　细部装饰

朴而神秘的苗族分支——长角苗族。全村民居多为生土建筑，一部分为夯土（墙体加入石块）建筑，一部分为刮砌民居，杨家就是十分典型的刮砌民居。平面为三开间，中间为堂屋，左边为卧室，右边为厨房，屋顶为稻草坡屋顶。墙体内部多以木条为龙骨，外部刮砌泥土。

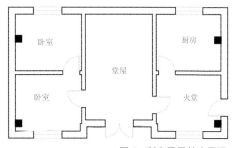

图 6　刮砌民居基本平面

成因

刮砌民居能实现废旧建筑材料的回收利用，节约资源，净化环境，并且工艺简单，价格低廉。在提倡绿色建筑和生态环境保护的今天，刮砌民居实现了资源的循环利用，达到了可持续发展。因此刮砌民居得到了人们的重视，所以直到今天刮砌民居仍旧被居民广泛地使用。

比较 / 演变

传统刮砌民居所呈现出的生态特征具有原始性，因陋就简，因地制宜，对居住环境质量要求不高。在发展过程中，刮砌民居的生态化发展呈现出时代特征，开始对原始刮砌民居的改造进行加固，修缮装饰，除了就地取材之外，也利用砖、瓦、玻璃等非生态的现代化材料和现代化的加工机械，使室内外空间环境的生态化得到发展。

图 7　六枝梭嘎自然博物馆

生土民居·夯土民居

中国的生土建筑发源于中西部地区，该地区干燥少雨，丰富的黄土层成为华夏文明初期的天然建筑材料。生土建筑结构体系大概经历了掩土结构体系（穴居、窑洞）、夯土结构体系及土坯结构体系三个阶段。生土建筑其中最早、最普通的一种方式就是夯土民居。至今中国一些地方的农村还在建造和使用这种民居建筑。

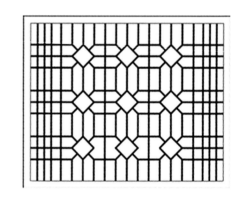

图 1　建筑外观

1. 分布

贵州的生土建筑主要分为夯土民居、泥砌土房、刮砌民居三种类型。其中夯土民居分布较为散乱，主要分布在黔西北、六盘水等地区。

2. 形制

贵州夯土民居一般为矩形平面，一户三开间，中间为堂屋，贯通整个进深，左右分隔为卧室、厨房和火堂。堂屋是整个房屋的功能中心：连接室内外，有着进行红白喜事，生产活动等功能。

3. 建造

夯土墙以原生土为料，由普通黏土或含一定黏土的粗粒土夯打而成，修建时用夹板固定，填土夯实逐层加高后形成土墙。根据夯打时墙体两侧模具的不同分为板打墙和椽打墙。板打墙是将半干半湿的土料放在木夹板之间，用木杵舂筑坚实土墙，逐层分段夯实而成。椽打墙与板打墙夯土工艺相同，只是采用表面光滑顺直的圆木代替木夹板，每侧3～5根圆木，当一层夯筑完后，将最下层的圆木翻上来固定好，用同样的方法继续夯筑，依次逐根上翻，循序进行完成夯土结构。

4. 装饰

贵州夯土民居一般无太多的装饰，传统夯土民居通常采用木格栅窗，与墙面形成材料的鲜明对比。入口大门采用普通的木门，门框及门基本无装饰。现代夯土民居根据现代生活方式，不同的

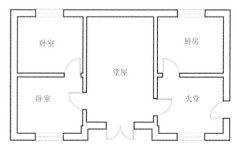

图 4　窗花格栅

图 2　安顺普定猴场乡仙马村夯土民居

图 3　精美木雕装饰

图 5　夯土民居基本平面

图 6　安顺普定猴场乡仙马村杨家民居

图7　黔西仁和彝族苗族乡上坪寨谷仓1

图9　黔西仁和彝族苗族乡上坪寨谷仓2

图8　土石混筑民居

成因

　　夯土民居厚重的土墙既能给人安全感，又能提供冬暖夏凉的舒适性，从而为人们提供了较为实用的生活空间。而夯土民居又有施工简易，造价低廉，就地取材的特点。夯土民居根植于大地，感觉是从地里生长出来的，与自然融为一体。同时，旧房的墙体还可以更换，拆除后既可作为肥料送到农田，也可铺在地上作为新房的地基，而木材还可以反复使用。所以夯土民居得到人们的认可，被广泛地使用。

比较／演变

　　夯土民居冬暖夏凉，节约能源，又融于自然，有利于环境的保护和生态平衡。与我们今天提倡的生态建筑理念：节能、节地、节水、节材和环境保护，创造一个适合人类居住的生态环境是一致的。只是我们将如何运用现代技术手段，利用自然资源，科学地解决建筑的采光、防潮、通风、抗震等问题还有待研究，给古老的夯土民居赋予新的生命。

地区根据不同传统的民族风格，对门窗、屋面进行相应的装饰。

5. 代表建筑

1）安顺普定猴场乡仙马村杨家民居

　　安顺普定猴场乡仙马村内多为苗族亿佬族，全村绝大多数的民居都是夯土建筑，部分为纯泥土夯实墙体，部分为石块泥土混筑墙体。杨家房屋是典型的泥土混石块夯实墙体民居，平面为矩形，三开间，中间为堂屋，左边是卧室，右边是厨房，屋顶是稻草坡屋顶。

2）黔西仁和彝族苗族乡上坪寨烘房

　　黔西仁和彝族苗族乡上坪寨多数都是夯土建筑，且烘房基本都是纯泥土夯实墙体。一般都是一开间，两层高，中间原木所做的梁穿透土墙，上面搭接支架，挂放烟叶，下方堆火烘烤。

石构民居·屯堡民居

图1 屯堡村落风貌

屯堡民居属于黔中石头民居中的一类，是明朝初年为了平定云贵地区叛乱实行"调北征南"的产物。江浙一带汉族迁徙至此以戍边，所以屯堡民居不仅有"防住两用"的严密、封闭的特点，又沿袭了江南建筑遗风。屯堡建筑户户相连，紧密围合，并结合当地丘陵地势依山而建，背山面水，以求天然屏障与鸟瞰视野。该地区石料丰富质量高，所以建筑以石材为主辅以木料，石砌的房屋相当坚固，防御功能十分突出，而且外观纹理颇具特点，形成了屯堡建筑的特有风貌。

1. 分布

屯堡民居主要分布在贵州中部地区，以安顺地区最为出名，其中有"四大屯堡"——"屯堡第一村"九溪村、小桥流水天龙镇、峡谷古城堡云山屯、平地碉楼群本寨。该地区为丘原盆地，大部分海拔为1100～1400m，为长江水系和珠江水系的分水岭地带，在峡谷间有大片的盆地，这里有充沛的水源，为亚热带气候。屯堡人民为了防御，户户紧密围合而非散居，分布于易守难攻的山地，且须水源环绕以利耕。

2. 形制

屯堡建筑大致分为军屯、民屯、商屯三种。其中军屯的特点是带有碉楼；民屯的特点是建筑"上木下石"窗以下为石构，窗以上为木构；商屯则是内部多为大空间以囤货。

屯堡建筑普遍的特点是墙高，门洞深远，有着半边式骑楼，石墙上布有"十"字形、"T"形的内宽外窄的射击孔，民房多为两层的楼院式建筑，开窗小且高高在上。平面组成为：间、廊道、楼梯、院落、照壁、碉楼；形式大多为"一明两暗"三开间，而其间数更多地分为"一"字形、"L"形、三合院、四合院、多重院落以及合院。就围护形式来说，大部分是石构的院墙包裹住内部木构的四合院，并且以木材作为承重结构，多为穿斗式与穿斗抬梁结合式，可以概括成有着片石屋顶、石院墙的四合院。

3. 建造

屯堡建筑营建之时保持室内外高差半米左右。整个建筑呈三段式，从下至上分别为石台基、建筑主体、屋顶，三者比例大致为1:8:3。"起房"的工序为：画线、瓦岸脚（挖土）、驳岸（填石）、驳连场（铺地砖）、砌墙、立柱头、做屋盖。其中石材的砌筑方式分粗作与细作，一般都错缝砌筑；立柱分五柱落脚九个头、七柱落脚十一个头等；柱距、屋架间距、屋顶升起高度的尺寸通常带有"八"字，因为"要得发，不离八"，例如堂屋开间一丈八，梁柱高度有丈六八、丈八八、二丈一顶八等。屋内以木材为承重结构，分穿斗式与穿斗抬梁结合式，石材便填充其中作围护结构。

4. 装饰

屯堡建筑的装饰因江浙移民而有着江南遗风与汉族特征，坚固冷峻的石头墙中却包含着内部精美的木构建筑。建筑关键部位的宅院门头都有着精致的垂花雕刻，木质板芯上嵌有辟邪面具"吞口"、图腾崇拜等形象。其他部位一般以吉祥的福禄寿、梅兰竹菊的木雕、石雕装饰，例如镂雕的木窗、刻花石柱础、木雕的雀替。大户人家的门板等处还雕有诗词书画以示品德，正房大门旁还设

图2 民屯形制风貌

图3 片石屋面

以石墩来彰显身份。

5. 代表建筑

1）云山屯民居

村寨大约200户，人近千口，又名"灵山"源于寨旁一座该地区最高峰——云鹫山。寨子里还有一条名为"飞凤仙"的商业街，蜿蜒生长于山谷之间，始于明清。整个寨子分布于云鹫山下的山坳里，依山而建，层层叠错。

2）本寨民居

本寨最大的特点是拥有较多的碉楼。寨子里有两百多户，近千人，碉楼现存7处，原有11处，相较于其他屯堡村寨，本寨的建筑保留地最完整。本寨典型的依山面水而建，山是飞鹰山，水是过马河。寨子里的排水系统最为特别，村落下面就是复杂的排水网，一条主排水沟垂直于等高线布置，并且与家家户户的排水沟相连，最后汇集于农田。本寨的军事性质也很突出，寨子里原有的11个碉楼把整个寨子分为11个单元，连接单元之间的是"S"形巷道，而家家之间又有暗道，防御体系十分完备，非常适合巷战。

图4 内部装饰

图5 墙上开十字形射击孔

图6 军屯形制风貌

成因

屯堡包含着一种迁徙文化。贵州屯堡建筑源于明朝初期征南戍边的军事策略。自江浙而来"征南"的士兵及其家属以及之后"调北征南"迁徙而来的人口在此形成了汉族聚落，所以屯堡建筑在形制与装饰上还沿袭了汉族与江南一带建筑的风格。而又因当地石料丰富，石材不仅易得，还可以大大加强建筑的防御性，所以石材成为了屯堡民居的主要建筑材料。

比较／演变

屯堡民居相较于其他石头民居，其防御功能十分突出，建筑围合性强，石墙上还开有射击孔，每个寨子就相当于一个小军团，都有高高的石寨墙、碉楼，而且巷巷相通，户户相连，巷道纵横交错利于巷战。而在装饰方面，屯堡民居延续移民的江南地区汉族通常的装饰风格，不过在这里，繁复的图案也被大量雕刻了石料上，例如柱础、门楼、窗户等。特别是屯堡民居的门头雕刻最为繁复，有花窗、花板、垂花柱。

就演变而言，屯堡民居大约经历了三个阶段：早期屯堡建筑"防住两用"，是以守卫边疆的政治军事目的而建，军事功能是屯堡建筑得以建立与存在的根本原因，所以建筑严密，靠巷的墙体仅留较小的窗户；过后战乱平定，军事功能弱化，文化认同功能出现，屯堡人身份从军事集团变为普通老百姓，建筑窗户面积增大，木材使用增多，兴建宗族祠堂；而现在旅游功能突显，当地人开始迁居，建筑的军事实用功能弱化，逐渐融合现代元素，比如屯堡建筑中走廊的出现等。

石构民居·石板房

贵州的安顺、镇宁等地区盛产优质石材，因此，当地布依族人因地制宜，就地取料，从而建造出一幢幢颇具民族特色的石板房。布依族民居形制分为干栏式楼房和半边楼式的石板房。石板房类型建筑分布在以布依族、苗族、仡佬族和屯堡人聚居地为主的地区，但比较集中在布依族和屯堡人居住的地区。西南黔中、山之国、石之乡、纯天然建材的石板房，把山和石化为一种生活、一种文化、一种艺术。

图1 屋面石板排列

1. 分布

贵州是布依族最主要的聚居地，省外的布依族散居于云南、四川等地，贵州布依族总人口占全国布依族总人口的97%以上。主要聚居在黔南和黔西南两个布依族苗族自治州，以及安顺地区的镇宁布依族苗族自治县、关岭布依族苗族自治县、紫云苗族布依族自治县。布依族民居建筑中很重要的一种类型—石板房，不管是单体建筑还是建筑群落都具有强烈的民族特色。

2. 形制

石板房多为全石垒结构，即全用石料垒砌成墙体，在墙顶架木梁以支撑屋盖。少部分石板房为木构穿斗结构的屋架。布依族石板房建筑平面大多数为一明两次三开间的矩形。明间作为生活起居空间，分为前后两部分，正厅前间为堂屋，后间为烤火等杂用。两次间各分前后间，前间下部多利用山坡地形高差，作为牲畜圈，前间上部略抬高数十厘米，作卧室用，两后间分为卧室和厨房。次间设置阁楼作为贮藏空间。这种利用地形高差，根据不同使用要求，分别按台阶式竖向布置牲畜饲料空间、人的生活、谷物的贮藏空间的布局是布依族石板房最基本、最普遍的单体形制。之后由单体布局进行组合、变化衍生出三合院、四合院的院落形制。

3. 建造

布依族石板房的承重体系以木结构为主，采用立贴式步架体系，石头山墙也可以作为承重结构。由于黔中地区木材较少，而有意节省材料，所以石板房民居相对较矮，一般为两层。当地主要采用的施工方法是"采筑同步"，"挖"、"取"、"填"三位一体的体系，即挖山开石、就地取材、填坡留空，这种建造方式省工省时。石块在平面上一般采取楔形错位交接砌筑，缝内填上石灰砂浆粘结好。从建造工艺上来看，既有用大小一致的块石安砌，又有用薄厚匀称的石片、石块垒砌，还有用圆形或椭圆形堆砌的"虎皮墙"，这种砌法工艺要求较高。石头房的屋面以石板铺设，有用加工过的石块作呈菱形排布的，也有采用未加工的自然石片，因陋就简，简单易行。

4. 装饰

布依族的装饰体系表现在石板房建筑上主要分两种：木作、石作。木作主要是窗花和木雕，包括门、窗等木质构

图2 石板房合院院门

图3 石板做外围护

图4　石板房村落鸟瞰

件以及家具。而石作则包括铺地、柱础等，作为建筑主体支撑结构的柱，多置于有精美雕刻花纹的石柱础上。布依族民居建筑装饰从自然界获得灵感，也反映了布依族人对自然界的原始崇拜。

5. 代表建筑

1）花溪镇山村民居

镇山村地处花溪水库中段的一个半岛之上，村内地形高差较大，约80m。使得整个镇山村形成依山而建、背山面水、层叠有致的布局特点。村寨掩映在景色迷人的古树林之中，犹如《桃花源记》中所写的："屋舍俨然，有良田美池桑竹之属……并怡然自乐。"镇山村水陆交通皆宜，交通条件优越。

2）高荡村杨家大院

杨家大院由于地形限制，为东西朝向。生活空间地坪抬高，由石阶联系室外地坪。主屋为一正两厢三开间，两进式布局。正中为厅堂，厅堂左右两间为卧室，厅堂后面为厨房。主屋下部空间为牲畜圈。此建筑空间布局的形成是由布依族人由来已久的生活、劳作习惯决定的。

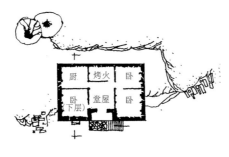

图5　石板房基本平面图

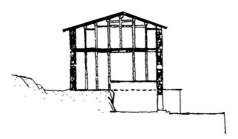

图6　石板房基本剖面图

图7　修建过程

成因

布依族石板房的造型最先受地理环境的影响，依山就势，与自然紧密结合，其主要表现在地形条件与气候条件等两方面。布依族在营造房屋时，首先考虑其地形的影响。布依族村寨所处地形地势崎岖，有"地无三尺平"的说法。所以，布依族人在布置房屋时，首先会结合地形，借助地形的不同对建筑空间进行组合。贵州气候温和、雨量丰沛，而黔中地区植被较少，在材料选择上，尽量使用当地的石料，做到因地制宜。因此，形成了布依族石板房特有的建筑形态。

比较/演变

布依族石头民居与屯堡民居有一定的渊源，两者在功能布局上基本相同，上层为居住，中间正房为堂屋空间，两侧布置卧室，上层通过和下层的院落或台地的组合形成独立的空间。从立面形态上看，立面由穿斗式结构构成，只不过因为民族、地域等的差异，屯堡民居显得更加丰富。从承重体系上看，布依族的石头民居是石木混合结构，木结构作为主要承重体系，石头山墙也可以作为承重结构，而屯堡民居虽然也是木结构体系承重，但石墙只是作为围护结构。

石构民居·垒砌石构民居

黔中地区岩石以沉积岩为主，包括页岩、石灰岩、白云岩和砂岩等，石料易开采、质量好、类型多使其成为当地居民建房择料之首选，而且工匠们在选择石料建造房屋时，根据石料的特性分别加以充分利用。从群落布局上来说，黔中地区以山地丘陵为主，建筑沿着等高线分布，房屋与房屋之间以石阶联系，层层叠错，形成垒砌石构民居古朴、自然的肌理。

图1 干砌片石墙

1. 分布

黔中地区，峰峦起伏，地形多变，北有乌蒙山屏障，南有云雾山主峰，珠江水系之北江、南盘江、打邦河、白水河等蜿蜒于群山峡谷之中，气候温润，是典型的亚热带季风性气候，适宜耕种。垒砌石构民居主要分布在该地区，尤其集中分布在布依族和屯堡人地区，另外在苗族、仡佬族等民族居住地也有少量。

2. 形制

黔中垒砌石构民居因其分布广泛，在石板房和屯堡中均有按照其建造方式筑成的建筑存在，因此，大体可分为两大类。以石板房为代表的一类，其基本形制为：主屋平面大多为一正两厢三开间的长方形，正厅作为生活起居空间，正厅前间为堂屋，后间为取暖等杂用。两厢各分前后两间，前作卧室用，后间分别为卧室和厨房。屯堡为代表的一类，其形制基本为"一明两暗"三开间，功能上基本与石板房一致，构成上以石构院墙围绕内部木构合院为主。

3. 建造

黔中垒砌石构民居支撑体系分两种：其一，采用木材外，建筑的其余部分，包括外墙、屋顶全用石料筑成；其二，山墙垒砌石构墙体作为房屋支撑结构，仅仅在屋顶的檩、椽采用木材。垒砌石构民居的特点在于石墙的砌筑上，有采用石块、片石及乱毛石三种类型，采用石块垒砌的在平面上一般采用三角形错位咬接的构造方式，咬接缝内灌石灰砂浆，使整体性加强，对咬接缝内灌石灰砂浆，使整体性加强，对规格、质

量要求较高的建筑采用扁钻铰口法砌筑。片石砌筑的石墙用料厚薄不等，一般在 2～10cm 左右，也有更厚者。当片石的上下面平整时，墙体砌筑的水平缝很细。不用砂浆直接垒砌的石墙凹凸不平的缝隙较密，外形朴素轻巧，给人自然、古朴的美感。

4. 装饰

黔中垒砌石构民居主要的细部装饰，充分利用石材，在山墙挑檐处突出部分的上端，做些象征吉祥之意的龙口雕凿，并雕凿半个圆球嵌合在"空口"之中，反映了这地区住民爱美和祈求祥瑞的天性。其他装饰纹样极少，体现建筑朴实敦厚的特色。

5. 代表建筑

1）平坝县天龙镇民居

天龙镇位于平坝县西南面，镇内建筑沿地形、河流纵横布局，错落有致，犹如迷宫。经过多次修筑扩建。镇内工艺精湛、设计精巧的明清古建密布交错。镇内城墙、街道、水井、民居、桥道、阶梯以及建筑的门窗、屋面等都用石头筑成。将石材运用到极致被建筑史学家誉为"石头建筑绝唱"。悠悠古韵的石构民居依山而建，布局合理，就地取材，石板铺的路，石材垒砌的墙，蕴含浓郁民族特色，令人叹为观止。

图2 台阶

图3 石墙肌理自然朴实

图4 三角错位咬接构造

图 5　乱毛石墙的朴素自然

图 7　墙体竖向砌筑

图 10　外墙采用扁钻铰法砌筑

2）七眼桥镇云山屯民居

　　始建于明洪武十四年，距今已有六百多年历史的云山屯，至今保存了大量的历史建筑，是古代商屯、军屯的实物见证。屯里保存有作为防卫工事的屯门、屯楼、屯墙。

　　云山屯有前后屯门，前门用巨石垒砌而成，两旁的城墙高 8m，厚约 2m，包围整个屯的屯墙全长有 1000m，墙上开有炮眼和垛口，各处制高点还设有哨棚，形成一套系统完善的作战指挥体系。

图 8　石拱门

成因

　　岩石虽然朴实无华，匠人在发挥不同石料特性的基础上，垒砌出多样的墙身，创造了多姿多彩的石构语言。黔中地区气候温润，但是在没有采暖措施或者说只有局部采暖措施的室内还是会感到寒冷，而采用岩石作为外围结构材料的保温隔热性能较好，为居住空间提供较为稳定舒适的室内环境。而贵州岩石比比皆是。且贵州岩石具有三个特点决定了采用岩石作为建筑材料的可能性：1. 岩层外露，便于开采；2. 材质硬度适中；3. 节理裂隙分层。因此，民间建造垒砌石构建筑是该地域气候以及具有丰富的高质量石材资源共同作用的结果。

比较／演变

　　垒砌石构民居作为建造类型中的一种分支在黔中地区分布广泛。布依族石板房、屯堡都有运用此方式建造的房屋。随着经济社会的发展，农民生产生活水平的提升，该类型建筑从层高上由两层发展到三层，布局由单体进行组合发展出三合院、四合院等形式。

图 6　内墙砌筑构造

图 9　"龙口"构造

城镇住宅·镇远民居

镇远古城是历史文化名城，位于贵州东南部，有府城与卫城两座，一北一南对峙于舞阳河两岸。汉高祖五年（公元前 202 年）在镇远设县，明朝时镇远已十分兴盛，成为湘楚入滇黔的交通重镇。镇远卫城位于舞阳河南岸，始建于明洪武二十二年（1389 年）。该城城墙南跨物老山，北临舞阳河长 3.07km，高 9m，宽 2.6m。六百余年来，卫城几经被毁、几经弥修，如今尚存 1.3km 城墙、上下两座北门与三座护城堤。

图 1　镇远古城鸟瞰

1．分布

镇远是黔东南苗族侗族自治州的一座山城，位于云贵高原向湘西丘陵过渡的斜坡地带，东与湖南省相接。历史上，镇远曾是云、贵、湖、广往来物资的集散地，商贾荟萃，经济十分繁荣，基于这样的特定的条件，镇远民居形成了独具特色的建筑形式。位于阳河北岸石屏山下的民居群与舞阳河两岸的临河民居，最能说明镇远民居的特点。

2．形制

镇远庭院民居的布局上因地制宜。它与民族村寨的布局一样，随山就势，有效地利用了可建空间。因此，建筑平面不是矩形，没有中轴线，有些院落甚至不在一个标高上，高差 1 ～ 2m，个别住宅高差竟达 10 余米，如镇远复兴巷杨宅，共有三进一园，一进与二进高差 4.5m，二进与三进高差 6m，一进二楼廊道接二进天井，二进与三进间有隐蔽的巷道相连，丰富了建筑空间，有园林建筑之情趣四合院的外形转折自由，或圆或方，随山的转折而建，与地形结合得十分巧妙。为了防水防火与防御山上石头滚落砸坏建筑，每栋四合院都在高于自然地面的台基上，封火墙高 8 ～ 10m，且因基础不平墙垛（马头墙）的错落也无一定规律。

然而内部建筑式样都是木结构穿斗式两层建筑，空间序列及营造制式严格。正房选择南向，一般为四架三间，也有六架五间的，厢房则根据地形有一侧厢与两侧厢的，部分民居有倒座。因可建面积所限，一进居多，三进以上的很少，正房与厢房有回廊连接。屋面坡度较大，普遍为六分水，檐口挑约 1m，这与贵州多雨有关。

3．建造

镇远临河民居的主要形式是前临大街背临河、前店后居的吊脚楼，有两种类型：一种是单开间筒式建筑，开间阔 3 ～ 5m，进深 15 ～ 20m，层高 3m 左右；少数也有两开间，临街面统为两层，临河面为叠落式吊脚楼，因舞阳河岸高 10 余米，沿河坎向下叠三四层，由砖柱或木柱支撑，各层由直跑楼梯连接，另一种是百年以上的民居，大多为庭院形式的木结构穿斗式建筑，两侧砌有封火墙。统为两进，前进两层为厅门

图 2　镇远沿河民居 1

图 3　镇远沿河民居 2

或商店，后进为多层吊脚相接、中间有天井连结、两开间以上的有侧厢。舞阳河河床南向倾斜，北岸高于南岸，故居民群集中在北岸。个单体联成一个整体，摩肩接踵，高低错落，极有变化。此种民居很好地发挥了横墙承重、硬山架檩的结构特点，使上下各层悬收自如，屋面长短坡任意安排，重檐、披檐相互参差，临河面普遍有较高的台基与支撑体，使横向组合的立面呈现出竖向装饰的效果，构成高低相间、鳞次栉比的丰富的外部轮廓。建筑亦多为白墙黛瓦栗色栏靠及门窗，层层叠叠地镶嵌在绿水青山之间，一派盎然生机。

4. 装饰

镇远民居大门无一定朝向，却很注重大门的建筑样式。门为封闭式院落的入门，户内即为户主的领地，大门的修饰，能反映出主人的身份与财富。无论地势朝向与阔窄，都切割成"八"字形青条石门框，两侧有方形户对，均雕有精美的图案。门楣上有单坡翘檐垂花门罩，并嵌花边门额，做法有繁有简，十分华丽，有活跃环境、密切人与建筑关系的功能。门前都有石阶，少则二三级，多则十几级石阶形状变化很多是为了保证主巷的宽度不受影响。台阶随路的走向变化自身的形状。门扇是用坚固的木料制作的。厚10cm，两扇门呈上小下大的梯形，采用这种形式，重心低，便于开合，门内均有附着封火墙单坡穿斗式结构的门楼一间。

镇远民居的文化气息十分浓厚，从庭院入门的装饰已可见一斑。房屋的装修亦独具匠心，建筑的尺度比例庄重大方，有别于江南民居的灵秀。主屋的门塌、窗榄与墙壁虚实结合得体，虚略多于实，在厚重的山区环境中增加了轻盈

图4　民居内庭

之感。窗榄柱础、栏杆裙板，以及梁的外露部分都有镂空或浮雕图案，内容取龙凤、神话故事与文房四宝等吉祥题材，造型古朴粗犷，但雕刻得十分精细，具有浓郁的地方特色，石门框上方正中都刻有"太极图"，意在镇邪。窗格及栏格的构成十分简洁，其中也发现有明式柳条窗与"步步锦"花纹，这与镇远悠久的历史与建筑中的文化承袭有关。庭院的天井除有采光作用外，还砌有池养鱼种花。有的住宅中有小庭院，少数住宅内有梯田，颇具田园情调，这在其他地区庭院还是少见的。

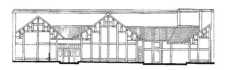

图5　镇远谭公馆剖面图

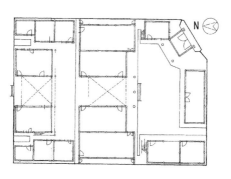

图6　镇远谭公馆平面图

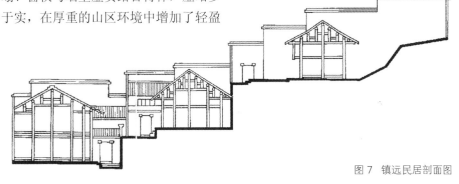

图7　镇远民居剖面图

成因

因受山地的制约、地区文化及民族习俗的影响，形成了自己独特的建筑风格，有别于江苏、浙江、安徽南部与湖南、江西等地的院落民居。

比较 / 演变

镇远是一座"以军兴商"的城市，是一座"移民"的城市，是一座多元文化交融的城市。特殊的地理位置使镇远自古以来就以"欲据滇楚、必占镇远"，"欲通云贵、先守镇远"的政治、军事要地著称于世，素有"滇楚锁钥、黔东门户"之称。历史上曾经屯兵2.8万，供奉白起、王翦、廉颇、李牧四大"东方战神"的四宫殿，以及石屏山上的古长城和众多的关、屯、堡等就是历史的鉴证。镇远也是湘楚中原西通滇黔至缅甸、印度等东南亚国家"南方丝绸之路"的重要驿站，明清时期衍升为黔东地区政治、军事、商业、文化的中心，历史上的"八大会馆"、"十二戏楼"至今仍有部分保存完好。长期以来，中原文化、地方民族文化、域外各国文化在这里相互渗透、交融，形成了独特的包容性文化，有"传统文化迷宫"之称。镇远是一座因武而建，因武而商，因商而兴，因兴而文的变迁古城。明代镇远屯军过后，来自中原、江浙等地的军属纷至沓来，带来了各地的建筑文化与信仰，从而使镇远成为贵州苗夷地区的一座移民城市，民居因而也别于周边少数民族建筑。

城镇住宅·隆里民居

隆里坐落于一片地势平缓的盆地中间。平广的土地经过千百年的开垦已经成为万亩良田。田畴的周边是屏障般的青山，一脉渊壁的龙溪河水玉带般依依不舍地挽着古城的一边，然后蜿蜒流过盆地汇入亮河。近八百户的人家在此历经600多年的历史，生生不息，在少数民族占大多的一块土壤上以汉人的生活方式自成一体。

1. 分布

隆里，原称龙里，清代名为隆里，谓"隆盛之理所"，位于锦屏县西南边沿，距县城64km。南与黎平县敖市镇接壤，距黎平县旅游景点天生桥23km。隆里地形为一片开阔的山间盆地，良田千亩，阡陌纵横，四周群山环抱，浓荫覆盖。这座瑰丽的古城始建于明洪武十九年（1386年），永乐二年（1404年）夏筑，为明代重要军事城堡。

2. 形制

隆里古城是用卵石框边筑成的土埂，周长1500m，高4m，宽3m。这里街巷纵横交错，建筑整齐和谐。隆里城设置东、南、西、北四方城片。城门设置虚虚实实，让人感到"明通暗塞，暗通明阻"。隆里古城建筑的风格实现了人与自然的统一，它超前、合理的规划布局，令现代人望尘莫及。隆里古城有72姓、72口水井。隆里古城建筑是王昌龄边塞诗派、京城建筑及当地劳动人民智慧的结合体现。隆里古城虽经数百年风霜侵蚀和火灾的劫难，但整座城的外貌仍保持完好，是我国南方高原保存最好的古城之一。如今城内尚存十多口井。隆里古井独具特色，有方形、圆形两种。井口分别高出地面约1m，四周用青石凿成井台，井的内壁用鹅卵石砌就，其上布满绒毛般的青苔，每个井口可见吊绳磨出的痕印，井中常年有水，供人们饮用洗涤、消防。隆里的古井成为古城民俗的一个景观。

古城的街道自成体系，所谓"三街"、"六巷"、"九院"，多以住户姓氏命名。如王家巷、鲍家巷、胡家院子、张家院子等。隆里的街道横折曲行，没有十字路口，全是丁字路口，这种安排取意于人丁兴旺之理念与祈愿。全城的街道用鹅卵石镶嵌而成龟背形的花街，路面光滑平整清亮干净。有的院子街巷中的路面还有花纹图案。南门大街便以蜈蚣图案著称。晨昏之际每当光线斜射之时，一条硕大的蜈蚣影像便绰约爬出地面，平添了街趣。

3. 建造

民宅类型有一进院、四合院、多进套院等格局。其平面布置自外而内，先门第，后前屋，再按正屋、后屋。每一进院皆以"四合天井小院甲第"等相隔。天井的三面是厢房和正房。院内院外有布置合理的排水暗沟。每家天井中有一青石长方形防火水缸，内蓄清水以备火患。古城的宅基均高出街面1m，临街

图1 隆里民居二层外廊

房屋排列整齐有序。当街入院或入户的门前清一色的是数步青石台阶，这是古城的一大特点。院落之间的楼舍清一色三间两层风火墙，上面青砖灰瓦，兽背鸟翅，飞檐翘角，宝顶装饰。有院子的大宅人家，门楣上方有匾额，标示着主人的籍贯和身份。如"济阳第"、"颍川进第"、"关山第"、"五柳堂"、"济阳第"、"书香第"、科城中有高大祠堂，规模宏大，气宇轩昂。至今保存下来的有王氏宗祠、江氏宗祠、杨氏宗祠、陈氏宗祠等。置身于这些气象不凡的建筑中，让人感觉到这里曾经是一个尊崇香火递续，家法严整的文明社区。

4. 装饰

这里的民居建筑全系砖木结构瓦房。由于该地居民来自不同的地方，反映在建筑上便有了北京四合院的格局，

图2 济阳第

图3 清阳门

图4　石门坊

图5　将军第

图6　门窗装饰

图7　精美木雕

江南水乡的韵味，安徽民居的精致，江西民宅的构形以及本土苗侗民族干栏房屋的形式等多种风格的民居建筑。

5. 代表建筑

隆里古城将军第

古城内的民居排列有序，大量具有精湛营造工艺的明清时代的四合院和民居建筑较完整地保留下来，现有古民居以陶家院、科甲第、书香第、宗祠等最为具典型。以将军第为例：其楼舍皆为三间两层填封火墙式，上着青瓦兽脊，中间勾勒宝顶，两侧山墙翘角凌空。民居平面布置自外而内，为前屋、正屋、后屋格局排列，房屋均与四合天井相接，天井两旁为厢房，二楼为居室，院院相连结合为二、三进四合院落，后院种菜或栽花。所有房屋均为砖木结构，堂屋镂空雕刻鱼虫鸟兽，惟妙惟肖。

宅居均高出街面约1m，门前为三步青石台阶，两侧设护座石，大门均八字门，门框上方是匾额，彰显主人的郡望、名望或家风。民居一律用优质杉木建造，不用一钉一铆，结构缜密，工艺精良。窗格木雕精细，榫头等木制构件各式图案，以象鼻榫头（寄寓封侯拜相）最为普遍，室内家具装饰典雅，设有神龛、桌椅、撑凳等。

成因

隆里是锦屏县的一个只有780户人家的小镇。这是一座明代屯军的古城堡，从明洪武十八年（公元1385年）设立"龙里千户守御所"算起，建城迄今已有600多年的历史。这里的居民是明代"江南九省"随楚王朱桢征伐云贵的屯军者的后裔。这批移民因战争而来，但也把中原和江南先进的农业生产技术，以及中原和江南的文化带到了这里。据当地《龙标志略》的记载，这座古城鼎盛时期曾是"城内三千七，城外七千三，七十二姓氏，七十二眼并"。清顺治十五年（1685年），龙里千户守御所更名为"隆里所"，这个名称沿用至今。

锦屏地处黔东南边地，这里是苗族侗族聚居之地，但古城隆里的先民乃是由中原江南九省移民到此屯军，后解甲归田，融入这片土地之中，故今天隆里的居民绝大多数为汉人。他们的生活方式、建筑、习俗、节庆等仍保持浓厚的古老汉文化的样式。

比较／演变

隆里城原本为军事屯堡，随着战事的消弭，戍边的兵士逐渐变为耕田商贸的平民，丁戈玉帛之间风气转为柔和安泰，人们安居乐业于斯。经过岁月的冲刷，这里已褪尽了战火烽烟的气息，遗留下的是一派恬淡祥和的氛围。从当地的寺庙、书院、祠堂、碑表等文物中，可感觉自得到武功之后，文治以来淳厚的文明气象。

据说唐代著名的诗人王昌龄曾谪居过隆里，隆里后人一直对王昌龄的人生遭际充满了同情，对他的学识也充满崇敬。人们在龙标山麓，龙溪河畔修建了"状元墓"，"状元桥"，"状元祠"等建筑，以作为对这位文人的永久纪念。这些建筑至今大多保留下来，成为隆里重要的人文景观。

城镇住宅·黎平翘街民居

翘街位于贵州省黔东南苗族侗族自治州黎平县城德凤镇,地处江南丘陵向云贵高原过渡的特殊地理位置,它的街道两头高中间低,形如扁担,由此得名为"翘街",又被称为"扁担街",是黎平境内尚存较好的汉族风格清代建筑群。于2011年6月11日获得"中国历史文化名街"称号。

图1 翘街的局部鸟瞰

1. 分布

翘街所在德凤镇,地处县城东面,东经109°14′,北纬26°24′。境内平均海拔550m,年平均气温15℃~16℃,地处湘、黔、桂三省(区)交界,江南丘陵向云贵高原过渡的特殊地理位置。

2. 形制

翘街依坡势而建,东起城垣东门,西至二郎坡荷花塘,全长近1km,中段下凹,街的两端似扁担微微翘起,主街东段临近东门称为东门坡,南段曾有供奉李冰父子的"二郎庙",称为二郎坡。中段还分布着"两湖会馆"、"黎平会议会址",当街两旁以四合院为主,临街全为铺面。这种四合院,四面封火墙高筑,琥珀色墙体,马头墙高翘,平面如方印,俗称"印子屋"。"黎平会议会址"为晚清建筑,前低后高,建筑分为三进,是黎平城内十分讲究的古式建筑,第一进为店铺;第二进为住宅,有明、次、稍间;第三进为后花园。

3. 建造

翘街均宽8m,长274m;街道中轴线为白石板铺墁,条石宽约1.5m,两侧用大青条石和鹅卵石铺成。边缘靠建筑物处,用白石镶砌为排水沟,翘起的两段部分斜坡为条石砌台阶。

翘街两边的巷弄数不胜数,包括后街、左所坡、右所坡等,含宋家巷、姚家巷、大井街、双井街等,这些巷道均是鹅卵石墁街,石梯连接,具有浓厚的地方特色。

4. 装饰

翘街四合院上的马头墙、翘脚、白墙青瓦呈现出典型的南方风格,封火墙上翼角飞翘,墙上的彩绘精美细腻,房屋的门窗装饰,图案古朴、典雅。

街区内所看见的"翘角楼",除了两旁为青砖建筑封火墙外,其他部分基本上都是木质结构,门窗墙面装饰古色古香,在"翘角楼"屋檐上雕刻着惟妙惟肖的镇宅神兽,屋翘角高低错落有序。

翘街的街口处一座高大的石牌坊上雕刻的两副对联由黎平的乡镇地名和历代名人的名字组成,上联把黎平县城自古以来的地名镶嵌其中,下联把黎平著

图3 翘街一端

图2 黎平会议会址

图4 两湖会馆

图 5　房屋的主梁上的木雕

图 6　屋顶的镇宅神兽

名的五个先贤——何腾蛟、朱万年、侗戏鼻祖吴文采和陆沧浪（受贬的京官、黎平文化先驱）列在其中。

5. 代表建筑

黎平会议会址

黎平会议会址，坐落于贵州省黎平县城翘街二郎坡 52 号，为晚清民居建筑，占地面积近 1000m²，四周空斗封火墙，房屋面宽五间。

整个会址前高后低，分为三进，是典型的黎平古式木楼建筑。会址第一进为店铺；第二进为住宅，分出明间、次间、稍间；第三进为后院花园。会址正中为一座门楼，跨过门楼为一个大院，有九个大小不同的天井。第一进门面左墙壁书"铜鼎瓷器"四个行书大字，第二进有一较大的天井，正堂雕塑"二龙戏珠"，左右窗边有"苏洋广货"、

图 7　黎平会议会议室

"京果杂货"等行书大字。正堂对面雕塑两只大凤，雕刻精美。墙顶有一屏峰台塑有狮、鸟、兔等。左右为格扇门书房，房后为小天井，置有青石水缸。

成因

黎平民居地处以侗乡之都、历史文化名城和山水宜居为特色的黔、桂、湘三省交界区域中心城市，自然山水风光秀美，民族风情多彩，从宋、元时期的"土司文化"，明清时期的军屯、商贾文化，黎平会议为代表的红色文化和延续传承至今的侗、苗文化，厚重的历史与红色文化成为了其形成的重要因子。

历史发展中繁荣的商贸为黎平带进了考究的南方建筑特点，勤劳智慧的当地人把江南建筑技术、艺术与少数民族文化和当地的建筑技术融合在一起由此形成了独具地域特色的黎平民居。

比较 / 演变

黎平民居与"四大八小"民居相比，均为四合院院形式，采用砖木架构，黎平民居与苗侗文化的结合使其更具地域民族特色，装饰显得更为精美、细腻。

图 8　翘街街口石牌坊

城镇住宅·青岩民居

青岩古镇是国家级历史文化名镇,位于贵阳市南郊28km,与花溪区中心区相距十余公里,210国道与之相连,也是贵阳通往惠水、罗甸、广顺等地的交通咽喉,交通十分便利。青岩古镇军事文化浓厚,古人在选址与建设中,因地制宜,随形就势,建造了亲切自然、风貌独特的要塞型高原古镇。在民间广为流传着"九龙抢宝"一说,是对青岩古镇山水自然环境的缩影,不仅体现了古人在古镇选址中的高超理念与技术,同时又诠释了青岩古镇作为"要塞"的含义。

图1 周王氏媳刘氏节孝坊

1. 分布

军事类建筑、宗教建筑、公共建筑及民居建筑组成了青岩古镇多元的建筑类型,其中古镇民居多自然分布于街巷两旁。古镇街巷风貌沿袭明清,四条主要街道呈"十"字纵横,街道构图负阴抱阳,尺度宜人,两侧古建筑随形就势排放,风貌犹存。

2. 形制

青岩古镇的军事建筑具有我国传统城池的建筑风貌,城楼和城门大气恢宏,城墙随着山势,蜿蜒曲折的变化。

古镇"众神齐聚",各式宗教建筑风格在这里存在,相对于民居建筑,建筑形制较高。古镇的公共建筑数量较小,其中文昌阁、万寿宫、赵公专祠等,都呈多进院落。古镇的民居多呈合院式布局,或三合院,或四合院,庭院成为中心,正厢合理摆布。由于古驿道的影响,沿街的建筑自然生成为店面式,或前店后居,或下店上居,一楼一底,双重檐小青瓦屋面。

3. 建造

建筑材料以木、石、土为主,都是易取、造价低廉的乡土材料。因人口多为汉族,现存老建筑表现为明清时期木构建筑的典型特征。大多为贵州典型的穿斗式悬山顶木结构建筑,外围护为典型有特色的竹编墙。部分老建筑因外墙破损在变革中被改造成砖墙木构架的建筑。

4. 装饰

青岩古镇的建筑其装饰是比较简朴雅致的,基本上都是民间的做法,是与其历史上边缘的政治区位有关系的,基本没有官式的做法。在建筑造型上,悬山顶覆小青瓦、"八"字朝门、封火墙、门窗、腰门、重檐、飞脚等成为独特的建筑符号,能够透视出多地区建筑文化的融合。

5. 代表建筑

1)北街43号

北街43号位于古镇北街43号,大约建于100多年前。沿街三开间,两边商铺,中间过厅,原由姓杨的三兄弟居住,一人一开间。后来有两兄弟在1958年搬去贵阳,北边两间因年久失

图3 前店后宅式平面图

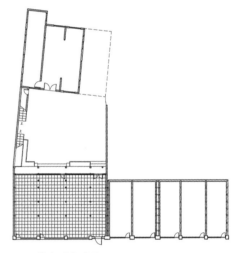

图2 青岩全貌

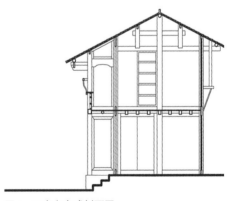

图4 下店上宅式剖面图

图 5　定广门

修现已废弃，结构框架暴露在外。南边一间由一个兄弟居住，经整修现为砖结构住房。

2）北街 46 号

建筑位于北街 46 号，建于清朝末期。原为三家王氏住宅，三合院形式，东房现已拆除。

3）南街 93 号

位于古镇南街 93 号，紧临定广门，大约建于 200 多年前。当时由商人建造，因临近古驿道，主要以贩卖海盐块为主，兼买酒、桐油（点灯），并无自己的作坊，为典型的前铺后房。

图 6　民居

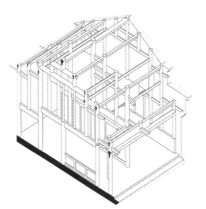

图 7　北街 43 号轴侧图

图 8　沿街店铺

成因

青岩古镇就坐落在这一带核心位置较高的台地上，整个古镇视野开阔，避风向阳，气候条件极佳。青岩古镇又是多民族聚集地，移民汉族和当地以苗族和布依族为代表的少数民族汇聚一堂，形成了兼容并包的民俗文化与建筑风格。青岩古镇作为贵阳地区粮食运输的生命通道，商业也随之繁荣。南门古驿道一度成为青岩古镇的名片，象征了古时商业的繁荣景象；而如今的万寿宫其实古时是江西会馆，真主庙古时为四川会馆。同时，对外来文化的包容，使青岩古镇"万神齐聚"。佛教、道教、基督教、天主教一镇共存，成为青岩古镇的一大特色。青岩古镇因其特殊地理环境，融中西文化于一地，汇传统文化、商业文化、宗教文化、革命文化于一镇，内涵丰富、积淀厚重，青岩古镇被称为"古镇万花筒"。

比较 / 演变

由于古镇因军事和"粮道"而繁荣，多元的文化在这里交融，中原文化、西方文化和当地的少数民族文化激发了古镇多元的建筑风格，各种建筑在这里和谐相处。古镇的建筑形制也多受到古驿道的影响，沿街多为店面式建筑，民居多为围合院落。因历史客观原因，在 20 世纪 70 年代，青岩古镇的历史建筑破坏严重，一批历史建筑受到了极大的破坏。同时，由于人民生活水平相对的提高，受到外来"平顶小砖房"的影响，青岩古镇的建筑风貌在一定程度上受到了影响。

城镇住宅·永兴古镇民居

永兴民居位于湄潭县东北部湄江河上游，总面积 168.5km²，辖 13 个村，四周群山环抱、一水镶嵌，326 国道横穿境内，永兴民居建筑风格兼具黔北地域特色和江南建筑风格。

图 1 院落中用于消防的"太平缸"

1．分布

永兴民居，分布于湄潭县城的东北部，距县城约 20 km，地处东经 107°35′，北纬 27°52′。境内地势较为平缓，平均海拔 817m，所在地属亚热带湿润季风气候，多呈坝地兼丘陵状，气候宜人，距遵义 70 多公里、贵阳 200 多公里、重庆 300 多公里，326 国道、杭瑞高速和正在开工建设的黔北高速及即将开工建设的昭黔铁路交汇于此，是黔北通往黔东和湘西的交通要塞。

2．形制

整个永兴民居结合地形自由布局，集镇一街八巷，呈柳叶状，街道随地形布局分布，两旁历史建筑群遮檐长伸，檐口配瓦当、滴水，街中两米宽的石板路为古时骆马道，民居沿街修建，衔接

紧密，多呈院落布局。

院落以封火墙围护，呈轴线对称，主次分明，为悬山穿斗式木结构，院中置有大小相似、容量相当、盛满清水的被称为"太平缸"的石水缸。民居层数一般为两层，正房也有三层，通常而言，房屋一层住人，二层放物，分为堂屋、厢房，堂屋通常为祭奠先灵的地方。

3．建造

永兴民居院落空间以三合院为主，围护结构多采用墙体或木装修围护，建筑多为木构架建筑，屋面系统覆盖青瓦，整体颜色以白、褐、青为主，院落地面多采用砖石铺地。

民居以砖木形式居多，楼地面采用木板铺地，与地面保持一定的空间。

4．装饰

古镇内民居装饰主要集中于石门、窗、栏杆、屋脊等构件，石门、栏杆、屋脊上的雕刻主要以花草、人物、吉祥图案为主，雕刻精美华丽，窗户以格子窗配以图案，上方用青花瓷片镶嵌为花草或字样，简单不失高雅，所覆瓦为阴阳合瓦的小青瓦。

5．代表建筑

浙大永兴分校教授楼旧址

教授楼旧址，位于永兴镇四街，万寿宫东侧，始建于清乾隆末期至嘉庆中期，东西两边有河流，背靠象山，为 1940 年春浙江大学一年级迁入永兴办学时期教授宿舍的租用民房，校分部主任储润科教授等在此居住了 6 年。

楼为砖木结构穿斗式悬山青瓦顶一

图 2 永兴古镇局部鸟瞰

图 3 古镇内保存完好的历史民居建筑

图 4 欧阳曙宅石门

图 5 永兴古镇历史建筑上的精美雕刻

图 6 浙大永兴分校教授楼旧址

图 7 绵延不尽的"万里茶海"

楼一底，属近代城市木房建筑，一楼围护结构采用白色墙体及木装修围护，二楼其建筑镂空雕刻，窗户以格子窗为主，屋面系统覆青瓦，院落地面采用砖石铺地。

成因

永兴民居起源于明洪武年间，太祖朱元璋实行"屯田制"而渐兴村落，大批湖广、江西、四川商人成群集队涌来，在仅有十余户人家的马桑坪修房造屋建街道，永兴民居的形成与其所处特殊地理位置及社会文化有着密切的关系，受黔北文化影响，永兴民居建筑风格极具黔北地域特色，建筑多为木构架建筑，以抬梁式和穿斗式为主，阴阳合瓦的小青瓦，格棚花窗为装饰，结合地形自由布局，造就了今天的永兴民居。

比较 / 演变

永兴民居与扬州东关民居相比，扬州东关民居所在街巷呈现"鱼骨状"的线形空间肌理，为纵横交错的青砖巷道和长条板石街道，房屋采用叠梁式或穿斗式木结构，或者在山墙和横墙上搁置木檩条并做小青瓦屋面，而永兴民居集镇呈柳叶状，一街八巷，屋顶架构采用木抬梁式和悬山穿斗式的方式，更体现出黔北地域文化特征。

图 8 浙大西迁留下的欧阳曙宅

土司庄园·彝族大屯土司庄园

始建于清道光年间,建筑面积1200m²,坐东向西,依山按中轴对称三路构筑布局,逐级升高,纵深递进,呈长方形。它依山势而建,庄园整体布局为中轴大体对称的大规模三路构筑,各路皆有三重堂宇。左路建筑有东花园、粮仓、绣楼等。中路建筑有大堂、二堂和正堂,各路堂宇之间均有石坝或内墙间隔。墙外四周分别筑有碉堡6座。院内进深80余米,横宽60余米,整个占地面积5000余平方米,建筑布局层层深进,气势宏伟。

图1 毕节大屯土司庄园俯视图

1. 分布

在彝族聚居的贵州西部地区,至今保存有许多历史上遗留下来的土司建筑物,其中规模最大、价值最高、保护最好的,首推毕节大屯土司庄园。

大屯土司庄园位于毕节东北部,坐落在大箐山麓,距毕节市区90余公里,始建于清道光元年(1821年),为彝族土司后裔余象仪所建。其后经余达甫增修、扩建,逐步形成横宽50余米、纵深60余米、占地3000m²的庞大建筑群。

2. 形制

庄园依山势而建,坐东南向西北,由缓坡低平的台地,逐次升高。整个庄园占地5000余平方米。整个建筑呈中轴大体对称的三路主体构建。每一路都有三重堂宇,既相互独立又互贯通。

进入院门,先是轿厅,二进是客厅,名为"遂雅堂"。然后是西花园,园中有双环亭鱼池,池上有一座精巧的风雨桥,桥两边是空花护栏和靠坐,供歇息观鱼之用。园子中小桥、回廊、花窗、隔扇相互联系,依势起伏,玲珑别致,显示出工匠们的聪明才智和高超的技艺。第三进建筑是祠堂,这是一幢二重檐的木楼,形制庄重。轿厅、客厅、祠堂均为面阔三间,是为歇山顶式建筑。

右路依次为花园、客厅、仓库、绣楼。东花园也称亦园,客屋面阔三间,悬山顶。仓库已在50年前拆除。绣楼有上下两层,面阔三间,悬山顶,四面间廊,楼上是女眷们刺绣玩乐的地方。

转到中路的前庭,依次是面阔五间的大堂,二堂和正堂。这三幢堂宇是整个庄园的中心主体建筑,正坐在中轴线上。大堂高耸在3m高的台基上,占地面积约250m²,上有藏砚楼,前、后、右三面有回廊。右面为歇山顶,右面为悬山顶,两边不对称,似融入建筑群中看起来依然和谐周正。

3. 装饰

大屯土司庄园不仅建筑雄伟,规模宏大,建筑工艺也相当好,其木雕、石雕非常讲究,主要表现在撑拱、月梁、门窗、柱础、垂带等部位上。彝族历来

图2 大屯土司碉楼

图3 大屯土司堂后廊

图4 虎纹石刻

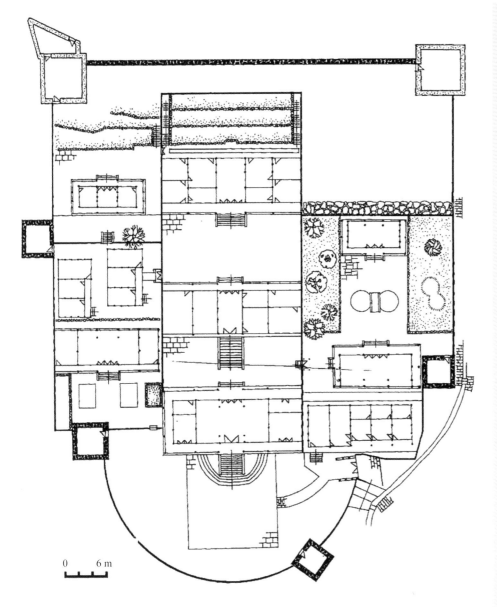

图 5　大屯土司总平面图

0　　　6 m

成因

大土司庄园的主人余象仪、余达甫，均是明末四川永宁（今叙永）宣抚使奢崇明的后裔，安史之乱后，崇明之子改姓余，避祸隐居。清末，奢崇明的十一世孙余达甫过继给其伯父余象仪，移居毕节大屯，余达甫虽为土司后裔，且系前清举人，且曾留学日本，参加过辛亥节命，他的生平事迹，使这座不同凡响的土司庄园愈加具有保护、研究价值。

比较 / 演变

庄园主人余达父打造这座大宅时，并没有忘记自己彝族的身份，虽然格局和房屋形式取自中原、汉族和日本建筑的混合样式，但却又把自己民族文化的观念也融进了这件建筑作品之中，例如，彝族文化中有贵左轻右的观念，因此，宅主将祠堂和正客厅（遂雅堂）置于左路，且庭院中又配以环亭池鱼花桥，而以偏客厅和女眷的刺绣楼置丁右路。此外，在这个建筑的一些细节处理上，装饰了大量的彝族文化中最为重要的文化符号。比如堂宇的柱础上的图案是娃虎图形的变形和抽象，这是主人在接受汉文化的建筑样式的时候，又不忘将自己民族的图腾用在台阶、柱石、廊拱的装饰上，这不能不说他善巧的用心。

今天人们看到的这座庄园是在尚存的主体建筑的基础上修复还原出来的。

尚虎，喜以虎头纹作装饰，在许多土司建筑物的柱础、栏板、望柱、门板、门斗以及山墙上，都雕刻、绘制有造型各异的虎头纹。大屯土司庄园的"虎文化"尤其明显。

图 6　精美木雕

图 7　大屯土司祠堂

土司庄园·土家族衙院土司庄园

岑巩县衙院寨，村寨依山而居，现有 50 多户人家，200 余人，其中田姓土家族 45 户，这里的土家族民居建筑古朴雅致。衙院田氏土司是贵州四大土司之一，衙院这片住房是田氏土司后裔田维栋重返故土定居岑巩注溪后，于清初建成的，衙院庄园因此而得名。

图 1　岑巩衙院寨

1．分布

衙院土家寨，位于岑巩县城西 18 公里，龙江河南岸，它是思州田氏土司后裔的世居地，属岑巩注溪乡。

2．形制

衙院土司庄园建筑，始建于清乾隆至嘉庆年间，有 15 座大印子房院落，一律坐西朝东，东西进深 500m，南北长 1000m。印子房之间有花石铺砌的巷道相通，整个寨子围着一道泥石砌筑的土墙，建筑规模之宏大就土家族村寨来说是少有的。土家族民居多依山就势，"坐北朝南"或"坐南朝北"，很少有东西房，一般为三间"一"字式，或有五间者。中间为堂屋，是祭祖、迎客及办红白喜事处，迎面后墙设祭祖神龛。堂屋多为原生土地面。左右次间称"人间"，为主人的卧室。地面为架空约 60cm 的木地板，临外檐的石地袱上开有古钱式通气空洞。进深较大的民居，人间又划出后间，分别住人。右边人间前半为灶房，地面上架有木制的火炕（火铺），火炕中心有砖或石砌一炕框，中为火塘，塘内置三脚架，为做饭之处。故此间又称火炕屋或火铺堂。全家坐在火铺上，围着火塘炊作、吃饭。火炕上方悬一木烘架，以烘烤食物。住房内皆铺木地板，使用矮坐具或蹲在地上操作，这些做法都带有席地而坐的遗风。

3．建造

民居构架为穿斗式木架，落地建造，一般为五柱六棋者居多，穿枋较密，前后檐有较大的出挑，多利用天然弯曲材制成挑木。每座印子房自成体系，有一座围合宽敞的院落，有石墙、石门、石阶、石料铺成。

天井。石门上有飞檐翘角垂花罩。墙为砖石结构，3m 高，墙檐下粉有白边，上有彩绘。每座印子房都布置有正房、厢房与对厅，构成了功能齐全、空间布局巧妙的四合院。前水后山，绿荫环抱"龙砂水穴"齐备。屋面盖小青瓦，房屋有阳沟排水。这一地区土家族民居以平底两层房居多，离地面约 30cm 垫石立柱，是干栏式建筑的一种演变形式。

4．装饰

房屋构造形式为木结构。穿斗式建筑，一般为五柱八瓜。三开间明间为堂屋，开间 4.26m，进深 8m，前有"吞口"，衙院田氏嫡裔都要安装"六合"大门。建筑飞檐翘角，雕窗画栏，古色古香，显示了封建时代世袭土司门第之显赫。木屋的花檐和窗帘，雕刻古雅，有"喜鹊含梅"、"龙凤呈祥"等图案。砖墙檐下绘有梅、兰、竹、菊、荷花，"人"字形墙上绘有"书扇叠葫芦"图案；大门呈"八"字形，门楣正中刻"八卦太极图"。

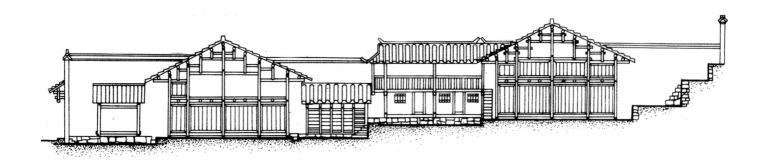

图 2　纵剖面图

图 3　注溪田氏衙院

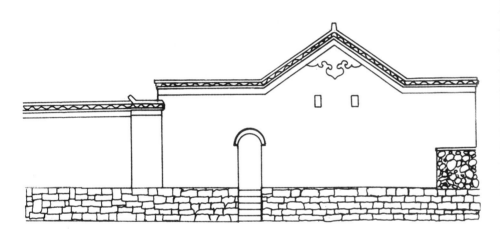

图 4　立面图

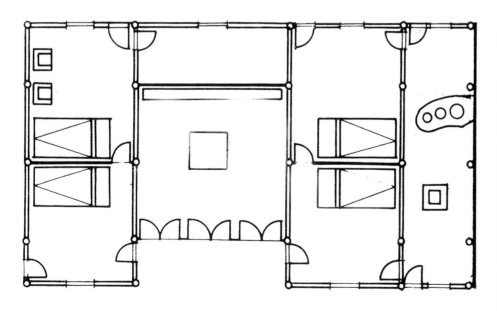

图 5　正房与梢间平面图

成因

岑巩古名思州，据史志记载，隋唐时期已置州县，有"先有思州，后有贵州"之说。县城居于峨山东麓，龙江之滨，是一处山青水秀的好地方，思州田氏是贵州四大土司之一，从隋开皇年间（582 年）起，世袭 830 多年，一世田宗显与十四世田祐恭被上家族尊为"土主"、"土王"。明永乐十一年（1413 年）二十六世田琛获罪，籍没家产，子孙逃散，衙院寨这片住房是田氏土司后裔田维栋重返故上定居岑巩注溪，于清初逐步建成的，衙院庄园因此而得名。在原衙院寨 800m 的地段上，接连矗立 7 座贞节牌坊，寨前还立有田氏后裔应试中举的功名华表 20 多座，可见衙院田氏是思州的名门望族。

比较/演变

岑巩县境内土家族民居与别的民族民居不同之处，即在正房左侧加一梢间，为设火塘与厨房的地方。结构方法是，一侧在主房的柱上加羊角爬耳，另一侧加柱架梁穿斗而成。这里构成生活专用空间，并在结构上作了单独处理，房架另立，增减无需影响整个结构，对防火亦非常有利。田家大院住宅的梢间由院墙承重。这地区土家族民居是干栏建筑的一种衍变形式，离地面约 30cm 垫石立柱。底层为居住层，顶层为贮存粮食，堆放杂物。饲养牲畜在户外，与居住空间分开，卫生条件较好。

其他民居·山地单进合院

合院民居属于传统民居的典型形式之一，单进式合院民居又是分布最为普遍的。贵州的自然气候、地形地貌、民族习惯赋予了该种民居独特的特点，使其既传承了传统四合院的布局结构又有自己的文化和地域特色。相对于北方传统合院民居，空间组织形式更加多样，或中轴对称，或因地制宜，体现了"天人合一"建筑思想。山地合院民居在贵州分布较为广泛，地方材料资源、经济技术水平、生产生活习俗等多种因素的影响下，其形制和建造工艺在各地区存在一定差异。

图 1　云山屯熊家大院

1. 分布

单进式院落作为最为常见的院落形式，广泛分布于贵州各地，受当地军屯文化、商屯文化、民族生活习惯等影响，各地区院落空间既统一又各具特色。如安顺地区以屯堡文化为特色，黄平旧州以兼具贵州特色和南方建筑为特点，镇远一带则以前商铺后住宅的院落形式为代表。

2. 形制

庭院布局随山就势，或房房相连，形成四方围合的型式，此类院子较小，被称作"天井"，形成原因是贵州潮湿多雨的气候特征，其作用是排水和采光（"四水归堂"）；亦或房房分离，以墙相连，形成一个对外封闭、对内开敞的向心空间，以满足家庭生活和社会活动的需要。受中国传统礼制次序思想影响，贵州合院民居依然保留了布局大致追求中轴对称，正房居中、厢房对称位立两侧的普遍规则；但是，建筑平面因受用地所限而显不规则，大门无固定朝向，宅门前有高石阶，受地形限制，时圆时方。各建筑也不在同一水平面，其正房一般通过台基置于院落最高点，面阔三、五、七间，中间为堂屋，堂屋是迎宾会客或供奉神龛的场所，堂屋两侧的偏房主要满足生活起居功能。

厢房地坪一般低于正房，通过楼梯和台阶满足上下通行，一般底层作为储物间或厨房之用，二楼安排为卧室。有的将厢房上部连成一体，两厢房的楼下即为入口"朝门"，围成封闭式院落。

另一种典型形制前进为商店，后进为多层木结构吊脚楼，中间由天井链接，两侧有封火墙，建筑多为白墙黛瓦栗色栏靠及门窗。

3. 建造

建造之前请风水先生根据主人家实际情况确定选址、建筑朝向、院落布局及动土时间，就地取材，以木结构、石木结构、砖木结构为主，多数为二层建筑，以传统的"间"为基本单位，房屋开间多为奇数，一般三间或五间，以柱、枋为基本构件，采用穿斗式结构，屋面为覆瓦坡屋面，柱子、屋梁、穿枋等有上千个榫眼。

为适应潮湿多雨的气候，外墙体一般有近80cm高的高勒脚（也称作"铺台"）、室内加木地板架空、柱脚上添

图 2　吊脚柱雕刻

图 3　铺台

上一块石墩，使柱脚与地坪隔离，既加强柱基的承压力又起到绝防潮作用。木匠从来不用图纸，全凭着墨斗、斧头、凿子、锯子和丰富的建房经验。

院内设置完善的排水系统，空间较大者辅以花木，师法自然，以营造自然之美，体现人与自然和谐相处的理念。

4. 装饰

装修古朴，色彩淡雅，不施油漆，窗棂柱础，栏杆裙板，以及梁的外露部分都有镂空或浮雕图案，内容取龙凤、花鸟虫鱼、吉祥文字等吉祥题材，造型古朴粗犷，但雕刻十分精细。

5. 代表建筑

1）盘县杨子白故居

扬子白故居位于馆驿坡中段，单进

图 4　熊家大院入口

图 5　门墩石

式院落，建筑面积 260m²，悬山顶、砖木结构、屋面为青瓦坡屋面，正房、倒座房三开间两层楼，利用可移动梯子连通建筑内部一楼二楼，厢房单开间一层位立两侧围合而成四合院，前为商铺后为住宅，商铺较街道高 1.33m，内廷为院落最低点，需经过台阶方能进入房间。可通过商铺堂屋和倒座房旁的巷道两个出入口出入院落。为防水建筑外立面设防水青石铺台，木构架不直接坐落地面，而是通过石材连接地面，以天井排出生活污水和雨水，室内装修简单，窗格图案精美大方。整体格局基本完整，但人为破坏严重。

2）安顺云山屯熊家大院

熊家大院位于贵州省安顺市西秀区七眼桥镇东南 8km 云鹫山峡谷中，始建于清末，新中国成立前为沈华清居住，新中国成立后分给熊金保三兄弟居住。

最突出的特点是全封闭的格局，防御效果好。建筑依山就势而建，就地取材，采用穿斗式木构架，干摆石板屋面，该住宅由朝门、东厢房、西厢房、正房组成，占地面积约 225.74 ㎡。正房坐西北向东南，分上下两层，悬山顶石板瓦屋面南北坡水，在 100×30 椽皮上盖石板瓦，正脊及脊饰采用小青瓦干摆。

图 7　杨子白故居剖立面图

东厢房南侧梁架与正房连接。西厢房坐西南向东北，采用抬梁穿斗式混合式木结构，北侧梁架与正房连接。其二层设计有石构射击口，以防范贼匪的骚扰，其攻防兼备的建筑设计源于其军屯的防御意识。防排水系统设置合理，天井内设排水暗沟将水引致院外，各房基础均高于天井原地面，需通过台阶进入室内，室内外均为青石板地面。

图 8　杨子白故居临街面

图 9　杨子白故居窗户装饰

成因

贵州境内单进合院民居是随着人们对居住要求和审美水平的提高而产生的，当单栋住宅不能满足人们的需要时，就开始向多房间组合的民院发展，单进式是最普遍的一种合院民居形式，此外还有二进式和多进式等。

比较／演变

与北方民居相比，贵州单进合院民居根据特殊的地形条件形成了因地适宜的合院民居形式。现保存下来的数量较多，部分依旧是居住功能，其余也有随着社会发展更换功能。

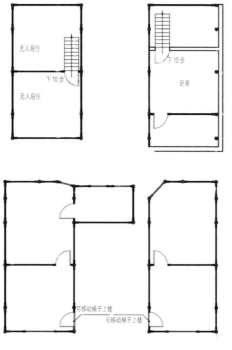

图 6　杨子白故居平面图

其他民居·山地二进合院

贵州境内现存的传统合院民居多数建造于明末清初，距今有一百多年的历史。由于受到贵州多山地丘陵的地形影响，传统合院民居的建筑形制、风格也独具特色。

图1　山地合院民居

1. 分布

二进式合院民居广泛分布在贵州各地，其中现存的民居主要分布在水陆要冲、商贾云集的地区，多以前店后室的形式出现。例如贵州黔东南的黄平县，该城镇是位于潕阳河南岸的台地上，古时得潕水之利为商业重镇；再如贵州省遵义市湄潭县永兴镇，是贵州四大商业古镇之一，坐落于长江流域乌江水系的湄江河畔。这些地方的合院民居大多为大户商人的住宅，这样的住宅多为由大出檐、小天井、高封火墙围合的四合院。

2. 形制

从单栋合院民居的形制来看，贵州境内的合院民居基本都延续了以轴线为主的布局形式，大多都存在一条贯穿全院的中轴线，尽管有些因山地形势的原因，无法在总体上采用这一模式，但是通常主体建筑还是尽量保持在中轴线的位置上，例如：庭院、正房。由于贵州湿热的气候特点，为了应付这种气候带来的隔热、防潮和通风等问题，贵州地区的传统合院民居形成了"外封闭、内开放、小天井、大出檐、冷摊瓦、高勒脚"的普遍特点。"外封闭"主要指建筑选址背山面水，外墙一般少开窗甚至不开窗，对外呈现出封闭的特征。"内开放"则是为了解决隔热、防潮、通风和采光等特点的需求，通过天井组织空间，敞口厅采用通透的形式形成穿堂风等。"小天井"就是指天井的开口相对于北方地区小很多，一方面是因为天井开口越小，房屋的暴露面积就少，能有效避免日晒；另一方面就是窄小的天井容易形成强风压，有利于抽风、拔风。"大

出檐"是出于贵州地区雨量充足的气候特征而设，出檐深远，一方面是保护墙体，另一方面是有利于雨水的汇集，同时可以减少夏天阳光室内的照射。"冷摊瓦"即由于贵州地区的降雪量较少，所以屋顶通常采用单薄的构造方式。"高勒脚"就是指建筑的勒脚偏高，一方面避免建筑主体受潮；另一方面是防止雨水对墙体的冲刷破坏。

3. 建造

合院民居的整体布局来源于"负阴抱阳"。所谓负阴抱阳，即基址后面背靠大山，左右有次峰，前面有弯曲的水流，水的对面还有一座对景山，轴线最好是坐北朝南。但在西南地区只要符合这套布局，轴线的方向也是可以变动的，通常是面对对景山，形成"背山面水"的基本格局。大部分的合院民居选址均遵守此法。在建造过程中，某些地方也会根据地方的习俗形成一些特殊的建造流程，例如按照推算出的动土时间，平整好地基。上梁后会在主梁两侧各挂一束稻穗，后在梁上缠挂鞭炮。意味"五谷丰收、子孙发达、富贵双全"。

4. 装饰

贵州合院民居的装饰具有明显的地

图2　黄平朱国华店铺住宅

方特征。其中天井空间是装饰装修的重点部位，通过装饰朝向天井空间的建筑立面，来强调围合界面的连续性。天井空间通常是合院中的主要公共空间——花园。一般对天井的装饰是种植几株花木，或以鱼池，或以假山，地面上铺上干净整齐的花砖。贵州地区合院的天井内多设置水井，一方面是调节室内的温度，另一方面是防火的需要，一旦发生火灾，居民可以就近取水扑火；再一方面天井的水可以补充灌溉植物的需要。此外，由于贵州湿热的气候特征，为了防止木柱受潮腐烂，碰撞损坏以及承载能力的需要，所以在柱子的下部放置石头。随着人们审美水平的提高，柱础形状多样化，并且将其分层刻上各种动植物、花卉图案或人物故事，精雕细刻，形象生动。多以砖石作为地面，一般少做图案铺装，并且多用整石砌筑。现存一些合院民居的天井地面平整如初，嵌接对缝历经百年无丝毫裂缝，便可以看出当时工匠的非凡工艺。

5. 代表建筑

1）黄平朱国华店铺住宅

朱国华宅建于清光绪十四年（1889年），坐北朝南，位于城内商业街之黄金地段，是前店后居之典型。

图3　湄潭李氏民居

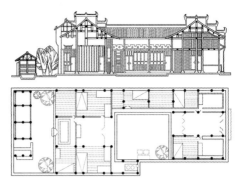

图4 朱国华宅剖面图、平面图

主体建筑为前后两幢三开间木结构穿斗式双坡面瓦屋。坐北朝南，分前后两进。前房临街，三开间，明间为过厅，两次间为双合铺面，铺面前临街面设柜台。两层，重檐双坡屋面，东、西、北三面为砖砌高封火墙。堂屋后为封闭式天井，用红棉石铺墁，左右为内厢房各一间，后方正中开有圆拱门通往后院。天井左为厢房及粮仓，右为庭园及厨房。后为水井、畜圈及厕所，以生土筑墙围之。布局小巧紧凑，居家功能齐全，为晚清小镇商业之家的典型。

院内檐下装有木制水槽，雨水经槽入落水管流入天井四角地漏，再流入阴沟，经店堂汇于街面排水地沟内。庭院内设花坛、鱼缸、墙塑，有百年紫荆、万年青等观赏树。另有深5m暗井一个，为浇花而设。此段墙体上部为高1m的瓦嵌花墙，各墙檐下有彩塑"八仙过海"、"太狮少狮"、"张良渡桥"多幅。花坛左侧厨房顶部为三合土晾台，晾台后正房右侧顶部设一晒楼。院内屋檐宽1.3～1.6m，便于雨天从檐下行走。内天井有凉爽的穿堂风，为纳凉的好处所。正房顶右侧伸出晒楼一座，可晾晒衣物及观赏城内外风光。内外天井檐下各设楼梯一架，以通达前后楼。整个建筑保存完好。

2）湄潭李氏民居

湄潭李氏民宅位于贵州省湄潭县永兴镇中心街区供销社内，始建年代不详，咸丰年间被破坏，同治年间又修复。

李氏民宅坐东南向西北，建筑主要由石洞门、门厅、左右厢房、天井、堂屋、封火墙等为两厅两厢二层穿斗式木结构组成。小青瓦屋面，西北、西南和

图5 山地合院民居立面装饰

图6 李氏民居屋架结构

东北面砖砌空斗封火墙。该建筑堂屋四列三间，中堂设吞口，后面增建拖水（即楼梯房），两次间前面为厢房，厢房前面各有一间门房，与迎面封火墙相连。门房之间为门厅，中间小天井，凹进0.20m，青石板满铺。水磨青石门框，门楣上方双线阴刻"青莲世第"四字，门柱石刻书法楹联"犹龙旧家传子史常临光第吉，重门新洞避庚星长耀启文明"。

图7 李氏民居二层栏杆装饰

图8 李氏民居院落景观

图9 李氏民居一层平面图

图10 李氏民居二层平面图

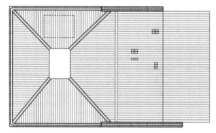

图11 李氏民居房顶平面图

图12 李氏民居剖面图

成因

俗话说"一方水土养一方人"，贵州境内大多数传统民居随山就势，灵活地适应地形地势的变化，表现为自由式、多层式的典型山地空间格局，同时也形成了高低错落、屋宇重叠、廊台上挑、道路盘旋的山地建筑风貌，虽然地形条件对建筑的营造和城市的建设带来了些许限制，但是却孕育了贵州山地合院民居的独特风貌。

比较/演变

传统的合院民居在古时通常作为居民的住所，承担了居民日常的居住功能，但是随着城镇化的发展，部分民居承担了部分社会功能，例如：学校、供销社等。

其他民居·山地多进合院

多进合院民居的产生往往伴随经济文化的交流，吸收各地民居特色，融合贵州地域特色形成独具特色的建筑风格，形式上依托山区地形，平面布局多样，竖向高差大，空间层次丰富，尤让人产生庭院深深几许之慨。

图1 山地多进合院整体外观

1. 分布

多进合院民居多为地方达官显贵、商贾豪绅、军界要员所有，除各地官宦府邸外，其余主要分布于古时商业发达、对外贸易往来频繁的古城古镇，如镇远古城、旧州古镇、铜仁东山等地。

2. 形制

住宅常被视为身份地位家财之象征，多进合院往往由官宦或富有商人经精心选址系统规划建造而成，同北方的合院体系相比，其遵循了平面布局相对规整、严谨，建筑大致追求中轴对称，结构紧凑等特点；但是不同之处所在于，南方地区合院民居内房与房之间通常通过屋面相互连成一体，并且由于受到古时正房不过三开间的限制，所以庭院显得不大，这种布局的建筑二层平面布置和底层平面相同，二层正房和耳房有的通过连廊串联，我们通常将该连廊称为"转角跑马楼"。多进院通常沿纵向延伸或横向串联，由于贵州山地地形原因，有些院落不在一个标高上，高差一般1～2m，个别住宅高差达10余米。院落布局遵循前低后高，以阶梯形式处理高差，隐含步步高升的寓意。布局以天井（内院）为中心，以前后两进房与两侧的厢房围合形成合院，按照其围合建筑方式不同，可以分为三合院和四合院，再以三合院或四合院为基本单元，依据不同的功能，向纵向或横向拼接组合，形成多进或多轴线的封闭性院落，高墙之内，自有天地。各进院以墙或房房相连的形式连通，各院既有独立的出入口又有相互连通的通道。房房相连围合成较小的天井，除采光排水作用外，

还砌有花池养鱼种花，或有精致的园林景观，颇具田园情调，这在其他地区庭院中比较少见。

3. 建造

合院是儒家礼制思想在建筑上的具化象征，构图上呈现出庭院、轴线、重复的规律，表现为建筑差序有别，长幼尊卑，虚实相间。四合院的外形转折自由，随山就势，大门无固定朝向，却很注重大门建筑样式。每栋四合院都建在高于自然地面的台基上，正院居中，建筑物尺度高大，庭院宽敞，装修精致，主要用于接待宾客，偏院体量较小，布局灵活多样，多为晚辈及家人生活起居场所。院落之间也通过墙或房房相连形

成对外闭合对内连通的封闭空间。由于合院民居是由众多木构建组合而成，往往容易带来失火问题，于是封火墙就随之出现了。封火墙又俗称马头墙，高耸于屋顶之上，主要是截断左右邻舍的檐口，特别是阻断木构件间的联系。封火墙是作为一种防火技术的措施，同时也可防盗，兼具美感与装饰作用，均有埠头。通常为出挑抹以白灰，粉刷时亦做一些花饰，造型多样。内部建筑式样都是木结构穿斗式两层建筑，铺青石地面，屋面覆小青瓦，坡度较大，檐口出挑约1m，正房有较大的出檐，正房和厢房之间的距离也很近，正房的出檐可以覆盖正房和厢房之间的通道，或者正房和

图2 镇远民居巷道

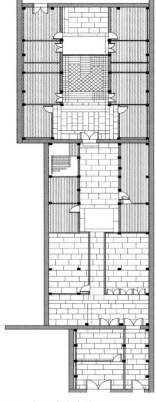

图3 铜仁金家大院总平面图

图4　多进合院透视1

图5　多进合院透视2

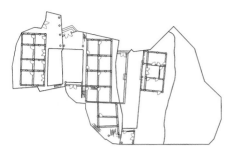

图6　杨宅平面图

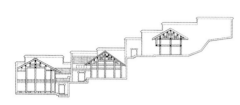

图7　杨宅剖面图

厢房的屋顶连成一体。这样，下雨的时候可以在屋檐下行走，避免雨淋。

4. 装饰

贵州地区合院民居装饰以质朴、隽秀为特点。门楼、栏杆、吊窗、隔扇窗、槛窗等处大量使用精致的木雕石雕，多取材于戏文故事、宗教民间神话传说。正房中间靠后墙常设神龛，设置香烛及烟、糖、茶等贡品，每逢节日祭拜。大门装修更是讲究，门由门框，门槛、坐墩、石库门、门楼等均雕有精美图案，门前有石阶，入口切割成"八"字形，门楣上有单坡翘檐垂花门罩，门楣上镶嵌有阴阳雕刻或墨书资格各异的匾额，有的还配上对联，有的大门朱红生漆涂面，装饰一堆青铜虎头扣环，有的就用木板作为门板。此外在贵州境内的合院民居很重视屋匾堂匾，一般是以明志言道嘉勉劝学或祭祀先贤为主。试图通过明志言道的教化，提醒族人遵循礼制规矩，同时起到警醒后人的作用。

5. 代表建筑

1）镇远复兴巷杨宅

杨宅位于镇远古城复兴巷，占地面积约500m²，大小房间20余间，共三进一院，院内有一供人使用的石井，一进与二进高差4.5m，二进与三进高差6m，各进院因高差相对独立，均有直接通向巷道的出入口，但院落间又相互连接，一进二楼廊道连接二进天井，二进与三进间有隐蔽的巷道相连，内部建筑都是两层穿斗式木结构，宅内全为青石铺地，屋面冷摊瓦盖顶，坡度较大，六分水，檐口出挑约1m。

外墙为具有防风防火防盗四方骑马式"封火墙"，高20m，轮廓作阶梯状，脊檐长短随着房屋的进深而变化，墙头覆以青瓦两坡墙檐，砖墙墙面以白灰粉刷，具有典型的南方建筑特色。该合院既重现了中原庭院的风貌，又体现出山地建筑的布局；既有堡垒式的森严，又有商贾大户的豪气；小处可见花草鱼虫的精雕细刻，大处则显出挥洒自如的粗犷豪放。这种平地建筑与山地地形的完美结合，使镇远的民居成为中国建筑史上的奇观。

2）铜仁金家大院

铜仁金家大院位于贵州省铜仁市碧江区中南门古城区中山路东侧，始建于晚清。总平面略呈长方形，坐东向西，平面上为小面阔、大进深的格局，由房房相连围合成较小的院落单元——天井，由回廊连接各院落，形成由两个四合院，两个三合院组成的四进式格局。整个四进院东西长约34.5m，南北宽约10m，两侧带封火山墙，占地面积约480m²，建筑面积320m²。由17个单体建筑组成，分别为通道、门厅、前天井、前过厅、前南厢房、前北厢房、中天井、过厅、甬道门、南厢房、北厢房、天井、正房、南耳房、北耳房、后天井、后院门组成，各合院均建于高于自然地面的台基上，穿斗式木结构，小青瓦屋面覆顶，内外铺青石地面。

成因

随着社会的发展，对建筑体量和规模的要求越来越大。而"室大则多阴"，这样一来对于居住在其中的人不利，因此在当时的技术条件下，就出现了采用由若干个较小体量的单体建筑通过屋面相连组合成较大的建筑群的方式，逐步发展成了独特的山地合院民居造型。

比较／演变

多进合院建筑作为民居在古时就很少，通常都是达官贵人的府址，位于城镇的重要商业地带，随着城市化的进程，能够保存下来的已经很少，所以，对现有珍贵的传统民居的保护势在必行。

其他民居·仡佬族民居

仡佬族有分布广、成点状聚居的特点。仡佬族村寨同其他少数民族一样，也是依地区的自然条件选择寨址，村寨布置随地形地貌和生存条件布局。仡佬族村寨有三种类型：一是依坡就势，自下而上布置建筑；二是在缓坡地带呈带状分布；三是建在平地上作集中布置。村寨内外环境都较优美，有的掩映于林木之中，显得舒适而幽静。

图1　务川民居吊廊

1. 分布

仡佬族是贵州最古老的民族，聚集了全国96.43%仡佬族人口，其余各省份均有分布，以杂居为主。贵州聚居地主要为务川仡佬族苗族自治县和道真仡佬族苗族自治县，其余分布于贵阳、六盘水、遵义和铜仁、毕节、安顺、黔西南等4个地区（少数散居于云南和广西）。

仡佬族具有分布广、成点状聚居的特点，在一个县内往往只有几个或十几个仡佬族村寨。

2. 形制

古代仡佬族的住房多为干栏式建筑，贵州北部地区的仡佬族至今仍保留着传统的住宅样式。一般仡佬族的民居建制，多为二层楼居建筑。中间为堂屋，供祖先牌位及待客，无天花板及楼板。两侧为卧室及厨房，楼上设粮仓。畜栏称"圈藏"，附于正房之后或左右两端，

略矮，忌与住房屋脊相接。院落格局，有三合院、四合院，正房两端有耳房，左右侧建厢房。居屋通常为长三间五柱落脚结构。财力富裕者建长五间、不足者修独间。大多数住房仿汉族房屋格局，为一列三间平房。中为堂屋，两侧为厢房，每间厢房又各隔为前后两小间，用前一小间作厨房外，全用作卧室。前卧室有一火炕。堂屋与厢房之间均有门互通。堂屋正壁前置方桌一张。磨、桶、犁、簸、盆等常用器具亦多放于堂屋内。只有婚丧、祭祖时才在堂屋举行。屋顶下安楼枕，上铺篱笆，一般不住人，作堆放粮食用。屋前为平地，俗称"院坝"，用作晾衣物、晒粮食、放鸡鸭。院坝两侧各为牛、猪圈和堆放柴草的简易房屋一间。与住房构成三合院。屋后或院坝前为菜圃，三合院四周多有桃、李、梨树或竹丛。仡佬族住区大部地处贵州高原，山多平地少，古称"跬步皆山"，可谓"开门见山"。

3. 建造

仡佬族的住房，有木结构的"穿斗房"，有石结构的石板房，还有茅草房。穿斗房以木做梁架，厚木板装镶作壁。石板房用石筑墙体，薄石板盖屋顶。茅草房多以版筑泥墙做围护，屋顶盖茅草；也有的木构架梁柱，用竹编为骨，外面涂泥做墙，屋顶盖茅草为房。

4. 装饰

生活在大山中的仡佬族，还以其多有技艺精良的石匠而远近闻名。他们在石墓、石碑、牌坊、桥梁、栏杆等用品和建筑上的石刻独具特色。在岩旮旯中建房，只能因地制宜，"见缝插针"，难以统一坐向。但就一家一户而言，还是比较规整的。一般一正两厢，中铺石院坝，外砌石垣墙，形成封闭式院落。封闭式院落的石垣墙，多以片毛石垒砌，或以方整石砌筑。前者有平砌、斜砌及随意垒砌等工艺。斜砌中，又有上下两层反向垒砌者，形成条条"麦穗纹"，当地又称"鱼骨头"。麦穗和鱼骨，皆为吉祥物，一向受青睐。建有石垣墙的仡佬族民居，必然建"朝门"。"朝门"通常由木质垂花门和石质"八"字墙组成。垂花门、穿斗式、悬山顶、上盖小青瓦。垂柱雕刻莲蒂、南瓜，寓意清廉、多子。大门门簪，或刻南瓜，或刻福寿，寓意多子多福。连楹雕刻水波纹，意在于防火镇宅，与其他民族雕刻"桃符"有异曲同工之妙。正房多为四榀三间。房子较高，"吞口"较深，出檐较远。最引人注目的是门窗雕刻丰富多彩。明间门窗，均为六扇，称"六合门"。"六合"即前、后、左、右、上、下六个方

图2　仡佬族民居风貌

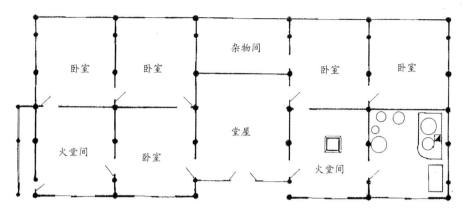

图3　务川洞门前寨唐宅底层平面图

图4　务川民居朝门

位，意为"完整"、"圆满"、"六合一统"。次间门窗，也是六扇，但窗户只雕四扇。不少人家，于次间开侧门，门的上部饰以圆形挂落，称"月亮门"。在仡佬族民居的木质门窗上，装饰造型各异的吉祥图案，诸如福禄寿禧、耕读渔樵、二龙抢宝、双凤朝阳、野鹿含芝、喜鹊闹梅、吉祥牡丹、麒麟望口、岁寒三友、连年有余等。

5. 代表建筑

务川洞门前寨唐宅

此宅为"一"字形五开间，明间前部设吞口，面阔大于次间。其布局是：中为堂屋，后墙无窗，中设祖宗神龛；左右次间中设纵向隔墙，各分为四间，可相互以门串通，背间多为卧室，前间多为火堂和厨房。

成因

仡佬族支系很多，住地分散，由于受地理和其他民族的影响，各地仡佬族民居差异很大。仡佬族多数住在山区，民谚说："高山苗、水侗家，仡佬住在岩旮旯。"仡佬同胞因地制宜，以石建房。石头奠基，石块砌石板盖顶，内部却是木结构吊脚楼。

比较／演变

仡佬族村落在贵州分布比较广泛，结合不同的地域有不同的形式。比较典型的代表有三种建筑结构体系。三角形（亦称为拖尾巴茅屋）住宅，是一种古老的建筑形式，构造简单，只用两柱一梁组成三角形骨架，侧面两个三角形连成一体构成墙和屋面，前面一个三角形为出入口和作为采光的门窗。屋面为茅草、玉米秸或竹编篾笆维护，以防雨御寒。该稳定安全的住宅，曾是古代仡佬族人赖以生存的栖身建筑。三角形棚屋至今仍可看到，但只是不再是住宅，而是作为农事劳作期间临时休息避雨之用。另外，仡佬族先民为了居住和迁徙方便，曾创造出一种拱形住宅，构造同样简单，不用梁柱，只需六根方木或圆木，其中两根主梁长约2m，四根次梁长约1m，捆扎成方形底座，上部用四根韧性较好的木片或竹片作为圆形拱圈，以棕叶、秸秆、竹笆等材料覆盖其上。后来随着仡佬族人的定居并以农耕为主，形成村寨、三角形和拱形住宅已不能适应生产的发展和生活的需要。于是，在原有住房的基础上渐变为宽阔、高大、舒适的木结构穿斗式民居。初期建造的住宅，三根立柱落地，间以两根短瓜，用三道横向穿枋和前后挑檐枋组成排架，俗称为"列"，有"一列不成房，两列为一间"之说，再以开间和桁檩等构件组成"间"，由单间、双间发展到三间。随着生产和生活的变化发展，在住宅的面宽和进深上，视宅基条件和家庭人口的多少增加立柱和瓜柱，发展到五柱二瓜、五柱四瓜及七柱八瓜，由单层木屋发展到二三层木构楼房。

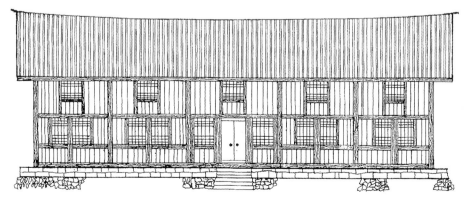

图5　务川洞门前寨唐宅前立面图

其他民居·布依族民居

布依族民居多姿多彩。从房屋外表看,有石头建筑、茅草房、夯土房、吊脚楼;从居住环境看,有水边居、山地居、屯堡居、崖洞居;从房屋结构看,有穿斗式、井干式、抬托式、绑扎式;从墙壁装修看,有石头墙、木头墙、泥土墙、竹子墙。有的山墙,底部用石头,中部用木板,上部用竹子;或者底部用石头,中部用泥土,上部用竹子、秸秆、茅草之类,既经济实惠,又美观大方。

图1 香纸沟民居1

1. 分布

布依族主要居住在贵州省,其分布的特点是成片聚居而又与当地汉、苗、瑶、水、侗、彝、毛南、亿佬等民族交错杂居。贵州的布依族主要聚居在黔南和黔西南两个布依族苗族自治州和安顺地区的镇宁、关岭两个布依族苗族自治县及紫云苗族布依族自治县。此外,贵阳市、六盘水市、毕节地区、遵义地区、铜仁地区、黔东南苗族侗族自治州,也有部分布依族居住。

2. 形制

就布依族村寨的布局结构而言,布依族村寨建立依山傍水,依山势而建,临河流溪畔。布依族人聚族而居,族是由若干个有相近或相连血缘的房族构成的,大体上一个房族一般居住在一个共同的地段内,形成一个相对独立的功能单位。

就单体民居建筑来说,布依族的建筑平面比较简单,大多数为一明一次间或一明两次间。一明一次间的,堂屋的前厅是家庭生活起居的空间,后部隔出一小间用来做厨房,右侧次间分为前后两间用来居住;一明两次间的,堂屋的前厅是家族生活起居的空间,后部隔出的小间用以住人或存放杂物,两次间也分前后两间,前间用作火塘或卧室,右侧的后间作为卧室,左侧的后间则多用来做厨房。布依族的民居通常利用阁楼层的大面积空间储存一些杂物。有的民居利用地面高差,前半部不填,用作牲畜饲舍。民居也有一些更多分隔的,其平面布局形式略有不同。石板房建筑多为两层,下层饲养牲畜猪、牛等,上层住人。

3. 建造

房基:民居依山而建,一般都有较高的台基。依坡而建的住宅前部台基兼作挡土墙,后部高出地面30~50cm,四周用块石或片石砌筑,内部填土夯实找平。饲养牲畜的民居顺着石头路上的台阶直接进到室内,牲畜间与室外形成半地下的关系。室内地面用石板铺砌,既平整又防潮。

墙体:都是用石头垒砌起来的,基本都是石块砌墙类,石板镶嵌墙显得非常粗犷自然;或是用加工得整齐的叠砌在一起浑然坚固。

布依族石板房最有特点的地方就是屋面。大部分的建筑都是悬山顶式,屋面均为双坡排水。屋脊也不用脊瓦,而是将屋面一侧的石片伸出,压住另一侧石片,然后再在屋脊上像瓦一样砌上整齐的石片,形成一道屋脊。屋顶每个坡面的边缘都用较大的石板,中间部分用稍小一些的石板。这样既利于形成屋面曲线,又牢固结实,不易被风掀掉。有些屋面会把某块石片换成玻璃有利于采光。不过屋顶上的石片十年左右要翻修一次,需将风化的石片换掉。

4. 装饰

石板房的装饰重点是在山墙的挑檐处作象征吉祥的"龙口"处理。正立面的"龙口"加工精细,墙角的石柱有整柱,也有接柱,均精细雕琢,与挑出的龙口、墙面配合,显得粗中有细。石板房整体的装修朴实、自然、没有矫揉造作的感觉。

门窗:门的四周用整块的条石砌成,下部留有较高的门槛,洞口尺度较小。窗的洞口开得也偏小,洞顶做成尖拱、圆拱、石过梁等不同形式,有单

图2 香纸沟民居2

图3 安龙民居

图4 香纸沟民居3

个洞口也有并列洞口。

5. 代表建筑

伍国平宅，是一幢中期建造的"石头建筑"民居，三开间，明间面阔3.67m，两次间面阔3.33m，通面阔10.33m，通进深7.33m。在正房左侧辟有10m²的偏厦。牛舍设在右次间前部，猪舍设在左侧偏厦的底层。一层平面的明间前部为门厅，用作客厅、生活起居、家庭劳作和临时存放农具等，后部为次子和三子卧室；右次间前部的牛舍，低于一层地面0.33m，另设入口，后室用于堆放薪柴和杂物；左次间前室为长子夫妇的居室，后室为厨房；左侧的偏厦上层为伍国平夫妇及四子居室，底层为猪舍，另设入口。阁楼层除作姑娘住房外还用于存放谷物和杂物。阁楼层平面各房间有三个不同标高：右次间前部的姑娘卧室高于一层地面1.18m；后部的杂物间和左次间

图5 石头寨石门

高于一层地面2.35m；明间上部则高于一层地面2.65m。这幢民居前部的明间和左次间有高达1.35m毛石干砌屋基，墙面砌筑得比较工整。前立面左侧墙转角处设整柱出挑"龙口"，立面较为丰富。伍国平宅为九个柱头的穿斗式木构架，排架柱距为0.916m，中柱高为5.6m。内部隔断为木板和编墙面。

成因

布依族一般都居住在半山腰及河流边，民居依山傍水而建，因地而异，就地取材，利用木材和石头建房子，房顶上一般盖茅草或稻草，但大多数都用石板盖屋。因此，在当地一个村落也有称为"石头寨"的。这种独特的建筑形式一般"以木为架，石头为墙，石片为瓦"，特点是冬暖夏凉，隔热驱湿，不怕火灾。

比较 / 演变

布依族是干栏建筑原始创造者之一，但随着历史的发展，布依族保留了干栏建筑的功能，但在形制和材料上却有了很大的改观。引发这种变化的因素应该有两个：一个是材料，另一个是文化。

根据"垦食骆田"的习惯，早先的布依族选择了卡斯特地貌区域的间坝子地方羁留。该地区一旦生长期间的森林被砍伐，就难以恢复原貌。由此造成不能长期砍伐森林来建房，该地区的石材相对丰富，从而将材料变成了石料，导致了建筑形式上的改变，尽管在功能上仍然保留干栏建筑上人下畜的结构，但在整栋建筑的样式已经不可能或者说很难做到木头干栏建筑的那种轻盈、复杂。

当布依族在用石头取代木材来建筑的过程中，自然会寻找建筑形式的一些新的可能性。这当中有创造发明的因素，也有文化借鉴的因素。布依族建筑从汉文化中借鉴、模仿和学习的痕迹很明显。

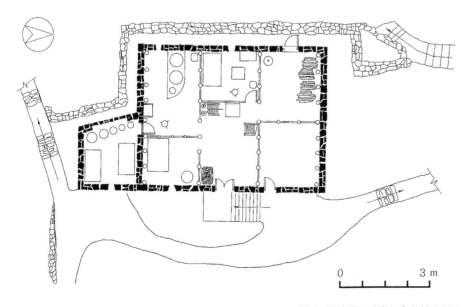

0　　　3 m

图6 关岭滑石哨寨伍定书村平面图

云南民居

YUNNAN MINJU

1. 傣族民居
   干栏式民居
   土掌房
   合院

2. 壮族干栏式民居

3. 傈僳族民居
   干栏式民居
   井干式民居

4. 拉祜族民居
   木掌楼
   挂墙房

5. 佤族民居
   鸡罩笼
   木掌楼

6. 苗族民居
   吊脚楼
   落地式民居

7. 瑶族民居
   吊脚楼
   叉叉房

8. 景颇族民居
   干栏式民居
   落地式民居

傣族民居·干栏式民居

傣族干栏式民居常临水（江河）边"近水楼居"，"其地下潦上雾，四时热毒，民多于水边构楼以居，间晨至夕，濒浴于水"（图1）。

图1 水边的傣族竹楼

1. 分布

傣族干栏式民居主要分布在云南的西双版纳州、德宏州、红河州和普洱市等县市广大乡村，大致分为四种主要类型：版纳型、孟连型、瑞丽型和金平型。

2. 形制

版纳型傣族干栏竹楼平面接近于方形。其平面一般由上层的堂屋、卧室、前廊、晒台、楼梯以及下层的架空空间组成。正房以横向拼接组合为主，利用走廊位置的变化来组合变化不同的前导空间。堂屋内设火塘，可以做饭，也为待客交流用。前廊有顶无墙，是一个多功能的灰空间，可作处理家务、歇息、交往、交通、瞭望之用，但还是以交通功能为主。与前廊相连的晒台为供居民日常冲洗、晾晒的露天架空平台，是干栏民居形式独特的空间语言（图2）。

孟连型傣族竹楼，其建筑外形与版纳型的相似，但无前廊，上下楼梯直接与正房相连。正房一般纵向分隔为三间，从底层上下二楼的楼梯设为两段，并在两段楼梯交接转折处设置成扩大的平台，作为日常邻里间相互闲谈交往的场所（图3）。

瑞丽型傣族竹楼横向分隔为前后两个空间，前室为堂屋，后间作卧室。屋内现已很少设置火塘，若有，则作为取暖或象征标志，并起到堂屋方位座次的限定作用。除入口楼梯外还布置有另外一座楼梯，直接从堂屋往下与楼下的厨房相联系。这种室内外双楼梯的设置，使交通和功能使用有了主、次和内、外之分，更加方便日常生活的上下进出（图4）。

金平型傣族竹楼和版纳型的近似，但楼层的室内分隔较为简单。其最明显的特点是双楼梯的对称设置，并各有大小不同的室外平台相连接。楼梯的具体使用上男女有别，分梯上下，分门进出楼层室内。

3. 建造

版纳型傣族竹楼的歇山式屋面，坡度一般较陡，重檐居多，屋面呈现主次交错组合，外形轮廓变化丰富。屋面主要采用预制茅草排和方形的缅瓦铺设在网格形的竹挂瓦条上，不易滑落（图5、图6）。

瑞丽型傣族竹楼别具一格，楼下架

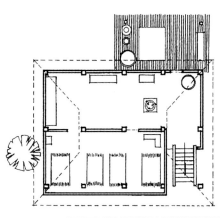

图2 版纳型干栏民居平面图及外景

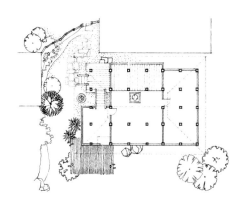

图3 孟连型干栏民居平面图及外景

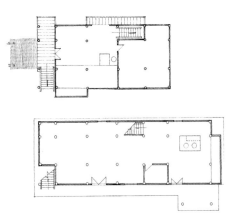

图4 瑞丽型干栏民居平面图及外景

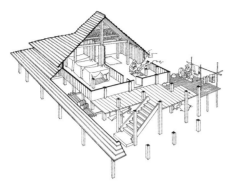

图5　版纳型干栏民居剖透视图

图6　版纳型干栏民居屋顶做法

空层以粗编竹席围合，楼上外墙围以精编花纹竹席，轻盈活泼，别有风采。这类竹楼"下层高约七八尺，四无遮拦，牛马拴束于柱上，顶用茅草铺盖"（现在屋面材料已经变成铁皮瓦、石棉瓦、彩瓦等），梁、柱、门窗、楼板全部用竹制成，建造起来极其简便。只需砍来竹子，邀约七八个邻里相帮，几天就能完成（图7）。

4. 装饰

建筑细部装饰中运用吉祥图案，以象征手法表现傣族人对美好生活的向往和追求，是傣族建筑的显著特质之一。大象、孔雀被傣族人民视为美好、幸福与吉祥的象征，芭蕉、槟榔、莲花、菩提是吉祥植物，其图案被广泛地用作建筑屋顶山花的装饰题材。

5. 代表建筑

1）西双版纳橄榄坝某民居

该民居的正房沿纵向中轴分隔为并列的两间，并与前廊横向连接，左为堂屋，右为卧室。堂屋中设火塘，有固定的方位和相应位置，是起居、会客和举行婚礼、成年礼或宗教仪式等重要活动的空间。按照当地"分床不分室"的传统生活习俗，卧室不加分隔，自里向外，按照由长及幼的顺序布置床位，席地而卧。前廊、堂屋、卧室三者有门相互连通，构成由开敞到封闭的纵向并列空间格局。

竹楼的架空底层，一般由40～50根木柱构成支撑上部的承重结构，柱距在1.5m左右，分5～6排。如果"竹楼"的底层被用做辅助空间，通常的层高大约是1.8m到2.5m，上到楼面的楼梯有9～11级。底层四周一般不设围护墙，只用竹篱或棚架围出相应的贮藏空间。

图7　瑞丽型傣族干栏式民居

2）孟连娜允古镇傣族干栏式民居

此类正房横向分隔为三间，第一间为前室，常作家务杂用，并设有两段式楼梯来联系上下；第二间堂屋为家庭活动中心；第三间为家人居住的卧室。各间的室内地板有一定的高差。孟连型傣族竹楼的这种室内空间划分方式，带有明显的等位渐进和私密渐进观念。

成因

傣族干栏竹楼常临水（江河）边"近水楼居"，"其地下潦上雾，四时热毒，民多于水边构楼以居，间晨至夕，濒浴于水"。傣族把居住的干栏竹楼通称为"很"，而"很"则由"烘哼"演变而来。"烘哼"是傣语"凤凰展翅"的意思，是傣族传说由天神帕雅桑木底，根据凤凰展翅的启示而建造的一种既能遮风挡雨，又可防潮、防兽的竹楼。而在现实中，"烘哼"是傣族适应复杂地形与湿热环境的创造。

比较／演变

随着生态保护的加强和经济的发展，一些地方开始以混凝土、砖瓦结构代替竹木结构，但还保留"干栏"的形式或人字形屋帽的外形，因而仍习惯称呼它为"竹楼"。竹楼周围的宽阔庭院里都要种植瓜果林木或开挖小鱼塘，既可蔽阳遮荫，又是一道不设防的天然绿色"围墙"。外围随意搭上的竹篱，不为防人，只为阻止牲畜闯入。

傣族民居·土掌房

主要居住在云南省红河州的傣族，受到彝族、哈尼族的文化影响，多采用土掌房形式的住居形式（图2）。

图1 傣族土掌房屋顶

1. 分布

主要分布在云南红河州的傣族民居，除金平县还保留着干栏竹楼形式，其他地方的多随彝族建盖平顶的土掌房。

2. 形制

傣族土掌房系土木结构，一般为两层，一楼住人，二楼堆放粮食和杂物，牲畜单独建圈。平面一般为三开间长方体或正方体，房屋分前后两部分布置，前部是厢房，后部为正房，布置紧凑，节约用地。土墙有两层，厚达三尺，对防热保凉、防寒保暖起到了独特的功效。土木夯实的平面屋顶厚达五至十寸，夏夜可在平顶上纳凉，秋收时又可在顶上翻晒谷物，有效地利用了空间（图1）。结合坡地灵活分层的退台设置，既克服了自然地形的限制，又满足了日常生活中所需的户外活动空间和农作物晾晒场地的需要。

3. 建造

建造方式与红河哈尼族、彝族土掌房相似，土掌房平顶部分由木梁承重，用土坯墙或夯土墙作外墙，木板或土坯墙作内隔墙。以土墙部分承重，土墙上端平行方向放置木卧梁，卧梁上垂直方向铺一层木梁，间距为3m左右，木梁上层再垂直（与卧梁平行）密铺木楞，其上再包土（图3）。

4. 代表建筑

1) 元江县者嘎村某傣族民居

元江县者嘎村分布有典型的傣族土掌房民居，房屋低矮但错落有致，显示了历史建筑的美感。房屋紧密相连，老屋上面白云悠悠，可在房顶游览、串门，整个村寨呈现出和谐之美（图4）。

该村此典型土掌房民居共分两层，一层是主要的生活起居空间，紧靠入口处为猪圈，进门后是厨房、餐厅及卧室，

再往里走是堂屋与卧室。堂屋以一堵墙分成两部分，并有楼梯通到二楼粮仓，二楼粮仓之外为一层的楼顶，同时兼顾晒场的作用，并有采光井改善一楼的采光（图9）。

主体结构为木质框架结构，厚土坯墙作外墙，有着良好的保温隔热效果。

2) 新平嘎洒大槟榔村刀宅

该土掌房为花腰傣民居的典型实例，底层由前中后三个横向空间组成一个完整的方形平面，每个空间内无分割，3个横向空间一般在中间部位开一道门联系。前、中、后三个横向空间的开间与土掌房宽度一致，为10.95m，空间内部无分割，进深依次是2.4m、4.7m、2.4m。底层前部为入口过厅（廊道）和厨房，中部为堂屋和餐厅，后部为储藏室；二层前部为平台，中部为卧室，后部为储藏室。

该民居局部两层，入口一层，入口

图2 傣族土掌房群体

图3 傣族土掌房细部

图4 者嘎村局部

图 5 者嘎村民居土墙

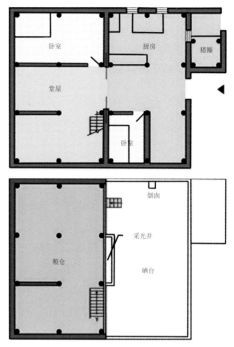

图 9 者嘎村典型傣族土掌房平面图

顶棚可当晒台，为土木承重结构。由于技术低下及当地采用的小木梁承重小的原因，该民居在中部长条形大空间纵向布置一排柱子，间距为 1.5m，外观朴素，无装饰（图6、图7）。

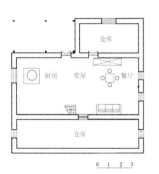

图 6 刀宅底层平面图

图 7 刀宅透视图

成因

在红河干热地区聚居的傣族，由于这里的昼夜温差大，要保持隔热和调整昼夜温差，最好的方法是让热度晚点传到室内，慢一点散发出去，这可借用像夯土墙、土坯墙或泥土石料的混合物一类的材料来达到，于是封闭的方形平面布局、退台式的土墙土顶的平顶土掌房，自然也就成为居住在该地区的傣族首选的民居形式（图5）。

比较/演变

在云南省红河州大部分地区，土掌房广泛分布，尤其以彝族、哈尼族为代表。但傣族土掌房也别具一格。不同于其他民族土掌房墙体延伸至楼板之上，形成女儿墙的做法，傣族土掌房多采用楼板延伸至墙体外围的做法，不但增大了楼顶空间横向的延展性，同时也强化了村落间民居的相互联系（图8）。

图 8 元江傣族土掌房民居群

傣族民居·合院

由于历史上与汉族交往、接触频繁，傣族民居深受汉式合院空间格局和建筑技术的影响，逐步从干栏竹楼过渡到合院平房（图2）。

图1 傣族合院聚落

1. 分布

云南傣族合院式民居主要分布于德宏州芒市、陇川、盈江、梁河等地区。

2. 形制

德宏州傣族的合院民居，多为一正两厢的三合院和带倒座的四合院，平面空间组合相对松散、开朗，布局不讲严格对称，用材不求完整统一（图1）。正房均为单层，进深很大，尺度也较其他几坊房屋大，台基较其他几坊房屋高。进出院落的大门入口常选择布置在其中一个角落，土墙瓦顶，内外细部处理不及腾冲、大理、昆明等地的合院民居精致，更显自然简朴本色（图6）。

3. 建造

建构技术明显受到汉文化的影响，建筑构架基本上是采用汉族的梁柱构架体系与构造处理，只不过做工相对简单一些。

过去的正房多为竹木混合结构，梁、柱等主要构件为木料，其余为竹料。厨房多为竹构架、草顶。较老的房子，畜舍多为木结构二层。屋架多是梁架式，柱有石础。纵向联系，主要靠檩条及檩条下的穿枋。横向有地脚穿枋，构架稳定较好。

图3 围栏装饰

4. 装饰

傣族合院民居外观简朴无华，墙面、屋顶均显材料的自然本色，与绿化环境密切配合，竹篱茅舍别具情趣。少数瓦房墙面粉白，屋脊饰有"鼻子"。山尖有悬鱼，与汉族民居相似。正房下多设檐廊，正房由正中进入，左右两侧分设美人靠，檐廊扶手多加以装饰，形成不同形式的带座围栏，方便休憩纳凉。围栏材料及门窗墙壁过去以竹编为主，形成一定的纹理效果，后来受汉式合院民

图4 带座围栏

图2 傣族合院民居外观

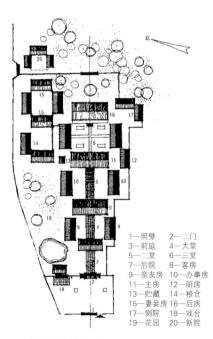

1—照壁 2—二门
3—前庭 4—大堂
5—二堂 6—三堂
7—后院 8—客房
9—亲友房 10—办事房
11—主房 12—厨房
13—贮藏 14—粮仓
15—妻妾房 16—后房
17—侧院 18—戏台
19—花园 20—新院

图5 刀京版住宅总平面图

图 6 傣族合院民居外观

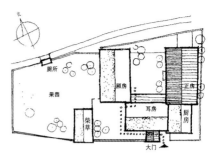

图 8 芒市西南路 5 号平面图

居门窗装饰与工匠技术影响，分别借鉴了一些门窗花格形式（图3、图4）。

室内很少装饰，构件加工粗糙，木料不加油饰。少数上层头人的房屋，室内装饰较多，有加工细致的板壁、格扇、雀替、梁头等。

5. 代表建筑

1）德宏州芒市西南路 5 号

该民居为典型的傣族合院，平面组合松散，布局不对称。入口不正对道路而凹进一小院，进门后通过一段巷道进入前院，前院做堆放柴草与牲畜活动之用，再通过耳房一角进入内部生活庭院。生活庭院内正房为单层，其余几坊多为

两层。正房进深较大，下设檐廊，利用檐柱沿走廊的台阶边，形成独具一格的美人靠，既兼顾交通联系，又方便使用。正房两侧各坊多为卧室、厨房。与正房相对的是专门贮藏粮食的仓房。建筑整体土墙瓦顶，细部处理较少，古朴自然（图7、图8）。

2）盈江刀京版住宅

该住宅为第二十五代干崖宣抚使司刀京版的住宅，建于中华民国时期。因主人为一方土司，地位甚高，所以住宅规模较宏大，体现为多重院落。又因兼有行政与居住的双重功能（类似于土司府），所以也多少体现了汉族宫殿"前朝后寝"之制。主轴线有三进院，分别

为大堂、二堂、三堂，与故宫太和殿、中和殿、保和殿相对应。这条主轴线是刀京版主要的起居空间，相当于"前朝"。在这条主轴线的西北方，另有一条次轴线，为刀京版妻妾居所，可以看作是"后寝"。此建筑群受到了汉文化的深刻影响，布局规整，轴线鲜明（图5）。

成因

考其缘由，有两方面的解释：一是由于历史上与汉族交往接触频繁，故其民居形式深受汉式合院空间格局和建筑技术的影响，逐步从干栏竹楼过渡到合院平房；二是本民族的文化传统依然存在认为在德宏地区傣族合院民居发展过程中，一方面融合了汉族和本民族两种不同的文化，另一方面也适应了当地的环境和实际生活需要的看法。

比较／演变

傣族合院式民居以三坊或四坊围合而成的三合院或四合院院落形式为主，布局与用料均似汉族民居，外观朴实无华，开敞宁静。

图 7 芒市西南路 5 号内院

壮族干栏式民居

壮族喜欢依山傍水而居，村落多选址在山脚下、向阳、通风好的地方（图1）。对于居住在城镇附近和交通沿线的人们，因受外界影响较大，有的新建房屋多改为平房或普通楼房。居住在坝区附近的壮族，其房屋多为砖木结构，外墙粉刷白灰，屋檐绘有装饰图案。居住在边远山区的壮族，其村落房舍则多数是土木结构的瓦房或草房，建筑式样以干栏式民居为主。

图1 文山壮族干栏民居

1. 分布

壮族干栏式民居在云南省内主要分布于文山壮族苗族自治州。

2. 形制

由于具体居住的地区不同，壮族的"干栏式"民居建筑所使用的材料和建筑式样因地而异。木材较多的地方，干栏民居多为竹木结构，竖木为柱，顶上盖茅草或瓦。缺乏木材的地区，则以竹子作篱笆和楼板。经济发达的地区，干栏多为土木结构或砖石结构，用石头砌基础，冲土为墙或砌砖为墙，屋顶盖瓦（图2、图3）。

壮族的干栏式民居，多为三开间二层房屋，设阁楼，带有两山披厦，外形类似歇山屋面。底层常常用于圈养牲畜，二层为居住层，阁楼作储藏之用。开间尺寸有主次之分，正房开间4m左右，

厢房开间3～3.3m，进深为8～10m。每榀构架的柱数是5柱或7柱；楼梯常居中设于房屋主入口一侧，楼上前边为走廊，较宽敞，围以栏杆或半节板壁，光线充足，壮家人在这里会客、乘凉和纺织。进入大门即是堂屋，一边为客厅并设火塘，另一边为卧室，屋内的生活基本以火塘为中心，每日三餐都在火塘边进行。

3. 建造

广南壮族建房朝向讲究阴阳五行相配，一般选择坐北向南、朝向吉利、前方宽阔开朗的地势。另外，壮族建房，从伐木选料、择址动土、划线开挖、立柱上梁到落成迁居，均有一套较为讲究的传统习俗。历代壮族首领被册封为王、侯、土司或达官贵人，其官邸建筑也是干栏连环布局为若干相通的走马转

角楼，更显舒适、安全而气派。在摆设上，房屋的正堂屋（中层），大门正对面为神台，上祭"天地国亲师"位，左为祖宗牌位，右为"司命灶君神"位，并设神龛，下为土地神位，摆八仙桌，靠板壁处各有两条长条凳（春凳）。在村寨中，一般都建有寨门，河道上则建有风雨桥，有的还建有祠、庙、亭、塔等，村内场景较为壮观。

4. 装饰

在建筑风格上，少数人家有厢房（耳房）、前房，成走马转角楼四合院；富裕人家比较讲究，楼梯用石条支砌，两边有石飘带装饰；楼梯口看台两侧有两根雕饰廊柱和花栏，有的板壁雕饰花鸟虫鱼等图案。部分民居的屋脊有用瓦片砌筑的花瓣形或鸟形装饰细部（图7）。

图2 文山广南旧莫乡壮族吊脚楼

图3 文山广南旧莫乡壮族吊脚楼

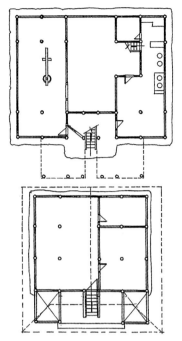

图7　壮族干栏建筑廊柱

图4　莲城乡干栏式民居平面图

图5　文山壮族"吊脚楼"

5. 代表建筑

1）广南县莲城乡某全楼居民居

这种楼房一般面阔12m，进深8m，高6m左右，一背四面坡，一般为三柱落脚、七柱落脚或九柱落脚，多数为纯木料结构吊脚楼房，并用青瓦或茅草覆盖。三开间，内为三层，底层用于堆放柴草、舂碓、推磨、喂养畜禽。中层为人居，距离地面1.8m，铺设木板，干燥防潮，客厅、厨房、寝室均设于此。那伦、者兔、者太、底圩一带在二楼建灶砌火塘，火塘上面吊一竹箅，用作熏烤潮湿物品；顶层存放粮食、挂腊肉和其他食物，通风良好。房屋两端向外延建偏厦，以增加房屋使用面积，并起到保护主房两头板壁免遭日晒雨淋的作用。

每边偏厦为三分之二个开间，多作卧室或布置姑娘精致的闺房等。大门前左右屋檐建凉台或吊脚长廊，供妇女做针线活和夏天乘凉闲谈，楼梯设于屋外正中或左右侧，供上楼使用（中层）。左右开间设有小窗口，屋内光线暗淡。全屋共24根圆柱，纵横使用通枋把柱穿连为排柱，房屋四壁全用木板装栏。整个建筑精巧别致，干燥通风，便于看管畜禽和防贼盗，古时还有利于抵御野兽的侵袭，居住舒适。此类建筑历史悠久，排列整齐，有纯朴和谐之美（图4）。

2）广南县兔乡某吊脚楼民居

该民居共有两层，一层面阔五间、进深三间、正面为入口，二层面阔三间、进深三间，入口两侧有高为一层的厢房，其最具特色的地方是民居中央部分带有直通二楼楼梯的主入口处理，结构为穿斗式木构架，外墙为土墙（图6）。

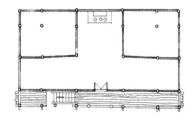

图6　兔乡吊脚楼平面图及外观

成因

广南壮族在民居建造中大都以干栏式为主，究其原因：一是壮族多聚居于崎岖山区和山间河谷地带，地势陡峭，水资源丰富，村寨大都建于半山腰，节省或少占耕地；二是大部分村寨位于山间或河谷地带，气候炎热，多雨潮湿，干栏可以通风排热，避免潮气；三是广南地处云、桂、黔三省区交界处，旧时盗匪猖獗，干栏可以观察外部四周，防范匪徒侵扰；四是楼下饲养畜禽，既防盗又方便管理喂养；五是晚上害怕盗匪和野兽，不敢出门，大小便可以从楼上向下排泄，楼下畜禽可以吃掉，清除污秽；六是森林资源丰富，能就地取材、各取所需。干栏建筑的突出特点是榫卯结构，这是一种具有民族传统特色的建筑文化（图5）。

比较／演变

壮族的村寨民居建筑，明末清初逐步由茅草房改为瓦房，不但建房材料有所改变，村落的布局与房屋结构也起了变化，形成了其民族的风格特色，一直沿用了近三百来年，直至20世纪八九十年代才逐步被现代建筑理念所替代。

傈僳族民居·干栏式民居

傈僳族干栏式民居以"千脚落地"房最具代表（图1~图4）。顾名思义，"千脚落地"是对其民居建筑外形和底层架空支柱的形象说明，反映出傈僳族、独龙族从生活实际出发所做的环境选择和居住建筑形式的选择，它适用于缺少粗大木材的高山陡坡环境。

图1 傈僳族千脚落地房

1. 分布

"千脚落地"的干栏式民居，是云南省怒江两岸傈僳族、怒族、独龙族等少数民族居住的传统民居之一。

2. 形制

历史上，傈僳族、独龙族因常处于迁徙状况，保持不少刀耕火种的生产、生活特点。有民间传说口谣："桩头烂，傈僳散，鸟育巢，狼有窝，唯有傈僳吃完这坡赶那坡"。这便是对其迁徙生活的真实写照。

"千脚落地"民居的室内平面，一般常分为前后两间，其中一间作客房，另一间为卧室，两间房间内各置一火塘。房间的外围根据实际需要，沿地形的上坡向，可架空长短不等的狭窄连廊，而进出室内的入口，常从房屋的上坡向或其中一端开设。屋面为简单的双坡面悬山顶，茅草覆盖，后逐渐替换为油毛毡或石棉瓦、铁皮瓦（图5）。

3. 信仰习俗

傈僳族的"奶依"（江水）崇拜在其民居上也有所体现。他们建房时要选择在依山傍水的斜坡上，房门一定要开在逆江水流向的方向，因为有"门朝逆江开，日进斗金；顺江水流向开，倾家荡产"之说。

4. 建造

"千脚落地"式干栏房屋的建盖，主要采用打桩固定法，先将数十根甚至上百根长短不等的细木桩逐一固定在坡地上，以取得平整的居住层，使地板面与山坡地之间构成架空的三角形。之所以要采用密集排列支柱的方式，主要是为了保持上层房屋自身的稳定，既满足

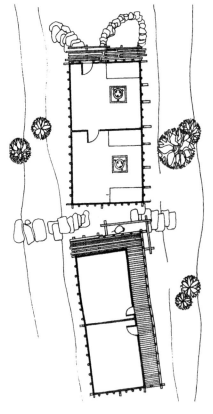

图4 傈僳族千脚落地房外形

图2 密置的架空干栏支柱

图3 傈僳族干栏式民居山面入口

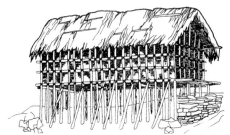

图5 傈僳族千脚落地房常见平面、透视图

图6　德宅外景

乏，只在冬季生火取暖。各火塘上均有烘烤粮食的吊棚。家具异常简单，只有木床一张、存粮木柜、篾箩、装水的大小竹筒等。入口设在南山墙上，外有晒台，晒台的一角有存放苞谷的大篾箩一只（图6、图8）。

2）福贡县腊竹底苴宅

此民居平面布置较特殊，根据地形高差，房屋建成西南端是干栏式，楼上为卧室，东北端是落地式，内为堂屋。堂屋室内地面又较卧室低，在室内设石砌踏步四步。入口在东北端堂屋的侧墙上。晒台在同一侧墙的卧室之外。晒台与入口之上，屋盖挑出深远，是简便的防雨措施。房前有较宽敞的土地坪，供晒粮。但仍无院落和围墙。（图9）。

生活需要，又弥补了因缺乏大型木柱材料限制的不足（图2）。

其建造上的特点有：（1）有多支点和篾片作上千处连结和固定点，分散房屋的承重；也有利于防震。（2）房屋设有门，不立窗子，室内采光和通风都利用篾笆缝隙间透进来的光线和空气。（3）房屋以木材质地坚硬、耐腐的青冈树作柱子，篾笆作墙，整体房屋都由篾片固定，不用铁钉和铁丝。（4）中层隔楼铺木板、屋顶盖房头板或茅草。房头板原料为红杉木，纹理美观、利水性好、耐腐，有香气不受白蚁蛀食，可

供三四代人相继使用。茅草容易采集，冬暖夏凉，盖一次可用十年左右。（5）准备材料不限时间，可以在建房的当年或提前一两年作准备，但取材季节特别有讲究，必须在年内的立秋后到下年的立春之前方可（图3、图7）。

5. 代表建筑

1）福贡县腊土底寨德宅

德宅是典型的两间房住宅，外室是家人活动中心兼子女卧室，火塘上煮饭烧水，围火塘坐卧；内室是主人卧室和存放粮食之处，亦有火塘，但因木柴缺

成因

怒江峡谷中，基本上没有较大的平坝，河谷边分布着面积大小不等的冲积堆，傈僳族一般居住在这些冲积堆或崇山峻岭中的坡地上。房屋纵长顺坡修建，对原地形不挖填平整，于其上栽长短木柱将居住的楼面调成水平，就成了坡地上的干栏式住房。这种架设楼面的方法，省工省料，又不破坏山体，利于山水排泄，几乎是山地干栏民居的共同特点。

比较／演变

20世纪50年代前，傈僳族的居住文化与社会发展相适应，较为原始，是"绑扎"结构的竹篾房，所用木料较细，支柱多，"千脚落地"是其形象名称。20世纪50年代后，建筑技术发展迅速，由原来的纵向网式墙体承重，进入由屋架、梁、柱等横向承重体系，从"绑扎"结构跨入榫卯结构。这个变革过程，为原始社会末期建筑发展的研究提供了活的例证。

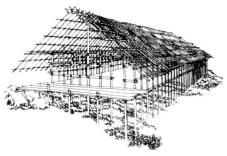

图7　傈僳族干栏民居构架

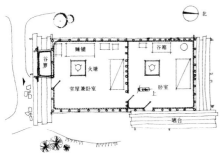

图8　德宅平面图

图9　苴宅透视、平面图

傈僳族民居·井干式民居

"三江并流"腹地奇特的地理环境和茂密的原始森林，造就了生活在澜沧江畔的傈僳族人崇拜太阳，追逐太阳的性格，也造就了他们居住在高山陡坡之上，依山而居、依水为邻的生活方式（图4）。

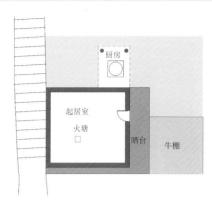

图1 点式住宅

1．分布

井干式民居又称木楞房，主要分布在云南维西傈僳族自治县的高山林区。这里林木资源较为丰富，建筑取材较为方便。

2．形制

井干式民居主要有点式住宅、"一"字形住宅、组合型住宅三种样式。

1）点式住宅

以一间木楞房为核心，分为上下两层，上层居住，下层圈养牲畜。木楞房的中心是火塘。不仅可以生火做饭，同时也是客厅，晚上兼作睡觉的卧室（图1）。

2）"一"字形住宅

以二至三间住宅组合而成，一字排开。同样分为上下两层，上层居住，下层圈养牲畜。较大一间木楞房作为客厅，内有火塘，是家庭活动的中心。火塘附近有一根柱子，有的柱子上钉着几根钉子，有的家庭则干脆在建房时就在柱子上预留了几节树枝，主要用途是方便挂东西，因为傈僳族的生活用品有很多是收藏在各种各样的口袋里的。晚间兼做卧室，全家人围火塘而眠。较小的木楞房多为农具堆放的场所（图2）。

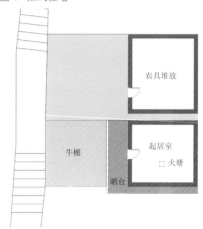

图2 "一"字形住宅

3）组合型住宅

以多间住宅围合成为院落的建筑形式，经济条件较好的家庭以及房屋基地较为平整的家庭多采用此类建筑形式。建筑多以一层为主，房屋有局部悬挑，但面积较小，下层仅为支撑结构，大型牲畜圈养与院内。房屋不仅具有居住与堆放农具的功能，同时加入了商品零售等其他功能（图3）。

3．建造

傈僳族井干式民居上层是木楞交叠

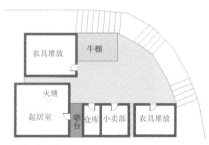

图3 组合型住宅

图4 同乐大村傈僳族井干式民居群落

图5 井干壁体交角细部构造

图6　同乐大村民居内门边框

图9　同乐大村民居3

的井干式结构（图5），底层作牲口棚，通常架空，用木楞垒叠外墙围护，但底层的木楞是卡接在架空柱内的，不起承重作用。卡口是在立柱两侧加一对夹板，木料两端，削成楔形，卡入夹板中，这样既起到了固定木楞的作用，也保持了木柱的完整性。木楞房很少开门窗，开门窗洞口的位置截断木楞，断口削成桦头状，门窗边框柱的侧面也挖出凹槽，与木料断头接合，边框柱的两端也削出桦头插入上下端完整木楞内（图6）。

正如傈僳族调子里传唱的那样：
木楞垛房造方便，冬暖夏凉可煨茶；
楼房宽敞又明亮，人居收粮样样都方便。
上楼八尺下八八，家庭兴旺发又发；
中堂较宽左右六，家庭和睦事事顺又顺。
木楞杆子往上垛，上下两层成楼房；
左右两房设中堂，火塘煨茶客厅两样全。
木楞杆子一边顺，根脚树头不能倒；
大料作底小在上，稍成外形八字美又牢。

4. 代表建筑

叶枝镇同乐大村井干式民居

傈僳族是崇拜自然的民族，依山而居、就地取材是傈僳族的建筑根本。维西傈僳族井干民居式样以叶枝同乐大村最为集中，是这种民居建筑的典型代表（图7～图9）。

该村井干民居一般两层高，依山就势，一层无墙壁，只用木柴、篱笆简单的围住，其用途主要是关牲畜。伙房用木板搭于大树底部，四周用石头垒成。二层住人，平面三间一体相连通，兼具堂屋与卧室的作用。

四面壁体以圆木或方木两头凿桦，四角以合桦连接，以井干式层层叠架，房顶盖木板，用石块压实以抗山风。房屋构建交叉处、房梁与房头板相接处等重要部位用藤条捆扎，整间房屋不用钉子。

成因

维西傈僳族的居住环境从物质条件上就决定了他们的房屋特点。千百年来，傈僳族依山而居，择林而住，莽莽林海提供了重要的生产生活资料，其中包括取之不尽的建筑材料——各种木材和竹材。由于傈僳族在民族形成和发展的过程中经过多次迁徙，在新中国成立前的漫长岁月里，很多傈僳族群众难以得到一块真正属于自己，可以安身立命的土地，所以所建房屋具有简易和便于搬迁的特点。这种特点与游牧民族选择帐篷居住，一些彝族选择窝棚居住有相似之处。

比较/演变

高山林场为傈僳族人提供了取之不尽用之不竭的木材，木材自然成为了日常生产生活中不可缺少的部分。然而，随着交通、经济条件的改善，大山深处的傈僳族也逐步受到外界的影响。彩钢瓦、石棉瓦等现代建筑材料也出现在井干式民居之中。如何将现代建筑材料与传统建筑材料相结合，也成为今后傈僳族井干式民居发展的新课题。

图7　同乐大村民居1

图8　同乐大村民居2

拉祜族民居·木掌楼

在澜沧、孟连、勐海一带生活的拉祜族，由于气候温热潮湿，因此其住房是利用自然资源的竹、木、草、藤等建成的干栏式住屋，又称"木掌楼"。上层住人，下层用于关养牲畜和存放杂物、舂米等。平面一般近似长方形，楼层低矮，被深深的出檐遮盖着，远望只见一根根木柱上，架着甚为硕大的黄色草顶，淳朴自然，不加装饰，颇有田园风光的韵味。

图1 拉祜族木掌楼远眺

1. 分布

拉祜族木掌楼民居分布于云南临沧县、澜沧县、孟连县、勐海县等地。

2. 形制

拉祜语称"木掌楼"为"左课叶"，房屋大都建在山区坡地上，底层架空的高度约在1m左右，亦算是矮脚干栏民居形式之一（图1）。

正如当地拉祜族民歌中所唱的那样："小小掌楼四个角，大门朝着太阳开"。在"木掌楼"东边山墙处，经常设一个宽度约1m左右的晒台，叫"古塔"。每当人们回家时，先由独木梯上到晒台上，用水冲洗干净脚上的泥土后再进屋。屋分前后两间，前间较小，叫"切骂郭"，安有木臼。这种木臼很特殊，口在楼面以上，脚在楼面以下，很好使用，舂米时又不会引起楼面震动。

后间为火塘间"阿扎"，全家做饭、起居、睡眠都在这里进行（图2）。

另有一种"大房子"，椭圆形草顶屋盖。楼层室内两侧用篱笆或木板分隔成向内开放的若干小隔间，供小家庭居住。中间有宽敞的通道，其上设若干个火塘（图3）。如此多的入口，冬季全体成员相聚时居住较为拥挤。不过，各小家庭半年以上的生产时间都分散居住在稻田地边的"班考"里，农闲时才返回"大房子"居住，因此"大房子"似乎变成了临时居住的公共场所。而这种"大房子"也反映了一种比较原始的生活状态。

3. 建造

拉祜族木掌楼的梁柱受力体系较简单，大构件用榫卯接，其余的用竹篾绑扎。屋盖共用檩条五或七根，其中部的

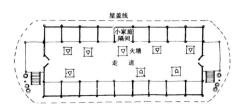

图3 拉祜族木掌楼"大房子"平面图

图4 拉祜族木掌楼典型剖面图

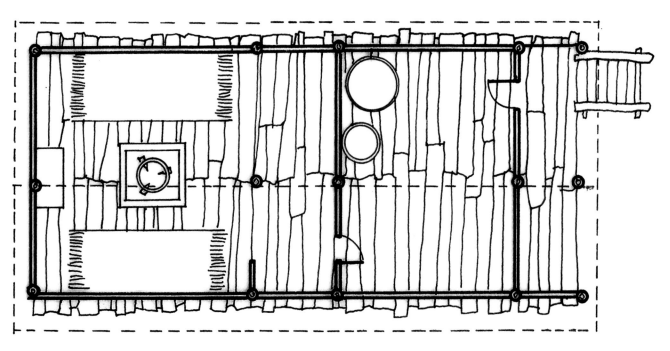

图2 拉祜族木掌楼典型平面图

图 5　澜沧县南段寨亚宅外景

图 6　澜沧县南段寨亚宅平面图

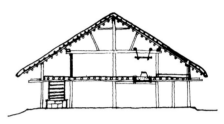

图 7　澜沧县南段寨亚宅剖面图

图 8　信乡班别寨拉祜二队扎宅透视图

三或五根，置于两支点的三或五架梁上，边部两根檩条则直接放置在檐墙上，此两条檩条与中部的梁架无联系措施，自呈纵向承重系统。因此，屋盖承重体系构成中部和两边分别为横向和纵向两种方式，尚未形成完整的横向木屋架结构体系。檩条之上用圆木椽子，加横向圆竹，用竹篾绑扎固定，再于其上绑扎草排屋盖，其方法甚为奇特，是将草束端部折下绑于另加的一根横向竹条下（图 4）。

由于受到建筑技术和所采用建造工具的局限，拉祜族的"木掌楼"过去仍然使用"埋地式"和顶端带叉的天然木柱。屋顶为茅草顶，楼面为纵横交错搭接的承重竹木构件。施工方法保留着原始互助的美德，一家建房，全寨出动，伐木，割草，齐心协力，三日内建成，主人招待用餐，不另付报酬。

4. 代表建筑

1）澜沧县南段寨亚宅

房屋由主房、牛厩和粮仓组成。干栏建筑，上层住人，下层关养小牲畜和堆放柴草。主房是近椭圆形平面，

草顶。该房屋已建十年，原住四家，后已分开。现住姐妹两家，是妇女当家、丈夫从妻居的母权制家庭。成员有老人，两姐妹及其丈夫、子女共 9 人。

楼上大空间，由 5 榀两支点木屋架组成。各屋架的两支柱间用竹席分隔成小隔间，前不设墙。中央通道甚宽大，可称之为堂屋。设火塘四个，一个是煮猪食用的火塘，其余则为生活用火塘，上吊烤棚。两端椭圆形部分，贮存粮食。用一侧两个小隔间的位置设楼梯和平台，均在一个屋顶下（图 5～图 7）。

2）孟连县公信乡班别寨拉祜三队扎宅

此宅有主房和粮仓各一幢，宅地周围设竹篱围墙。主房是干栏式草房，外形前端是椭圆形，后端是双坡顶的悬山式。入口设在前端，外有晒台和走廊。内部作横向分隔为内外两间，外间大，中设火塘一个，上有吊烤棚。家庭成员共七人，户主夫妇住外间，老人与小孩住内间，在外室的一间又另隔成一小间，供大儿子居住。由平面形式看，此小间系后来所隔。这表明拉祜族的居住方式正在从古老的共居一室，逐步走向分室居住（图 8）。

成因

澜沧县西南部和孟连县等地的拉祜族，所处环境较为闭塞，很少受外来影响，故民居较多保存着传统形式，如反映氏族公社集体生活状态的"大房子"。这是生活在这一带拉祜族独特的住房特点。

随着经济发展，公社逐渐解体，形成以小家庭为中心的"木掌楼"单栋住居形式。

比较／演变

无论是"大房子"民居，还是晚出现的以单一家庭为中心的"木掌楼"民居，都是一种干栏民居，既反映了傣族、德昂族等相邻民居文化的影响，又保持了本民居文化的特点，兼具民族性与地域性。

拉祜族民居·挂墙房

在一首拉祜族的民间歌谣中这样唱道："砍来了竹子和木料，要盖房子了，不会盖房子，去看老鼠窝，样样准备好九堆，照着老鼠堆模样，冬月里盖起了新房，方方正正四个角，坐北朝南的方向。"这种拉祜族自称是仿老鼠窝模样盖起来的新房，就是这里要介绍的"挂墙房"（图1、图2）

图1 拉祜族挂墙房外观

1. 分布

"挂墙房"因其有良好的抗震性，故主要分布于地震多发的云南澜沧地区。

2. 形制

拉祜族"挂墙房"是一种以"头叉"为纵向支撑结构的落地式民居，平面为横向布局，三开间，入口在正中，左边设主火塘，火塘周围是起坐、睡眠的地方。右边堆放粮食或杂物，家中人口较多时也常利用这边作睡眠用。火塘为室内空间控制的中心，对祖先的崇拜是划分室内空间的重要依据。

3. 建造

由"头叉—头梁"和"老鼠叉—老鼠梁"组成一个纵向框架，作为承重的主体结构。位于矩形房屋平面两短边中点上的两根高木柱称"头叉"，将一根

有足够长度的圆木横架在两根"头叉"之间，是为"头梁"，其两头向外悬伸出适当长度。以同样的方法再在房屋平面的四个角上立4根顶端带桠杈的柱，其高度低于"头叉"，与檐口高度相当，是为"老鼠叉"。以两根"老鼠叉"为一组，各横架一根圆木，在头梁两侧与头梁相平行，是为"老鼠梁"。在头梁与老鼠梁之间，依一定间距布置上若干斜木及斜木的联系件，这就构成了两面坡屋面的基层。

沿房屋周边，在与老鼠梁的高度齐平处，留出门洞，密栽一列小柱，中距在0.3～0.4m之间，小柱与小柱之间再绑上水平向的竹片，由地面到小柱顶，每间隔0.2～0.3m左右绑一道。然后由两人同时于墙内外两侧把拌合好的黄泥长草一笤一笤地挂上竹片，挂的同时调整均匀后随手将墙面抹平，待干后便

成了"挂"着的草泥房，房屋因此得名（图3）。

总体来说，以木、竹、草、泥为材料，以纵向构架为承重体系，柱脚深埋地下，柱顶带天然桠杈以承托纵梁，其他部位的构件连接均采用捆绑方式，这就是拉祜族挂墙房的结构特征（图4）。

这种薄而轻、整体连贯性很好的"挂墙"处理方式，对于居住在地震时有发生的澜沧地区的拉祜族而言相当适用，简易方便的建造方式也满足其迁移农业的生活特点（图7）。

4. 代表建筑

澜沧县某拉祜族挂墙房民居

该民居平面较为简单，面阔三间，进深两间，面积约60m²，只有一层，右面为火塘，左边为卧室，中间一间供祖上牌位，屋顶向外伸出形成前廊，前

图2 拉祜族挂墙房近景

图3 挂墙房墙体制作过程

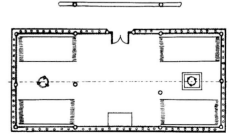

图4 挂墙房民居平面图

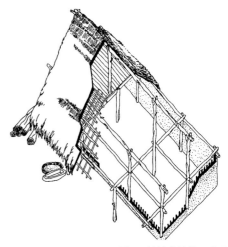

图 7　挂墙房结构示意图

图 5　挂墙房透视图

廊中间一间用篱笆作为分隔，结构较为简单，梁柱均为桠杈相接。

屋顶材质为茅草顶，先用檩条与椽条作垂直交叉织成网格，上铺茅草，构成整个屋顶构架。

柱子做法质朴，直接将原木做柱子，上还有未经雕琢的小桠杈，从上到下弯弯曲曲，与一般民居中光洁笔直的柱子大不一样，别有一番特色。

在建筑围护墙体的构造上，它以纵横双向绑扎的竹片为基层和立柱固定在一起，然后用拌好的草泥（即整条长的茅草或稻草和泥巴各占一半）自下而上塞挂于绑好的竹片网格内，两人配合的同时边挂边用手把墙面内外抹平。其就地取材、建造施工便捷，墙体的整体性强（图4～图6）。

成因

1957 年以前一直生活在金平县南部深山密林中的苦聪人（现在识别为拉祜族），社会形态还停留在原始社会末期、父系氏族公社初期的发展阶段。以采集、狩猎为主要生计，经常迁徙，没有固定村落。用芭蕉叶搭的棚子便是他们的家。这是原始林居生活的写照，其"挂墙房"就是适应于游猎生活的产物。

比较 / 演变

"挂墙房"与佤族"鸡罩笼"，瑶族"叉叉房"同属"地棚系"建筑，且属于墙—顶分离式的地棚式民居，但具体在材料与结构的选择应用上区别较大，这反映了各自社会经济的不同和民族文化与自然地理的多种因素对民居形式的影响。即便同是拉祜族，依然分有属于干栏系的"木掌楼"和属于地棚系的"挂墙房"，这也体现了上述因素的影响结果。

图 6　挂墙房剖面图

佤族民居·鸡罩笼

生活在云南阿佤山区的佤族是一个历史悠久的民族，时至今日，部分佤族仍处在比较原始的社会状态，独特的自然环境条件和社会发展状况使其产生了一种比较独特的民居形式——"鸡罩笼"，其建筑外形就像一个罩子，平面端部做成圆弧形，与佤族特有的圆弧形屋面协调统一（图1、图2、图6）。

图1 佤族"鸡罩笼"

1. 分布

佤族"鸡罩笼"民居主要分布于云南西南边境澜沧江和萨尔温江之间怒江南段的"阿佤山区"。

2. 形制

佤族"鸡罩笼"平面核心部分分为前后两间，一间为卧室，一间为火塘间。火塘间是做饭、起居和待客的地方，也兼有卧室的功能，未婚子女在此睡眠。平面中的最后一个半圆形房间，多作为堆放粮食和杂物使用，有时也作为老年人的卧室。

民居入口均设于房屋其中一端，如史料记载的那样："……居山岭，户不正出，迎屋山开门。"平面作纵向划分，前面是一个半圆形空间，有顶而无墙，安放有木臼等物，舂米、纺线等家务活动在此进行。

屋顶两端呈弧形，整体为椭圆形或半椭圆形，檐口奇矮，距地面不过1m左右，进出需深深弓下腰。远处看去，只见屋顶而不见墙体，酷似农家罩养雏鸡的罩子，这就是"鸡罩笼"民居最大的特色（图3）。

3. 信仰习俗

在火塘间的一角，还专设一个"酒塘"，虽不起眼，却是家屋中的神圣领地，外人一般不得涉足。"泡酒"是佤族最普遍，也是最隆重的一种礼节。有所谓"无酒不成礼，说话不算数"的习俗。新房建好后，第一件事就是立酒塘，然后再搬进去住，一个酒塘是一个家庭的标志。

4. 建造

佤族"鸡罩笼"进深较大，进深5m的是"四大柱"式，山墙上有四柱，中间跨两柱；进深6～8m的是"八大柱"式，山墙、中间跨均为四柱木构架支撑屋顶。

屋顶构架为木檩、竹椽、上铺草排。其两端扇形部分，檩条由竹子组合而成。搏风板、插销、屋顶压条、屋脊牙等主要作用是压紧、加固草顶，却起到了奇异的装饰效果。

楼面一般为木梁、整竹或剖竹楼楞，竹楼板。支承柱利用木叉。

5. 装饰

佤族"鸡罩笼"的弧形屋面有着特殊的意义，它的意义含蓄地表达了"葫芦"意向，体现了佤族早期栖身的洞穴。某些山官头人的鸡罩笼屋顶用特殊的图腾物和崇拜物装饰。其屋角的装饰分为两种，木雕燕子和木雕裸体男性坐像。

图2 佤族"鸡罩笼"聚落

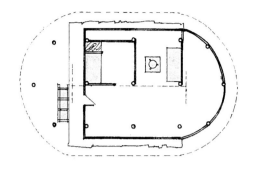
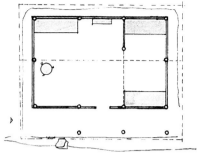

图3　佤族"鸡罩笼"几种典型平面图

燕子是佤族崇拜的禽类之一，其依据是神话史诗《司岗里》口碑传说：佤族先民从"司岗"出来后，先民们只是穴居在岩洞或巢居树上，后来是"木依吉神"让燕子教人类盖房子住的，所以就有崇拜燕子之意。后者一般都看得出肢体各部位的形象，包括眼、耳和男人的生殖器。佤族采用这种特殊的装饰物来修饰屋顶，是图腾和祖先崇拜互相结合的体现。

6. 历史演变

现今佤族民居正由椭圆形屋顶向矩形屋顶发展，在新老民居共存的村寨中，老民居为椭圆草顶，新民居改用筒板瓦屋面，同时也改为了四坡顶屋顶，平面也从椭圆变为矩形。随着经济、技术水平的提高和人民生活的改善，屋面开始改用瓦或其他材料。伴随而来

的，便是椭圆形歇山屋顶逐步发展为矩形的歇山或四坡顶。因此，如何在适应发展的同时，保存佤族"鸡罩房"独特的屋顶，是一个值得思考的问题。

7. 代表建筑

澜沧县雪林乡某"鸡罩笼"民居

该民居仅有一层，占地面积约50m²，民居平面形式简单，主体分东西两部分，西边部分为火塘间，为家庭日常生活起居场所，东边为卧室，北边为走廊，连接东面主入口、主体东西两部分与西边尽端的储物间。

外形为典型的"鸡罩笼"式，屋顶两侧为弧形，整体呈胶囊状，占立面主要部分，接近垂到地面。

结构为八大柱式，材料质朴，基本为茅草与木料，屋顶有简单装饰（图4、图5）。

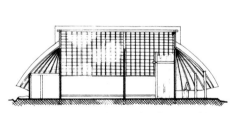

图4　雪林乡"鸡罩笼"民居剖面图

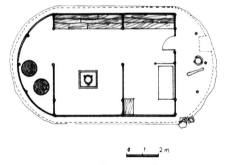

0　1　2m

图5　雪林乡"鸡罩笼"民居平面图

成因

佤族所处阿佤山区山岭连绵，平坝很少，高峰海拔2800m，谷地1000m左右，属亚热带气候，终年无霜，土地肥沃，竹木茂盛，原始森林遍布，故为佤族"鸡罩笼"民居提供了方便的建造材料。

有学者认为，佤族是从山洞中走出的民居，因此，"鸡罩笼"屋顶几乎落地，且只有一个小入口的形式是佤族古代穴居的遗存，是佤族从洞穴走向地面的过渡性居住形式，这也从侧面说明了佤族"鸡罩笼"民居的古老性。

比较/演变

因为聚居环境与周边文化的不同，部分佤族受拉祜族和傣族的影响，民居为木掌楼干栏式民居，耿马佤族受汉族影响，是土木或竹结构的平房。

图6　佤族"鸡罩笼"民居

佤族民居·木掌楼

除了"鸡罩笼"民居形式外，佤族亦有干栏形式的民居，那就是"木掌楼"，其形式为架空了的"鸡罩笼"，形式特别，依山就势，成片时布局灵活，在周围的竹木掩映下颇具特色。又因为民居分布地西盟发展较为滞后，一些村落的生产、生活形态尚处于原始社会末期，其民居也成为了反映这一历史的"活化石"（图1、图2、图7）。

图1 佤族木掌房民居

1．分布

佤族木掌楼民居主要分布于阿佤山区的西盟、沧源佤族自治县，澜沧、双江、镇康、永德等县亦有分布。

2．形制

典型的佤族"木掌楼"干栏式民居，为一端或两端椭圆形平面，在椭圆的一端退后作平台，设门并从架空层上的平台进屋，平台较大，超出屋檐的滴水线。有的还错落成两层，高度相差40cm左右，以提供更大的活动空间。平台是一个集休息和做家务用途为一体的空间。由于室内光线昏暗，虽然有火塘内的闪烁火光，但远远达不到做手工活等所需的亮度，于是半封闭、半开敞的平台空间弥补了室内采光的不足。

从外形看，佤族"木掌楼"的屋顶是由两坡面再加上位于入口一端的圆弧形屋面组成。屋面檐口差不多和架空地

板面平齐，低矮的墙壁只有从室内才能看出，它仅仅是为了防止屋面的椽子与地面相碰才设立的。由于屋檐较低，为进出方便，在入口处将屋檐单独挖出一个缺口作为门户。

房屋空间的大小、多少，可根据各家经济条件和家庭人口构成而定，而头人、珠米（佤族的富裕阶层）家的房屋较大些，分主间、客间和外间；普通人家则只分主间和客间（图3）。

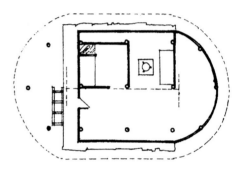

图3 木掌楼民居典型平面图

3．建造

屋顶两端搏风板（木或竹制作）在屋脊处交叉呈燕尾形，佤族称"卢湟"（意为"房之子"）。交叉处加草束以保护屋脊，佤族称"答不让"。为固定屋脊稻草，屋脊两侧加装屋顶压条（竹竿）、佤族称"西夹"，屋顶压条与搏风板上均有插销，起锚固作用。有的屋脊两侧还加"屋脊牙"加固顶部，佤族

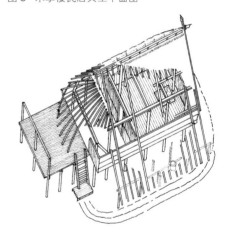

图4 木掌楼民居结构图

图5 木掌楼民居装饰

图2 佤族木掌房外部平台

图6 赵三命宅透视图

图 7　佤族木掌房群体

称"让不让"。屋顶其余做法与用料大体与"鸡罩笼"相似。

佤族木掌楼民居的房屋构架与"鸡罩笼"亦大体相似，亦分"四大柱"与"八大柱"，不同的一点在于木掌楼是干栏式民居而"鸡罩笼"是落地式民居，所以有一个架空层。其楼面做法大部分也与"鸡罩笼"相似，只是在孟连地区部分民居用木楼楞、竹木楼板，楼板上的火塘，用向下弯曲的木料支持，上铺竹片，填沙土做成。

联系架空层与二层的楼梯多为木制，西盟佤族民居多为独木梯。沧源民居楼梯则用木料做成，下贴竹片，有的进一步用条石，分单跑、双跑两种。

晒台基本与室内楼面平，用木梁柱、竹楼楞、竹片楼板构成。沧源佤族民居有向上开启、支撑的老虎窗，其他民居一般不开窗（图 4）。

4. 装饰

佤族木掌楼外形及用材粗犷简朴，不施油漆，不重装修，但在有些大门上，仍可见简单装饰——牛角形浮雕。如西盟岳宋佤族民居上的木大门及粮仓木门。有的在出入口的木板壁上留出六边形洞口，这些都反映了佤族民居原始的审美心理（图 5）。

5. 代表建筑

翁丁佤族村落赵三命宅

该民居建成于 20 世纪 90 年代，占地面积约 60m²，家庭人口 4 人。

平面呈船型，一层为架空层，堆放柴草杂物等，二层为日常生活起居空间。二层入口位于整个房屋的南侧平台——即"船尾"，内部是一个以火塘为中心的大空间，"船头"是储物间与祭祀房，主人的卧室位于"船尾"一隅，老人的睡处紧靠火塘，体现了家长的权威。

结构形式为 4 大柱式，屋顶材料为石棉瓦混合茅草，墙体楼板均为木构，造型舒展，优美（图 6、图 8）。

图 8　赵三命宅二层平面图

成因

成因大致与"鸡罩笼"相同，但受毗邻的拉祜族的影响，加上地形的限制，使其表现出干栏式"鸡罩笼"的形式。

比较／演变

由于同在阿佤山中心地区，与木掌干栏式民居混杂在一起的"鸡罩笼"民居，其屋顶样式，房屋构架大体相同，不过一个属于干栏系民居，一个属于地棚系民居，应是其所处地形地貌环境不同所致。而阿佤山边缘地区耿马佤族，因其受汉族影响较大，故民居为土木或竹结构的平房，这就体现了民族文化对民居形式的影响，而气候地形因素反而退居次要了。

苗族民居·吊脚楼

云南许多苗族与壮族混居，因此其建筑形式也在因袭壮族的干栏式建筑的基础上，保留着本民族的特点（图1）。

图1　苗族聚落

1. 分布

苗族吊脚楼主要分布于文山苗族壮族自治州的山区中，另在滇西北昭通地区也有部分分布。

2. 形制

苗族分布的特点使其居住方式十分多样。以保持较古老的干栏建筑形式"吊脚楼"最为普遍。楼分三层，因其二、三楼和前檐用挑梁伸出屋基外，形成悬空吊脚，故称"吊脚楼"（图2）。

苗族吊脚楼，下层多为关牲畜、家禽和堆放柴草、农具之所。二层为全家饮食起居的主要场所，外设走廊，中间安有凉台状较长的曲栏座椅。屋内一般不设神龛，仅在堂屋东壁上钉块小木板，其上摆两个小酒杯，其旁挂两支小竹筒，逢年过节用以斟酒插香祭祖先。二楼大门门槛特高，主要为了保证生活在吊脚楼上的幼儿的安全。三层可作卧室，亦可存放杂物。令人称奇的是，偌大的一座楼房，除固定椽子用少许铁钉外，其他部位全部用卯榫构筑而成，反映了苗族人民高超的建筑技艺。

3. 建造

苗族吊脚楼均为穿斗式构架体系，依山而建，后半边靠岩着地，前半边以木柱支撑，楼屋用当地盛产的木材建成。整个建筑采用木柱、木墙、木楼板，楼屋皆建于数米高的石保坎上。它的构造特点是以柱和瓜（短柱）承檩，檩上承椽，柱子直接落地，瓜则承于双步穿上，各层穿枋既起拉结作用，又起承重作用。每排构架在纵向由檩和拉杆连结，柱脚以纵横方向的地脚枋联系，上下左右联为整体，组成房屋的骨架。屋顶有双坡顶与悬山顶，屋顶材料主要为青瓦，少量有用杉木皮盖顶。

4. 装饰

苗族吊脚楼的装饰大多简洁、大方、朴素，纹样也为几何图案，装饰重点集中在入口、退堂、门窗、美人靠栏凳、吊柱吊瓜、屋檐口及屋脊等处。其中门窗装饰纹样较多，窗有漏花窗、梭窗等形式，窗花简洁大方，疏密有致，节约了空间，起到了画框的作用，把室外景色纳入框中，梭窗采用推拉的方式，同时也形成一幅生动的山水画。

5. 代表建筑

1）昭通威信县大湾村曹宅

此房间规模较大，形式严整，占地面积约500m²，为合院式半吊脚民居，整体依山而建，倒座部分架空呈吊脚，并有围墙。天井北面为主屋，正中心为

图2　云南苗族吊脚楼

图3　大湾村曹宅内部结构

图4　大湾村曹宅平面图

图 5 湾子苗寨老祖房厢房

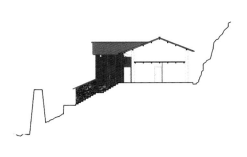

图 6 大湾村曹宅剖面图

图 7 大湾村曹宅门装饰

堂屋，拜祭祖先灵位，堂屋两边为卧室。每个卧室前都有一个前室，内有火塘，为卧室主人起居用；正房外侧为厢房和厨房，为接待客人、家庭聚餐用。

主屋为穿斗式木构架，有地栿，内部山墙处丁梁柱地栿处做向内凹处理，呈一个个小格子状，外立面装饰朴素，屋檐无举折。门窗雕花精致（图3、图4、图6、图7）。

2）昭通威信县湾子苗寨老祖房厢房

老祖房是湾子苗寨最早的建筑，建于石墙平台之上，与当地其他同类住房相比较，尤显气势雄伟。老祖房分正房和厢房，全部以木头为建筑材料，以前用杉木皮覆顶，现改用瓦代替。正房为落地式，两侧厢房为吊脚楼式结构，底层不封闭，是雨天家人活动和小孩游戏的场所，二楼与正房二楼相通，或单竖楼梯上下。正房和厢房吊脚楼的柱、梁均用合围粗的独木充任，门和内外墙壁多用整块木板做成，中间多有木线条装饰。由于建筑年代已久，虽经后人不断维修，岁月对柱、门、壁的剥蚀仍然清晰可辨。此建筑也是同时兼有苗族干栏式与落地式两种形态的经典实例（图5）。

成因

云南苗族居于山地，而干栏建筑是适应山地的一种民居形制，加之所居之处周围林木繁盛，也为干栏民居的建造提供了材料。但云南苗族与汉族比邻而居，因此其干栏式民居不论是民居形式上，还是在建造技术上，多少受到了汉族的影响。比如上文提到的大湾村曹宅，就是干栏式民居融合合院的一个实例。

比较／演变

云南苗族吊脚楼与壮族、傣族等同属干栏式民居，加之其聚集地之一的文山地区同时也是壮族聚集区，所以文山地区的苗族干栏民居与壮族的干栏民居有许多相似之处。昭通地区的苗族民居受汉族影响较深，出现了融合汉式合院特点的干栏、半干栏民居。

苗族民居·落地式民居

苗族在云南分布较为广泛，许多地区的苗族民居也受汉民族的影响，其房屋形式表现为一种汉式瓦房，而在一些偏远、经济落后的地方，苗族亦有一种原始的类似于瑶族"叉叉房"的落地民居，称为"华过楼"（图1、图2）。

图1 苗族落地式民居

1. 分布

苗族落地式民居主要分布于文山苗族壮族自治州，与干栏式民居混杂分布，另在滇中元江地区、滇西北昭通地区亦有分布。

2. 形制

房屋通常是三间正房（个别富裕人家修五间正房），分上下两层，每间宽约4m，中间正房为堂屋。正中开大门，门的两侧各开一窗，与大门相对的板壁上安置有祖先的香火、神龛。这是祭祀祖先、接待客人进餐和家人休息的场所。堂屋左右两大间，其中一间房中设有四方火坑，坑中放一个三脚架，供煮饭菜和冬天取暖之用，火坑一侧为卧室，铺有地板；另一间隔成两小间作卧室。两旁的正房楼上为存放粮食和农具之用，有楼梯上下；厨房和舂米房一般设在正房以外的偏房里，其余牛栏、猪圈、鸡鸭窝和厕所都修在正房外的空地上。

在较为偏远闭塞的某些地方，甚至保留原始性的窝棚或十分简陋的所谓"叉叉房"。这是一种只用带杈的几根树枝交叉搭盖捆绑而成的茅草棚，其结构为纵向列架，有原始木构之遗风，四边用竹编或枝条缚扎，或以土石为墙，无窗之设，门极低矮，有的须弓腰出入，常为二间或小三间，人畜同处一房（图3、图4）。

3. 建造

一般落地民居都为穿斗式木构架，灰黑色瓦房，用青瓦盖顶，木板作壁。但也有个别由外地迁来的苗民，常住黄色茅草房。

而威信县大湾村的落地民居建于城堡式的石墙上。石墙全部以凿平一个面的大料石为材料，采用"咬合法"垒砌而成。墙体东西长90m，最高处2.4m，一般高3m，中间一段平面如城堞样向外突出。以墙为护体，墙后用土逐层夯实，至最高处成为一个平台。后据山壁，房屋即建于平台之上，主人出入，全仰仗墙体东西两边和中部预留的三道石门洞。石门洞宽1.5m，高2.5m，内侧安装有石枢、石门、石栓，入门沿石阶梯拾级而上，方可登临房前院坝。

最原始的"华过楼"，结构与瑶族"叉叉房"结构相似，原始而古朴（图5）。

4. 代表建筑

1）昭通威信县大湾村古国祥家民居

该民居始建于1964年，占地面积约150m²，堂屋为平面中心，其余房间均围绕堂屋布置，左右基本对称，堂屋西侧为主人卧室，东侧为老人房，主人卧室与老人房均有前室与后室，前室内有火塘，为日常起居用，后室为储藏用，堂屋北侧为客人房，足见此家人对客人

图2 苗族落地式民居群体

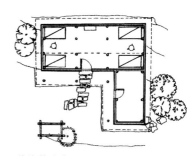

图3 苗族落地式民居平面图

图4 苗族落地式民居典型外观

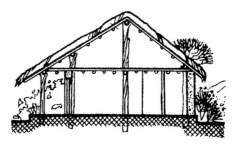

图 5　苗族落地式民居剖面图

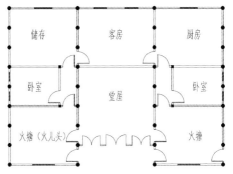

图 6　古国祥家平面图

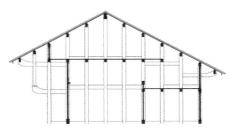

图 7　古国祥家剖面图

图 8　古国祥家外观

图 9　古国祥家内部

图 10　湾子苗寨老祖房正房

的尊重。堂屋内有梯子可以爬上二楼，二楼没有居住功能，为一个大的储存空间。

　　该民居为穿斗式木构架，面阔三间，进深八间，南侧入口处有吊脚，墙体为竹篾石灰墙，青瓦屋顶（图6～图9）。

2）昭通威信县湾子苗寨老祖房正房

　　该建筑为南北向，落地式结构，两层高，紧靠西侧另建一间耳房为厨房。居中一进的前间为堂屋，平面较东西两进略为退缩，退缩部分形成一个比较宽敞的堂檐。整个堂檐和滴水之内的屋檐下，以石板通铺，特别是堂檐石板，长丈二，宽八尺，重吨余。堂檐是一般的小型宴请和家人平时品茗纳凉所在，其两侧均有门与东西两进的前间相通。西边一进与耳房相连，其前间为"火房"，供冬天烤火和平时家人活动之用。除堂屋、火房外，其余各间作卧室。

　　厢房与正房同高，东西向立于正房两侧，为干栏式建筑，与正房形成一个未封口的"口"字形平面（图10）。

成因

　　苗族落地民居借鉴了汉式民居的工艺，但形制上又有变化，除有部分合院民居外，也有很多汉式做法的独栋民居。而其原始的"华过楼"则是经济文化不发达的产物。

比较 / 演变

　　苗族在云南分布较广，其民居形制做法受其他民居影响较深，例如其落地瓦房民居就受到了汉式瓦房民居的影响，"华过楼"受到了瑶族"叉叉房"的影响，而其落地瓦房与其干栏民居、"华过楼"与其干栏民居有时在同一地区混杂而处，更反映了文化对民居形式的影响。

　　另在湾子苗寨有些新建建筑，与老祖房形制差别较大，石砌平台较低矮，一律不配吊脚楼式厢房，堂檐不铺砌石板。房高和平面分布同于老祖房，侧面另配厨房。后墙和两边山墙多不用木板，改为土筑墙；正面以木板作墙壁的人家，多尚简洁，不加木线条装饰，墙体以砖砌居多。

瑶族民居·吊脚楼

瑶族是一个山地聚居民族，住所往往依山傍水建成，其代表作就是人与自然和谐而居的吊脚楼（图2、图5）。

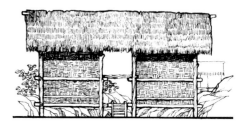

图1 瑶族吊脚楼典型外观

1. 分布

瑶族吊脚楼主要分布于滇东南地区的富宁县、广南县、丘北县、麻栗坡县、马关县、河口县、金平县、元阳县、绿春县、红河县等地区。

2. 形制

吊脚楼随着山势的高低而建造，前后立柱也随地势高低不同设置在陡坡上。房屋分上下两层，下层多架空，一般作为牛、猪等牲畜棚及储存农具与杂物之用。楼上为客堂与卧室，四周伸出有外挑廊，主人可以在廊里做家务和休息。这些廊子的柱子有的不落地，以便人畜在下面通行，廊子重量完全靠挑出的木梁承受。所以，这种住宅建设往往是里边靠在山坡上，外边悬吊在空中。这种吊脚楼外形美观，灵巧别致，凌空欲飞；住起来舒适，干爽透气，通风采光好。有人还说它的建筑艺术体现了瑶族人民"地不平，我身平"的哲学思想（图1、图3、图7）。

3. 建造

瑶族吊脚楼的结构与傣族、德昂族、苗族相似，都为柱子伸入楼板下形成架空层，主体结构为柱、梁、枋组成的"人"字梁架，用材不是很规则，互相以榫卯相连。由于无专业化工匠，故建造水平较低，如掌握水平与垂直，仅凭眼睛观察，加上工具简陋，除开凿孔眼的凿以外，均以砍刀削砍，划线不严格，等等，这样榫卯极不密合，使得建筑年久易歪斜，需经常维修。

4. 代表建筑

1）金平县勋拉乡普洱上寨王友仙家住宅

王友仙家住宅位于普洱上寨寨边，坐东面西，依山而建。房屋共四开间，每间1.8m宽，二进间，每间3.5m深的柱网，用砾石块垫基立柱，形成的底层高2m，不围竹篾，主要用来畜养牲畜。有猪、牛厩各一个，柴堆、农具各占一间，纺织布机置于正面，约占一间，有灶台一个，用以煮喂牲畜的饲料。楼层和一

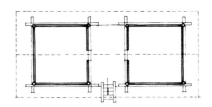

图3 瑶族吊脚楼典型平面、立面图

图4 沙瑶半干栏民居剖面图

图2 瑶族吊脚楼

图5 瑶族吊脚楼聚落

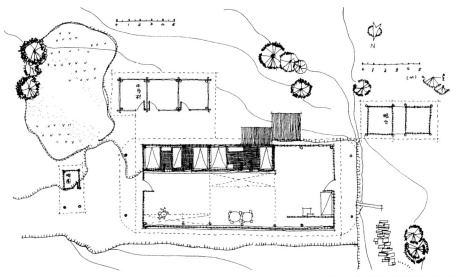

图6 沙瑶半干栏民居平面图

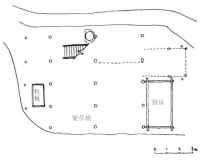

图8 王友仙家一层平面图

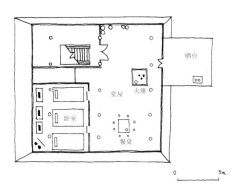

图9 王友仙家二层平面图

层有木梯相连，楼层四壁用竹篾板封闭，上部向外倾斜，上楼后为前廊；由前廊进入堂内。楼屋宽敞，分为居室、堂屋、粮囤三部分。堂屋内设火塘、客人住所和用餐桌凳。

该宅梁架均为木制，顶为歇山顶，正脊只占当中二间，中柱不通顶，屋面较陡，约在45°～50°之间，上覆草排，利于排泄雨水，建筑通高8m（图8、图9）。

2）金平县石岩寨某沙瑶半干栏民居

该民居为瑶族半干栏民居的典型代表，其地势北低南高，因此，北侧民居部分架空，可堆放柴草，主入口位于该民居的东侧，进门后为一个大空间，为居民日常餐饮、起居、待客之用，设有火塘。紧靠主入口有一床铺，为老人睡处，北侧有两间卧室，分别为主人夫妻与未成年子女居处。正对主入口为一次入口，从这里可以通向后院的猪圈与马厩等地，另有粮仓位于主体建筑东北侧。粮仓为整体架空形式，三开间。

该民居屋顶为双坡顶，两侧墙杆承重，中间部分无柱子，结构较为简单，外观朴素，无明显装饰（图4、图6）。

成因

生活在山地的瑶族，可供建设房屋的平地甚少，于是瑶族人选择坡度较为平缓的地方建房。又因聚居地气候潮湿多雨而且炎热，为了通风避潮和防止野兽侵害，采用了这种下部架空的干栏式住宅。

比较/演变

云南瑶族因分布地域和支系不同，各自所居住的民居房屋也有多种形式。如红河沙瑶的民居多为半地面半架空的单层平房；红瑶所建的"半边楼"一般为五柱三间，两头附建偏厦，或一头偏厦，或一头偏厦前伸出建厢房，大门多在二层偏厦间。花瑶、盘瑶多居"全楼"，"全楼"是相对"半边楼"而称，一般建于沿河一带或半山较平坦的一层地基上，规模及附属建筑与"半边楼"相同。

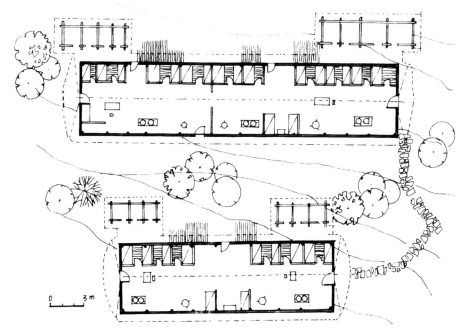

图7 瑶族吊脚楼典型平面图

瑶族民居·叉叉房

云南某些地区的瑶族，生活于高山深林中，经济发展缓慢，生活水平较低，故保留着原始的居住形式——"叉叉房"。最大的特征便是承重木柱无榫卯，只在顶端作一桠杈承托檩条，"叉叉房"因此得名（图1、图3）。

图1 瑶族"叉叉房"民居

1. 分布

瑶族"叉叉房"民居主要分布于滇东南地区的富宁县、广南县、丘北县、麻栗坡县、马关县、河口县、金平县、元阳县、绿春县、红河县等地区。

2. 形制

平面一般为三开间带檐廊的布局，前廊是歇息和家人团聚的场所。"叉叉房"坡顶的坡度较大，室内分隔陈设简单。简单者只有一层，稍复杂者有些在正房上方布置"L"形的半开敞阁楼，上部空间低矮，设有一架可移动的简易楼梯供上下楼使用。阁楼是家人睡眠和衣物存放之所，其上虽有烟熏之苦，却比较干燥，这是为避免地面潮湿而采取的另一种简易空间利用形式。所谓"叉叉房"是对其构架支撑柱子的直观描述（图2）。

3. 建造

"叉叉房"是竹木结构，头端带有桠杈的柱子支撑整个屋顶，让檩条落于柱子的桠杈内。柱子质朴，不经雕琢，天然而带有自然的弧度，上不施涂料与油漆。一般进深为四进，最前一进与最后一进无横梁，中间两进有一横梁，上面放用木条扎成的板子，形成阁楼用于堆放杂物。屋顶较为简单，椽子纵横织成网置于檩条上，网上铺茅草压实（图5）。

4. 代表建筑

1）勐腊瑶区某叉叉房

该民居占地面积约80m²，面阔4间，进深4间，其中第一进为前廊，中间两进搭横梁，在第三进搁置木桁绑扎的木板，形成阁楼放置杂物。左侧三进形成一个大空间，为家庭日常起居生活之处，并以火塘为中心，形成了一个上下贯通

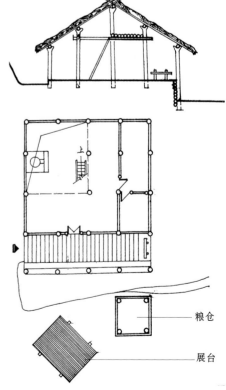

图3 瑶族"叉叉房"聚落

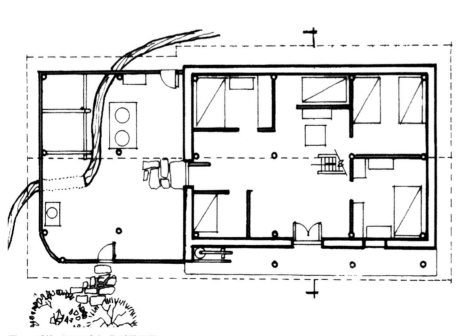

图2 瑶族"叉叉房"典型平面图

图4 勐腊"叉叉房"平面、剖面图

粮仓

展台

图 5　瑶族"叉叉房"剖面图　　　　　　　　　　　　图 7　勐腊"叉叉房"透视图

的空间，通向"L"形阁楼的楼梯也同样设置在此处。右边的一进被隔成两个小间，作为卧室使用，上部有"L"形阁楼的大卧室是主人夫妇使用，下部小屋为子女使用。在房屋主体之外有粮仓与展台，以供日常生活之用。

该民居外形简单古朴，木制屋面茅草顶，其结构也为典型的"叉叉房"结构，檩条直接放置于木柱子的桠杈上（图4、图7）。

2）河口瑶山顶坪寨某蓝靛瑶"叉叉房"

该民居形制简单，高两层，一层入口位于民居正中，内部空间较开敞。柱网为左右3开间，前后3进。第一进柱网为外廊，提供与邻舍友人休憩交谈的灰空间，亦有雨棚的作用。中间一进柱网所构成的大空间为日常起居、待客之用，入口右侧为火塘，左侧为通向二层的楼梯。第三进柱网为卧室空间。二层为卧室兼储藏室。

该民居为土墙茅草双坡顶，外观自然粗犷。山墙搏风板处作镂空处理，以改善室内的通风采光条件（图6）。

成因

"叉叉房"分布的地区，森林密布，社会经济水平发展较低，其民居形式除了受自然地形、建材、气候的影响外，其经济落后与贫困的生活状态，也是兴建"叉叉房"的重要原因。

比较／演变

瑶族民居除"地棚系"的叉叉房外，尚有多种形式，金平沙瑶的住屋，带有半地面半架空的特征，可看做是干栏式与地棚式的融合。既满足传习惯，又利用了地形，创造了一种效果良好的空间效果。蓝靛瑶的民居同样为地棚式，常为三开间二层双坡屋面，二层仅留出一个供上下的楼梯口，其余不作分隔。

图 6　河口蓝靛瑶"叉叉房"平面、透视、大样图

景颇族民居·干栏式民居

景颇族干栏式民居适应其所在地的自然条件，多架空楼居，分低楼与高楼，平面多呈长条形。屋面为独特的长脊短檐，造型古朴，结构简单，反映了景颇族的山地居住文化（图1）。

图1　景颇族干栏式民居

1. 分布

景颇族干栏式民居主要分布于云南省德宏州盈江、陇川、梁河等县的山区中，在泸水、昌宁、耿马等县也有少许散布。

2. 形制

景颇族干栏民居平面呈长方形，主要入口位于山墙面的其中一端，室内以屋脊为界，纵向分为两半。其中一半为通敞的大空间，作为家庭起居生活与会客交往空间，两端分别连接进出室外的两道门；另一半则依家庭成员的多少隔成若干小间，每一小间均设一个火塘，并有严格的等级顺序之别。纵向的承重结构与室内空间分隔相协调，柱与柱之间无横向联系，承重柱与架空居住层相互独立，自成一体（图3）。

立面造型鲜明独特，独有的"长脊短檐"倒梯形双坡悬山屋面形式，下层架空，架空高度不足1m，适应于其所居住的山地缓坡地段。

另外，居住在德宏州芒市三台山的景颇族，其干栏竹楼则多为外廊式，内部划分和外形与前述相同，厨房功能已独立分出（图2）。

图3　景颇族干栏式民居典型平面、立面图

3. 建造

景颇族干栏式民居结构方式有竹结构、竹木结构和木结构三种，竹结构和竹木结构的承重构架是由中柱与脊檩及边柱与檐檩分别构成的三个纵向承重架子，椽子承受的屋面重量直接搭接在承重架子上。横向除椽子外无其他联系构件，故柱网布置仅有纵向格局，横向开间的规律不大严格。屋面跨度较大时，脊檩与檐檩之间设纵向联系的竹檩，又常用水平横撑，以加强屋面刚度，减少椽子的弯曲变形，但其数量与位置不定，且多不与中柱在一个平面上。其构造方

图5　景颇族干栏式民居典型剖面图

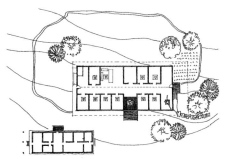

图4　景颇族干栏式民居透视图

图2　景颇族干栏式民居

图6　"猪嘴房"平面图

图8　"猪嘴房"外观

图7　铜壁关端廊式长屋

式与同地区傣族民居的结构方式类似。

屋面材料有山草或瓦。草顶做法有两种：一是散铺，二是绑成草束后铺盖。前者不耐久，每年需加盖新草，几年之后需全部更换。后者密实较耐久，但费工费料，经济条件较好的人家或山官头人才使用。草顶屋面坡度接近45°，便于排水，出檐深远，一般都在1m以上，用椽子挑出，或加斜撑自楼面起斜向檐口连接椽条以减少挑出长度。同时墙面随之做成斜形，屋面坡度甚陡，山尖很高，雨水容易从山尖处飘进来，故屋面在山尖处挑出形成倒梯形屋面。其做法是，中柱比檐柱突出，脊檩比檐檩伸出长度大，椽子在靠脊檩一端向外倾斜呈放射状（图4、图5）竹柱或木柱一般直接埋入土中0.5m，不加处理，个别木柱或穿斗式木构架采用石柱础。

4. 装饰

景颇族干栏式民居室内外的装饰装修、地面铺装等多用民族图案，常见的花纹有蝴蝶花、虎脚花、蜂巢花、牛角花、蚯蚓花、毛虫花、马鹿花、木棉花、木瓜花、斑色花、南瓜子花及各种树叶，还有以自然现象为题材的闪电花、虹花、流水花等，颜色以黑色、白色和红色为主，这三种颜色也是景颇人最喜爱的三种颜色。

民居的入口中间设立一根粗大的"栋持柱"，柱子的粗细已远远超出工程结构的需要，常常象征着家庭地位的高低和财富的多少。

5. 代表建筑

1）潞西"猪嘴房"

潞西"猪嘴房"一般平面呈长方形，竹木结构，其底层架空高度仅有1m左右，属于矮脚竹楼。屋顶保持着"长脊短檐"的古风。侧面看来，前端形似猪嘴，故得"猪嘴房"之名。

房屋两端的偏中处各开一门。前端为正门，为家人日常的出入口。后端的门，平时关闭，只在念经、祭祀时开启使用。在房屋的正门之前，有一开敞的过道间，设有火塘，为起居间。另一半则按家庭人口数分隔成相应的小房间，每个小房间内均设有火塘，火塘周围铺以篾席，是卧室。卧室的分配，从正门一端算起的第一间，为姑娘唱山歌的地方，称"恩拉答"。第二间是客房，供往来客人居住。其他还有老人睡间，父母睡间，长子睡间，次子睡间等。睡间一侧的当中间作为供奉天神"木代"的房间，在该房间的外墙上还要开一小门，门外增设与房间等宽的露天展台一个（图6、图8）。

此类房屋平面划分上已摆脱古老传统的影响，由侧廊入室，是其显著的特点。

2）盈江县铜壁关某端廊式长屋

盈江县铜壁关的端廊式长屋，在平面的划分上基本保持着古老传统：长方形，入口在一端，内部一半为开敞堂屋，另一半为封闭卧室。其中给人印象深刻的是端部入口处的处理极具地方特色。特别是正前方当中设立的"栋持柱"，其在文化心理方面的意义远远大于工程结构的意义（图7）。

成因

景颇族居住于海拔1500~2000m的山区，村寨沿山脊或顺山坡布置。道路随地形自然形成，均蜿蜒曲折。山区树木繁茂，绿化良好。所以此景颇族干栏式民居适应当地自然气候，并以山区资源丰富的竹、木为构件，形成长脊短檐、倒梯形屋顶、四壁低矮的独特外观。

比较/演变

随着生产力的发展，并受汉族、傣族的影响，景颇族干栏式民居在近一、二十年已经有了不同程度的改进与发展。从发展变化的趋势来看，传统纵向分隔的低楼式干栏民居逐渐被淘汰，取而代之的是既有景颇族传统特点又吸收汉族傣族民居优点的横向分隔的外廊式。这也可以看做是本民族与外民族的文化融合过程中对本地民居形式演变的影响。

景颇族民居·落地式民居

受到周边其他民族建筑文化与建造技术的影响，一些地方的景颇族民居，其建筑外形显示出明显的汉化或傣化倾向，这就是景颇族落地式民居（图1）。

图1　景颇族落地民居

1. 分布

景颇族落地式民居主要分布于云南瑞丽与德宏地区，受汉傣影响较深。

2. 形制

各户之间无明显分隔的院落，周围空地甚多，或用竹篱在住房附近按需要围成菜园，种些瓜类玉米等。多数居民每户只有一幢房屋，也有少数在住房附近另建畜舍、谷仓、烤房等，这些房屋的布置无一定的格局。近些年修建的民居多把厨房移出来另建一幢，总平面为曲尺形，改善了居室的卫生条件。

民居一般为3～4间，进口设置在山墙一端，有一较浅的开敞式门廊作舂米及生活使用。室内层高约2m，光线较好，而在住房附近另建畜舍。房间分隔较多，保留着景颇族的习惯做法。有的进口在侧面，通过一凹进的门廊进入室内，或设两间或三间外廊，从外廊进入室内。平面形式类似于汉傣民居（图2、图3）。

3. 建造

整体结构类似于景颇族干栏式民居，只是将架空改为落地式，承重柱子埋入地底。墙面材料多为竹片或小竹筒，个别用竹篾、木板或土坯。楼面材料也多用竹片，个别用木楼面。竹片墙面或楼面是用圆竹对开、压平，利用本身尚未完全断裂的纤维连接，然后用竹篾绑于柱上或纵横交错的栅栏上(图4、图5)。

民居用料、施工简易，寿命短。为改善景颇族的住房条件，把房屋建的牢靠些，避免经常重建，在三台山也曾兴建过一些木结构瓦顶、横向分隔为三间的平房。但住户反映平房底板阴冷、易起灰，还需另置家具，感到不习惯。因此，后来又在卧室内加做高几十厘米的楼板，说明景颇族人还是喜欢楼居方式。

该种民居施工方法及建筑技术都比较简单粗糙。无专业匠人，工具只有砍刀，房屋长宽没有统一尺度标准，以"肘"和"掰"为丈量单位。

4. 装饰

外观粗犷简朴，甚少装饰。深远的出檐，挑出的屋脊，低矮的墙身，构成景颇族落地式民居特有的外观。挑出的屋脊，不仅在建筑的侧面造成景颇族民居所特有的梯形外观，而且还具有防止飘雨的作用。构件材料多保持自然形态，表面粗糙，不加修饰，断面为自然的不规则形式，有的木柱直接利用树杈节点承受屋面檩条。有些民居在进门的檐口下悬挂野兽和牛头的骷骨，以显示狩猎的本领与财富象征。

山官头人的房屋中柱较粗，直径达40cm左右，斜撑下刻成粗糙的锯齿形，底楼的边梁有刀砍成的"奶头"，四个或两个一组，前门檐口挂有"象牙"（呈

图2　景颇族落地民居典型平面图

图3　景颇族落地民居外观

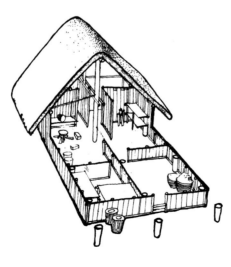

图4　景颇族落地民居剖透视图

图5　景颇族落地民居室内

图 6　南景里邦宛寨民居透视图

象牙状的草束）。有些地方的山官房屋的边梁上有浮雕，梁头做成龙头的形状，有的山官在房前立一竹竿，上悬芦叶制成的日月图形，表示与百姓不同。

5. 代表建筑

南景里邦宛寨某民居

此民居位于一个坡地的平台上，直接落于地面，形制类似于汉傣民居的"一间廊"形制，占地面积约 125m²，利用夯土堆出台基，与室外地平形成约 0.5m 的高差，面阔三间，中间一间宽 5.5m，两侧均宽 5m，进深两间，每间 4.4m，结构简单，无横梁，由中柱与壁柱直接搭楼板。平面布局左右基本对称，中间为客房，右边为厨房，左边为厨房及卧室。主入口位于中间客房的南侧，并在

厨房处设有侧门。屋顶弧度较大，以茅草覆盖。

该民居结构简单，二层无横向的斜杆支撑，只靠中间一排柱撑起屋顶，使二层空间更加开敞，屋顶较陡，用料简单，无装饰。屋外有牲口棚等附属设施（图6、图7、图9）。

图 9　南景里邦宛寨民居剖面图

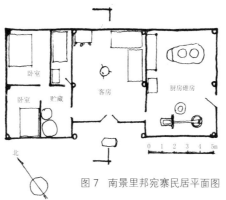

图 7　南景里邦宛寨民居平面图

成因

景颇族的落地式民居受汉傣的影响较深，而汉傣的住屋从布局到材料上均似汉族民居，因为汉傣历史上与汉族交往较多，受其文化影响，故将楼房改为平房。可以看出，景颇族的落地式民居从与其生活相邻处的汉傣民居中间接地接受了汉族的民居形式（图8）。

比较 / 演变

由于与德宏汉傣及汉族有文化上的同构性，所以这三者的建筑形式亦具有一定的相似性，其中汉族民居院落感最强，而汉傣民居虽有院落围合，但与汉族民居相比，其围合感较弱，到了景颇族的落地式民居，则很少以院落的形式呈现，基本是以单体建筑为主。

图 8　景颇族落地式民居

德昂族干栏式民居

德昂族长期与傣族相邻而处，其民居形式既受傣族影响，又有自己文化的独立性，其中也保留了一部分反映氏族公社时期的住屋——"刚当"与"刚底雄"（图1）。

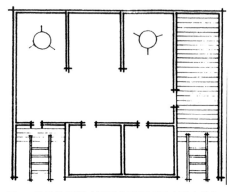

图1 德昂族干栏式民居

1. 分布

德昂族干栏式民居分布于云南西南边境，70%分布于芒市三台山，其余少量分布于瑞丽、陇川、梁河、盈江4县，多在山区，属高黎贡山和怒山南段，山峦叠翠，竹木成林，雨量充沛。土地肥沃，属亚热带气候。植物资源丰富，适宜发展农牧业。

2. 形制

德昂族干栏式民居一般为矩形，独家一户自成院。家庭成员分室居住，互不干扰。有主副楼梯两个。主梯连接楼上廊子到主房，副梯连接楼下厨房，布置方式比较灵活多变。如主楼梯有的在一侧靠山墙，有的在前廊。有的民居另建杂物院。楼下部分作畜厩，与德宏傣族过去的民居相似。厨房较大兼做餐室，一般超过主房进深。也有厨房平面为半圆形的，是比较少见的做法。由于山区较冷，客室与有的卧室设火塘，也有个别民居厨房在楼上的。

立面为一般干栏式建筑形态，但亦有变化，其歇山草顶有其特殊的民族风格，民居主入口一端的屋顶像佤族的一样是圆弧形，被当地人称之为"毡帽形"，建筑风格自由粗犷，很有特色（图2）。

另外，聚居于德宏州芒市三台山的德昂族，尚保留着一部分反映氏族公社时期的住屋——"刚当"与"刚底雄"，"刚当"为全体家族成员同居共处，其发展出了另外一种小家庭住房——"刚底雄"。"刚底雄"室内的纵向空间居中，保持有一定的通道联系，在通道两侧常以中柱为界横向分隔为内外两大空间，并设有相应的火塘。外间为男性成员专用，白天聚会待客，晚间用于睡觉。内间为家庭女性成员家务、炊饮和睡眠的地方。只有结婚成家后的子女，才在

图4 德昂族干栏式民居典型平面图（刚底雄）

图5 葫芦状草结

图2 德昂族民居"毡帽顶"

图3 德昂族民居室内

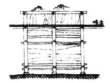

图6　芒市三台山德昂族干栏式民居立面图

图8　孟休干栏式住屋透视图及外观

室内单独隔出的小间内住宿，从而保证了家庭成员之间在生活上的私密性。另一侧依据家庭人口的多少，分隔为几个大小不等的空间，且家庭储存粮食的粮仓常设置在中间（图4）。

3. 建造

德昂族干栏式民居为干栏木梁柱穿斗式屋架，但为便于室内双面分间及增大客室空间，均无中柱。木楼楞、木壁或竹壁、木楼板或竹篾楼面，其结构与傣族竹楼相似（图3）。

4. 装饰

德昂族干栏民居比较朴素，栏杆、楼梯、门窗皆为木质。窗较小，一般仅0.7m×0.7m，室内光线较暗，也有简单家具。除席地而卧外，有的有木床、木柜、碗橱、吃饭桌凳等。屋顶均为平缓，檐口深远。山墙两端的屋顶和檐口处理为向上的圆弧形状，屋脊上还经常成排扎成多个葫芦状的草结标志（图5）。

5. 代表建筑

1）芒市三台山某德昂族住屋

该民居占地面积约160m²，平面呈矩形。其中左侧为主要的起居生活空间，右侧为储藏、畜厩等生活用房，中间以

一平台联系。平台亦为此宅的主入口，通过一"男梯"上下，穿过平台，可进入居室。中间有一火塘，围绕火塘有床，为老人居住之处，也兼顾待客用。南侧亦有小隔间，为家庭其他成员的卧室。中有粮仓。再往里走，还有一火塘，紧靠厨房，为家庭成员日常交流聚会之用。出去是另一平台，由"女梯"上下，可以说是该民居中比较私密的空间。

主屋两侧屋顶均为弧形，使屋顶整体呈现为"毡帽形"歇山顶，主楼梯在毡帽形屋面内，使屋面保持完整的歇山顶。相对于其周边的两坡顶民居（如德昂族干栏民居与落地民居），显得更加具有特色和美感，而其"歇山"顶，有证据表明是本民族自己的创造而非受汉族影响（图6、图7）。

2）瑞丽孟休某德昂族民居

该民居平面为矩形，独家一户自成院落。家庭成员分室居住，互不干扰。有主副楼梯两个，主梯在前廊，上楼后可通过前廊连接到主房，副梯连接楼下厨房，厨房较大兼作餐室，超过主房进深。楼下部分作畜厩。由于山区较冷，客室和有的住室内均设火塘。

该民居结构为木梁柱穿斗式屋架，无中柱，使用木楼楞、木壁、木楼板。

立面为一般干栏式建筑，但有变化。其歇山式草顶也有特殊的民族风格，其顶圆弧形，当地称"毡帽形"建筑，风格自由粗犷，特色鲜明（图8）。

成因

德昂族居住的地方，盛产"龙竹"，粗壮挺拔，高达10m，为建造竹楼提供了良好的材料。加之其自然气候特征，亦使民居有防潮防虫的要求，故与傣族、景颇族、布朗族同属一个体系的干栏式民居。

比较／演变

德昂族民居与傣族、景颇族民居一样，都属干栏民居体系——木梁柱、木屋架、竹壁、草顶，但德昂族民居又有自己的特点。德昂族原先是大家庭共同居住在一个大房子里的，过着集体生产、共同消费、分室居住的生活，直到20世纪才变成现在的模式。

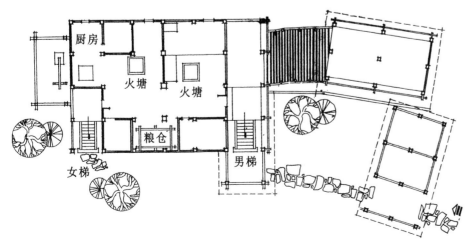

图7　芒市三台山德昂族干栏式民居平面图

厨房　火塘　火塘　粮仓　女梯　男梯

基诺族干栏式民居

基诺族长期繁衍生息在基诺山区，为适应自身的生活条件，创造了自己独有的民居形式——干栏式"大房子"（图1）。

图1　基诺族聚落

1. 分布

基诺族干栏式民居分布在西双版纳地区，其聚居村寨常与布朗族、拉祜族和佤族村寨一桥相连，隔水相望，有的甚至毗连成为一个整体的大村寨（图3、图4）。

2. 形制

基诺族的"干栏"式竹楼，一般为上下两层，竹楼上层住人，下层不设四壁，用于堆放工具、杂物和家畜栖息。竹楼上有前后两个晒台，前晒台连着楼梯口，后晒台是晒衣、纺织之处。楼上用篾笆隔开，里屋按人口多少隔成数间卧室，外屋为"客厅"，兼厨房、饭堂，"客厅"中间有1m见方的火塘，三块锅桩石作三足鼎立状，火塘上面悬挂着竹编吊笼，放置食品。火塘和锅桩石是神圣之物，家人劳动归来或来客都围火塘而坐，饮茶、谈天、商谈家务事、安排生产都在这熊熊火光处进行（图5）。

早期基诺族传统民居最有特色的就是"大房子"，系干栏式建筑，象征父系大家庭集体居住，由多个房间组成，每个房间代表一个小家庭，外形受汉族影响较大，类似诸葛孔明的帽子。"大房子"高不过7～8m，长度却有30～40m，甚至达50～60m，犹如一道长廊。其平面布置为双排房、双走道、中间火塘式。一条通道居中，两侧是各个小家庭的住房，各家面积相等。同一氏族的数代人全部居于其间，少则几十人，多者一百多人。"大房子"内按小家庭多少，用木板隔成若干格。这是基诺族最典型的传统民居住所，反映了基诺族保留了原始社会向奴隶社会过渡的遗迹，人们过着相对独立的集体生活（图6）。

3. 建造

基诺族干栏式木构架的柱网均匀，面阔一般5～6间左右，进深3～5间较多，横向、纵向柱距基本相等，加

图3　基诺族干栏民居群

图4　基诺族干栏民居

图2　基诺族干栏民居剖透视图

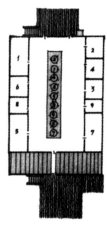

图5　基诺族民居内部空间

图6　基诺族大房子平面示意图

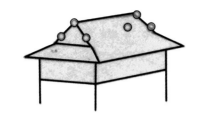

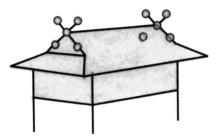

图7 基诺族干栏民居屋面装饰

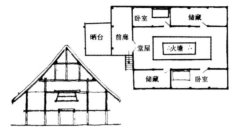

图8 玛牙寨干栏民居透视图、平面图、剖面图

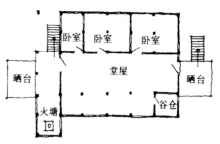

图9 亚诺寨干栏民居平面图

上屋面坡度较缓,因此,外观上很舒展,这是很明显的特点。架空层柱子1.8～2m,楼层外墙高度与之相当,楼层中柱常作减柱以减少堂屋分隔。较大的房屋屋顶为重檐形式,即主屋架(通常进深为三间)的四周增加单坡面偏厦,与版纳竹楼不同之处在于层高为两层,檐口距离地面较高,因此,室内光线也较好。构架形式通常有中柱两侧倒三角斜撑承檩、柱梁直接檩等形式(图2)。

4. 装饰

干栏民居屋脊两头通常装饰着茅草扎的耳环花,一般居民的竹楼共饰六朵,即每边屋脊顶端一朵,两个斜边各一朵;村寨"七老"家(即卓生、卓巴、生努、巴努、扣普楼、乃厄、达在)则饰十朵,即每边屋脊顶端一朵,两条斜边各两朵。装饰着耳环花的竹楼不仅可以使人识别出其主人的社会地位和身份,而且使人浮想联翩。如果你从稍远的地方注视着竹楼侧面,装饰有花朵的三角形竹笆山墙,如同一个头戴三角形帽子的基诺族妇女头像,耳孔里插着芳香的鲜花(图7)。

5. 代表建筑

1)基诺山区玛牙寨某民居

此民居平面为基诺民居的典型平面。其布局形式与"大房子"基本相同,只是房屋的长度较短,其底层架空约1m多高,用作畜厩或谷仓。楼层的前面有竹制晒台,供晾晒谷物之用。晒台之后的前部空间,为家庭成员起居、编制、缝纫、待客的场所。前廊有楼梯通底层。通过前部的大门进入室内。前廊是室外空间到室内空间的过渡地带。室内中央为堂屋,是家庭活动的主要场所,也是起居、休息、待客、吃饭、做饭的地方。堂屋宽约5～6m,中间设长条形火塘,架有2～3个锅庄。火塘上设吊架、作贮藏杂物之用。平常家人都围绕火塘席地而坐。堂屋两侧用竹片分隔成若干个小间作卧室或贮藏室,父母与成年子女分室居住(图8)。

2)基诺山区亚诺寨某民居

该民居为上例民居的一种改良形式,在上例中,由于堂屋居中,两侧布置卧室,堂屋成为交通枢纽,干扰大、使用不便,且光线极差。为了克服上例民居的缺点,同时由于家庭人口减少,所需卧室的数量也减少,因此该例民居在上例平面的基础上改进为仅在堂屋的一侧设置2间卧室的平面布局,从而改善了堂屋的使用功能与通风采光条件。架空层、晒台、前廊都与上例基本相同,但仅在堂屋的一侧布置卧室,另一侧可对外采光,因此堂屋更加宽敞,采光通风条件较好(图9)。

成因

基诺族的一座大房子,实际上就是一个父系大家族,随着家庭公社的瓦解,为适应一夫一妻制的个体小家庭生活模式,"大房子"逐渐被独户竹楼所代替。这一过程体现在从堂屋居中两侧布置卧室的平面布局逐步发展到堂屋卧室各居一侧及堂屋与厨房分离的平面布局。

所以基诺族的民居形式,是由其社会经济制度的发展变化决定的。

比较／演变

基诺族民居与傣族民居都是干栏式建筑,都符合当地的自然条件和各自的生活习惯,有许多共同之处。基诺族吸收了许多傣族民居的做法,又保留了自己的传统特点,使自己的民居形式得到了发展和改进。

布朗族干栏式民居

居住在西双版纳边缘山区的布朗族，虽早已受傣族领主的统治，但其社会发展缓慢，生产水平很低，氏族组织仍然起着作用，原始社会的形态还有一定遗存。其民居形式受傣族影响较深，为干栏式（图1、图2）。

图1 布朗族民居

1. 分布

布朗族干栏民居分布在西双版纳山区及普洱、临沧、保山地区，其中以勐海县边缘的布朗山、西定、巴达、达洛等山区最为集中。

2. 形制

布朗族干栏民居一般为住房和仓房两种。住房为上下两层，上面住人，下面是堆柴、舂米、织布和喂养牲畜的地方。主房平面最简单为"一"字形，横向柱距一般在2.4～3m，纵向柱距1.5～2.5m（图4）。房顶呈双坡面，酷似我国古代王冠，以草排覆盖。侧面设有一木梯可以沿梯上楼，楼上一侧搭有竹质晒台，台上摆有盛水的竹筒，这里也是妇女们梳妆、晾晒衣服和休息的地方。室内四壁用竹片编成，并用竹竿剖为两半压平铺设楼面。楼上室内筑有火塘，烟火终年不断，室内几乎全靠火光照明（图3）。各家的仓房都设在寨边。

布朗族的干栏民居经历过由"大房子"演变而来的漫长历史。现今的住房受傣族传统干栏民居的影响较大，外形和平面布局多与西双版纳傣族传统干栏竹楼的造型风格相近。

而分布在云南普洱、临沧、保山地区的布朗族，住房多为土木结构的平房，茅草盖顶。整个住房分里房和外房两个部分，里房较小，除作卧室外，还存放一些东西；外房建有火塘，火塘两侧设铺位供人休息。两层楼的仓房较小，楼上存放粮食和生产工具，楼下关牛。

3. 建造

布朗族干栏民居为竹木结构，木构架分为架空层、楼层两层，歇山式屋顶，坡度较陡，山尖搏风板向上伸展交叉形成屋顶外形。楼层檐柱外侧常加一排柱子支撑檐厦，形成重檐形式。外墙一般平直不倾斜，由于檐厦紧贴楼层外墙面，加上墙面也少开窗，因此，室内采光不

图3 布朗族民居内部火塘

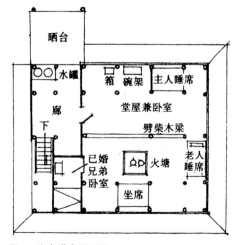

图4 布朗族民居典型平面图

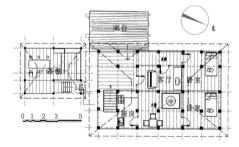

图5 岩布洪宅平面图

图2 翁基布朗族村落

图8　岩蒙坎宅平面图

图6　岩布洪宅透视图

太理想。

规模也比版纳傣族竹楼大，凸出部分多为卧房。扩展部分屋脊低于主房主体部分的正脊，二者呈十字交叉。主体部分的两坡各分两坡段形成有折断的屋面，上坡面坡度为45°～50°，下坡面坡度为35°～45°类似举折的形式，扩展部分则一般不分坡段。

构件的连接采用简单榫卯方式，架空层柱子高度一般在1.8m左右，有柱础，楼层外墙高为1.8～2.2m，方形横断面的柱子约200mm×200mm，圆柱直径一般为220～250mm，两方断面通常是60mm×120mm（图7）。

4. 信仰习俗

靠近火塘里侧的一根中柱，是家神的象征、神灵的住所，任何人不许触动。

5. 代表建筑

1）布朗山岩布洪宅

该民居与西双版纳型竹楼的平面布局及造型风格相类似，占地面积约150m²，面阔6间，进深4间。进入院落后，经由最左边的楼梯上到二楼，便是一个前廊。前廊一边连着晒台，一边连着生活空间。此空间由中间的隔断分开，北边部分是家庭聚会与聚餐的空间，兼有主人睡房；南边部分有火塘，是家庭成员日常的起居空间。在火塘周围，有老人睡席与已婚兄弟的卧室。此民居是布朗民居中，由竹木草顶向木结构瓦顶过渡的一种形式（图5、图6）。

2）布朗山岩蒙坎宅

该民居形制与一般的"一"字形平面有所区别，为一种"L"形平面的干栏竹楼，功能结构上除了常规的一些空间分隔，还利用"L"形平面短向突出的部分，单独设置了较为独特的专门空间，不同程度地反映出布朗族自身的一些新特点，受传统"大房子"的遗俗影响更弱（图8）。

成因

布朗族聚集地为西双版纳边缘山区，其历史上长期受傣族统治，使用的生产工具以及建房技术等都逐步从傣族地区传入，所以其民居形式与傣族民居的干栏建筑相似。

比较／演变

尽管外形相似，但布朗族干栏民居与毗邻的傣族干栏民居相比，仍有区别。傣族民居造型多样，灵活多变，卧室与堂屋分开，客人住堂屋，不得进入卧室，谷仓与民居主体相连；而布朗族民居造型较为规整，卧室兼有堂屋的作用，主人住堂屋内，并可隔出小间给新婚夫妇居住，谷仓则是在民居主体外单独设置，集中于村口的路边。

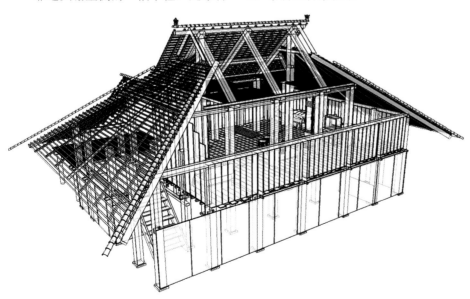

图7　布朗族民居结构图

布依族干栏式民居

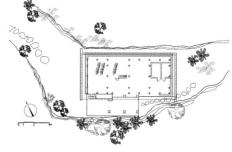

图1 罗平布依族聚落

布依族住房的"干栏式"建筑，历史悠久，源远流长。在漫长的历史长河中，布依族创造和形成了自己独具特色的民族文化习俗，并与云南罗平地区独有的"峰林"相结合，形成了一幅动人的画卷（图1）。

1. 分布

布依族干栏式民居主要分布于与贵州接壤的云南罗平地区。

2. 形制

平面的基本要素构成模式为牲畜屋——正房，从普通民居到大户住宅都是由这一模式发展而来的。这不仅是因为通风功能的需要，也是为了保证居民安全的考虑。单栋建筑的体量相差不大，住宅的规模和形状是由一楼的牲畜屋决定的。一楼架空，不支砌墙壁，用少量竹木做栅栏，虽然是虚空间，但它具有极为重要的意义。

罗平县布依族民居分为落脚型干栏和吊脚型干栏。多数繁重的生产家务活动安排在架空的底层，如晾晒粮食作物、饲养家禽牲畜、纺染织布、竹编等副业生产。因此他们充分利用了吊脚楼的架空底层作为生产活动的中心。晒台是布依族民居的一大特色。它相当于院坝的

作用，主要用于晾晒粮食。晒台一般设于底层之外。没有特别的界限，通常是宅前的一块空地作晒台之用。钢筋混凝土的新民居，延续了晒台的功能，只是将晒台移到了二层空间，从二层伸出台面。晒台不仅仅作为晾晒粮食的地方，而且成为布依族村民活动和交流空间的一部分（图6）。

二楼是布依族居住的正房，是待客、煮饭、就餐等生活起居的主要场所，竹木编钉的墙壁很少设有窗户，即便有也很小（图2）。室内采光只能靠大门空间和四周竹木围墙的空隙。正堂设有祖堂厨灶。左右两边是卧室，很有规律的是左边住长辈，右边住小辈，火塘设在进大门的一侧。堂屋占据房屋正当中，所有居住部分都是围绕堂屋为中心布置的，为全宅的重心所在。首先，堂屋具有象征意义，是家庭最神圣的地方，起着表达家族延续和家庭得以存在的信仰习俗的作用。其次，堂屋还有生活的实

图3 王绍光家民居一层平面图

图4 王绍光家民居二层平面图

图5 王绍光家民居三层平面图

图2 布依族干栏式民居外观

图6 布依族民居晒台

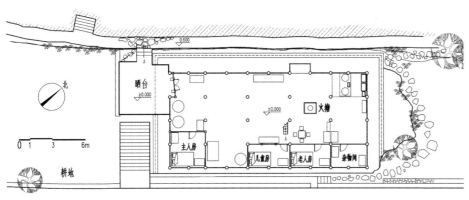

图 11 王绍光家民居剖面图

图 7 布依族民居典型平面图

际功能，除了平时兼部分起居作用外，更主要的是作为一个家庭对外社交的活动场所，特别是逢年过节、婚丧娶嫁、接人待客等。堂屋开间比较大，通常堂屋的左边作为储藏空间或者堆放生产工具的空间，右侧作为生活后勤区（图7）。

3. 建造

屋架体系的主要构成有柱、枋，屋檐处有瓜柱，屋架体系中也有用瓜柱的，柱一般采用圆木柱，柱径不大，多是 15～20cm。枋穿于柱之间，起固定柱子的作用，同时加强结构体系的稳定，穿枋宽度一般为 200～250mm，其高宽比多为 3：1 至 4：1，使柱、枋、头组成一个完整的构架体系。头是立于枋上的短柱，这是为了增大柱间距与节约木料的做法。一般的屋架通过柱与榀的数目来确定建筑的进深（图9）。

4. 代表建筑

罗平腊者村王绍光家民居

此民居为典型的布依族干栏式民居，占地约 100m²，一层为架空层，内部有猪圈，二层为日常生活空间，从西侧楼梯上到二层晒台，从晒台正门便可进入起居室这个大空间。此大空间内有火塘，为住民日常交流的场所，卧室与厨房围绕起居空间布置。三层也为贮藏空间，并有部分架空空间。

房间因山而建，与自然和谐。材料较为考究相对于同属"干栏系"的傣族竹楼、德昂族的干栏民居，其用料与建造都显得精致，可以说，此民居算得上是比较"现代的"干栏民居了，体现了布依族建筑技术的发展性（图3～图5、图8～图11）。

成因

云南布依族的干栏建筑，受其民族文化影响较深，布依族的"干栏"建筑是从原始时期的"依树积木，以枝叶构铺，架木为巢"的树上"巢居"阶段发展而来的。可见早期的干栏建筑的构筑，也考虑到为对付恶劣的气候和蛇虫猛兽之害，在粗大的树枝上结茅为巢，这就是布依族"干栏"建筑的原始型。

云南罗平地区靠近南盘江，山高路遥，原始森林密布，地形险峻，交通不便，这既使得布依族的传统干栏民居有了用武之地，又使其文化得到了良好的保存，维持了与贵州布依族的文化同构性（图10）。

比较 / 演变

云南布依族干栏民居与贵州布依族干栏民居在形式上尤其相似，这反映了同民族在不同地区的文化同源性，而其民居形式与傣族、德昂族、布朗族等同属干栏体系，故形式上亦有相互借鉴。

图 8 王绍光家民居立面图

图 9 布依族民居内部

图 10 罗平布依族干栏民居

普米族木楞房

普米族"住山腰"，聚村而居。天启《滇志》卷三十记载："西番住山腰，以板覆屋"。因木材丰富，故因地制宜，采用井干式木楞房形式，建在有松林的半山缓坡地带。同一氏族结成一个村落，以血缘的亲疏关系各自聚族而居，自成院落，互为邻里（图1）。

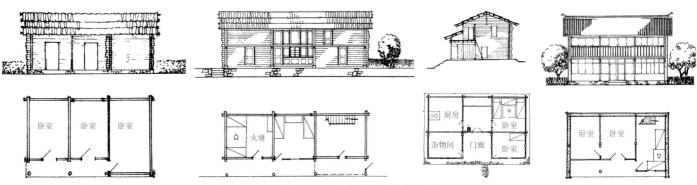

图1 普米族木楞房聚落

1. 分布

普米族木楞房主要分布于云南省怒江州的兰坪县、丽江地区的宁蒗县、丽江市和迪庆州的维西县。云县、凤庆、中甸亦有少量分布。

2. 形制

普米族居住的木楞房，一般为三开间二层带外廊房屋，楼下住人，楼上储物，且建于坡地上的木楞房为防潮湿，地板通常用石块垫起架空。房屋正面有一间或三间前廊，作室外活动场地，主卧室内均设有"火塘"，并在其周围设床。普米族喜将住房的门朝东。平面布局类型可分五种：

1）单层木楞房：全部采用井干结构，在木檩条上铺木瓦板，有门无窗。

2）二层带前廊的木楞房：三开间二层井干结构，中间小，两次间大，前面的柱廊开敞，立面开窗很小，屋顶覆盖长木板瓦片。

3）带前檐厦的二层木楞房：进深增大，分为前后两个房间，且前半部分已使用木架板壁围护。二层楼房则根据使用需要逐步铺设。

4）二楼带吊脚走廊的木楞房：这类住房常为三开间大进深房间，分前后两部分，后半部分井干结构与前半部分构架相结合，二楼的走廊向外挑出。楼下住人，楼上主要晒粮存粮（图2）。

5）院落式大房子：这种形式为母系家庭住所，主房单层，其他房间一至二层，高低错落，自由灵活，平面不对称。

不论是单一的一幢三开间平房，还是四合院落，除经堂有装饰彩绘之外，其他房屋均用圆木叠置，且部分采用木构架组合，不施油漆，使整幢房子从墙壁到屋面用材质地相同，建筑风格粗犷古朴，反映出普米族为适应山区寒冷的自然条件，因地制宜地取材建屋的创造智慧（图3）。

3. 建造

木楞房是以圆木在方形平面的四个边上从底到顶，一层一层（或者说一根一根）地摞叠起来，然后再加顶盖而成的。两面檐墙一般高十八层（即竖向摞叠十八根圆木），两面山墙一般高

图2 （左至右）普米族单层木楞房、二层带前廊木楞房、带前檐厦的二层木楞房、二楼带吊脚楼的木楞房

图3 普米族木楞房

图4 普米族木楞房构架

图5 落水村曹宅之二外观1

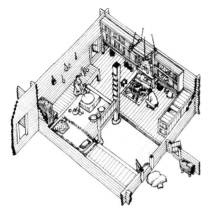

图 6　普米族木楞房室内"擎天柱"

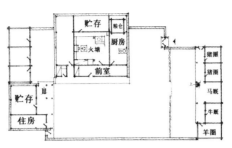

图 7　落水村曹宅之一平面图

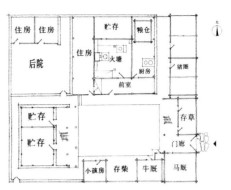

图 8　落水村曹宅之二平面图

二十三层。在四个角上，每两根相互垂直交叉的圆木，在交叠处要砍凿出卡口，令其牢牢扣紧，并使上、下层圆木间的缝隙最小（图 4）。

　　由于圆木的粗细和平直度不尽统一，卡口也是随机而成的，因而一根圆木与另一根圆木就不能颠倒错位，所以有必要在加工过的每根圆木上标出它的层位来。

　　这样，不仅在新建时可以有条不紊，而且以后在原地更换材料后重建或是异地重建都很有利。普米族没有文字，于是工匠们创造了为数不多的一些刻划符号。例如记数符号，以划一竖道"I"表示一，划两竖道"II"表示二，依此类推。方位符号有东、南、西、北。这样，把方位符号和记数符号刻在圆木上，问题就解决了。

4. 信仰习俗

　　"擎天柱"，正房中央的一根大柱，被认为是神灵所在的地方，绕柱设床榻和高低两个火塘（分别有不同功用），柱子左右两边常作为成年男、女举行"成丁礼"的地方，有时也设男柱、女柱（图 6）。

5. 代表建筑

1）宁蒗永宁落水上村曹宅之一

　　此宅为典型的院落式大房子，主房平面类似于"L"形，与其对面的猪圈羊圈等形成了一个类似于"三合院"的院落，共住 9 人。由三个木楞房组成大院，比较开敞宽大。主房单层，有男柱与女柱，火塘与高火塘。经堂系近年翻

新的土木结构，筒板瓦屋顶，室内外装修较好，并有油漆、彩画，显得富丽堂皇，与大部分粗犷无华的木楞房形成了鲜明的对比，证明住户对喇嘛教的虔诚信仰（图 7）。

　　院落另一端的猪圈羊圈上有二层，为仓储用，亦有住屋与火塘，供客人使用。

2）宁蒗永宁落水上村曹宅之二

　　此宅平面为矩形，局部二层上有住房三小间，全家 11 人，经堂为土木结构，两层高木柱，玻璃窗，筒板瓦屋顶，是近年来所加。其余建筑为木楞房，木板瓦。正房内有两根木柱，火塘前左侧为"男柱"右侧为"女柱"，男、女孩成年分别在男、女柱前举行成丁礼（图 5、图 8、图 10）。

图 9　普米族木楞房井干壁体

图 10　落水村曹宅之二外观 2

成因

　　普米族聚居于高山峡谷中，森林茂盛，盛产木材，为其木楞房民居提供快捷方便的建设原料。其气候较为寒冷，需要木楞房严密结实的墙壁来抵御严寒（图 9）。

比较/演变

　　历史上由于普米族曾属纳西族与其支系摩梭人管辖，故与纳西族关系较为密切。在普米族聚集的宁蒗地区，同样分布有大量纳西族的木楞房民居。比较这两者可以发现，纳西族的木楞房民居更接近"合院"，布置更加规整；相对而言，普米族的民居布置较为松散，可能与历史上纳西族地位较高有关。

怒族民居·平座式垛木房

贡山一带的怒族，其生活的环境气温较低，林木丰盛，故就地取材，因地制宜，建造井干式民居，又因其底层架空，因此被称为"平座式"（架空）垛木房（图1、图3、图9）。

图1 怒族"平座式垛木房"外观

1. 分布

怒族民居沿怒江大峡谷两侧分布，其中"平座式"垛木房在贡山县怒江峡谷的上段，自然地形情况与傈僳族"千脚落地"民居所在的地段大致相同。

2. 形制

这种"平座式"的垛木房平面布置形式通常为两种。一种是居中进出，中间向内凹进一小块缓冲空间，然后分别进入左右室内。两边的房间大小相等，各置一火塘，惟右边一间居中设有独柱，既作客厅，也作卧室（主要为老人住），还兼有炊事、礼佛等多种功能。室内居中独柱的设立，明显是受藏族建筑风格特点和宗教信仰的影响（图4）。

另一种是带走廊的双间布置，这是将前面靠左边的一间缩小一个柱间，形成一个有顶盖的敞廊。左间作卧室兼贮藏室，不许外人进入。另外一间布置同上，粮仓、畜圈在住屋周围另设（图5）。

总的来看，怒族民居多为有外廊联系的双间格局形式，建筑外形主要是井干式壁体与干栏式架空相结合的平座式，灵活适应不同的坡地台地。有时架空层以土墙围合，成为"井干——土墙式"（图2）。

3. 建造

在起伏的坡地上修建垛木房时，先用短柱及梁、板搭成一个平座或平台，地形的高差利用平座支柱的高矮来调节，然后再在平座上建垛木房，巧妙地结合了坡地空间，自成一体。因有别于在平地上修建的垛木房，比其他地区的井干房多了一个平座，因此，称之为"平座式"垛木房。在用料上与其他地区的井干房相比较，怒族垛木房的一大特点是层层摞叠的井干壁体用的不是圆木，而是厚木板。

墙体用直径约20cm的厚木板叠成，四方墙体相交处开凹槽相互咬合牢固，

围成房屋空间。下部架空，做法如竹篾房，但所用木支柱较粗，间距也大，柱顶常用权形榫架设栅格，再加竹篾绑牢，有时也以夯土墙围合三面。木楼板平接不用企口，一般较平整。屋顶做法是在两端山墙上架脊瓜柱，上架脊檩。再由两侧墙顶架斜梁交于脊檩上，起屋架功能，承载屋面重量，组成屋顶的三角形空间，上架檩椽，屋顶覆盖木板，上压石块防下滑，或覆盖茅草（图6）。

4. 装饰

中柱与火塘的装饰依旧是该类型民居装饰中的主要组成部分，除此之外装饰极为简朴。

5. 代表建筑

1）贡山县昌王余宅

此宅用圆木相叠建成。房屋一间，平面长方形，上层住人，下层堆放杂物。室内有火塘和晾烤粮食的棚架。入口设

图2 怒族"井干——土墙"民居

图3 怒族"平座式垛木房"示意图

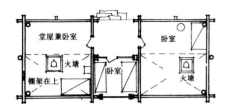

图4　怒族"平座式垛木房"典型平面图1

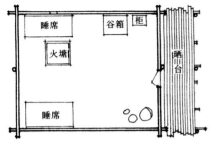

图5　怒族"平座式垛木房"典型平面图2

图6　怒族垛木房墙体

图7　昌王余宅外观

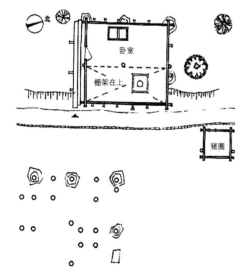

图8　昌王余宅架空层及二层平面图

图9　怒族村落

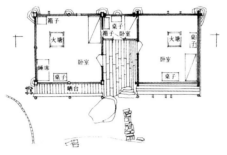

图10　达拉底阿宅平面图

图11　达拉底阿宅透视图

在一端山墙上，门外用三块宽、厚相似的木板平铺成晒台，一端接室外地面，供进出室内。靠火塘一侧的外墙上，开一30cm的小方洞，主要为观察室外用。家具异常简单，仅有米柜、篾箩等。木板屋盖，用石块压牢。山墙端的三角形部位，一般不作封闭，任其空透，可排烟通风。整间房屋低矮，不用梯子即可在屋盖上晒晾东西。地面坡陡，架空较高，支柱粗大，数量少，内放置舂米的脚碓、木料和柴薪等。猪圈和存放苞谷的竹楼建在室外空地上（图7、图8）。

2）贡山达拉底阿宅

草顶垛木房，三间，修建方法是先建两个方形端间，两者之间相连处的开间较小，此间后部隔为一小间，前部留为入口凹廊，并设外廊，廊外放叠石为踏步，端间内有火塘，上设烤棚架。右间为堂屋，煮饭用餐和待客，并兼卧室。左间为主人卧室和存放粮食。中部小间亦为卧室。

基地地势平缓，架空层低矮。梁柱用料粗大，支柱少，布置基本排列有序，有些支柱用叠石代替，耐久性能好（图10、图11）。

成因

怒族"平座式"垛木房位于怒江峡谷的山间缓坡台地上，较为丰富的竹木资源，为其提供大量的建构材料。又因其靠近北部，气温较寒，亦需要垛木房防寒保暖。同时垛木房的"平座"处理也是为了适应不同坡度的山地，怒族"平座式"垛木房的成因可以说是气候与自然条件的双重作用结果。

比较 / 演变

怒族"平座式"垛木房是干栏式与井干式建筑的一种有机融合，其建构方式是井干式，但其地下设置的架空层，灵活地适应不同坡度的地形，又就地取材经济方便，在云南地区可谓是独树一帜。

怒族民居·竹篾房

居住在怒江峡谷南部的怒族，其生活的环境气温较高，较为潮湿，虫蛇多，又盛产竹材，故其民居形式为竹篾干栏建筑，与北部的垛木房形成鲜明的对比（图1、图2）。

图1 怒族"竹篾房"

1. 分布

怒族竹篾房主要分布于怒江大峡谷的下段，例如匹河乡的老姆登、知子罗与怒江州州府六库周边一带。

2. 形制

竹篾房民居平面通常是两间或三间连成一体的组合式房屋。富裕的人家可盖很多间，孤寡老人一般盖一间，有妻儿盖标准的两至三间。堂屋在中间，为老人居住之处，同时也用来招待客人。外房为结婚后的儿女住。另有仓房一间，用于存放粮食，由婆婆常年掌管钥匙，外人不可以随便进入。有些两间的人家于住屋外另设仓房，连着住屋的是猪圈（图3）。

3. 建造

这种民居的建造是先用几十根木桩直接插在地上，上面再铺木楼板。木桩用料比干栏式建筑的纤细，直径约7～10cm左右。有时木桩并非全部使用木材，也用龙竹代替，竹木并用的情况非常多。史载："怒僳房屋，构造十分简单，建筑房屋不用工匠，自行削木为柱，编竹为壁，柱栽地尺许，长短不一，不用榫口，一概用蔑缚，中则编竹篾为楼，人住其上，牲畜关于下。一房之柱，用至二、三百根，距离仅四、五寸而已"。远远看去，就好像有千只脚立在地上，因而得名"千脚落地"。

其双坡屋面，采用长条木板前后搭接，并用捆绑、石块压顶的方式固定。由于木板防潮能力差，每年都需要翻修一次。翻修时，将木板正反面置换。屋脊与屋檐的置换。实在糟烂的则采用新木板替换。

民居墙体一般由手工编织而成的竹篾围合，用木条固定。地板采用单层木板，厚约5cm。底层立柱采用石柱、木柱或圆竹。墙体与屋架交接处以及山墙，均不围合，仅用结构杆件支撑，有利通风。构件之间的连接主要采用捆绑、树枝叉接的方式固定。

整栋房屋的地板都是用较为宽、厚的长木板铺成。在匹河乡一带，木地板的厚度和长度与主人的经济社会地位有关。最差的住岩洞；次差的利用平地，上面盖上茅草；好的建成干栏式，铺上木板，下做牲畜圈；更好的，铺上宽而大、厚实的木板（图4）。

4. 信仰习俗

立在民居堂屋正中火塘上方的祭台，是过节时祖先神灵所居之处，不可坐人。过年时先祭祖，然后喂狗，再后人才可以吃东西。这一习俗的传说是：过去怒族迁徙时，猎狗咬死了一只鹿子，鹿子头上长了一摄谷子，尾巴里还有稻草。猎人把谷子种下，请求老天保佑，如果老鼠不偷吃，明年就搬到这里住。第二年春天，猎人带着狗到此，看见谷

图2 怒族"竹篾房"透视图

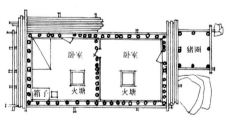

图3 怒族"竹篾房"典型平面图

图4 怒族竹篾地板

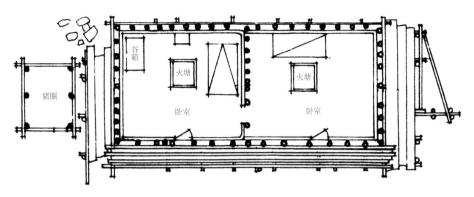

图 5　汪四念寨局宅平面图　　　　图 7　汪四念寨局宅剖面图

子长得非常好，于是就搬到了这里生活。所以狩猎时要先喂狗，过年时也要先喂狗，因为粮食和土地都是狗找来的。

5. 代表建筑

1）福贡县木古甲乡汪四念寨局宅

福贡县木古甲乡汪四念寨局宅是新建的干栏式竹篾房。位于村寨的边沿上，地形较陡，房屋背靠山，面对村寨开阔方向。房屋两间，长方形平面。三面绕以晒台。两间各有外门，设于面向开阔方向的晒台上。进入本宅各室的路线，是由山墙端侧的晒台绕至檐墙外晒台进屋。其做法与一般常规不同的原因是地形甚陡，且又在村寨的边沿上，距离其他户也较远。作此变异处理，有较开阔的视野。

房屋层高较高。两间均有火塘和

吊棚。有木床、谷仓、箱、柜等简单家具。猪圈和贮粮竹楼分别建在屋外两端的空地上。

底层架空于斜坡上，为"千脚落地式"建筑结构。其结构为片状网式骨架承重的"绑扎"结构，即房屋的人字形屋架、墙体维护结构、架空获取的居住平层，主要采用纵横交接的细构件捆绑而成一个整体，无梁、柱承重分工。这种结构轻巧、稳定，适于快速搭建，以应对多变的自然灾害（图5～图7）。

2）福贡县木古甲乡汪四念寨开宅

木古甲乡汪四念寨开宅，是常见的两间干栏式住房，房屋形制与怒族竹篾房的典型两间式布局相类似，每间都是卧室兼火塘的形制，其房屋布局、构造均受到傈僳族两间式民居布局的影响。

成因

怒族住房善于适应高山峡谷的自然环境而架空楼居，就地取材，利用自然资源的木、竹、草、藤等材料建造房屋。怒江峡谷南部气温较高，环境较潮湿，且毒虫较多，因此建造竹篾房，防潮、防虫又通风良好。

比较/演变

怒族民居分为三种：井干——土墙式（石板房），"平座式"垛木房和竹篾房。同是居住于怒江峡谷的怒族民居，却有此三种不同类型的住居。另外同是居住于怒江峡谷中的独龙族，也有垛木房与竹篾房两种形式。这体现了自然地理环境对民居形式的影响。

图 6　汪四念寨局宅透视图

独龙族木楞房

独龙族居住于云南怒江支流独龙江的山谷中，人迹罕至，其社会还处于原始社会时期，因此其住居文化充实了我国居住建筑史中原始社会的篇章，是原始社会建筑的"活化石"（图1）。

图1 独龙族木楞房

1. 分布

独龙族木楞房分布在云南省贡山独龙族怒族自治县独龙江流域的河谷地带，位于高黎贡山以西，但当利卡山以东。

2. 形制

独龙族的民居建筑主要是木楞房和竹篾房两种，高两层，楼上住人，楼下饲养牲畜。在两种形式的房屋里，都设有一个或两三个火塘。一个火塘即象征为一个家庭。两种房屋多建成长方形，屋内两边用竹席隔成十多个小间，独龙语称为"得厄"。两排"得厄"中间是一条较宽的通道，通道两端各开一门，架木为梯，供上下之用。

独龙族民居的平面呈长方形。房顶盖以茅草，有的用劈开的薄木板盖顶。独龙族木楞房室内常设有一至二个火塘，火塘内安放铁三脚。火塘上方设有

两台摆放杂物、木柴和烤食物的竹木架子，有的在墙壁下，有的在房屋的转角处（图3），火塘是独龙族日常生活活动的中心场所，做饭、睡觉、待客、交流等都是在火塘边进行。有些还在房门外面设有门廊，门廊一角安有锯齿状的木梯用于出入室内外，门廊上安置碓和堆放一些柴及生产用具。独龙族民居的居住规模大小以家庭人口的多少而定。如果已婚的夫妇和老人住在一起，还需在大房子旁又隔出一间小房给他们居住（图4）。

3. 建造

无论是木楞房还是竹篾房，在建盖时，都喜欢靠山打桩，屋面一般离地二三尺高，结构是井干壁体与干栏架空相结合的建筑形式。由于独龙江地区南部、北部的植被和气候差异明显，居住在独龙江上下游的独龙族在房屋样式及结构上均有所不同。在独龙江上游北

图3 独龙族民居典型平面图

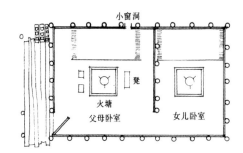

图4 独龙族民居入口廊子

图5 独龙族"坎木爸"长屋

图2 独龙族"坎木妈"长屋

图6 孟登木村孟宅透视图

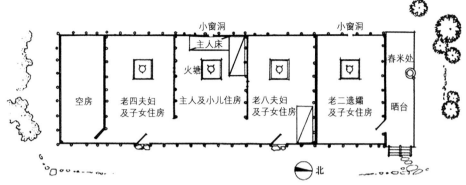

图 7　孟登木村孟宅平面图

图 11　熊当村孔宅楼层剖面图

图 12　熊当村孔宅楼层透视图

部，气候比南部寒冷且耕地较为固定，住房多为木楞房，在石基上叠垒整段的圆木，屋顶或为木瓦覆盖，或为茅草覆盖。

独龙族的井干木楞房分两种：一种是房子的墙壁用一根根圆木直接垒成，另一种则是用木板叠置而成，在墙壁中段用木枋夹定，至角部企口相交。房内多铺以厚木板，地板离地约 1m 高，下面用石墙基或木柱支撑，整个房子呈长方形。房顶盖以茅草，有的用劈开的薄木板盖顶，以树枝叉接的方式固定。

4. 代表建筑

1）熊当村孔宅

北部木楞房的代表，房屋一间，全家同住，家人分别住在房屋的角上。有火塘一个，户主夫妇住火塘内侧，儿子与儿媳住处各有一竹墙进行简单分隔。火塘上空架竹烤棚，烘烤湿柴。棚下又悬挂一小型吊棚，烘烤粮食。墙内侧木隔板放杂物，户门在楼面接近地面一方的山墙上，与地面高差小，便于上下。

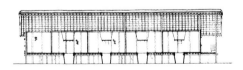

图 8　孟登木村孟宅立面图

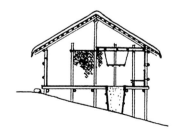

图 9　孟登木村孟宅剖面图

外墙开小窗洞两个，室内光线较暗。房屋一侧建牛棚一间（图 10 ～图 12）。

2）孟登木村孟宅

南部竹篾房的代表，室内一侧隔为五小间，靠北两端头一间系二儿子遗孀及其子女住，内部不再相通，另设户门出入，门外设有晒台。其余四间，主人和小儿（未婚）住中部一间，左右间分别为两个儿子及其子女居住，南端一间为空房。中部三间无前墙，前为室内通道，有其父系氏族公社家族长屋的布局遗风。隔墙中部的下方距离地板 40cm 处，开 20cm×30cm 的小方洞，供相互传递食物用，各房均有火塘、烤棚、吊棚等如北部木楞房。户门位置较为特殊，不似常规设于端部的山墙上，而开于东檐墙上，但仍为两榀。层高约 1.7m，草顶，竹木楼板（图 6 ～图 9）。

图 10　熊当村孔宅楼层平面图

成因

独龙江河谷两岸山地坡度在 25° 以上者占 70% 以上，所以独龙族人常以竹、草、木、藤等建材建盖架空楼居的干栏式住房以适应陡峭的地形。又根据气候特点，北部地势高寒，多建木楞房，以利于保暖。南部温暖，竹林繁茂，多建竹篾房。

比较／演变

独龙族民居最初为躲避猛兽而建，多以树居，后为聚族而居的"干栏式"长屋。随着生产力发展，从双排隔间的"坎木妈"长屋发展到单排长屋的"坎木爸"长屋，再发展为今天的单间垛木房和尚有长屋遗存的竹篾房（图 2、图 5）。

独龙族民居与其邻居怒族民居相比，在形式结构上具有同构性，同样都有木楞房与竹篾房两种形式，这体现了自然环境对民居形式的影响。只是相对于怒族的"井干——土墙"形式，独龙族民居包含有原始氏族"长屋"先居的形式。其民居建造显得更加原始质朴。

藏族民居·土掌房

又称"土掌碉房"或"土库房"，形式受藏文化的影响，故与西藏藏族民居相像，而与相邻的香格里拉藏族闪片房民居差别较大。土掌房民居的空间封闭性强，保温御寒效果较好，冬季可以抵御凛冽的寒风，夏季可以给人们带来阴凉与安宁（图1、图2）。

图1　藏族土库房屋顶

1. 分布

藏族土掌碉房（土库房）民居分布于梅里雪山脚下的德钦县及其周围的藏族村庄，大多建于河旁台地上，海拔在3300m左右。这里气候温凉，景色优美，是雪山包围的绿洲。

2. 形制

民居大门一般要面对林木茂盛的高山，不能对箐沟或庙宇。房屋通常贴靠高坎，前后错一层布置。平面形式有"L"形、"凹"字形或"回"字形几种，基本在一个正方的格局内做局部变化（图3）。

土库房一般高三层，"货藏于上，人居其中，畜圈于下"，屋顶皆设晒房，晾晒粮食用。经堂、客厅、喇嘛净室常设在第三层，并在墙头屋角筑烧香台。第二层为家人居住活动及贮藏的主要生活空间。底层则关牲畜，卫生条件颇差。

在第二层空间中，最为尊贵的是中堂，两开间，特别宽敞。中堂正面设通长的龛式立柜，作三段横向划分：中段为供佛佛龛，左右两段分别摆设各类食具，火塘厨房，在中堂的另外一侧，用贮水铜缸分隔。

每户藏族住家均在二楼设一间粮仓，且常采用外露的井干壁体结构。于外，增加了外墙材料纹理和质感的对比，这点和中甸藏族的"土墙板屋"民居做法相同；于内，则沿木楞墙壁置大小不同的箱柜，贮放不同的食物保持其干燥洁净。屋顶皆为土平顶。墙体则以夯土和不规则的块石砌成墙脚，墙面平整，棱角突出，由下至上有明显收分，这就是土库房民居的最重要外形特征（图4）。

图3　藏族土库房典型平面图

3. 建造

土库房为土木结构，砌石为基，夯土为墙，采用藏式梁柱构架分层建造。

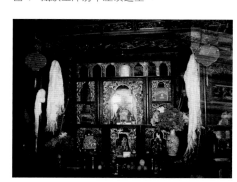

图4　藏族土库房平屋顶造型

图2　藏族土库房

图5　藏族土库房内部佛龛

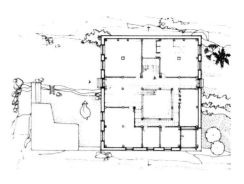

图8　尼巴达村土库房平面图

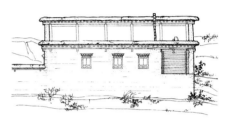

图9　尼巴达村土库房立面图

图6　尼巴达村土库房外观

每层楼面做法架大梁，搭楼楞，垫细圆木，铺荆棘树叶，夯土掌，然后铺地板。平掌屋顶采用一种叫"阿尔萨"且黏性极强的泥土夯实抹平为土掌，主要为脱粒、晒粮之所。室内分层设柱，各层结构自成体系。上一层的柱子直接对位叠置在下一层地板之上。

木梁柱承重，土墙围护。土墙为夯筑，靠外一侧有明显收分。柱间距通常为9尺（当地的1尺等于45～47cm）。当地匠师就是以9尺×9尺的方格网来作为建筑平面和建筑规模的控制，形成一个规范的柱网系列，如12柱、20柱、60柱等。建筑的层高一般为：一层8.5尺；二层9.5尺；三层7.5～8尺。楼面、屋面均以细土填实。

4. 装饰

土库房室内的佛龛与龛式立柜颜色五彩缤纷，与外部朴素墙面形成鲜明对比，佛龛前为火塘，中置三脚架，在宗教观念支配下，化为圣物，竞相追求硕大之尺度，越大越显得主人对神的虔诚和家庭富有（图5）。

5. 代表建筑

德钦尼巴达村某土掌碉楼民居

该民居以错一层的方式布置在河谷

台地上，厚实的外墙由下到上有明显的收分，使整座建筑显得稳重敦实。

井干式的粮仓显露在外。在两个立面上造成不同材料在质感上和色彩纹理上的对比，既生动又富有地方和民族的特色。

在下坡一侧二楼檐口的正中处，镶嵌着几块白石头，这是敬神的标志。在与其相对的另一面，设有"锯齿状"独木楼梯一把，可以借助它从二楼楼顶上至三层楼楼顶。在三层楼顶的左角上设有烧香台一个。对于虔诚于佛教信仰的藏民来说，这是不可缺少的重要装置。天井周围有回廊，其檐部的装饰处理及斗栱、柱头的做法等，都显示出典型的藏族风格。上下柱子分层对位叠置，中堂的中柱硕大，已超出工程意义（图6～图9）。

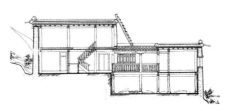

图7　尼巴达村土库房剖面图

成因

德钦藏族的"土库房"是藏区"邛笼"系民居的变异形式，正如藏族与古羌族的渊源。邛笼，为羌语，汉语之义为"碉房"。云南最早的碉房皆为羌人所建。喇嘛教传入以前的民族叫羌族，传入以后的民族则是藏族了。也就是说，藏文化渗透藏民生活的各个方面，民居建筑自不例外。

比较／演变

土掌碉楼与康、藏藏族的碉楼类似，与同属邛笼系的云南红河地区"土掌房"则大有不同，因为后者是南迁的石羌族（现在彝族和哈尼族）带去的邛笼系变体形式，没有藏文化的影响。而对于相邻的香格里拉地区，同是藏族但民居形式截然不同，这可能也是德钦更靠近藏区，受藏文化影响较深，故形式更显"藏式"碉房的原因吧。

藏族民居·闪片房

居住在滇西北香格里拉地区的藏族，有着其独特的住屋形式——闪片房。在民居周边点缀高高的青稞晒架，与高山草原的环境融为一体，形成自然明快的和谐画面（图2、图8）。

图1 藏族闪片房外观

1. 分布

云南藏族闪片房民居主要分布于云南香格里拉高寒坝区的高山草原之中，在德钦地区亦有少量分布。

2. 形制

闪片房民居房屋多为三开间两层楼房，平面近似方形，分上下两层，底层关养牲畜，上层住人，并根据家庭大小及使用需要，分隔成大小不同的多个房间，平缓的双坡屋面覆盖的三角形空间可做杂物存放之用（图3）。二层室内空间以"厨房"（实际是堂屋）为中心围绕布置，堂屋居中设立一粗大醒目的中柱，既有顶天立地、吉祥如意、家庭财富的象征，同时也是信奉藏传佛教进行家庭活动仪式的核心空间，能满足日常念经活动时绕柱右旋的需要，其象征意味已远远超过工程意义。正房的主立面都设置开敞的前廊，由4棵高大粗壮的檐柱和精巧的木构梁架构成，有多层方形的藏式斗栱出挑，与前廊紧密相接

的上下楼梯常居中布置（图1）。

3. 建造

香格里拉藏族闪片房的建造，其屋顶构架与房屋构架自成一体，互不关联，即房屋面层的主体构架按藏式梁柱支撑分层叠置。为获得良好的保温效果，在二层屋面板上加设20cm左右的覆土层。

闪片房的屋面构架制作简单，按照主体支撑情况大体可以分为脊柱支撑型、马扎支撑型和混合落地支撑型，灵活性较大，根据不同的材料情况和对屋面夹层空间的利用会出现许多搭接和支撑方式，脊柱与下层梁柱的传接关系也不十分严格。

在单独设置的人字形坡屋顶构架上，再覆盖两坡木片，即以长1m左右的云杉木段用斧子劈成的薄板覆盖。由于闪片很轻，为避免风吹滑落，需要用石块压住，经过强烈的高原紫外线的灼烤，闪片很快就变成黑色。压闪片的石头是白色，且多为海螺状。"闪片"

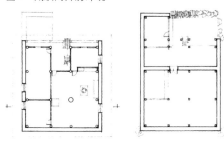

图3 藏族闪片房典型平面图

图4 藏族闪片房屋面木板瓦

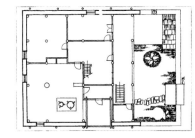

图5 先锋村藏族板屋平面图

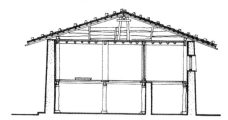

图6 先锋村藏族板屋剖面图

图7 先锋村藏族板屋立面图

图2 藏族闪片房聚落

图 8　藏族闪片房聚落

图 10　藏族闪片房装饰

每年一翻，以保干燥，起防霉的作用（图4）。

4. 装饰

"闪片房"屋顶的装饰物基本上都与宗教相关，常见为风马旗或五色经蟠。风马旗一般为一支，设立于屋脊的正中，也有均布设立三支的，在藏族历史上，有立"长矛"于门上的传统，以显"军威"，这种形式后来慢慢地演变成在民居屋顶上树立风马旗的习俗。由三尖矛所演变的屋顶装饰，顶端为三角火焰造型，下方挂蓝白相间或四周印有图案的红色旗帜，都标志着藏传佛教中相应的护法神。其实这种具有一定实际寓意的装饰，与宗教建筑是相辅相成的。朴实大方的"闪片木板"与制作精美的风马旗恰恰表达了藏民认为天界至高无上的宗教观念（图9、图10）。

而墙体则以白色为主，山墙处有特殊装饰，夯土墙与坡屋顶之间的部分是用小矮柱与木板连接，并涂饰成暗红色的三角形木板，上面绘制有各种白色符号和图案。其中有法轮、法鹿、法器等形式，这些形式的吉祥图案，仍然以白色居多，与藏民族白石崇拜的习俗密切相关。

5. 代表建筑

小中甸先锋村藏族板屋

面阔四间，进深四间，近似方形，其中两侧面宽较大，中间面宽较小，第三进进深显著大于其他进深，山墙外有木柱支撑伸出墙外的屋面檩条，楼房高两层，底层关牛，人居楼上，带有中柱的堂屋位于二层房屋一角，但却是二层平面的核心，旁边有楼梯直接下到一层牲口棚，入口处加设前廊，一侧有楼梯通向二楼，楼梯旁边有杂物间，前廊部分由精美的木构架构成，而主体部分的木质结构则显得很粗放，留下了明显的嫁接痕迹。外墙呈白色，是藏族尚白传统的再现，房屋的进深很大，有利于保暖，屋面坡度小，屋前有小院，作为外部环境到屋内的过渡空间（图4~图7）。

成因

滇西北高山草原宽广明快的自然环境中，闪片房所需要的材料就地可取，施工方便。较为寒冷的气候特点，决定了该种民居需要使用厚实的维护墙体和屋顶来获得保温防寒要求。由于其为地震多发带，所以形成"土墙板屋"的形式以增加建筑整体性，达到抗震的效果。在夯土平顶上以木板为瓦既防雨，亦可增加抵御草原寒冷的功效。

比较/演变

中甸藏族的闪片房民居，当属井干结构与夯土墙结合的混合形式，在空间和结构技术上充分体现了汉、藏两种建筑文化上的嫁接与融合。这种民居建筑外形是在比较厚实的夯土墙体上，再覆盖平缓而出檐深远的木板屋顶，墙体向上收分明显的外形处理，很容易让人联想到游牧民族居住的帐篷，它也许就是硬化了的帐篷。

图 9　藏族闪片房及屋顶风马旗

彝族民居·土掌房

彝族土掌房是彝族先民的传统民居，距今已有500多年的历史，层层叠落，相互连通，远远看去甚是壮观。后期彝汉混居，融合了部分汉族民居的特点，逐步形成具有鲜明地方特色的民居建筑，堪称民居建筑文化与建造技术发展史上的"活化石"（图1）。

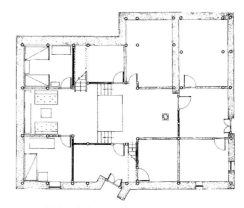

图1 彝族土掌房

1. 分布

彝族土掌房多分布在滇南哀牢山、红河流域和金沙江流域的干热少雨地区，以峨山彝族土掌房、新平彝族土掌房、元阳彝族土掌房为代表（图2）。

2. 形制

彝族的土掌房，一般为三开间长方形或正方形的平面组合，结合坡地灵活退台处理为两层或三层。土木结构的房屋分前后两部分布置，前部是厢房（又称耳房），后部为正房。入口一般居中设置，前后地面有高差，空间主次分明（图3）。墙壁常为纯粹夯土墙体或用土坯垒砌而成，土墙一般为两层高，底部厚达1m。屋顶以粗细不等的横木分层覆盖，用树枝、柴草铺平后，再以泥土分层夯实，面层涂抹平滑，使整个屋顶面结实平整不漏雨。

层层叠落交错的退台屋顶，使其建筑外形平稳凝重，敦厚朴实，统一中有变化，退台处理形式与坡地环境融为一体。

从表面上看，各地的土掌房都大同小异，但仔细研究对比，又可看出一些细微差别：滇中峨山、新平一带的土掌房，平面多为"三间四耳"或"三间四耳倒八尺"带采光天井或小院落的土掌房，且建筑质量较好，这类平面和昆明地区的"一颗印"平面类似；而靠近昆明和滇南地区的土掌房，其天井不断扩大，并不一定遵循"三间四耳"的布局；平面多趋向于简单的外向型独立式单体，且建筑质量相对较差。这样的分布情况和当地的自然环境、地方材料、建筑技术、风俗习惯、经济状况以及其他民族的影响都有一定的关系。

另外，在红河南岸的红河、元阳、绿春、金平以及楚雄州的永仁、大姚、姚安一带，由于降雨量稍大，产生了局部加建草顶或瓦顶的土掌房，即在土掌房正房二层的平顶上再加盖一个两坡草顶或瓦顶。

3. 建造

彝族土掌房采用的木材、树叶、泥土、石灰等天然材料，皆是就地取材，既方便建造、又经济适用，适合于广大

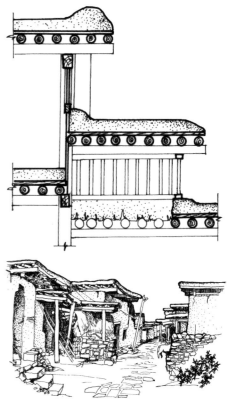

图3 彝族土掌房平面图

图2 彝族土掌房

图4 彝族土掌房屋顶建构方式及外观

图5　泸西县城子村全景

图8　泸西县城子村近景

乡村的普通居民建盖。

结构合理，施工操作简单，可分期建盖。先设立基础，后夯筑墙体，再立屋架，铺设木楞柴草，最后夯筑屋顶、抹平。土平顶的创造设置，克服了地形限制，满足了生活中必需的农作物晾晒场地和室外活动空间的要求厚墙厚顶的房屋构造还具有良好的保温隔热性能（图4）。

4. 装饰

大门入口和屋檐是装饰的重点，常常在大门上作各种拱形案图并带有门楣。门楣刻有日月、鸟兽等图案，封檐板刻有粗糙的锯齿形和简单的连续图案；屋脊中部及两端有简单的起翘及起拱，山墙的悬鱼、屋檐的挑拱、垂花柱、屋内的梁枋、拱架等也雕刻有牛羊头、鸟兽、花草等线脚装饰和连续图案浮雕；室内锅庄石上及石础、石门槛上雕刻怪兽神鸟、卷草花木等彝族传统图案；门窗隔扇及室内木隔板上刻有对称均匀的连续四方雷纹及圆形花饰、动植物木雕花纹、小花格窗等，极富建筑装饰效果，体现了彝族人民的审美情趣和建造艺术。

5. 代表建筑

1）泸西城子村某土掌房

城子村距泸西县城20km，在永宁乡南部，是最具特色的土掌房建筑的村寨。

该土掌房位于城子村南部，为内院式土掌房，一层靠近入口的前部为生活辅助空间，分布有厨房、贮藏、杂物间等，后部正房为堂屋祭祀先祖用，两侧厢房为卧室，前部靠近入口处两厢房为储存用，二层为粮仓与晒台，其中屋顶晒台与相邻土掌房民居相同，用一把梯子即可相互连接。外墙为土坯墙，乱石为墙裙，上有高窗，外观不施漆绘，自然朴素（图5、图6、图8）。

2）峨山县化念镇三湾村李顺宗宅

该民居为典型的方形平面。不带院落，正房是不带廊的三开间两层标准形式，厢房及院子为单层。一边是厢房，一边是起着交通连廊作用及家务活动院子。在正房厢房相交处屋顶有小间隙做采光井，解决采光通风问题。堂屋中有楼梯通向二层，二层做粮仓用，并以厢房与院子的屋顶为晒台（图7）。

成因

相传，彝族先民在飞凰山过着住洞穴、栖树枝的原始生活。后来村中一位叫阿嘎的彝家小伙，为改变村民的居住条件，到山中砍来六百六十六棵栗树，挑来九百九十九挑黏土，用土筑墙，墙上横搭木料，密铺木棍、茅草，再铺一层土，土皮头洒水，然后用石头一层层夯结实。就这样，一幢幢左右连接、上下相通的彝族土库房（土掌房），在飞凰山坡被建造出来。人们都住上冬暖夏凉、牢固安全的土掌房，不用再担心风雨的袭击和野兽的侵害。

比较／演变

在明清社会政治经济的影响下，土掌房形成了土司官署和民居两种建筑样式。前者以昂贵土司府遗址和将军第为典型代表。其房屋建筑为土掌房屋顶，局部加坡顶屋檐下皆雕梁画栋，极尽天工，它有彝族土掌房粗犷朴实的特点，又具有汉族细腻剔透的雕镂风格，可谓是彝汉建筑艺术风格的珠联璧合。

图6　城子村彝族土掌房透视图

图7　李顺宗宅透视图

彝族民居·木楞房

在滇西北小凉山、宁蒗、永宁一带彝族居住的地区，森林密布，交通不便，建筑技术不发达，民居建造均充分利用地方材料，以简单的木结构，修建满足基本生活生产要求的住房。一般是木楞房，与附近纳西族摩梭人的住房结构基本相同（图1、图3）。

图1 彝族木楞房外观

1. 分布

彝族的井干式木楞房，主要分布在楚雄州大姚县昙华乡、滇西北的小凉山、宁蒗、永宁地区（图2）。

2. 形制

彝族木楞房组成形式有一字形、曲尺形、三合院，四合院等。正房是三开间平房，明间是堂屋，一般作厨房及待客用，设火塘做饭，取暖及照明。其上多以绳索吊挂一长方形木架，上置竹席，以烘烤粮食，是本地区彝族干燥粮食的特殊方法。火塘中的火终年不息，边设地铺，家人及来客围火塘席地而坐，并各有一定位置，客人夜宿亦在此处。堂屋右次间是主人卧室，一般不容外人入内。左次间是杂用或畜厩。多数住房设简易阁楼，堆放粮食或供子女就寝。新中国成立后人民生活水平改善，民居也有变化，房屋加多，另建畜厩，卫生条件有所改善。

大姚县昙华乡的彝族木楞房，以单开间最为普遍，两开间、三开间的建造较少。昙华乡木楞房一般都有楼，下关牲畜，人住楼上。"楼板"在圆木之上铺土构成。楼梯为踏棍式，搭置在墙外，供人上下。屋顶以"闪片"覆盖，也有使用麻秆和黏土瓦覆盖的（图4）。

3. 建造

木楞房亦称垛木房，系当地人民的习惯称呼，外墙和内墙都是用去皮的圆木或砍成的方木叠成，木楞接触面，局部砍削，利于叠紧稳固并防风防水。墙角处交叉相接，隔墙的木楞也交叉外露，有些地区还在木楞上下接缝处抹泥以防风寒。屋顶为悬山式，坡度平缓，檩上无椽，直接铺瓦，瓦是以薄木片做成，木片互相叠盖，皆不用钉，只以石块压在上面，防止其下滑或被风吹走。木片

系将木纹挺直的沙松树先锯成约两米长的圆木段，再用刀削砍成1～2cm厚、薄而直的薄片，这些房屋的特点是结构简易，就地取材，费用低廉，一刀一锯即可建成。

4. 代表建筑

1）楚雄大姚县昙华乡某彝族木楞房

住房为院落式，正房住人，两厢多作堂屋，磨房和畜厩。正房分左、中、右三间，右间住人，左间作厨房，中间作堂屋，堂屋一般都有一个火塘，塘内火种长年不息。彝族人民有火崇拜的习俗，视火塘为圣洁，所以在彝家做客，一般不能从火塘上跨过，不能向火塘吐痰或投放秽物。火塘上置铁三脚可以支锅或放下吊锅，即可煮菜做饭。堂屋是家庭餐饮、会客、举行祭祀的地方。堂屋上方一侧，安置男性家长寝榻，堂屋正上方的壁前，设有供桌作祭祀祖先之

图3 彝族木楞房远景

图4 楚雄彝族木楞房

图2 彝族木楞房墙面

图 5　昙华乡彝族木楞房 1

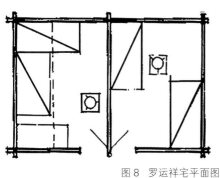

图 8　罗运祥宅平面图

图 9　罗运祥宅剖面图

用。供桌上方壁上挖一洞，内置祖灵。祖灵一般人不得观视。正屋前端，接一厦子，作家务杂事之用（图 5～图 7）。依地势分布，高低错落，韵味古朴。

2）南华县咪牙井大队罗运祥宅

该民居是平面简单，仅有两开间，每间即是一个独立的堂屋加卧室，内部均有火塘，可以满足基本的生活起居需要。

该民居为木楞墙，筒板瓦顶，墙缝抹泥避寒。设火塘煮饭取暖，有简易阁楼存放粮食。据说过去咪牙井民居是土掌房或木楞房木片顶，新中国成立后，生活水平提高，且木材减少，民居用料多被土墙瓦顶所取代。

其外墙很少开窗，房屋低矮，室内光线不足。

木楞房不用木构架，墙体自身即可承受屋顶重量。木楞上下砍平或一边砍成凹弧形，上下叠砌，基本平直，大小均匀，木缝统一。缝隙抹泥以防风避寒（图 8、图 9）。

成因

用井干壁体所围合的空间，具有良好的保温性能。房屋建造需要的木材用量较多，因此井干式民居多分布在气候寒冷但取材方便的高山林区，是环境适应性的综合体现。

比较／演变

现在，因为环境保护，不砍树已成为村民的共识，新盖的民居已不再用木头、树皮和麻秸做材料，而是采用泥土瓦片。但人们盖房时仍然用垛木建房方法，把泥土一截一截舂打着往上垛积，保留了彝族民居特有的垛的特色。又由于其与摩梭人毗邻居住，自然地理条件相似，故两者的木楞房民居在形制与建造上也有颇多相似之处。

图 6　昙华乡彝族木楞房 2

图 7　昙华乡彝族木楞房 3

彝族民居·瓦板房

瓦板房是采用冷云杉树或木质较为密实的其他木材建造的木瓦板盖的房子（图1），形式多样，根据不同分布地区的自然文化条件民居形制亦有不同。

图1 彝族石板房

1. 分布

彝族瓦板房是大小凉山彝区的传统居住形式，在云南分布于与大理平毗邻的楚雄彝族自治州。元阳、绿春、红河与会泽周边地区村镇，如大海乡等亦有分布，但形制与四川凉山彝族民居有所不同。石林县周边的彝族分支—撒尼人，其住屋也是瓦房民居（图2）。

2. 形制

彝族瓦板房内分左中右三部分。入门正中为中堂，中堂靠右上方设火塘。用三块象鼻形雕花锅庄石架锅，塘火终年不熄，是彝族人待客和家事活动的中心。火塘左边，用木板或竹篱隔成内屋，有中门相通，为女主人卧室并收藏贵重物品，入门右侧为畜圈。屋内上层空间设竹楼，竹楼左段储粮，中段堆放柴草，右段为客房或未婚子女居室。

撒尼人瓦房民居形制比起一般的彝族瓦房民居略为复杂，有"一"字形、三合院、"L"形等，最典型、最普遍的形制是"一"字形平面。"一"字形平面形制主要由堂屋、卧室、前廊、厨房和楼梯间组成。一般底层明间带前廊，两边卧室无廊，也有全廊设置。堂屋是待客吃饭处，前廊为灰色过渡空间，光线充足，是日常休息，家务活动的场所，次间为卧房、厨房。楼层通常三间敞通不分隔，为存储粮食和杂物之用。院坝位于正房子前，为长方形坝子，长度略长于正房，宽度视地势而定，一般在3～6m之间（图3）。

图3 撒尼人"一"字形瓦房民居

3. 建造

从墙体材料上看，彝族瓦房民居共

图2 彝族瓦房民居群体

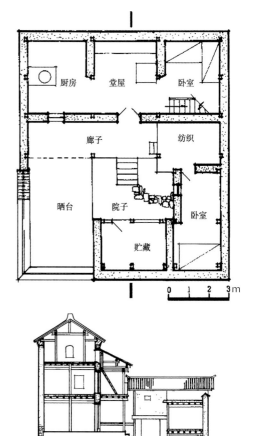

图4 白以和宅平面图及剖面图

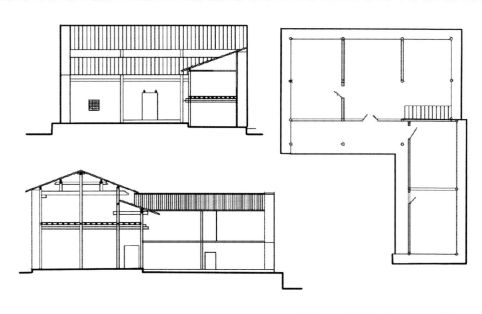

图 5　撒尼人 "L" 形瓦房民居平面及剖面图

图 7　彝族瓦板房瓦面

可分为三种类型：土墙瓦板房、木墙瓦板房、竹墙瓦板房。竹墙瓦板房的竹编泥糊墙最有特色，其做法是：四周的墙用木料搭成架子后，用竹子开成两半编成墙后，再糊上泥土。

墙体上置栋梁，构成房架，双斜面人字形屋顶，盖以木瓦板二层，下层铺满，上层则于两板相砌处置一板，再用石块复压其上。木板用刀剖砍，不以锯解，便于雨水顺木板纹路而下（图7）。

而在会泽地区的大海乡附近，其彝族民居以当地特有的薄石片为瓦，独具特色。

4. 装饰

室内锅庄火塘、门窗、四角、屋顶角有丰富的雕刻花纹。有牛羊头、鸟兽、花草等。某些瓦板房民居的柱子有柱础装饰，呈方形或圆形，上面有时雕有花纹。

5. 代表建筑

1）红河县白以和宅

该民居平面近方形，带一个 4m 见方的院落，地形高差大，正房位于基地最高处，院内踏步有 6 步之多，使院子更显狭窄。正房是三开间两层，上有封火顶，顶上空间较高，廊也是两层，上为筒板瓦屋顶，构成重檐屋面。入口侧厢房也是筒板瓦屋顶，其余是土掌房，厢房下的跌落层作畜厩，存柴用（图4）。

2）石林县大糯黑村某瓦板房民居

该民居为典型的 "L" 形布局，在 "一" 字形三开间正房的基础上，于一侧垂直加两间厢房。正房前廊变为两间；厢房为单檐单坡屋顶。两开间，进深比正房稍间开间略小，屋顶与正房屋顶相交，屋脊比正房屋脊低，与正房上屋顶等高。厢房因无堂屋所以不做吞口处理，直接面向院坝开门窗。一正一厢 "L" 形的正房子使院落具有了一定的围合感，同一字形院不设院墙，不设栅栏篱笆。

民居整体结构为穿斗式木构架，门窗有少量装饰，檐廊柱头有垂花装饰，做工精美（图5、图6）。

图 6　撒尼人 "L" 形瓦房民居外观

成因

两坡水屋顶泄水流畅不易漏雨，又坚固耐久，不必经常更换木料是其优越性。特别在有烧瓦业地区，改建瓦顶更有条件。但厢房仍保留土掌房，作晒场满足生产需要，瓦顶以下的封火顶，既可防火，又可晾粮食。

比较/演变

彝族瓦房屋面的做法与草房相似，可看作是草房在汉族民居技术的影响下的演化结果。这种演变现象在泸西、石林地区的彝族民居中表现得较为明显。由于瓦技术的成熟与普遍，建筑的屋顶材料山茅草换做青瓦，又由于瓦的物理性能的优化，使瓦能直接挂在椽子之上，而无需其他构造层承托。但由此也降低了建筑的保温效果，使室内舒适度有所降低。出于经济方面的考虑，瓦房的屋顶中部用板瓦代替部分筒瓦，从而造成建筑屋顶形态的变化。

彝族民居·茅草房

彝族茅草房民居，建造简便，取材方便，是彝族早期民居的形式的代表（图1）。

图1　彝族草房民居

1．分布

彝族茅草房主要位于云南省昆明市石林彝族自治县东北部乡月湖一带，元阳地区亦有分布。

2．形制

平面布局为一房三间，中为堂屋，左右为寝室或牛厩。用竹子或藤条、树条编篱楼堆放粮食，通风散热。大门后砌火塘烤火，置三脚架或吊杆支土锅或吊锅煮食物。有的另建耳房作畜厩。过去一般不建厕所，在野外解大便，屋里墙脚堆草木灰解小便积肥。富宁县彝族楼房多以石为梯，底层关畜禽，人居中层，上层放食物（图2）。

3．建造

草房一般为土木结构，以石块垫基，夯土筑墙，用结实的圆木或方木为柱。虽是夯土为墙，却十分牢固，传几代人而不坍塌。

草房结构体系简单，其柱网布置与其他形制的彝族民居相似，平面横向布置四排竹子，每排三根，将建筑空间分隔成三开间。外围一圈柱子用圈梁连接，最中间的两根中柱升高，柱头用横向的脊檩连接，并向两端出挑，形成屋脊。用斜撑的圆木将中柱的柱头与前后金柱的柱头相连接，并在进深方向用承重的进深枋将整排柱子连接起来，其上布置楞子和楼板，形成稳固的三角形受力结构。再用木条将最外围的圈梁与脊檩进行斜向的搭接，作椽子之用，椽子上捆绑横向的细木条以承托其上层的茅草，此时，先打尽草绒，泼上冷水让风吹，接着放火燎茅草，浸透水的部分因风吹不干而不被火燃烧，这样形成的草顶结实耐用。草顶一般为双坡，亦有少量为四坡顶。

此种房屋建盖时，山墙筑得较高，高度超过茅草屋顶，并在山墙上盖石板。

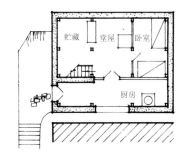

图3　李宅平面图

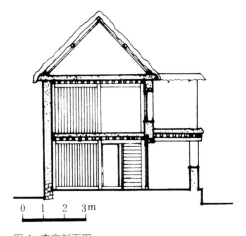

图4　李宅剖面图

图2　彝族草房民居群体

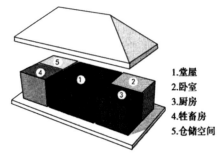

1.堂屋
2.卧室
3.厨房
4.牲畜房
5.仓储空间

图5　山色村彝族草房民居平面示意图

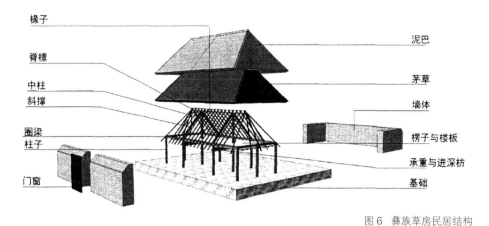

图8 李宅外观

图6 彝族草房民居结构

其作用是：发生火灾时让山墙挡住风力和火苗，控制火势，尽量避免火舌乱窜，殃及四周邻居。这种茅草屋比起砖瓦房简陋，但节约费用，冬暖夏凉。

因其结构简单，所以整体稳定性和坚固性较差。楞子和楼板只是对建筑的屋顶空间进行分隔，当建筑空间紧张时，其上可储物或住人，但没有形成二层的空间（图6）。

4. 代表建筑

1）元阳县水普龙乡李宅

该民居为当地典型的"三间草顶一字形平面，廊为晒台"的建筑形式，一二层屋顶均为晒台，实际上亦起着院子的作用。房屋顶的一端，上建两坡水草顶，不封山尖，通风良好，遇到雨时收存粮食，甚为方便。草顶虽简陋，但

其作用很大，主要是防风御寒，其厢房顶的晒台虽已不小，但仍以正房屋顶作晒台，并在其上一端搭草顶（图3、图4、图8）。

2）泸西县山色村某草房民居

该民居为山色村最古老的民居，也是山色村唯一现存的草房民居，建于改革开放之前。据当地人讲，改革开放之前，村中的住宅均为草房。经济发展、生活富裕后，随着外来技术的引进，建筑才逐步发展为今天的形态。草房为单栋"一"字形布局，三开间，中间为堂屋，右侧为卧室和厨房，左侧饲养牲畜和储藏粮食，人畜混居。草房为木结构，土墙，屋顶用茅草覆盖，茅草之上再用泥土覆盖以保护内层的茅草。建筑只在堂屋开一门，两侧各开一小窗，其余部分均为实墙（图5）。

成因

彝族茅草房民居所处地区在早年耕地面积较小，山上大部分为荒地，茅草生长茂盛、尺寸也较大，可以在椽子上绑横向的木棍，再将茅草铺在其上覆盖屋顶。由于茅草具有一定的渗水性、质量较轻，为了固定和防止屋面漏水，需在茅草层之上再抹一层泥巴。这样，厚厚的茅草其实成为建筑屋顶的保温层，起到很好的保温隔热的作用。经年之后，屋顶长满青苔，使屋面更加平滑，更加利于排水，同时屋顶的青苔与现在的屋面种植同理，可以减少屋面的热辐射，提高建筑的室内舒适度。这种做法适应当地的气候条件，对于当地四季变化明显、昼夜温差较大的气候是一个有力的"回应"。

比较/演变

新中国成立后，由于彝族人民的经济不断发展，人们的生活水平也随之提高，他们的居住条件也得到比较好的改善，改茅草房为瓦房，人畜分居。因此草房民居在整个彝族民居中的地位越来越边缘化。有些草顶民居形式与土掌房民居形式结合，形成了独特的局部草顶的土掌房民居（图7）。

图7 局部草顶的土掌房民居

彝族民居·合院

聚居在大理巍山地区的彝族民居，受到白族民居建筑形式及其文化的影响，一般都以"三坊一照壁"和"四合五天井"的院落格局的木构瓦房为主（图1）。

图1 彝族合院民居

1. 分布

"三坊一照壁"形式的彝族民居，主要分布于云南大理巍山等地的彝族聚居区。

2. 形制

主房顺山势依山而建，两侧耳房较低，再加一照壁（图2、图3），为土木结构的组合建筑。多数为草顶，少数为瓦顶，有带厦和不带厦两种。房形有实心房、空心房；吊厦、鹦哥房用木板搭成踩楼。主房高于耳房，主次分明，布局协调。前面垂檐，形成前出廊的格局，以一排柱子为主的屋架承重，四柱落地，左右后三方用土基墙围护，前面及中央用木板为隔。主房山墙到顶，屋面挑出。

3. 建造

聚居在大理巍山地区的彝族民居，以"三坊一照壁"和"四合五天井"的院落格局的木构瓦房为主，多为二层楼房，木构架不外乎抬梁式、穿斗式两类，正房有三间、五间之分。

4. 装饰

传统民居外形简单朴素，接近对称形式，大门入口及屋檐是装饰重点。大门上常做各种拱形图案并带门楣。门楣刻有日、月、鸟、兽等纹饰，屋檐下封檐板刻有粗糙的锯齿形和简单连续图案，屋檐下的垂柱和隔板上还雕刻有多种纹样图案，垂柱下端的牛蹄上刻有山和马牙形，蹄头上刻有河流纹样，蹄尖朝内，以示招财进宝；垂柱尾端饰有线团形、灯笼形、牛头和牛嘴形，以示驱邪。屋脊中部及两端也有简单的起翘及起拱；山墙的悬鱼、屋檐的挑拱、垂花柱、屋内的梁枋、拱架也刻有牛、羊头及鸟兽花草等线脚装饰的浮雕。室内锅庄石上及石础、石门槛上雕刻怪兽神鸟、卷草花木等彝族传统图案，其墙壁隔板，用镶条和装板榫镶而成，有的用镶条拼嵌成图案，有的将隔板镂空纹样成"米"字形或山川、日月星辰、羊角、鸡眼、篱笆、鱼刺、花瓣等纹样。亦有在室内的木隔板上刻有对称均匀的连续四方火镰纹及圆形花饰，极富装饰效果。

建筑装饰色彩以红、黄、黑三色漆为主。彝族先民认为"黑"象征黑土，黑色是大地的象征，是孕育各种动物和植物的母体，属于雌性物质，同时还含有庄重、肃穆、沉默、成熟、高贵、威严、主体、主宰之意；"红"象征火，给人以坚定、勇敢、豪放、热情、炽热，使人充满活力、幸福、快乐感；"黄"象征阳光，万物生存之源，人类生活之本，给人以光明和幸福之感。彝族人以"黑为贵，以黑为美"，建筑上都是以黑为底，形成了以黑为主，与红、黄二色相配合的彩绘艺术。

图2 巍山彝族民居照壁

图3 巍山彝族民居建筑

图 4　彝族古民居群

5. 代表建筑

利克村古民居群

　　该古民居群位于巍山县庙街镇营盘村委会利克村南的一个小山坳里，西南靠山，面临一条小箐。村中植被保存良好，30 多院保存完好的明清时期的古民居掩映在绿树丛中，显得庄重典雅。这些古民居多为"三坊一照壁"、"四合五天井"和"六合同春"等传统格局，依地势呈南北走向共三排，由约 1.5m 宽的小巷连贯在一起，大多为坐北朝南，大门向东开，所有院落整体呈"一"字排开，民居群规划整齐，气势宏伟，做工和用料讲究。

　　该古民居群在布局上有很强的家族性，且均属郑氏家族。在 53 号民居中供奉的一块祖宗碑上，提及郑氏家族原籍为四川顺荧府。60 号民居大门上悬挂着一块道光年间的匾牌，上书"盛世耆英"。2014 年 5 月，利克村古民居群被云南省人民政府发文公布为第七批省级文物保护单位（图 5）。

成因

　　巍山建置历史悠久，是南诏国的发祥地。春秋战国时，蒙化属滇国。唐朝时期，六诏合一，受到中原文化极大的影响，广泛学习和采纳了中原汉文化的合院住屋形式，并不断与彝族文化相融合，发展至今（图 4）。

比较 / 演变

　　由于巍山毗邻大理，故巍山彝族民居的形制也深受大理影响，"四合五天井"与"三坊一照壁"的形制居多，建造方式也接近大理的合院民居。另外，在昆明等地聚居的彝族人，其民居形式又非常接近于滇中汉式一颗印民居，可见彝族合院民居受其周边民族文化的影响较大。

图 5　巍山彝族合院

哈尼族民居·蘑菇房

云南红河州哈尼族、南部彝族、元江流域的傣族普遍居土掌房（图1）。以云南红河、元江流域、哀牢山区、无量山区的彝、哈尼、傣族民居最为典型。哈尼族的蘑菇房大多由四坡屋面的草顶与土掌房组合而成。草顶部分为正房，二层，两坡或四坡草顶，脊短坡陡，外形近似蘑菇（图3）。

图1 蘑菇房外观

1. 分布

分布在红河州元阳、红河、绿春等县一带的哈尼族土掌房传统民居，以蘑菇房最具代表性。

2. 形制

哈尼族蘑菇房的形制主要由正房、走廊、耳房、晒台、院落五个部分组成。正房是房屋的核心空间，为三间二楼加闷火顶（即蘑菇形屋顶覆盖的部分）。底层三间，明间是堂屋，开间较大，为待客和家人聚集之用，正中祭神；两次间为卧室，开间较小，老人或已婚兄弟各住一边。二层为晾晒、贮存粮食之用。闷火顶主要为保证所储藏的粮食和种子不易潮湿发霉，上留有一个小孔，使粮食可以从闷火顶上直接漏至粮仓内，方便粮食搬运。走廊设于正房前，长度与正房相同，宽度多在2m以上，是家务

活动、编织、就餐之处。耳房一般为两开间，二层，其长、宽、高的尺度均较正房小，构造也较简陋；底层低矮，为牲畜厩，二层或住人，或堆放饲料及储存杂物。晒台即土掌平顶，由正房的二层设门直接通向室外的平台。院落一般较为狭小，由正房和一侧耳房或两边的耳房围合而成。

哈尼族土掌房平面布局形式有以下几种：

独立型：房屋一般为三间，平面接近方形，尺度不大（图2、图4）。

曲尺形：由正房和一侧耳房组成，耳房单层或两层，高度较低矮（图5）。

三合院：由正房和两边耳房组成封闭空间，耳房为二层，晒台面积较大。

四合院：由正房、两边耳房及门廊组成。外形较为方正，四面封闭，院落较小。

图3 哈尼族蘑菇房

图4 独立型蘑菇房外形

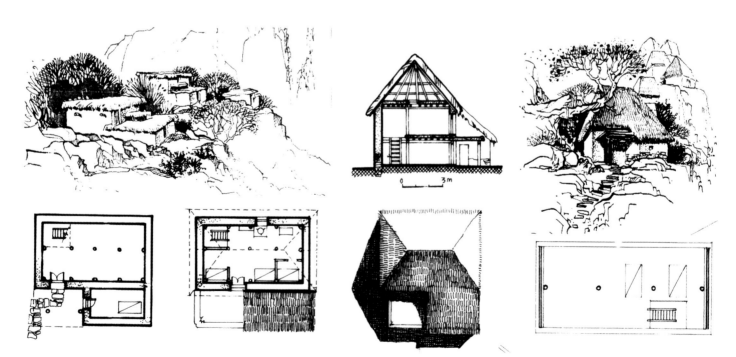

图2 独立型蘑菇房平面、剖面图及外观

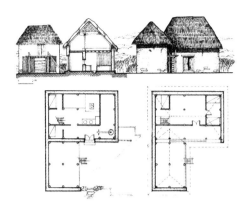

图 5　曲尺形蘑菇房平面、立面图、外景及内景

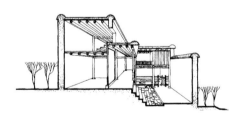

图 6　哈尼族土掌房结构示意

图 7　哈尼族蘑菇房坡顶作法

3. 建造

土掌房屋顶及楼板的构造是：先在木梁上放间距小且不规则的木楞，再上铺柴草，垫泥土拍打密实，或用土坯填平后再抹泥，一般可维持 30 ~ 40 年不损坏。家庭经济较富裕者，其上再抹一层细密的石灰，增强防雨效果。因漏雨是难以避免的，施工时为了减缓渗水或加快屋面排水，需夯实拌好的夹石泥土，使其尽量密实，面层选用精细土料，减少其内部孔隙（图 6）。

土掌房的檐口，一般略高于平顶的边沿 20cm 左右。有的是采用砌砖，与大面的平屋顶形成檐沟，其作用是保护晾晒的粮食不致坠落和有组织的屋面排水（通过设排水口）。

从建筑整体看，哈尼族蘑菇房分为两部分，一是坡顶部分，其构造为竹木构架承重，技术较发达地区为规整的人字形木屋架，屋面多为草顶（图 7）。二是两层的房屋部分，房屋土墙也有部分承重。

4. 装饰

建筑入口进行简单装饰，草底的边缘用编织的方法将之收尾。入口的挑尖梁进行了装饰，纹饰为上龙下凤。中部的挂落即为卷草托寿。色彩以红黄蓝为主。色彩对比强烈。栏板与望柱也作了简单装饰。使单一的矩形体态有了精致的感觉。

正房中央摆有织机、染缸、酒坛等。东北方向一间由长辈或男主人居住，设有祭祖处。每户都有专门的一个火塘，既带来了温暖，又熏得土墙和木柱等黝黑发亮、坚固如新。火塘之上设有神圣的炕笆，有绳索、竹筒之类直通天窗，外人不得触动。

5. 代表建筑

红河李囡周宅

三合院形制的典型实例，其利用地形，将正房、耳房分台而建。耳房底层用作畜厩，二层作为卧室和贮存之用。正房地坪与院落高差较大，廊下视线开阔，光照、通风良好。耳房屋顶几与正房二层地坪同高，由正房二层进出晒台，

甚为方便。正房屋面下设有封火顶，如屋面遭火灾，不致殃及下面，封火顶端墙设有洞或窗以通风。

图 8　元阳哈尼族蘑菇房聚落

成因

传说远古时候，哈尼人住的是山洞。后来他们迁到一个名叫"惹罗"的地方时，看到满山生长着大朵的蘑菇，不怕风吹雨打，还能让蚂蚁在下面做窝栖息，受此启发，就模仿着蘑菇的样子盖起了蘑菇房。而据史料记载，公元前 12 世纪至公元前 2 世纪，古氐羌族群发明了碉房建筑法（邛笼），作为古羌人的后裔，哈尼族传统民居建筑的原型——土掌房，直接脱胎于邛笼碉房建筑（图 8）。

比较 / 演变

哈尼族的蘑菇形房屋，其建筑形式的成因与该地区的自然特点、风俗习惯以及共同生活的其他少数民族相互影响密切相关。土掌房民居形式，是气候炎热、干旱少雨地区的一种适应性民居模式。当哈尼族把这种模式带到雨水较多的新地区后，为了防雨，便在土掌房顶部加了一个坡度略大于 45° 的四坡顶，这是对民居传统形式的又一次适应性调整。

哈尼族民居·干栏式民居

西双版纳僾尼人住的干栏竹楼叫"拥戈"（图1），即大房子，在外部形式上与傣族竹楼无大区别，但在内部空间划分上则显示了自己的特色。"拥熬"属地棚式民居形式，是僾尼人传统式住屋的延伸。

图1 哈尼族"拥戈"外形

1．分布

哈尼族"拥戈"、"拥熬"民居是哈尼族支系僾尼人的传统民居形式，主要分布于西双版纳勐腊地区。

2．形制

"拥戈"楼上住人，楼下堆放柴薪及圈养牲畜。僾尼人在家庭中是男女分室而居的，即使夫妻也是如此。于是，在"拥戈"民居的室内，平面也被划分为两部分，中间用竹篾笆隔开。其中一个部分叫"波罗坡"，为男性成员的住室，并兼作客厅，接待客人，里面的男火塘用于取暖、烧茶；另一个部分叫"拥玛坡"，为女性成员住室，并兼作厨房，里面的女火塘除取暖外，还用于煮饭，另外还有一个火塘专煮猪食。全家人集中在一起吃饭，人多时则按性别先男后女分吃。相应的楼梯设置也有两架，一为男梯，一为女梯，分别设在男室、女室的入口（图3、图4）。

"拥熬"属地棚式民居形式，该地棚式住房在平面上分成前后两部分，即前面下坡处的架空空间和后半部的地面部分。在地面部分内设火塘、水缸、脚碓等家具，是家务劳动的主要场所。而架空空间则主要是卧室，供家人休息、睡眠。家人穿着鞋在地面部分，做各种家务活动；脱鞋进入架空空间，取跪坐方式活动（图5）。

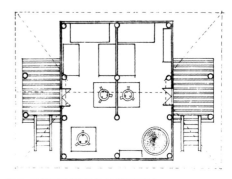

图3 西双版纳哈尼族竹楼平面图

3．建造

"拥熬"是本民族传统式住屋的延伸，遵循着祖传的修建模式，即在山坡上先挖出一个台地，长宽均不过4～5m左右，利用开挖所得的土方，沿该台地上、左、右三方筑起土墙，形成三边包围的围合形式。土墙厚约0.5m，高约

图4 女室入口

图2 哈尼族"拥熬"民居剖视图

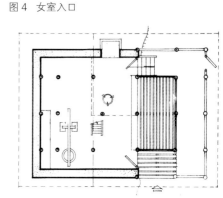

图5 "拥熬"平面图

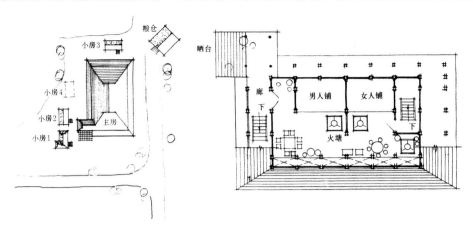

图6　帕宅平面图

1.2m。在台地的下方处是一道用木桩、树枝围栏的挡土墙，高 1m 左右。人们沿挡土墙顶部架设一个竹木结构的平台，并在其下、左、右三方围上竹篱笆，也呈三边包围形式。上、下两个有三边包围的空间口对口地组合在一起，这便是"拥熬"平面的核心。一半落地，一半架空，是"拥熬"型民居空间构成最显著的特征。人的入口平台与架空部分同高，但不设踏步，人要进入室内，先要面朝外坐到平台上，然后收脚，旋转身体，在平台上站立起来，再步入室内。此种进门方式殊为别致。其用意是拦阻家畜，不让它随意进入家室内（图2）。

4. 装饰

在"拥戈"屋内男、女主人的枕头上方，都各自拥有一个神台。女主人神台，用一块木板供奉神台。神台上放一张小篾桌、篾织的筒帕、竹箱。筒帕装有篾饭盒，竹箱装女主人祭祀时穿的衣裙、银质和贝壳服饰。祭祀在女室进行，祭祀的时候，凡是祭祀用的东西外人和小孩都不能移动。男主人的神台是一些陈列物，有火药枪、腰刀、猎获物的头盖骨、角、肩胛骨、各种颜色漂亮的羽毛等，男主人认为这些东西可以避邪，

还可以保佑他们猎获更多的野兽。

5. 代表建筑

1）勐海县布朗乡戈结良寨帕宅

"拥戈"的代表，楼上住人，楼下存柴、圈养牲畜和脚碓。楼上室内用木板隔为两间，分男房和女房，各有单独出入口和楼梯。房内睡铺较楼板高起一步，以保证睡铺范围内不受干扰。铺前有火塘，女房火塘煮饭烧菜，并在此用餐和商议家事。女房中还另有一个煮猪食的火塘，火塘上有吊棚，烘烤食品。睡铺对面的墙边，有贯穿男女房的通长的搁物架，放置各种器皿。房屋不开窗，室内光线较暗。本宅仅男房外有廊和晒台（图6、图7）。

2）戈结良寨左宅

住房面积较大，男女房入口处均有面积较大的凹廊，男女房的活动部分也相应加大，是所见面积最大者。姑娘床在女房门侧的一角，方便出入。房后有小房子一幢，亦为干栏式，如常规设独用梯上下，楼上有凹廊和卧室，面积均甚小。另有一小房为谷仓，由男房侧的廊上架板出入，使用方便（图8）。

成因

分布在云南各地的哈尼族，因经济、自然等条件的不同，以及同一地区居住的民族不同，房屋形式也形成较为明显的差异。以小聚居形态居住在西双版纳、孟连等地的僾尼人，据说是从红河沿岸迁移过去的，是哈尼族一个分支。因与傣族长期和睦相处，其所居住的民居建筑在外观形式上受傣族的影响较深，而在建筑的平面布置和居住习俗上，则仍然保持着本民族自身的文化特色。

比较／演变

过去在西双版纳的哈尼族住房，通常用草排盖顶，屋檐低矮，室内光线幽暗。新中国成立以后，特别是改革开放以来，哈尼族的住房受到傣族民居建筑工艺的影响，不断发展进步。如今的哈尼族居室，大多盖瓦、设窗，宽敞明亮。传统的草顶低矮住房已渐被新建的瓦顶木楼取代。

图7　帕宅外形

图8　左宅透视

121

白族民居·合院

尽管大理白族的民居形式比较多样化，但以合院民居较多，这是中原汉文化与大理本地文化结合、演化和再创造的产物（图1）。

图1 白族民居群体

1. 分布

白族合院式民居主要分布于云南大理、洱源、剑川、鹤庆等白族聚居区。

2. 形制

大理地区白族的民居有两种层次不同的合院，即适应于从事农业和工业的广大村镇居民的普通院落和带有"礼制"道德思想及审美追求的文人合院。

1）普通合院：

这类合院以三开间二楼作为一个基本单元，依家庭的经济财力、选择的基地环境、风水朝向等多种因素，作灵活布局，形成"L"形、"Ⅱ"形和"门"字形的几种平面组合形式，加上门楼、围墙等构筑物，共同围合成为并不十分严谨的院落。"凡人家所居，皆依旁四山，上栋下宇，悉与汉同，唯东西南北不取周正耳"。

2）文人合院：

这类合院是在对汉文化吸收融合后的再创造，并融入本民族审美后形成的合院，其布局形式就是典型的"三坊一照壁"和"四合五天井"合院，它以庭院天井为中心组织各坊房屋，并形成曲折多变的民居入口，以前导过渡空间来保持合院内部的相对安静，由外而内的合院入口，多半和主体建筑改变走向，进一步增强了居民的安定感和私密性要求。入口门楼装饰丰富，标志性强，形式多样，分为有厦和无厦两类（图3）。

3. 建造

由于当地地震活动频繁，为了优化传统木结构的抗震性能，在学习中原经验的基础上，大理匠师在节点的榫卯结合方式上下了很深的功夫，创造了一套"木锁"工艺，强化了木构架系统中各构件在节点处的联锁。当地风大，一旦发生火灾，很容易蔓延开去。为了防风、

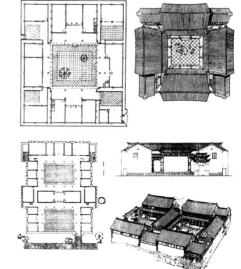

图3 典型大理"四合五天井"民居平面、俯视图；"六合同春"民居平面图、立面图、透视图

图4 照壁

图2 内院

图5 门头装饰

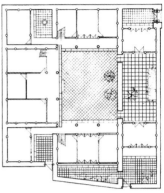

图6　喜洲"三坊一照壁"民居　　　图7　喜洲"三坊一照壁"透视图、平面图

防火，白族建筑匠师创造了带封火檐的"三合一"外墙工艺。可以这样说，在木构技术和墙体工艺上，大理"合院"式住屋可谓达到了至精的水平。

4．装饰

合院内的装修、装饰雕刻有鲜明的地方民族色彩，统一中求变化，平淡中见真奇。同时也不同程度地显示出家庭财富、地位。建筑外部造型轮廓丰富，屋顶曲线柔和优美。高低起伏，错落有致，善于运用不同的材料，在山墙的山花部分及墙体转角处，贴以很薄的灰色面砖，强调砖与砖之间的线缝，一方面既保护了墙体，另一方面又形成了上下墙面材料质感和色彩的对比。

合院中广植草木花卉，壁饰字画（图2），使封闭的庭院空间充满生机绿意既保证了住家家的安静和私密性要求，又能够足不出户便可接触自然、领略自然变化。在满足物质要求的同时，精神也得到满足。而照壁可谓是合院中最具特色的点睛之处，造型简洁优美，有"一"字形和"三叠水"两种形式（图4、图5）。

5．代表建筑

大理喜洲某"三坊一照壁"民居

该民居为典型"三坊一照壁"合院，

在三坊房屋中，正房在西，照壁在东，住宅入口在东北角，且较为曲折，保证了院落内部的私密性和安全性。东南角为厕所（白族俗语曰：有钱不买东南地），厨房通常设在西北角。每坊建筑一层都设围绕院落天井的走廊通道（图6、图7）。

正房是白族民居中的重要场所，明间是堂屋，用于迎接宾客及居家活动。室内家具陈设也有一定之规，两个次间一般作长辈的卧室。如有婚嫁，则新房必在其中一次间内。正房的主导地位通常由以下几方面来体现：

1）一般都坐西朝东或坐北朝南；

2）房屋的地面和屋顶一般都略高于其他二坊的房屋；

3）围绕院落天井的走廊，要比其他二坊的廊道要高一步台阶；

4）二楼的明间通常设祖先祭坛（祖先崇拜是大理白族多元信仰之一），且祖先坛的设置繁简不一，每户一定要有。

成因

与游牧民族不同，白族自古以来从事水稻为主的农业生产，一般为定居形式，因此，注重居住条件就成了白族最传统的生活方式。过去曾有这样的俗语流行，说白族人是"大瓦房，空腔腔"，意思是白族人节衣缩食到了倾其所有也要建造起结实舒适的住宅。在旧时代，建盖一所像样一点的住房，往往成了白族人花费毕生精力去完成的大事。

比较／演变

清初的白族民居建筑还保留着明代建筑简洁、深厚、朴实的风格。到清中晚期则重雕饰，特别是在木雕和彩绘上，显得张扬和繁缛。清代后期，白族民居已完全转变为以带厦廊为主的建筑形式。

随着现代建筑技术的进步、新型材料的普遍应用，使白族民居在保持灰瓦、白墙、坡顶、彩画等传统风格的前提下有了新的改进和创新。

白族民居·土库房

"土库房"是大理白族又一种独具风格的传统民居，是适合于农耕生活的独立式外向型民居形式。它的形成和发展与大理自然的石环境和人们对"石"的崇拜不可分割（图1）。

图1 大理白族民居卵石墙体

1. 分布

"土库房"分布在大理古城南部七里桥至下关市一带靠近苍山脚下的缓坡地段。

2. 形制

"土库房"是一种独立的三间二层房屋形式，其平面布局很简单，正中作堂屋，接客起居，两边次间通常一间作厨房，另一间作卧室。二层则为食物、杂货储藏堆放的地方，中间堂屋外还有很浅的门廊，两次间的正面分别开设很小的木格窗，其余三面皆为墙体封闭。两端的山墙为了防风、防火灾，高出茅草屋面许多，其内部的木构架最初是原始的纵向木构体系；一些梁柱搭接处理只简单的用枝条捆绑而成。传统的"土库房"民居墙体，早期完全是采用大理苍山溪流冲刷出的卵石来砌筑，后期随着居住质量的要求和技术的提高，才逐渐过渡到采用制作平整的条石来砌筑墙体和过梁（图2）。

3. 建造

在坝区，民居形式是基础起台，坡屋顶，四壁用木板围隔。而山麓地区则就地取材，用石木建筑，房屋四面用石块砌厚墙，前开小窗和门洞，门洞上用条石做过梁，房屋层高比平房略高，内设矮楼层，称为"闷楼"，作为储藏室，充分扩充了室内的空间。而整幢房屋稳重、窗口开口小、重心低，具有一定的抗震性。

在底层廊檐上有一条跨度和明间宽度相等的整石，称为"过江石"，作为一个独特的建构语汇，这一构件决定着"土库房"的立面形式。二层的木格条窗常有两种处理，一种是三开间都连通的条窗，在窗前与外墙平齐设置进深很浅的小矮廊，廊宽度与墙厚相同；另一种是只在明间设有横向木格条窗，两边次间分设对称的方窗，在方窗靠中间明间的下角，各有两个小洞，呈圆拱形、方形不等。究其来源，据说最初是为了所喂养的鸽子栖息出入方便而设，如今无论有无鸽子，均为该种民居立面的一种构图处理而被广为使用。这说明任何一种处理方法都来源于生活实际，体现

图2 大理白族土库房

图3　白族土库房墙面细部

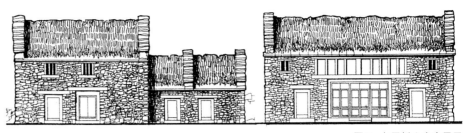

图5　七里桥土库房民居

生活中的某一个片段，有意无意地反映到民居建筑上。

4. 装饰

"土库房"的其他三面墙体均在转角处加以强调，或运用"金包玉"的作法，增加其稳定感，墙基勒脚以上多抹白灰，辅之一些大小和内容不同的装饰彩画，使外部形式的点（门窗洞口）、线（线缝、装饰线条、造型轮廓线）、面（整块的墙面、瓦屋面）相互结合，黑白灰相协调，展现乡村生活的勃勃生机（图3）。

5. 代表建筑

1）大理七里桥某土库房民居

以石垒砌而成的"土库房"，在今大理七里桥、观音堂一带的村落中仍保持得比较完整。其平面格局和上述相同，立面呈对称构图，明间向内凹进形成一个室内外空间过渡的前廊，除了屋顶是用茅草覆盖之外，其他部分几乎全用卵石垒砌而成。二层的三间全部畅通，明间有一横向木格子窗，作为采光通风之用，两端的檐口也是用薄石板连接的，便于雨水排放而不至影响墙身。这种就地取材，利用卵石垒砌墙体的经验方法，即干砌、夹泥砌和包心砌，被誉为大理三宝之一的"卵石砌墙不会倒"（图5）。

2）喜洲镇沙村大路某宅

该土库房是一独立的三间二层房屋，其平面布局很简单，正中作堂屋，接客起居，两边次间通常一间作厨房，另一间作卧室。二层则为食物、杂货储藏堆放的地方，中间堂屋外很浅的门廊，两次间的正面分别开设很小的木格窗，其余三面皆用墙体封闭，两端的山墙为了防风、防火灾，高出茅草屋面许多，其内部的木构架是原始的纵向木构体系，一些梁柱搭接处理只简单的用枝条捆绑而成（图4）。

成因

因地质特点的因素，从苍山至洱海之间形成许多河流，随着历年山洪奔流的冲刷，在这些河流中便产生了大量的卵石，加之地处苍洱之间这片土地肥沃的缓坡上，为人们的生产发展提供了必要的物质条件，在由高山逐步迁移平地的过程中，一部分白族便在这里定居，就地取材建造自己生活所需的民居。有史书记载："冉羌众皆依山居止，垒石为室"。"太和城，巷陌皆垒石为之，高丈余，连延数里不断"。这说明早期的民居房屋、城池街巷的构筑建造已采用了大量的石材。

比较／演变

随着经济收入的不断增加，大理白族的生活水平逐渐改善，审美追求和施工技术也不断提高，这类"土库房"的石砌民居也有了新的发展。虽然平面布局仍不改变，但已全部采用砖、石和瓦屋面了。其立面造型更加简洁明快，严谨对称，富有条理性。左右门窗及墙面装饰对称处理，封火墙檐使屋面与墙体过渡自然。对建造房屋所选用的石材也更加考究，青灰色的条石宽窄搭配，做工精细，线缝明确。

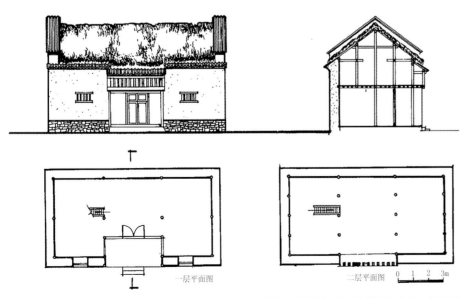

一层平面图　　　二层平面图　　0 1 2 3m

图4　喜洲"土库房"平面、立面、剖面图

白族民居·栋栋房

白族井干民居的形式虽然质朴粗糙，但是包含了对生活的热爱。长期生活在山区里中的白族，选用身边取用方便的树木作为材料，建盖了井干式住宅，当地称为"栋栋房"（图2、图4）。

图1 白族栋栋房民居山墙

1．分布

"栋栋房"主要分布在大理洱源西山区等白族聚居地。

2．形制

白族栋栋房的平面格局，有单间、两间或三间几种，主要根据家庭的人口、经济条件等情况决定。自屋顶到墙身、地板全是木质的，墙身以等长的圆木垒砌而成，搭接处相互扣合，在面向街道的一面开设低矮的门洞。多数还在入口的地方设一段廊子（通常与房间的开间相同），作为从室外进入室内的过渡空间。其室内平面布置很简单，在圆木垒砌围合而成的方形空间内，一般靠门的一侧，沿木墙的两边设置"L"形的床踏，火塘就紧靠在"L"床榻的交角处，一家人的饮食、起居生活就围绕着火塘进行。有趣的是，这里的火塘很特别，它不像其他地区、其他民族那

样，固定设于房屋中间的地坪或架空的地板上，而是做成一个小方桌形状，高约50cm，与床榻齐平，并且可根据需要移动。恰如史书中记载："房舍四周皆床楷，中置火炉，与床平，上用铁二（三）脚架炊，刳全木为甑，此其故俗也。"有些房间还设有阁楼，仅是零星地堆放点杂物，其室内采光仅靠门和很小的窗洞（约30cm见方），显得比较昏暗（图3）。

3．建造

大理洱源西山区白族的这种"栋栋房"，与其他井干式民居相比又有所不同，主要体现在其墙体和屋顶是两个独立的部分，屋顶是在墙身外另立几根柱子，中间架一梁，用枝条藤子捆绑成一个架子，再覆盖上木质屋面，后期建盖的也运用了一些木构穿斗结构。屋面做法有两种：一种是用木板（木片）搭接；

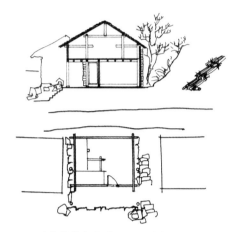

图3 白族栋栋房典型平面图、剖面图

图4 白族栋栋房

图2 白族栋栋房

图5 白族栋栋房火塘

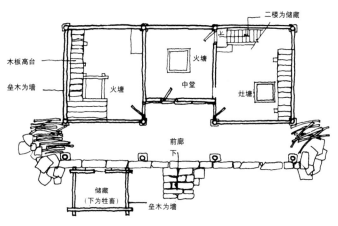

图 6　白族栋栋房民居实例 1 平面图

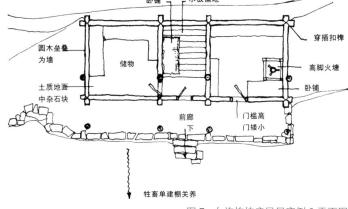

图 7　白族栋栋房民居实例 2 平面图

另一种是用木柴，先绑成一排排的筏子，然后再把它由下往上叠加搭接，固定在屋架上。这样形成的两坡屋面有明显的质感纹理，但一旦遇到大雨或连续降雨，仍然会渗漏到室内，因此三五年必须得更换一次。室内地面大部分是用木板架空，一是因为建在半坡上，很难找到大块的平地，二是为了防潮（图 1）。

4. 代表建筑

1）大理洱源新寨村某栋栋房

新寨位于一个颇高的山坡上，地广人稀。村民遵循着代代相传的规矩，认为村寨要在高处视线才广阔，并可以得到多一些的阳光照耀。在常被阴影笼罩的山间低处建村庄，被认为是很不吉利的。

该村中的栋栋房依山随势，左右相连，形成一条透迤长街的形式。住宅主房坐西朝东，切忌别家的屋角与自家的屋角相对。住屋有高门槛、低门楣的共同特点。室内的火塘齐腰高，称作"白灶"（图 5），墙上不开窗或只开小窗，室内光线很暗（图 6）。

2）大理洱源新寨村栋栋房

该民居长约 8～10m，宽约 3.9m，高约 2.5m，为简单的三开间式，带前廊，单层独幢房屋，两侧为卧室，堂屋中间设一齐腰高的大火塘，两边摆设箱柜和生产生活用具，堂屋之上设有夹层，储藏杂物之用。前廊由石块砌成，廊前依地形设置几步石砌台阶。

同样有着高门槛、低门楣的特点，房屋内壁被烟熏得漆黑，室内光线很暗，民居朴素、简单（图 7、图 8）。

成因

聚居在大理洱源西山区的白族，由于长年处于潮湿阴冷、雾气笼罩的山林里，加之对外联系比较困难，对木构技术的了解掌握也甚少，于是居住环境身边的林木便成为最直接选用材料。"垒木为室"的井干房屋，也就成为这里的白族民居建盖房屋最主要和最常见的有效手段（图 6）。

比较 / 演变

大理洱源西山区白族的这种"栋栋房"，与其他井干式民居相比有所不同，主要体现在其井干墙体和屋顶是两个独立的部分。用木板或木柴细枝覆盖的屋顶，由井干墙壁之外另立的几根木柱支撑。

图 8　白族栋栋房民居实例 2 剖面图

白族民居·干栏式民居

白族的干栏式民居，主要是聚居于怒江峡谷的白族支系"勒墨人"的住居形式（图1）。

图1 白族干栏式民居

1. 分布

聚居于怒江峡谷洛本卓乡山区里的白族，当地自称为"勒墨人"，属于白族早期的一个分支，现在仍居干栏（图2～4）。

2. 形制

勒墨人的干栏式民居平面布局功能丰富，多呈长方形，长约10m，宽约4～5m，分上下两层。上层高约2m，围竹编蔑笆当墙壁，住人；下层高约1m多，以山坡当墙，另三面围以木柴，为饲养牲畜或放置杂物之所。正房虽为一个大通间，但有多个功能分区，不同的功能区使用的铺设材料也不一样。火塘在堂屋中心，火塘周边地板用较好的大木板铺设，其他地方则只用竹篾铺设。这是因为火塘周边的区域是家人活动最多，停留时间最长的地方。床铺紧靠火塘，便于取暖。

另外，由于勒墨人独特的习俗，家中女孩长到十二三岁，男孩长到十三四岁之后，就得从主房中搬出，单独到修建在主房旁的一幢简易住房中居住。这种独特的住屋被称为"南毫"，它是勒墨人独特的风俗习惯的产物。

3. 建造

从结构上看，它是纵向承重体系的住屋，居中的几根柱子较周围的其他柱子粗壮，周围的一圈细柱均等地立于坡地上，一般在距坡地下方地面约1.5m处，用细圆木纵横两向作网状交织，用枝条藤蔓和立柱捆绑稳定后，再于其上铺设木板或竹席，中间分隔与四周的围护均用竹编蔑笆。上面的阁楼层做法与地板相同，用于堆放粮食杂物，其通风好，防潮性能很强。

图3 白族干栏式民居

4. 代表建筑

1）怒江福员县洛本卓乡勒墨人干栏民居之一

该民居为三开间，占地面积约35m²，最前面（西面）一间为入口"门厅"，并有楼梯直通下层架空空间，中

图4 勒墨人民居外观

图2 白族干栏民居外观

图5 勒墨人干栏民居之二外观

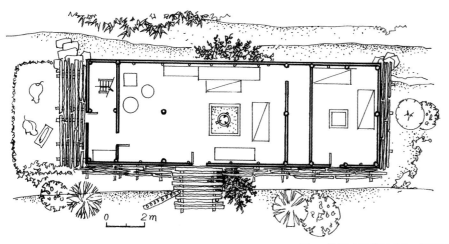

图 6　勒墨人干栏民居之一平面图

间为堂屋兼男女主人卧室，最里是未成年子女卧室，边上有廊子连接堂屋与子女卧室，并有楼梯直通南面菜园，东西均有畜圈。

结构为纵向梁柱承重体系，外观简朴，无装饰（图 6）。

2）怒江福员县洛本卓乡勒墨人干栏民居之二

此民居的平面格局为三开间，两端狭小而中间宽敞，两端的房屋面宽还不足中间的三分之一，特别是入口处的这间，只有 1.2m 左右，除了在空间上起过渡作用和放置农具和饲养鸡、狗等之外，还设有一把上阁楼的简易梯子。这一间内所开的两道门是错位的，从室外进入室内的第一道门居中，这间到堂屋的第二道门则偏向下坡的一侧，中间一间是房屋的核心，整个家庭起居生活、饮食全在这一间里。这虽然是一间很宽敞的大通间，但却有精致的功能划分。房间里以火塘居中，西向一方为男主人起居休息的位置，右侧为女主人的位置，南向居中开一道门，外连一个 2m 见方的展台，供室外家务、衣物晾晒、上下菜园等。展台两面是宽窄不齐的连廊，末端的一间不与中间直接连通，而是另设门户，利用连廊来与其取得联系。它主要供未成年子女居住。住屋附近围置一些菜园、贮粮架、猪舍等（图 5、图 7）。

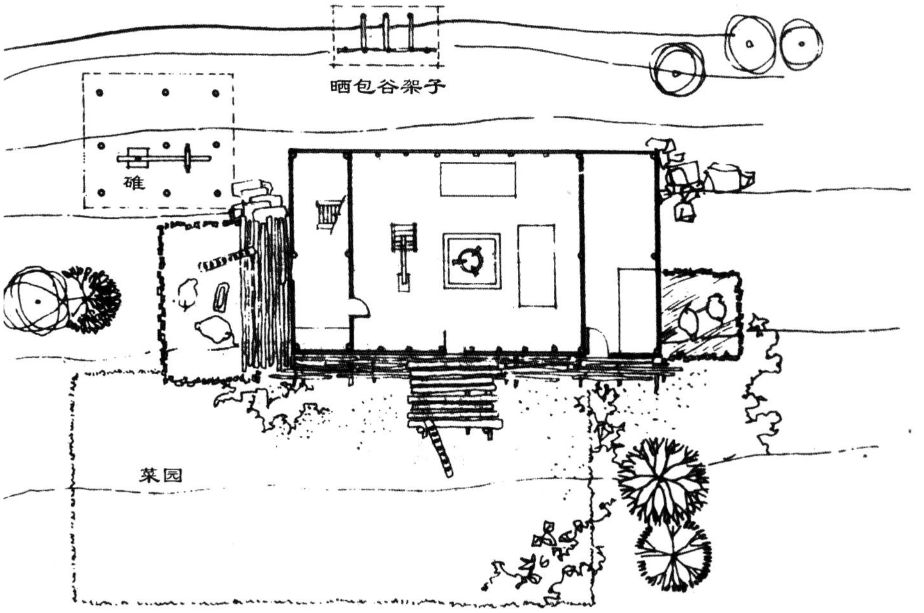

成因

居住于怒江山区的白族，受限于所掌握的技术和周边建材的匮乏，同时因外界的影响很少，仍然延续原有技术，几乎没有改变。而干栏式民居能够灵活适应不同坡地环境，建构简单，易于建盖。

比较／演变

"勒墨人"虽然是白族的一个分支，但其语言、生活习俗则完全不同于大理地区的白族。居于干栏，过着以火塘为家庭中心的生活。没有固定的姓名，一些日常用语都用傈僳语。一家人靠小的养老，儿女长大后要"集会"，另建房屋分开居住或住公房。他们共同生活在一个峡谷里从对地址的选择到房屋的格局都有自己的一套居住模式。"勒墨人"所居的干栏式住屋，和当地傈僳族的"千脚落地"住屋外形相似，只是在内部空间划分上有所不同。

晒包谷架子

碓

菜园

图 7　勒墨人干栏民居之二平面图

纳西族民居·合院

纳西族合院式民居为世界文化遗产地——丽江古城最为典型的民居形式。在这里，纳西族摆脱了原始质朴的木楞房，吸收白族、汉族的建筑形式，融合本民族文化，形成了适应丽江环境气候与文化特点的民居形式（图1、图3）。

图1 纳西族瓦房合院内院

1. 分布

纳西族合院式民居主要分布于丽江地区，以大研镇、束河镇与白沙村为典型，金沙江旁亦有分布。

2. 形制

纳西族合院式民居因受汉族与白族民居的影响，其平面组合形式为正方形或长方形，外形较为规整，常见的有：三坊一照壁、四合五天井、两重院、两坊房、一坊房。

"四合五天井"及两重院多为土司、大商人所建，两坊房、一坊房多为贫民所建，常因受经济条件所限，将所缺的二坊或一坊留出扩建位置而围以土基、土石围墙，这类形式当地称为"缺了耳朵"，是不完整的形式。而大量的、常见的为人们所喜爱的形式是"三坊一照壁"，用比较高的一坊作正房、两边各为一坊稍低的厢房与次低的围墙（照壁）组成院落（内院）。

在各类平面形式中，正房均为三开间，即一明两暗的传统布局。中间一间开间较大为堂屋，供起居、接待客人。左面一开间为老人住宿，右面一间为新娶儿媳卧室。楼梯多数置于左面开间。正房前面均设有三开间"厦子"（前外廊），这是一家人生活、起居、待客、搞家庭副业必不可少的地方（图5、图6）。

3. 建造

纳西族合院式民居的结构形式以土木结构居多，用木梁架承重。柱脚均有纵横地栿连接，支撑于条形毛石基础上。梁柱连接为穿斗式，为增加搭接长度，在梁的下部设有替木。为利于抗震，房屋纵横的高度方向上均有收分，正房中开间金柱上桁条作"勒牛勒马挂"（附加另一个桁条）的加强处理措施。

四周围护墙分为夯土墙、乱石墙等，因地制宜，就地取材。夯土墙多用于坝区。乱石墙用于金沙江旁村寨，那里石多土少，当地人常说，"这里的石头用

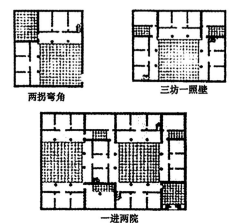

两拐弯角　　三坊一照壁

一进两院

图5 纳西族瓦房合院典型平面图1

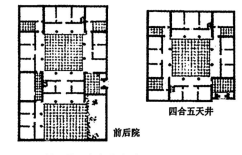

四合五天井

前后院

图6 纳西族瓦房合院典型平面图2

图2 纳西族瓦房 民居的乱石墙

图3 纳西族瓦房民居

图4 纳西族民居的瓦

图7 纳西族瓦房悬鱼与梁头雕刻

图8 先锋街20号宅院透视

图 9　光碧巷 3 号鸟瞰图

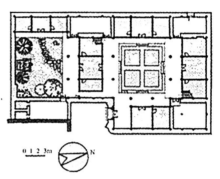

图 10　光碧巷 3 号平面、立面图

来砌墙还用不完",土则需要从很远的地方运过来（图 2）。

楼面是木格栅上铺设木楼板,楼楞为断面直径 10～12cm 圆木,间距 40～70cm,上部稍砍平。屋面多数为座泥砂浆的筒板瓦,少数为冷摊小青瓦（图 4）。

4. 装饰

纳西族传统民居的雕刻、彩绘颇有特色。六扇或四扇屏门,雕有多层的象征吉祥的花卉鸟兽镂空图案,每扇代表一个故事,显得十分华丽。窗多为六角形、圆形或正方形的连续图案镂空花饰,非常精细,檐廊柱的石柱础,有不同形状,上雕有花饰。梁头雕有不同花饰,也有绘制挑枋彩画,设置雀替的。

悬山屋顶设封檐板,正中有悬鱼,朴实、美观,起到了盖缝及装饰作用。"悬鱼"式样根据建筑的等级、性质、规模质量而定,基本形式为直线和弧线。一般着重外轮廓线的大方,只有少数官家住宅在"悬鱼"上雕有花纹。"悬鱼"长约 80cm,纳西人称为是"吉庆有余"的象征。它是区分纳西族与藏族、白族民居的明显标志（图 7）。

5. 代表建筑

1）丽江古城光碧巷 3 号

该民居为"前后院"式,从东侧主入口进入为第一进院落,类似四合院式,四面房屋均两层高,是主要的生活起居空间,穿过过厅便进入了第二进院落,类似三坊一照壁,四周除过厅外均一层高,该院落又分为一大、一小两个部分,较大的部分种植花草树木,作"小花园"赏析,较小的部分内有杂物间与厕所。

外侧立面底层较为封闭,只有二层对外开窗,底部以石块砌筑,墙体为夯土,屋顶为筒板瓦。房屋为穿斗式木构架,层高较高,梁柱断面尺寸较大,雕梁画栋,照壁精美（图 9、图 10）。

2）丽江古城先锋街 20 号

该民居是一座比较典型的"三坊一照壁"合院。正房坐北朝南,西厢一坊房比东厢一坊进深大,因而建筑高度也较大。一层明间格子门置于朝西一面,因而整个平面并非完全对称。同样,正房西侧的耳房面阔也大于东耳房。由此可见,相对于大理白族规整的"三坊一照壁"民居,纳西族的此类型民居在形制上有所变化（图 8）。

成因

云南纳西族最初的住居是井干木楞房,直到明代才出现瓦房,清初又发展为砖木结构的瓦房。这是因为纳西族不闭关自守,善于学习其他民族先进的文化,而丽江又为茶马古道重要的交通驿站,各民族商旅络绎不绝,也为纳西族人学习别族建筑文化提供契机。纳西族人通过商贸往来交流,吸收了白族、汉族民居中的"四合院"、"三坊一照壁"的建筑特点,形成瓦房合院民居。又因丽江气候和地形特点,可以使"三坊一照壁"中各坊不受朝向的限制。

比较 / 演变

尽管纳西族合院式民居的平面形制与白族民居相像,但规整程度不若白族民居,不强调对称,而其深远的悬山挑檐、生动朴素的"悬鱼",二层的开敞和外墙四周的裙板处理更突出与坡地的灵活变化,内院移山引水,等等,又形成了自己独特的特点。

纳西族民居·木楞房

居住于川、滇、藏交界的纳西族，善于利用井干式结构建造传统的木楞房．其中以纳西族支系——摩梭人的木楞房最具代表性。摩梭人木楞房民居主要分布在泸沽湖周围，以四合院为典型居住单元。院落中的主要建筑为正房、花楼、草楼和经堂，是典型的母系大家庭的居住建筑。房屋一般采用石砌基础，井干式木楞墙体与夯土墙体，屋顶覆盖木板或瓦。

图1 摩梭人木楞房民居

1．分布

摩梭人木楞房民居是纳西族支系摩梭人传统的房屋形式，目前主要分布在云南省宁蒗县、四川省木里县交界的泸沽湖周围。

2．形制

传统的摩梭人家庭为母系大家庭，以四合院为家庭居住单元。院落中的建筑由四部分组成：正房、花楼、草楼和经堂。

正房又叫祖母房，体量较大，是院落中最重要的房屋。正房一般分为三进。第一进是前室，放置水缸；左右分别是上室和下室，用于加工饲料和老人休息。第二进是主室，是全家最重要的起居坐卧的场所。室内空间有两棵中柱，分别是男柱和女柱，把空间分成两侧：一侧有供女性坐卧的下火塘，供奉火塘神"赞巴拉"，地位尊贵；另一侧有供男性坐卧的上火塘，火塘靠墙两侧的坐卧分别供主人和客人使用，墙角处设有神龛。第三进是后室，平时用于储藏，家中有人去世时则是存放尸体的场所，是家中较为私密的空间。

花楼是家中成年女性的卧室。摩梭人的母系家庭实行男方到女方家中偶居，次日返回自己母家的走婚习俗，花楼是供女子过偶居生活的。有的人家为每个女性盖一栋小木楞房居住，则称为"花房"。草楼一般楼下用来圈养牲畜，楼上用来储藏草料。经堂是家中最华丽的建筑，一般一层用于储藏，二层供喇嘛念经供奉。

3．建造

房屋基础低矮，一般为石砌。墙体一般使用木楞交叠搭建，即井干式的墙体构造。体量较大的房屋，只在正房、粮仓、畜圈等重要的位置使用木楞墙体，

图3 摩梭人木楞房平面布置图

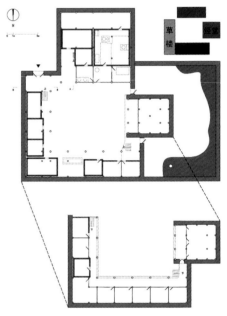

图2 木楞房外观图

图4 鼎雅家木楞房女性使用的火塘

图7 鼎雅家木楞房草房

图5 鼎雅家木楞房鸟瞰

图8 都比家木楞房经堂

其余外墙为夯土，内隔墙为木板。屋顶一般用木板覆盖，近年来瓦片屋顶也十分普遍,但正房的屋顶仍然要使用木板。

在建造过程中，房屋选址要请达巴或喇嘛挑选，动土动木也要请他们择吉日进行，新房入住时，还要进行隆重的升火仪式。

4. 装饰

摩梭人木楞房外观装饰朴素，室内装饰主要集中在祖母房内的下火塘和经堂的二层，橱柜施以木雕，饰以吉祥图案的油漆彩画。

5. 代表建筑

1）云南省宁蒗县永宁乡扎实村鼎雅家

鼎雅家是一个较典型、较完整的摩梭四合院。院落中有四栋建筑，分别是祖母屋（一米）、经堂（噶拉习）、花楼（尼扎习）、草楼（自佐）。屋主称，祖母房的历史超过五百年，经堂的历史超过四百年。

祖母房是典型的三进式格局，第一进为前室，第二进为主室，第三进为后室。前室进深较浅、面积较小；主室非常宽大，但入口却是门槛高、门楣低；后室可以通过主室后壁的小门到达，仅为家庭成员使用。经堂是建于高起的台阶上，是三开间单层建筑。花楼装饰华

丽，供家庭成员居住，一侧还有一栋稍矮的门楼。草楼一层设置畜圈，二层储存草料。

2）四川省木里县屋脚乡利家嘴村都比家

都比家是一个典型的母系大家庭，所居住的院落是利家嘴村历史最久的院落之一。院落中有四栋建筑：祖母房、经堂、花楼以及草楼。

祖母房分前后三进。主室中，女性使用的下火塘最为珍贵，必须坐西朝东，供奉火塘神"赞巴拉"；男性使用的上火塘坐东朝西，角落里设有神龛。经堂一层用于储藏，二层供喇嘛修行使用。由于家中人口众多，花楼以及草楼的二层都用作卧室，只有草楼一层用于关养牲畜。

图6 摩梭人木楞房火塘

成因

摩梭人木楞房民居的成因与自然和社会文化因素都密切相关。摩梭人生活的川滇交界盛产松、杉等适宜建造的木材，使人们得以使用井干式墙体、木板屋顶这种极耗费木材的建造方式。摩梭人以母系大家庭为生活单元，家中以母系为尊、男女并重，因此，院落与建筑规模较大，空间布局按性别设置。摩梭人的原始崇拜、宗教信仰则主要体现在正房的火塘、中柱，以及经堂之中。

比较 / 演变

摩梭人木楞房民居反映了纳西族母系社会时期的生活形态，正房空间体现出了"双核心"的特点，即正房中有两个火塘、两棵中柱，分别对应男性与女性。在实行父系继承的纳西族地区也存在木楞房，但由于家庭结构较小，并且家中以男性为尊，因此木楞房的体量较小，正房中只有男性的火塘和中柱。

回族合院民居

云南回族民居建筑体现出云南回族文化的特质。回族民居因受汉族影响较大，各地的回族合院式民居布局较灵活外，其结构方式、开间、举架、装修等皆与汉族类似（图1、图3、图4、图10）。

图1 回族民居群1

1. 分布

回族合院式民居分布较广，滇东北、东南昭通地区，滇中通海地区，滇西大理地区均有分布。

2. 形制

云南回族民居平面空间组合与白族传统合院相类似，院落布局呈封闭式内向性，善于利用层数和层高的差别、围墙的安排、柱廊的配置、檐部的搭接连续等处理手法，使各部位的建筑空间既连接又延伸，相互渗透、呼应，互为补充。院落空间具有围而不死、封而不闭的特点。住房的空间格局多为二层楼、有天井、正厅（堂）和厢房（又称耳房）组合成的"三坊四合院"，（图5、图6）讲究的有2～3个天井，天井内有水井。正厅（堂）中为客厅，耳房（厢房）多为厨房，这是较有民族特色的地方（图2）。

回族民居的厕所蹲坑方位也很讲究，要求南北向，背西或面西则视为大不敬，这是由于西方是朝拜方位的"克尔白"（天房）所在。另外，回族喜欢花草，庭院里喜栽各种树木和花草。有条件的回族人家，院子里、窗台上到处摆放着千姿百态、争奇斗艳的花卉。农村回族的牛羊厩、厕所都盖在大门外或后院，人畜分开。门前房后扫除得干干净净，锅瓢碗盏擦洗得一尘不染，居室处所收拾得整齐有序。

图3 回族民居群2

3. 信仰习俗

回族的民居建筑不同于回族的宗教建筑清真寺，后者为有宗教色彩的建筑，包括穹顶及邦克楼等。蕴涵于回族民居文化现象上的一些禁忌和礼仪，为我们揭示了云南回族精神世界的底蕴。在许多回族家庭中，尤其是老年人居住的房间里，是绝对看不到任何有人或动物的图画、雕像的。回族建房比较注意选择民居的朝向：如喜好坐北朝南、喜好平

图4 回族民居群3

图2 回族合院民居院落

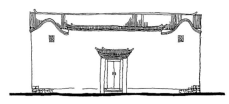

图5 回族合院典型立面图

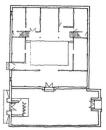

图6 回族合院典型平面图

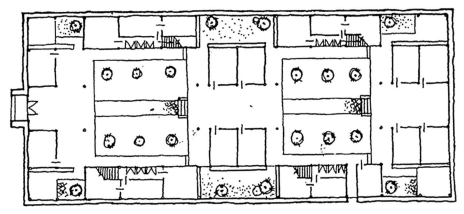

图 10　回族民居群 4

图 7　通海县回族民居平面图

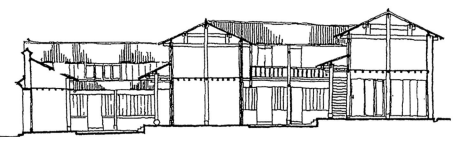

图 8　通海县回族民居剖面图

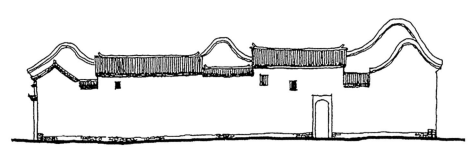

图 9　通海县回族民居立面图

坦，希望建造在宽敞、干燥的地方。民居的大门一般禁忌向西开，当然，在某种情况下（受到地形的限制），也可以采用变通处理方式。回族民居内部的布局则体现出"以西为贵"的生活观念，西房通常为老年人居住，西墙是老年人在家礼拜时面对的地方。当老年人做礼拜的时候，切忌旁人从正在礼拜的老人前面走过。

4. 建造

在滇东北昭通地区的回族民居，房屋均为土木结构的瓦房。间数多少和质量优劣，根据各家人口与经济而有所差异。在黑石一带，因木材丰富和取用方便，土墙内又用木板装饰，修成板壁房，而将底层也做成木地板，居住更为舒适。室内装修，楼枕檩子分别为 7 根和 9 根，习惯多使用单数。聚居在滇西大理地区的回族民居基本的木构架不外乎抬梁式、穿斗式两类，因出厦方式等的不同，再有次一级的划分，形成一个多样统一的民居建筑构架系列。

5. 代表建筑

云南通海县某回族民居

该民居为"日"字形两进院落，带过厅，可视为两个一颗印"拼接"而成。第一进的形制是比较典型的"三间六耳倒八尺"，只是楼梯的位置有所不同，设置在每一进院落的"耳房中"，而不是像通常的"一颗印"合院那样把楼梯设置在耳房与正屋的交接处。正大门依旧开在第一进院子的倒座位置，另在第二进院落中设置一小门方便出入。外形同一般"一颗印"住宅，较为封闭，开窗少，某些山墙呈拱形，显得别具特色为抬梁式木构体系（图 7～图 9）。

成因

回族在云南都是与汉族、白族等民族混居，故其民居形式深受汉族、白族民居格局影响较大，加上其气候自然条件亦与汉族、白族的聚集地相似，所以其民居形式表现为与汉族、白族一样的"合院式"或"一颗印。"

比较／演变

平面布局和结构呈多样化的状态，既有类似昆明地区"一颗印"类型的"三间两耳"、"三间四耳倒八尺"和"前三后三中四耳"的合院式民居（图 3），也有类似滇南建水、石屏地区的"四马推车"、"三间四耳下花厅"、"三间四耳带躲间"等的合院民居。其中尤以"三间四耳倒八尺"的"一颗印"合院最多。对厅的强调和对过厅的使用，是回族合院式民居的特点。

阿昌族合院民居

阿昌族在早期居住的是干栏式建筑。经过漫长岁月。受到民族间的相互影响不断演化变迁。由于历史上与汉族移民、商人交往较多，逐渐吸收了一些汉族文化，从过去的干栏式民居演变为了汉族的四合院形式（图1、图7、图8）。

图1 阿昌族民居内院

1. 分布

阿昌族合院式民居大部分分布于德宏州的陇川县户撒地区与梁河县遮岛、大厂乡，另外在芒市与保山地区的龙陵县有少量分布。

2. 形制

平面为一正两厢的三合院和带倒座的四合院，以三合院的组合形式居多。且空间组合相对松散、疏朗，布局不讲对称，用材不求统一。正房吸收汉文化的特点，为带走廊的单层穿斗结构形式，双坡，瓦顶，房屋进深很大，尺度和台基较其他几坊房屋的要大，要多，台基较其他几坊房屋高。合院厢房还保留着一些干栏建筑的痕迹，但已有较大变化。进出院落的大门入口常选择布置在合院一个角落，土墙瓦顶，内外细部处理虽不及腾冲、大理、昆明等地合院民居的精致，但更显自然简朴本色（图3、图4）。

3. 建造

由于云南阿昌族分布于多个地区所处地理环境不同，住房的建造也稍有差别。居住在山区的多住茅草房，很少建

围墙，房屋墙体常用木板或竹片编成；在坝区则用土坯、板瓦盖成双坡屋顶，用木料做屋架和墙壁。

房屋均为木构架承重，土坯墙围护。正房的形式和用料几成定型，三面用土墙，前墙和隔墙为木板墙，推刨平整，榫卯严密，木作认真。木屋架为穿斗式或抬梁式，做工规整。某些民居的下弦横梁利用木料的自然弯度加工，并以木枋相叠代替蜀柱，并用较大的驼峰垫木增加木构架稳定性，是地震区匠师多年经验积累的创举（图6）。

作为专用于储藏谷物粮食的仓房"爷毫"，虽然完全是用土坯和泥灰等土质材料在平地建造，但其底部常做成通风的墙沟，以保持内干燥的需要，同时也多少体现出干栏建筑底层架空的特征和意味。

4. 装饰

在单体民居装饰方面，檐柱沿着走廊的台阶边，做成多种不同形式的带座围栏，类似传统的"美人靠"形式，既保证安全，坐凳底下又可有诸多使用功能。

在聚落图腾装饰方面，每个寨子都供奉"色猛"神，此神之位居于每村背

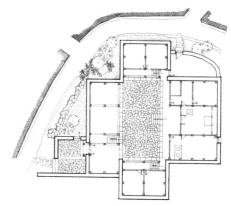

图3 阿昌族合院民居典型平面图

图4 阿昌族合院民居内景

图2 阿昌族合院剖透视

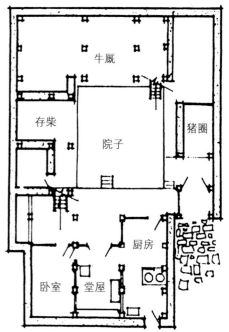

图5 李宅一层平面图

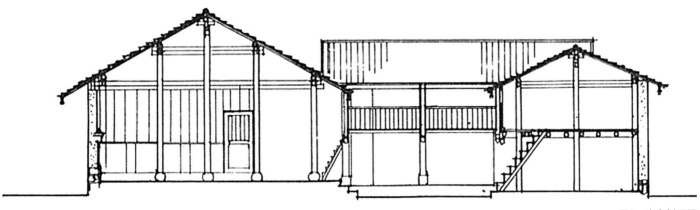

图 6　李宅剖面图

后山顶上，以石柱为标志，盖小草房供奉。它司全村的山水、人畜及庄稼。阿昌族认为，每个寨子除"色猛"外，还有一个叫"折地"的寨心神，专司清洁及寨人团结诸事。它设在寨子中心处，以土、石垒成的塔形包为代表。

5. 代表建筑

户撒朗光乡赖家宅李宅

典型的四合院民居，正房是单层瓦顶前带走廊，三开间，一明两暗布局。中为堂屋，是家庭活动的中心，左间是卧室，右间是厨房。堂屋正中后墙前设供神条案，中供"天地国师亲"，左为灶君、土地神，右为祖先牌位。堂屋中仍然保留着火塘，但位置不是正中，而是在左侧的前部，亦非终年有火，也不在上面煮饭。表明在社会已向前发展了的今天，对过去围火塘而居、火塘代表一个家庭的古习并没有被遗忘，仍存在于人们的生活观念中，形成了现在的居住文化和远古的火塘文化遗迹并存的现象。

堂屋设前廊，廊长为两开间。左、右山墙与后墙为土坯墙，前墙和隔墙为木板墙，做工较精致。正房虽为平房，但层高高、进深大，地坪又高于其他三坊房屋，故仍是一个合院中的主体房屋。

左右厢房及对厅均为土木结构的瓦顶楼房，上层住人和贮存粮、草，下层关养牲畜、家禽，楼上不设前廊，仅用栏杆防护，能互相串通，可看出其原有干栏建筑的遗存，两端山墙和后墙现已围土坯砖，各不相通，成独立的三坊，易于分别对待和分期修建。楼上、楼下的层高均低矮。

院子地面用石板或卵石铺砌，较为整洁，户门开在右厢房的端部，设门廊（图5、图6、图9）。

图 8　阿昌族民居外景

图 9　李宅外观

成因

阿昌族合院民居的成因有二：一是历史上与汉族交往接触频繁，故其民居形式深受汉式合院空间格局和建筑技术的影响，逐步从干栏竹楼过渡到合院平房；二是就本民族的文化传统而言，阿昌族祖先居森林之中，就地取木材建成干栏。

比较 / 演变

相对于汉族合院民居，阿昌族的合院有更加浓厚、粗犷质朴的韵味，无论从用料还是装饰，都不如汉族合院民居精致考究，形制也不像汉族民居规整，有一些适应地形的"自然发挥"以及民族生活习俗的松散自由。

图 7　阿昌族民居外景

蒙古族合院民居

蒙古族元初进入云南通海后，受现居住地其他民族文化影响，逐步失掉了原居住地的文化传统，民居形式也借用了通海周边常见的"一颗印"合院形式（图1、图4）。

图1 蒙古族"一颗印"民居群体

1. 分布

蒙古族合院民居仅分布于通海县兴蒙乡，该乡也是云南唯一的蒙古族聚居乡村（图3）。

2. 形制

兴蒙乡的蒙古族多受周边民族影响，居住方式与北方的蒙古族蒙古包迥然不同。在建筑上，蒙古族人逐步接受了汉族的建筑文化，主要采用四合院的形制，其结构方式、开间、举架、装修等均与滇中地区常见的"一颗印"形式相同。形制与院落空间，多采用"三坊一照壁"、"三间四耳倒八尺"的平面空间组合形式。按照传统，楼上正中设家堂，供奉"天地君亲师"神位、本家司命灶君神位和祖先牌位，两边为客房，楼下正中的堂屋（客厅），两侧为卧室，耳房的下间为厨房，上间为小辈卧室，正房、耳房和倒座之间为天井，兴蒙乡蒙古族在建新居时要举行"上梁"礼，在正梁下要压一些碎银（图2）。

3. 建造

云南兴蒙乡民居都是采用梁柱结构，由此便极大地限定了建筑空间尺度，尤其是竖向尺度延伸和拓展的范围。民居开间基本维持在3.4m到4.5m之间，鲜有超过5m的，而单层层高也多2.1m到2.7m之间，这正是由于木材天然长度的限制性所决定的。

结构上，采用穿斗式木骨架，用穿枋把柱子串联起来，形成一榀榀房架。檩条直接搁置在柱头上，在沿檩条方向，再用斗枋把柱子串联起来，因此大梁以上的梁就可以减少很多，大梁的荷载也因上部分量的减轻而变少了，其尺寸也就自然地减小了。

在建筑材料使用上，土坯或者夯土成为墙体主要的建筑材料。通海坝区通常选择潮湿的稻田保养土坯，为了加强夯土墙及土坯砖的整体性，在生土的原料中常会加入骨料，成为天然的拉结纤维。以增加土墙内部的拉结力和墙体的刚度，是原生态的"混凝土"材料。骨料均为就地取材，选材面很广，有草段，树枝，小石子或者螺壳。

4. 装饰

兴蒙乡民居的局部有曲形的痕迹——用土坯砖砌筑的门拱及窗拱，这

图4 蒙古族"一颗印"民居

图5 兴蒙乡民居街巷

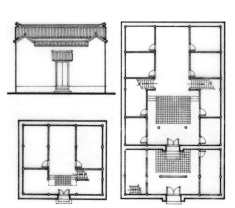

图2 蒙古族"一颗印"平面、立面图

图3 兴蒙乡鸟瞰

图7 门头及山墙花纹

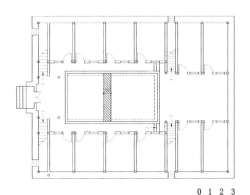

图9 兴蒙乡蒙古族民居院落

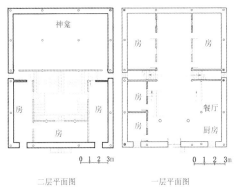

二层平面图   一层平面图

图6 赵建民民居内景、平面图

图10 兴蒙乡蒙古族民居平面图

种曲线形态由蒙古包盔顶演化而来。房屋外面刻有云彩等图案，据当地的居民介绍，这种图案是蒙古族的标志，正如歌里所唱的"蓝蓝的天上白云飘"一样，这里的民居大多保留了云彩，以示对祖先的怀念和浓烈的思乡之情。而其建筑装饰色彩，也充分体现着兴蒙蒙古族人对远方草原深深的眷恋。装饰色彩多以天蓝色为主，衬以白墙，有蓝天白云的意味。这些装饰要素均反映了蒙古人对天穹的向往（图7、图8）。

5. 代表建筑

1）通海县兴蒙乡赵建民宅

赵建民宅位于通海县兴蒙乡下村，约有百年历史，是比较典型的蒙古族"一颗印"民居合院，保存比较完好，改建部分较少。从形制上看，为"三间四耳倒八尺"形式，其中倒座部分与东侧两厢房联通，中间没有墙做阻隔，只有在倒座靠近院子处有一照壁。占地约180m²，正房一层分为三部分，其中中间部分为客厅，为主人待客起居之用，两侧为卧室，二层为储藏室，两厢的一层与二层均为卧室，倒座的二层为储藏

图8 蒙古族"一颗印"民居装饰

室（即瓦铺五层，瓦下铺三层砖）。

门头为"三砖五瓦"的外挑做法，外部看起来较为封闭，外墙较厚（图6）。

2）赵通海县兴蒙乡奎文团民居

该民居占地面积较大，约250m²，建筑形制为典型的"三间八耳倒八尺"的形式，相对于前例赵建民民居的"三间四耳"的形制，正房左右各增加了两间耳房，因此中间院落显得狭长。在院落中间还加设一个照壁将其分为前后两部分，使狭长的院落尺度显得更为适宜。民居现状保存完好，建筑门头较为精致。结构形式与赵建民宅相似（图5、图9、图10）。

成因

通河兴蒙乡蒙古族来源于北方大草原，而兴蒙乡位于通海四季如春的杞麓湖畔，自然地理环境与北方草原相差甚远，所以其民居形式也因为自然条件的变化，同时受汉族等其他周边民族建筑技术文化的影响，从天幕系的蒙古包变为合院系——"一颗印"的形式。

比较／演变

由于深切地受到汉文化的影响，蒙古族"一颗印"民居与昆明地区的"一颗印"民居形式上非常相似，但变体形式不如昆明地区"一颗印"民居多，在尺度上也有一些差异，一些建筑装饰处还保有本民族的特色。

汉族民居·滇中昆明合院

在建筑史的教材上，昆明地区的传统民居最富特点的是"一颗印"合院。这种外表封闭的合院民居形式，内部有着精致丰富的空间。而昆明的城市特色或许就如同这种外表封闭，但内部灵活而丰富的合院民居形式一样，在有限中孕育着无限的变化（图1）。

图1 昆明"一颗印"单体

1. 分布

汉式"一颗印"民居主要分布于以昆明地区为主的滇中、滇北地区，并辐射到玉溪、曲靖等地。

2. 形制

"一颗印"是昆明地区传统合院民居模式的一种典型平面，在昆明被称为"三间两耳"或"三间四耳倒八尺"。所谓"三间四耳倒八尺"，指的即是正房有三间；两侧厢房（又称耳房）各有两间，共计四间；与正房相对的倒座其进深限定为八尺。这种固定的基本平面形式，其外形紧凑封闭，方正如旧时官印，因此而得其名。

每户均有一封闭的院落，一家生活所需全部纳入其中，自成一个世界。院子多狭小，近似长方形，一般约3m×4m，屋檐距离则更小。院落有大门一樘，无后门或侧门，人畜均由一门出入，群众说这种方式"关得住、锁得牢"，最为理想。大门位置一般设在院落纵向中轴线上。加拉乡海子村住宅的大门，大都朝向西北祭天山，房屋中轴线不能对正时，也要将大门稍作调整使之对正。建筑多为每户独立式，也有少数为两个独立院落拼联组合。较大

的村寨有的还有一段临街建筑相互毗连。

典型的"一颗印"民居平面，呈方形。由正房、厢房组成。正房为面阔三间两层，硬山（或悬山）式双坡瓦顶。前有单层檐廊，瓦顶、一般称为腰厦，组成上下重檐。两次间廊子各设单跑楼梯一部、上8～9步达厢房，11～13步达正房，无平台，各门口仅有踏步板伸出门外，是占地最经济的楼梯处理方法，也是"一颗印"民居楼梯安置的独特形式。

底层明间为待客堂屋。次间为卧室，上面楼层明间堆放粮食。厢房各为1～2开间，两层，采用挑厦二次出挑手法，以满足挡雨要求。底层为厨房，大门内侧建走廊，一般称廊沿（图2、图4）。

3. 建造

房屋以木柱、梁架承重，为穿斗式及抬梁式结构，开间进深尺寸出入不大，一般正房进深五檩，厢房及大门内侧倒座进深三檩，个别倒座采用三檩双坡。厢房及大门内侧倒座进深三檩单坡屋面。

腰厦与挑厦屋面空间，均铺木板，房屋材料就地取材，土坯墙，不承重，

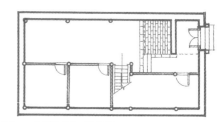

图4 "半颗印"平面图

图5 "一颗印"剖透视图

图6 懋庐外观

图2 "三间两耳倒八尺"平面图

图3 "一颗印"大门、内院、花窗

毛石砌勒脚，美观坚固（图5）。

4. 装饰

大门是整个建筑外装修的重点，还常用砖柱包檐处理。房屋外檐口用砖瓦封檐，起防风与牢固作用。屋脊端部用瓦重叠起翘。

院内木装修视家庭经济情况繁简不同。一些经济较富裕的人家，装修较多，主要部位是挑檐。特别是正房厦廊的挑檐，梁头及檐口檩、枋、雀替均做精美雕刻，如卷草、龙首、螭首，回纹等。有的用垂柱，亦颇具装饰性。楼房檐口高，不易看见，做法较简单，仅将梁头棱角修圆或雕以简单的线口。

正房底层明间装六扇格子门，木雕虽不及白族的华丽，但也简朴大方；窗子多用实拼木推窗，既不影响室内空间，也便于窗台上晾晒农作物。外墙小木窗，双扇开启式，形式较简单，隔断一般均为木板。

木柱下有柱础，做法有精致和简单之别，天井地坪一般用块石砌筑，有组织排水（图3）。

5. 代表建筑

1）昆明官渡古镇一颗印民居

一颗印住宅的典型，厢房每边各两间称"三间四耳"，主房进深2间，面阔三间，其中堂屋被隔扇隔为里外两部分，左右对称，从两侧楼梯可以上到二层，耳房两侧二层，与正房两侧开间均为卧室，正房正中二层为储藏。整个立面从外部看比较封闭，简洁整齐，从内部看，因上下檐的屋顶相互穿插而显得比较丰富。

正房为五檩穿斗，三架梁为两根。五架梁为三根，并伸出支撑挑檐檩。梁断面为方形，两侧微有圆弧，瓜柱为板型。枋和梁连接处有牛腿。梁架不用铁件，常用榫接，断面较大（图7、图8）。

2）懋庐

懋庐，位于昆明市东风西路吉祥巷18号，建于清咸丰八年（公元1852年），是中西合璧的"一颗印"式民居。因原主人张懋弟名字中有一"懋"字，由此

图7　官渡古镇"一颗印"外观

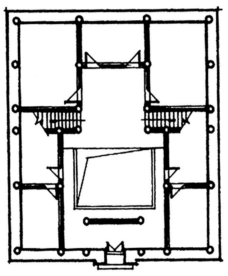

图8　官渡古镇"一颗印"平面图

得名。现为市级重点文物保护单位。

该民居坐北朝南，正房面阔五间，进深二间；厢房面阔三间，进深一间。西厢房大门两侧是青石砌筑而成的门柱，门柱上是半圆券顶，顶上镶嵌横匾，曰"懋庐"。横匾上是三角顶装饰，这种西式门面与传统方正如"印"的四合院有机地结合的建筑风格，显著地受到了中华民国时期流行于昆明的"法式"建筑风格的影响。（图6）

成因

"一颗印"民居向内围合成院落，占地小，适应性强，很适合昆明等地的环境气候特点和农村生活、生产的需要，适合于独家独户生活习惯。由于昆明风大，日照强烈，所以房屋墙身高、厚。外墙很少开窗，厢房仅用不等坡的小坡屋面向外，可有较高的墙身，亦有利于安全。

比较 / 演变

昆明地区的"一颗印"民居与彝族"土掌房"在形式上有相似性，故有一种猜测："一颗印"是土掌房这种云南本土建筑嫁接在穿斗式木构架技术上而形成的"汉化"产物。

"一颗印"可以被认为是云南汉式合院式民居中最简洁与基本的形式。但这种形式仍可以被简化成只有一侧耳房的"半颗印"。而"半颗印"、"一颗印"民居的联排修建或纵向组合，则构成了"一颗印"合院式民居的空间系列。

汉族民居·滇西腾冲合院

"远山莽苍苍，近水何悠扬，万家坡陀下，绝胜小苏杭"。腾冲众多合院式民居，作为地方居民生活的容器，不仅体现出人们对生活的不同看法和对真理的不同外在表现，而且在对地形的处理和对地方材料的运用上有独到的认识（图1、图3）。

图1　腾冲合院民居

1. 分布

该类型合院式民居主要分布于滇西保山腾冲地区，其中以和顺镇的民居最具代表性。

2. 形制

腾冲地区现存的合院式民居大多数是晚清和中华民国时期建盖的，其平面空间格局的基本组合类型主要有三种模式："一正两厢房"、"四合院"、"一正两厢带花厅"。

一正两厢式由正房（有时一侧带耳房）、左右厢房和照壁、围墙以天井为中心组合而成。厢房对称布置，有明显的中轴线空间关系。厢房进深比正房次间宽度稍小，前面带吊脚楼浅廊。入口一般设在正房的左边或右边厢房处，于厢房山墙面做随墙嵌贴式大门。靠入口处的一间又常作为厨房，另一侧厢房常作书房或子女卧室。堂屋前的半室内空间一般用于待客，当地俗称此处为"廊荫客"。堂屋中供有天地、祖宗、灶君牌位，为表达崇敬之心，不致喧闹干扰，日常仅开中间两扇门，二楼一般都空置，或仅放些杂物。

四合院式由正房、左右厢房和倒厅组成，中央是天井，有明确的中轴线，倒厅实际上是正房的反向应用，只是进

深尺寸略小于正房，以保持正房的主体地位。入口大门常设在倒厅的左侧或右侧。有些人家用地宽敞，则在此基础上再增设正房、到厅、耳房，形成大型的"四合院"平面格局的拓展形式。

一正两厢带花厅式由正房、左右厢房、花厅（花厅前左右也带一至二间厢房）、照壁、围墙组合而成，中央为主天井，花厅与照壁之间设花厅天井，花厅与花厅天井实际上是一个隐蔽的微型花园，最受书香人家的喜爱，是和顺镇合院式民居中的精华和主流型式。入口常设在花厅与厢房相接的其中一侧（图4）。

图3　腾冲合院民居群体

3. 建造

房屋的木构架是穿斗式和抬梁式的灵活运用。两山架的大插梁穿过山柱，中间架通常无中柱，为常见的抬梁式，大过梁常采用曲梁的形式，梁上支驼峰垫木。再架一根二步梁，梁两端支承檩条，中间又置驼峰垫木或矮柱，支承脊檩。对于山架，因金柱常省去，在中柱与前檐柱间设梁，梁上立瓜柱以承金檩，这是腾冲地区合院式民居的重要特点。前檐柱到后檐柱用层层穿枋沿进深方向串联形成一个统一、稳定的结构系统，并善用软挑的挑头方式，挑梁不贯穿前后檐柱，厦承也直接用曲梁，形成

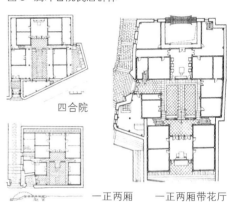

四合院　　一正两厢　　一正两厢带花厅

图4　腾冲合院典型平面图

图5　腾冲合院民居内部

图2　腾冲合院民居门头、门窗、铸铁花窗

图6　艾思奇故居外观

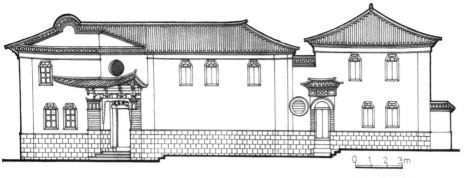

图7　艾思奇故居立面图

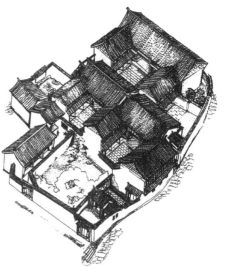

图9　合顺"弯楼子"李宅院落透视图

具有曲线张力的廊厦空间（图5）。

4.装饰

墙面常用不同的材料组合，使其在质感和纹理上产生明显对比。檐下装饰丰富、常配以文化意味深远的传统水墨书画，增强其视觉效果，室内木构装饰纹样种类丰富，梁枋、吊柱木雕做工精细，形象别致。所有木制门窗、隔板、梁枋不施彩绘，朴实无华，镶铁花窗与木格花窗巧妙结合，外来建筑文化与本土特色相互融合（图2）。

5.代表建筑

1）艾思奇故居

著名哲学家艾思奇的故居建于1911年，为一栋中西合璧式二层砖木结构的四合院民居，建筑面积932m²，由正房客堂、居室、书房庭院等组成。正房为两面带檐廊的四坡顶，左接一花厅。正房前厅有一石砌圆形拱门，圆拱门两边设有带花格漏窗的八字引墙与厢房山墙连接，引墙前置台立石柱，拱门前施弧形踏步，顶上设为露天交通平台，边上围有低矮镂空栏杆（水泥制品）。这一中西结合的圆拱门，青藤缠绕，素雅别致。

由四坊围合的天井庭院被分隔为前后两部分，但形式上又一反传统照壁墙单一封实的做法，居中做成圆形拱门，形成前后两空间相互对望的景框，视觉上有变化、有联系。而更特别的是门上布成的平台，功能上为两侧厢房及正房二层的交通联系枢纽，与二层环廊组成"走马转角楼"之形，不需再上下楼便可走至二层各个房内，同时又做成一个花卉绿化平台（图6～8）。

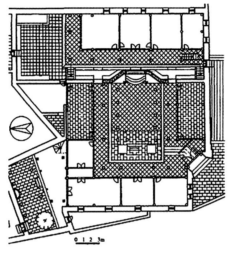

图8　艾思奇故居平面图

2）大石巷"弯楼子"

"弯楼子"其实是针对和顺乡大石巷李家宅院房屋，随道路走向自然弯曲的建筑外形的直观称呼，属于横、纵双向组合的多院落宅院。宅院前半部分是三个天井横向一字排开，中间厢房底层靠下端山墙面的一间开设成横向通道，正房与厢房相接处的廊檐也做成联系左右的通道。最靠里也最安静的一个院，设为书房、花园，厢房底层为作接待用的花厅、茶房。

在中间天井照壁的前面，又有一小院，建有专用贮藏的二层仓房一幢，四开间，在端部檐廊前另开设侧门一道，通过巷道与主入口处相接，既方便贮藏物品的进出搬运，又不至于影响到内院生活。

宅院的后半部分是在中轴线上增建的一组"一正两厢式"院落，照壁墙与前面正房后堂之间形成一横向的暗道，这种做法常见于许多前后相连的宅院中，既为交通联系空间，也使前后房屋建筑构件、墙体彼此分离，互不影响（图9）。

成因

腾冲院落式民居，尤其是和顺侨镇民居，受外来文化的影响较深，许多侨民在缅甸及东南亚各国经商办实业，从而带来了东南亚的文化和西方文化的精华。他们将之与中原文化和本土文化有机结合，形成了独具特色的侨乡文化。反映在民居建筑上，有铁质工艺花窗，三角形、半圆形的拱券门窗，彩色玻璃，巴洛克式门头造型，西洋建筑风格的寸氏宗祠大门，尹家巷脚闾门和张家坡两户民居大门，艾思奇故居主房廊饰的中西合璧，"弯楼子"民居的英国进口铁栏杆使用等。所以，其民居既有汉族民居的规整，又兼有西方的风格和某些符号。

比较/演变

相对于滇中"一颗印"合院式民居，腾冲合院式民居的布局更丰富，变体更多，是空间加大，加高的一颗印合院，其一些特殊的装饰体现了外来文化与本土文化的融合，反映了腾越文化、侨乡文化的融合。

汉族民居·滇东会泽合院

会泽是滇东北的历史文化名城，会泽古城的传统民居不论在类型上或是细节上，都饱含着丰富的地方文化特色。从最早的"凹"字平面，到"口"字形与"回"字形平面，再到"日"字形与"昌"字形平面，总体上有"向心、对称"的共同特点（图1～2）。

图1 会泽合院民居群体

1.分布

该合院式民居主要分布于滇东北会泽县及其周边地区的村镇中。

2.形制

基本型为"四水归堂"式，正房三间、中堂开双门，如人之首，为供奉天地祖先和招待贵宾之场所，左右两间为家长和长子居住，与两次间相接的左右厢房对称设置，与正房相对设置对厅，居中设出口过道，四坊房屋围绕天井布置，形成像人俯身视地、两手向前虚抱之势，体现了"天、地、人"相和谐的三才说。其正房平直，天井方正，进入院中使人觉得上下呼应、左右对称、俯仰皆宜、堂堂正正，从而显得仁厚大方、庄重安静（图4）。在作为"基本型"的几栋"四水归堂"院落中，还能依稀见到彝族"土掌房"的影子。而随着建造时间推移，由前后两进合院组成的"重堂式"院落便成为主流。这一平面形式不仅较好地分隔了公共与私密空间的使用要求，在文化内涵上也反映了当地居民对美好生活的愿望。当两进院落大小相当组成"日"字形时，则喻"日丽中天，光耀门庭"（图3）；若后进院较大则在两天井中砌横向花台，使平面变成"昌"字型，喻"福泽子孙，万世其昌"（图5）；再往后，更大型的"四合五天井"院落出现了。与云南其他地方（如大理、昆明等地）的"四合五天井"不同的是，会泽此类的院落往往有一个前院，从整体上与"重堂式"民居表现出相似的空间序列，只是主体部分更为丰富（图6）。这种空间形式的变化，直接反映了当地主流文化的变迁，在总体上呈现出"向心、对称"的共同特点。

3.建造

会泽合院式民居结构为梁柱穿斗式构架，建造上的特色更体现在其"猫眼"及"猫拱墙"的设置方面。

"猫眼"是在四川等地为改善室内通风而在瓦屋面上架设的小型窗洞。它的做法是将瓦片的竖立、铺叠在瓦沟之间，形成一个高出屋面20～40cm的圆弧形瓦屋洞，下面是一个高20cm左右的通风小孔。这种猫眼在会泽的民居屋面上可经常看到，带有早期彝族原住民的一些文化特色。彝族认为虎是保护神和祖先崇拜的图腾，而猫虎同科，因此在会泽认为猫能带来吉祥财运，在住宅的屋面留有猫洞，以方便猫自由出入。

在会泽合院式民居中的另一特征是房屋两端交起的"猫拱墙"，会泽地区的民居多为硬山屋面，两端山墙高出屋面，其形如狸猫拱腰，造型美观，线条流畅，同时有防火隔墙的作用，也丰富了房屋的整体造型。

除了合院，会泽县城周边村落中还分布有一种特殊的石板房，其最大的特色就是屋顶材质，与一般院落的瓦片屋顶不同，这些民居屋顶采用的是当地产

图2 会泽合院民居

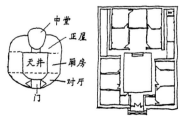
图3 会泽合院民居"四水归堂"示意图

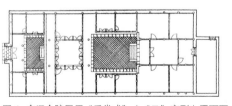
图4 会泽合院民居"重堂式"（"日"字形）平面图

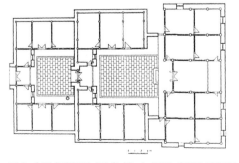
图5 会泽合院民居"重堂式"（"昌"字形）平面图

图6 会泽合院民居"四合五天井"平面、透视图

图7　会泽合院民居"猫眼窗"

图9　丰乐街4号透视图

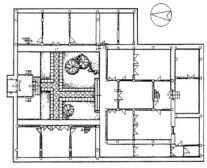

图10　丰乐街4号合院平面图

图8　会泽合院民居"猫拱墙"

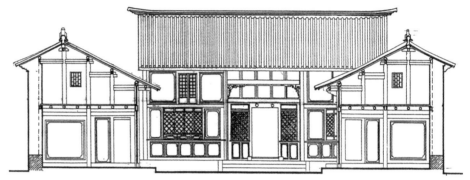

图11　丰乐街4号合院剖面图

的一种青石板。一块块石板层层叠叠、大大小小地铺成鱼鳞状的缓坡屋面，在上面还可以晾晒苞谷（图7、图8）。

4. 代表建筑

1) 会泽县丰乐街4号合院

该民居为典型的"四水归堂"式。房屋布置以天井为中心，由正房、厢房和对厅四面围合而成。三开间的正房中间做堂屋，并向内凹进形成室内外过渡空间。居中开双门，两旁设图案精美的雕花木窗。左右两间分别为家长和长子居住的卧室，正房的面宽和进深根据地形按规定布置。与正房相对的对厅，长度和正房相等或略小一些，也分三间，中间作出口过道，两端作厨房与杂物间。

该院落立面较为简朴，不雕梁画栋，但门窗用材装饰亦十分考究，结构为穿斗式，整体造型美观大方（图9～图11）。

2) 会泽县二道巷4号合院

此民居为典型的四合五天井的二进式"走马串角楼"院落，为两进院落，空间渐进的同时伴随私密渐进。第一进院落为茶坊，可以为日常待客用；穿过一过厅后便进入第二进核心的天井，相对于第一进院落，第二进院落要私密许

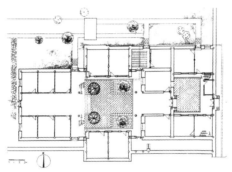

图12　二道巷4号平面图

多，为家庭日常起居生活所用。此院落因受到地形影响，不能做到完全对称，轴线没有落在院落中心上，故匠师在左前方设一花园，以虚衬实，让整个院落的重心重新均衡，这就是"托补法"。

该院落立面也较为简朴，不雕梁画栋，但门窗用材装饰亦十分考究，结构为穿斗式，整体造型美观大方（图12）。

成因

会泽地区最早的原住民是彝族，其合院式民居也是从最早的彝族石板房的"凹"字形半面的开始演变的，历经早期汉式合院民居的"口"字形与"回"字形平面，再到现存民居样式中最常见的"日"字形与"昌"字形平面的内敛空间图式，其空间形式的变化，是当地主流文化变迁，民族融合的结果。

比较 / 演变

会泽城古时以铜产业闻名，经济发达，所以聚集了省内外各地的商人，加上其本身聚集有汉，回，彝，壮族等少数民族，所以文化呈多元交融之势。这种交融也直接影响了会泽地区的民居形式，其与典型的汉族合院式民居"一颗印"相比，平面布局更为自由，变化更为丰富。

汉族民居·滇南建水合院

建水是滇南地区的历史文化名城，其建筑遗产十分丰厚。在古城内至今仍保存着大量的合院民居。善于运用标准化的构成单元，具体如正房、耳房、倒座、花厅、门楼、照壁、围墙等，来进行多种形式的拼连组合，形成一个可有限增殖的有机平面体系，同时创造了多种使用功能不同的居住空间环境，从而显示出极大的灵活性和广泛的适应性。"三间六耳下花厅"是建水当地的典型民居（图1、图7）。

图1 建水合院民居大门

1. 分布

建水合院民居主要分布于云南红河州建水古城，及其城郊的乡镇聚居村落。

2. 形制

建水民居的平面组合基本形式主要有"三合院"、"四合院"和"三间六耳下花厅"三种，并在这三种基本形式的基础上进行纵向、横向及双向的不同扩展组合，形成扩大与特殊组合的平面（图3）。

建水合院民居中最有特色的形制为"三间六耳下花厅"式，"三间"指正屋为三间，"六耳"指正屋两侧的厢房共有六间，此类型民居一般具有两重院落，除了具有前述合院民居的一些共同特征外，"三间六耳下花厅"最大的优点就在于第二个院落"花厅"的配置（图3、图4）。"花厅"的设置，是建水合院民居的点睛之笔，加上双进线路的

设置，使各部分相对独立的使用空间紧密相连，交通方便、自然，内外有别且互不干扰。整个院落空间格局既充分体现传统"礼"制宗法思想观念在家庭生活空间上的影响，又巧于精神空间的开拓，使人们在修身养性于山水花木之际，实现了内心世界的向往追求。花厅所创造的环境，已远远超越了它的空间实用意义。正如郑板桥所言："十笏茅斋，一方天井，修竹数竿，石笋数尺，其地无多，其费亦无多。然风中雨中有声，日中月中有影，诗中酒中有情，闲中闷中有伴……"这种带花厅的合院式民居，平面空间显得更加丰富和舒展。

3. 建造

建水地区的合院式民居木构架分为单层、走廊楼、明楼、挂厦楼、吊柱楼、两面厦楼、闷楼七大主类，通过这几种构架形式的相互融合、拼贴，又演化出

双联楼、一腰一吊双走廊等类型。其民居木构架最多可以达到十一步架，并善用穿枋，层叠交错。榫卯技术应用复杂多变、厦子、吊柱的构造形式丰富多样，与主体构架的组合多变，在小木作方面也与江南地区的做法非常相似，在细部构造上与内地汉式民居，特别是明代遗存的民居有多相似之处，其细部雕饰更佐证了这一点。足见当地的建筑技术水平之先进。无论是正房、厢房、对厅、还是倒座，其木构架比较统一，在形制、尺度等方面准确反映出传统营造匠意，在这些可变的木构架模式之间可以找到其中的同一性、连续性（图5、图6）。

4. 代表建筑

建水县小西庄20号

该民居为典型的"三间六耳下花厅"形式，平面由正房、左右耳房、花厅和照壁组成。主要部分为一个四合院，院

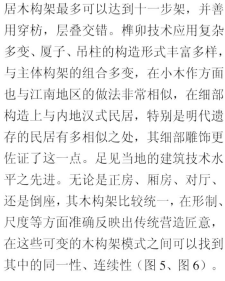

图2 建水"三合院""四合院"民居平面图

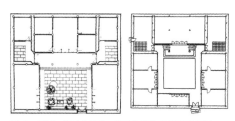

图3 建水民居花厅

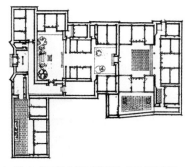

图4 建水"三间六耳下花听"民居平面图

图5 "三间六耳下花厅"剖透视图

图6 建水民居木构架雕刻

图7 建水合院民居屋顶

图11 小西庄20号透视图

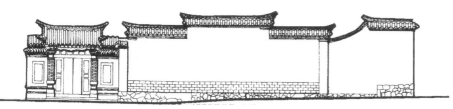

图8 小西庄20号立面图

图9 小西庄20号剖面图

落中央为主天井，主天井的房屋四角设有4个"漏角"，是建水民居的一种主流形式，也称"四合五天井"。南面为花厅，进深尺寸略小于正房，以确保正房的主体地位。在花厅与照壁之间也留出长方形的花厅天井，与花厅一起形成一个隐蔽的微型花园，主体建筑入口设在花厅两侧。

院落主入口设于西南侧天井处，整个建筑东侧因为道路的原因呈尖角，形成三角形的小庭院，使得院落整体在用地形状不规则的情况下，实现了固定和规则的建筑形制。

院落外侧立面比较封闭，大部分为围墙，南侧照壁分高低三段式，门头部分向内凹形成前导空间，设计较为精致。主体结构为抬梁式，檐口有举折，呈优雅的弧形，花厅屋顶的山墙部分有类似"猫拱墙"的设计。建筑形式丰富、典雅（图8～图11）。

成因

元代之后，云南建水涌现出了一个尊孔崇儒的知识分子阶层，他们脱离劳动，研究六艺，养成了"苦读"的独特生活习惯与"会友"的社交圈子。而"苦读"与"会友"都需在住宅中进行，所以"三间六耳下花厅"式的住宅就应运而生，其花厅宁静高雅，既可以满足"苦读"、"会友"的要求，又契合儒生的精神追求，所以，这种形制的民居便在建水的知识分子中流行开来。

比较／演变

这种带有建水地方特色的汉式合院民居形式，由当地彝族的"土掌房"经过缓慢的历史变革而形成，并在因袭和继承汉化建筑技术和艺术的基础上有可贵的发展，形成自己独特的地域建筑特点。

图10 小西庄20号平面图

汉族民居·滇南石屏合院

"四马推车"为石屏地区合院民居系列的一种典型合院代表，但却表现出另外一种建筑风格，它严谨规整，做工精细，从木构梁架技术到细部装修，都具有明代的建筑遗风（图5、图6）。

图1 石屏合院民居"簸箕顶"

1. 分布

平面形式的民居主要分布于云南石屏县及周边地区，其中以石屏古城区与县郊的郑营村最为典型。

2. 形制

石屏地区合院式民居最有特色的形制是"四马推车"，虽亦属汉式合院民居，但却表现出另外一种建筑风格。"四马推车"是以两个"三坊一照壁"相互对接拼连而形成的组合平面。在组合成的院落中，分隔天井空间的中心照壁两边共用，且装饰不同。而照壁两边的院落功能有主次，地面有高差，在保证主体院落的严格布局和方位要求外，周围的辅助用房则充分结合周边自然地形自由组合。

石屏地区的合院式民居还有一个明显特点，就是其屋面是柔和优美的曲线形，建筑造型也较其他地区的合院丰富灵动（图2～图4）。

3. 建造

其建造方式与精细的做工，从木构梁架技术到细部装修，都具有明代的建筑遗风。同建水民居相似，其梁架结构为穿斗式，亦分为单层、走廊楼、明楼、挂厦楼、吊柱楼、两面厦楼、闷楼七大主类和在此七大主类基础上的众多衍生类，根据自然地势与房屋形制的需要，产生不同的变化。屋顶材质为筒板瓦屋顶，屋顶出檐曲线——当地称"笤箕坡"（图6）。

木料刷桐油保护，原木的深褐色朴素大方。墙壁大多采用"金包玉"的做法，墙脚用三至五批下碱石，凸出的壁柱、转脚用青砖垒砌，内心是土坯砖墙，外层抹白色灰浆保护（图7）。

4. 装饰

民居整体装饰风格较为朴素，装饰集中在各房的槛窗之上，文雅稳重。院外的大门是装饰的重点，可分为清代的传统造型与中华民国的简洁风格两种式样。较传统的门楼两侧砖柱上1/3处叠涩出一层砖檐，砖檐平伸，两端略有升起，舒展优雅。砖檐将门楼分为上下两个部分，下方与两扇木板门同高，有的还在门两侧砌八字墙。下方屋檐下有的精雕细刻的斗栱、檐枋装饰，也有的简洁利落毫无装饰，全看民居主人的财力与审美品位。

5. 代表建筑

石屏县袁嘉谷故居

故居位于石屏县异龙镇南正街22号。始建于清光绪九年（公元1883年），1994年对故居修复，作为袁嘉谷故居

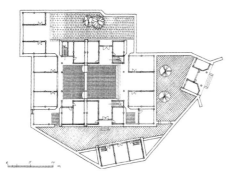

图2 石屏"四马推车"典型平面图

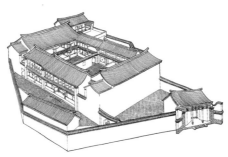

图4 石屏"四马推车"透视图

图3 石屏"四马推车"剖面图

图5 石屏合院民居

图 9　袁嘉谷故居内院

图 10　规整的石屏合院

图 6　石屏合院民居群体

陈列馆，对外开放。现为石屏县文管所的办公楼兼袁嘉谷故居陈列馆。

建筑坐西向东，为石屏传统清代木结构四合院民居。占地面积 695.8m²，建筑面积 875.9m²，建筑整体平面格局较为复杂，核心部分为石屏传统"四马推车"方式，另有附属院落与建筑围绕核心部分布置。

从东侧大门进入后，先经过一小院，然后由侧边门进入核心部分。核心部分高两层，由正房、厢房、书房和厨房等组成，天井中照壁已拆除。现在一层用作县文管所办公地，二层为袁嘉谷生平事迹陈列馆。从核心部分倒座的另一侧，可进入另外一个"细长条"状侧院，内种花草，原有功能可能类似于建水民居中的"花厅"，为居室主人读书怡情之所。

故居规格严谨，做工精细，从木构架技术到细部装修都继承明代建筑遗风。构件尺度硕大、梁似鼓形断面，梁端多用丁字栱、梁头、梁身的雕花粗犷豪放等明代民居遗构特点明显（图8、图9）。

图 7　石屏合院民居内院

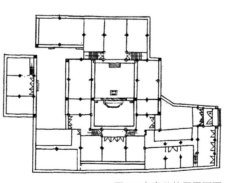

图 8　袁嘉谷故居平面图

成因

石屏在明代是中原移民屯田的主要地区。石屏移民规模大且由政府组织，往往是举家而来，不仅带来了中原先进的农业生产技术，还带来先进的房屋建造技术。因此石屏合院式民居保留了较多的传统中原汉式合院民居的特征。但随着时间流逝，其民居形式也受到了滇南文化的影响，所以现在石屏的合院式民居反映了移民文化与本土文化的融合（图10）。

比较 / 演变

建水和石屏地处云南南部，因两地相近，同属于红河哈尼族彝族自治州，其本地原有民居风格大体相似。二者都是云南汉族移民较大的聚集地，但在与本土文化进行交融的过程中，其汉式合院民居受到的影响却各自不同。建水的合院式民居建筑，多为本地的土掌房在吸收汉式建筑技术风格的基础上形成的合院式民居，而石屏的民居则更加体现出严整规矩的明代建筑遗风。

西藏民居

XIZANG MINJU

1. 藏中民居
 亚东夯土坡屋顶民居
 萨迦块石碉楼
 块石碉楼庄园
 高层碉楼庄园
 拉萨块石碉楼四合院
 块石碉楼僧舍
 门巴族石墙坡屋顶民居
 琼结土坯碉楼
 隆子片石碉楼
 夏尔巴人坡屋顶民居

2. 藏东南民居
 错高石墙木屋顶民居
 错高石墙干栏式民居
 鲁朗石墙木屋顶民居
 波密石墙干栏式民居
 波密藏式木板房
 朗县石墙木屋顶民居
 珞巴族石墙木屋顶民居
 米堆藏式木板房
 东坝富商夯土碉楼
 纳西族夯土碉楼
 昌都干栏式平顶民居
 昌都石墙井干式民居

3. 藏北民居
 牦牛帐篷
 雅布堆秀帐篷
 索县夯土碉楼

4. 藏西民居
 普兰夯土碉楼
 阿里窑洞

藏中民居·亚东夯土坡屋顶民居

图1 桑布平措宅整体外观

亚东夯土坡屋顶民居在传统藏式夯土墙民居的基础上，结合亚东湿润的气候条件和丰富的木材资源，形成了夯土墙与坡屋顶结合的亚东特色民居形式，又因毗邻不丹、锡金，文化的交流、融合与借鉴也在亚东民居中得到了体现。主楼、院落的组合模式构成了亚东坡屋顶民居的主要形式，主楼建筑体量大，外观朴素厚重。

1. 分布

亚东夯土坡屋顶民居主要分布在亚东县上亚东和下亚东区域内，亚东，藏语音译为"卓木"，意为"急流深谷"。与不丹和锡金接壤，历史上曾隶属于帕里宗，而亚东只是卓木山谷里的一个小山村，是西藏陆路通商的主要口岸之一，贩运商品的马帮曾经沿着古道往来于此。亚东地处喜马拉雅山中段南麓，属亚热带半湿润季风性气候，这里山高林密，河流湍急，雨季气候湿润多雨，有充足的石材和木材作为建造材料。亚东县境内保存了较多此类民居。

2. 形制

亚东夯土坡屋顶民居为独栋形式，主楼一般为二层，夯土墙和木质柱梁结构共同承重，木质柱网上下垂直对应，屋面为木板条坡屋顶。夯土墙墙体自下而上收分，墙体高大坚固；院落边界自由，由居住楼、牲畜棚、储藏间、石砌围墙、院落组合形成居住单元，一般主楼体量庞大，以二层为主。每层层高达到4m左右。一层主要用于商品存储及圈养马帮最重要的运输工具——马和骡子；二层为主人生活起居的主要场所，一般布置佛堂、会客厅、起居室、卧室、储藏间及晾肉房等房间；坡屋顶与屋面中间形成的阁楼用于粮草晾晒。亚东夯土坡屋顶建筑根据使用者的身份不同大致可以分为三类：官邸、富商宅院和百姓民居。官邸的主楼平面设计一般采用中间设天井，内廊道串联四周房屋的形式；富商宅院一般将底层保留大空间，不设隔墙，二层采用退台设计，利用可移动木格窗形成封闭廊道；百姓民居与传统碉楼民居形式大致相同，形成相对封闭的建筑格局。

3. 建造

亚东夯土坡屋顶民居主体为两层，由夯土墙和木柱共同承重，建造时先做块石基础，块石基础凸出地面至窗台下，勒脚高度约1.2m，再从勒脚上部打夯土墙至楼层高度，而后开始立室内中柱，木梁搭在夯土墙和中柱上，木梁上铺方形椽子木，再铺两层木板，在两层木地板之间填中粗砂，以防火灾殃及底层仓库。二层隔墙采用树枝或藤条编织作骨架，再用黄泥抹面、打磨，形成实用美观的轻质隔墙。木构件尺寸大，上下垂直对应，起居室、会客厅内部空间宽敞明亮。

4. 装饰

夯土坡屋顶民居的室外装饰主要表现在门窗上，采用一层内挑木方，窗楣窗框上有三角形凹凸图案，吸收了印度风格。室内木作较多，一、二层顶棚均采用规整方木椽和木板，木柱上有简单的斗栱和雀替，木隔断仿印度风格，较为精致。

图2 亚东坡屋顶建筑群

图3 室内空间

图7　桑布平措宅内天井

图4　次仁拉姆宅

5. 信仰习俗

亚东坡屋顶民居中设置了经堂作为日常礼佛的场所，在官邸和富商宅院中还有"甘珠尔拉康"，其内部装饰豪华。

6. 代表建筑

桑布平措宅

位于日喀则地区亚东县下亚东乡境内，建筑主体形式为夯土墙坡屋顶。据主人介绍该宅原为官邸，有100年左右历史，由西藏、不丹和印度工匠共同修建。该宅采用中庭式围合设计理念，一层布置了大小不等的5间仓库、蔬菜存储间及骡马草池；二层布置了甘珠尔拉康、两间会客厅、卧室、起居室、晾肉房、储藏间、悬挑式厕所和浴室。在建筑功能分区上将生活起居和商货仓储功能分区明确，并在一层楼板建造中采用两层木板，木板中间填筑约60cm厚的粗砂，以防火患殃及一层商货，表现了工匠的智慧和科学的设计理念。二楼通过木制挑廊连接各个房间，均匀布置柱网，与中庭构成了美妙的空间组合模式，显得寂静、典雅。

成因

亚东地区属亚热带湿润气候类型，降水丰沛，植被茂盛，应对湿润多雨气候条件产生了人字形坡屋顶。随着亚东成为与印度的贸易往来的口岸，古道上繁忙的贸易往来，增强了与毗邻的印度、不丹等国的文化交流和融合，也使传统的亚东坡屋顶民居与时俱进，学习借鉴先进的建造工艺，产生了空间大、功能齐全、构思奇妙、简洁舒适的民居形态。

比较/演变

亚东坡屋顶民居与西藏林芝地区分布的工布坡屋顶民居相比，虽属受同一类型气候影响下产生的民居形式，但存在一定的差异。首先夯土墙为主的墙体与工布石墙在材料上有明显区别，其次亚东坡屋顶民居建筑体量较大，采用断面尺寸较大的柱梁实现屋内的大空间。随着古道上马帮的兴盛，亚东作为重要的驿站，圈养大批马、骡子和仓储商品物资的需求促使亚东坡屋顶民居衍生出民居的新形态，并随着古道带来的繁荣贸易，出现了官邸、富商宅院等融合了西藏、印度、不丹建造工艺的新型民居，使民居建造工艺在传承中得到了升华。

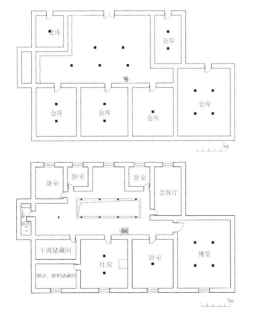

图5　桑布平措宅一层、二层平面图

图6　起居室内的土灶

藏中民居·萨迦块石碉楼

萨迦块石碉楼民居主体结构为石木结构,由主楼、围墙和院落组成民居单元。萨迦块石碉楼民居的显要特点是外墙用红、白、青三种颜色粉刷,与传统卫藏地区只用白色涂料进行粉刷有所区别,是萨迦古城一道亮丽的风景。

图1 次仁云丹宅外观

1. 分布

萨迦块石碉楼民居主要在萨迦县萨迦镇桑木林、夏尔巴、宗果、帕措、奴巴五个居委会辖区内分布最为集中。萨迦为藏语音译,意为灰白土,是曾经的萨迦政权和藏传佛教萨迦派的发源地,萨迦县平均海拔4400m,气候类型为半干旱气候,属半农半牧区。

2. 形制

萨迦块石碉楼民居与卫藏地区的民居形式大同小异,主要由主楼、围墙、大门和院落组成,主楼建筑平面呈L形或矩形。主楼一般为2～3层小楼,一楼主要布置了牲畜棚、草料房及储藏间,二、三层为日常起居场所,布置了起居室、会客厅、卧室、佛堂、粮仓及晾肉房等房间。起居室、佛堂、会客厅为主楼的核心房间,布置在采光良好的

位置,结构形式为石木,木质梁柱结构和墙体共同承受建筑自重及其他荷载,木质梁柱结构由传统的藏式柱础、柱、雀替、梁、椽子木组成,木材品质依家庭经济生活条件的不同有所区别,石砌墙体砌筑整洁,向上收分明显,气势不凡。院落与主楼结合的民居模式是为了适应半农半牧的生产生活方式,院落用于圈养牲畜及堆放物品,部分院落中种植果木花卉,环境舒适。院落大门设置讲究,做工精细,均为木质材料,门框上雕刻莲花叠函图案;门楣用三层短椽层层挑出,并施以彩绘;门斗栱与门楣相连;门廊右侧墙壁绘制阿杂热牵像,朝向对内,意为招财进宝,左侧绘制蒙人驭虎,朝向对外,意为邪恶出门。

3. 建造

在修建房屋时选址择基需要请喇嘛

图3 次仁云丹宅

图2 萨迦块石碉楼群

图4 次仁云丹宅

图 5　次仁云丹宅全景

图 6　次仁云丹宅起居室

图 7　洛桑曲扎宅大门、木格窗

打挂卜算，以确定房屋最佳的开工时间和方位，奠基仪式上由喇嘛诵经做法事，向土地神和龙神赎地基为己用，主人点燃桑烟，插上"九宫八卦图"和唐东杰布像。萨迦块石碉楼民居属石木结构形式，由木质梁柱构件和石砌墙体共同承重。基础和墙体采用块石砌筑，基础墙体厚度一般为1.2m，墙顶厚度一般达到60cm，墙体向上收分明显。墙体砌到楼层高度时，立柱架梁，柱础、柱、雀替、梁、椽子木及树枝藤条构成了承重受力体系，均匀承受荷载。在佛堂、会客厅等等级较高的房间中铺设了阿嘎土，内墙采用巴嘎土抹灰及打磨工艺，光亮整洁，部分墙体上绘制了壁画和吉祥图案。室内屏风及廊道护栏采用木质框架内放置青石板的做法，其样式整洁古朴，在木材资源短缺的地方，这是一种建造工艺的探索与创新。

4. 装饰

萨迦块石碉楼民居最为显要的装饰是块石碉楼外墙，坚固厚实的墙体富有美感。如同西藏传统建筑，门窗及屋檐成为建筑外观主要的装饰部位，多层椽木窗楣、门楣，精致的斗栱、木格窗和大门，附上色彩艳丽的藏式彩绘，构成了朴素又不失典雅的建筑部位。佛堂内墙上的壁画，画工精美，栩栩如生；在粮仓中布置有五个土制粮食储藏格，墙面上绘制了象征五谷丰登的精美彩画；起居室中部有方形土灶，体量大且做工讲究，一般为五眼灶，灶体为黑色，灶壁上刻有敬仰灶神的吉祥图案。

5. 信仰习俗

外墙使用三色进行粉刷起源于萨迦寺，萨迦寺按代表三怙主的颜色对外墙进行粉刷，即白色代表千手观音，红色代表文殊菩萨，青色代表手持金刚菩萨。

6. 代表建筑

1) 萨迦县萨迦镇夏尔巴居委会次仁云丹宅

次仁云丹宅由主楼、院落、大门和围墙组成，主楼建筑平面呈L形，主体结构为土石木结构，主楼共三层，其中一层为牲畜棚及储藏间，二层为粮仓、储藏间、晾肉房等功能用房，三层为生活起居场所，布置有客厅、厨房、卧室、佛堂。通过木制陡梯连接各层楼，通过天井设计解决各楼层采光问题。墙体由块石砌筑而成，向上收分明显，整栋建筑高大而坚固。

2) 萨迦县萨迦镇夏尔巴居委会洛桑曲扎宅

洛桑曲扎宅由居住楼、牛羊圈、院落组成，居住楼为两层，石木结构，墙体由块石砌筑，从底部向上收分，建筑平面呈L形，一层布置了大小不一的储藏间，二层布置了起居室、佛堂、卧室和储藏间，其中佛堂采用两柱大空间，地面为阿嘎土，墙面绘有精美的壁画。

成因

随着萨迦政权的建立和藏传佛教萨迦派的兴盛，萨迦古城在元朝统治时期成为了西藏的政治、经济和文化中心，社会、经济都得到了空前的发展，民居建筑也随之得到了发展，并因地取材，结合人文内涵，衍生了萨迦块石碉楼民居，成为最有特色的西藏民居之一。

比较 / 演变

萨迦块石碉楼民居在结构形式、建筑形制等方面与传统卫藏地区的建筑没有明显的区别，但在块石墙体砌筑工艺上显示了精湛的技艺，很好地保证了墙体的稳定和耐久。在建筑外观装饰上粉刷以红、白、青色彩的块石碉楼，不仅反映了当地的历史人文背景，也与西藏其他地区民居建筑形成了鲜明的对比，独具特色，并与古老的萨迦寺建筑外观形成统一。

藏中民居·块石碉楼庄园

块石碉楼庄园民居在传统卫藏地区分布较广。庄园，藏语音译为谿卡，为旧西藏政教合一的封建农奴制度下世俗统治阶级拥有的建筑，建筑风格形成于公元14世纪西藏帕木竹巴王朝时期。一般庄园建筑由主楼、牲畜棚、库房、围墙、打场、林卡等建筑组成，中心建筑是供庄园主生活起居的地方。建造工艺讲究，建筑体量较大，布局严谨，功能齐全，建筑防御性能强。

图1 朗通庄园外观

1. 分布

块石碉楼庄园民居主要分布在雅鲁藏布江、年楚河及拉萨河的河谷地带，这一地区地势平坦，土壤肥沃，水源充沛，是西藏的粮食主产区，也是藏族农耕文化的中心。目前在日喀则地区康马县少岗乡境内保存着块石碉楼庄园的代表建筑——朗通庄园，系原江孜宗政府属下17家贵族之一，至今已有500多年历史。

2. 形制

块石碉楼庄园民居由主楼、附楼、林卡、射箭园、打麦场、牲畜圈组成，建筑规模大，功能齐全。一般为多层建筑，房间数量多，块石墙体和木质构件共同承重，平顶屋面。主楼是庄园主日常生活起居的场所，一般在一层布置各式功能用房和农奴居住房，其中功能房主要有各式储藏间及农奴劳作房间，光线较暗，室内潮湿；二层布置各式功能用房及管家用房等；三层以上主要为庄园主日常居住、生活的房间，布置有大小不

一的客厅、办事房、厨房、卧室、经堂等，其中在一些规模较大的庄园中设有"甘珠尔殿"。"甘珠尔殿"由护法神殿、经堂、内殿组成，殿内装饰精美，设施齐全，基本具备了一座小寺院的全部功能。附楼主要为各式功能用房及农奴居住房，功能房设有氆氇制作间、捻毛线坊、炒青稞房、染色坊等。在部分林卡中修建别墅、水池等建筑，具有园林建筑的特色；打麦场一般占地面积较大，紧邻庄园院落。一般在块石碉楼庄园建筑中设有密道和重重围墙等防御设施，建筑防御性能是庄园建筑的特色之一。

3. 建造

块石碉楼庄园属块石碉楼类民居，结构形式为石木结构，墙体坚固高大，向上收分明显，墙体平均厚度约80cm，与木质构架共同承重。基础和墙体采用块石砌筑，墙体砌筑至楼层高度时立柱架梁，梁柱受力体系采用传统藏式柱础、柱、雀替、梁、椽子木的组合体系，地面采用阿嘎土，屋面为黄泥

夯填的平屋面。屋内客厅、经堂、卧室等级别较高的房屋光线充足，墙面以巴嘎土抹面打磨，一般在"甘珠尔大殿"或佛殿中墙面壁画精美，风格独特。部分女儿墙用方形草坪砖垒砌，部分块石面层有吉祥图案和经文等石刻，丰富了墙面的纹理。

4. 装饰

庄园民居外观装饰十分讲究，气势恢宏，规模宏大。块石墙体构成了块石砌筑纹理质感的墙体外观，并在块石墙体的石块表面上刻吉祥图案和经文，丰富了建筑外观。门窗尺寸较小，门楣、窗楣造型飘逸，保留古色古香的原木色，与块石墙体和谐统一；窗楣、门楣与斗栱相连，造型丰富。草皮块垒砌的女儿墙涂成红色，与块石砌筑的女儿墙搭配，风格独特；屋檐采用单层椽木挑檐，简洁朴素。建筑内部雕梁画栋，室内天井柱梁和挑檐短椽绘制藏式彩画，墙面绘制吉祥图案，经堂、密殿等宗教活动用房的墙面绘制精美壁画；地

图2 朗通庄园鸟瞰

图3 朗通庄园密殿壁画

图4　朗通庄园主楼全景

图6　朗通庄园外墙

面采用阿嘎土，光亮整洁。

5. 代表建筑

康马县少岗乡朗通庄园

朗通庄园主体建筑为实木结构，坐西朝东，主楼高5层，整座庄园由主楼、附楼、院落和林卡组成，占地面积约1700m²，其中主楼建筑共有108间房，面积约1223m²。如同其他庄园建筑，朗通庄园也讲究建筑物的防御性，选址选在了坡地上，面朝开阔地，背靠陡坡，从二层设计了一处直通庄园背后山脚下的密道，隐蔽且防卫森严。其中主楼作为庄园主的生活起居场所，一层、二层为农奴住房和各式生产用房，主要为农奴从事各种劳动生产的场所，如炒青稞房、磨房、染色间、氆氇制作间、捻毛线房等；三层以上为庄园主的生活居住场所，布置有佛堂、大小厨房、会客厅、卧室、办事房、管家房和客房，设内殿、护法神殿、经堂组成的"甘珠尔殿"，基本具备了寺庙举行佛事活动的全部功能。主楼、围墙和大门围合出院落，院落中布置有牛羊圈和农具储藏库房；庄园南侧还设有林卡，林卡中有别墅、水池和射箭场，林卡花木繁盛、林木葱茏，风景秀丽，是庄园主夏天休闲玩乐的场所。

成因

块石碉楼庄园分布在传统卫藏地区，是西藏农耕文化的中心，庄园是在旧西藏政教合一制度下的农村行政管理机构，建筑形成于公元14世纪，西藏帕木竹巴政权时期。随着庄园势力的扩大，对庄园建筑功能的要求也随之增加，且因封建社会自产自足的社会经济模式，出现了集各式各样生产劳作房间与生活居住房间为一体的块石碉楼庄园。

比较/演变

以朗通庄园为代表的块石碉楼庄园与西藏其他庄园相比，主楼建筑体量庞大，将生活起居和劳动生产所需的功能用房全部布置在主楼，与其他庄园将劳动生产所需的功能用房布置在附楼有所区别。庄园附属林卡设计十分讲究，将消暑、娱乐和亲近大自然的园林设计理念运用其中，与单纯的林卡有所区别。

图5　朗通庄园"甘珠尔殿"壁画

藏中民居·高层碉楼庄园

高层碉楼庄园民居是西藏庄园民居的一种类型，建筑体量庞大，附属建筑众多，占地面积大，主楼建筑层高在6层以上，围墙高大坚固，防卫严密。院落布局严谨，周围林木葱郁，环境宜人。高层碉楼庄园出现在公元14世纪西藏帕木竹巴政权时期，现存高层碉楼庄园极少。

图1 朗赛林庄园外观

1. 分布

高层庄园主要分布在传统卫藏地区，今雅鲁藏布江、年楚河、拉萨河的河谷地带。现在保存最为完整的是位于山南地区扎囊县雅鲁藏布江南岸，与著名的桑耶寺隔江相望的朗赛林庄园。朗赛林庄园始建于帕木竹巴政权时期（约公元14世纪），是在扎西若丹庄园的基础上发展起来的，是西藏境内保存最好的庄园建筑。

2. 形制

高层碉楼庄园一般占地面积大，主楼、附楼与围墙构成庭院，形成居住单元。设置高大坚固的围墙，规模较大的庄园由内围墙和外围墙组成，两个围墙中间设壕沟（护城河），外围墙上设有简易瞭望塔。紧邻庭院布置打麦场、水果园、林卡等附属设施，主楼一般坐北朝南，建筑体量庞大，内部功能齐全，房间众多，是庄园主生活起居的场所，主楼一层、二层一般为库房及劳动生产

用房，三层以上为庄园主日常起居场所，布置有客厅、佛堂、办事房、厨房、卧室、粮仓、糌粑储藏间、晾肉房等房间。一般高层碉楼庄园中佛堂较多，一些较大规模的庄园在每层均布置了佛堂，佛堂中间一般设四个木柱，室内空间较大，装饰精美。一层、二层功能用房与三层以上庄园主生活起居用房的交通通道相互独立。附楼一般为二层小楼，条件较为简陋，主要为从事各种劳动生产的场所，有炒青稞房、磨房、染色间、氆氇制作间、捻毛线房等房屋。庄园附属建筑中还设有林卡，林卡花木繁盛、林木葱茏，风景秀丽，是庄园主夏天休闲玩乐的场所。

3. 建造

高层碉楼庄园基础由块石砌筑，基础宽度约为2m；墙体为块石砌筑墙或块石、夯土混合墙，墙体平均厚度达1.2m，向上收分明显，高大坚固。整座建筑为土石木混合结构，墙体和木

质梁柱共同受力，木质梁柱体系为藏式传统梁柱组合体系。屋面为阿嘎土铺成的平屋顶，女儿墙采用块石砌筑墙体外垒砌边玛草。阿嘎土建造工艺较为繁琐，一般分三层夯打，一边加水一边夯打，工人一字排开，随歌声节奏不断变化纵横队列，夯打完成后需用卵石磨光表面并涂上榆树皮熬的汁液，干后再涂清油若干次，直到发亮为止。一般高层碉楼庄园防御功能较强，设置高大坚固的围墙，例如朗赛林庄园设置内外两道围墙，块石砌筑基础，墙体为夯土，围墙墙基宽约4.5m，墙顶宽约1m，收分明显。主楼内采用天井设计，藏式木制陡梯连接各楼层。

4. 装饰

高层碉楼庄园建筑外部装饰较为丰富，外墙墙体材质纹理清晰，在块石墙体的石块表面上刻有吉祥图案和经文，丰富了建筑外观；女儿墙用藏红色的边玛草装饰；造型精美的窗廊、转角窗和

图2 朗赛林庄园甘珠尔拉康

图3 朗赛林庄园主楼侧面

图 4　朗赛林庄园主楼全景

图 6　朗赛林庄园内天井

门廊给厚实坚固的建筑外观增加了灵动性。通过层次丰富、雕刻精致、彩绘精美的门窗装饰，也使坚固高大的建筑不失轻巧。庄园的主楼内部采用天井设计，天井四周木梁和木柱绘制花卉和梵文密咒等藏式彩绘，木梁上有藏式挑檐橡木，装饰色彩艳丽，内墙采用巴嘎土抹灰，光亮整洁。

5. 代表建筑

扎朗县扎其乡朗赛林庄园

朗赛林庄园位于西藏山南地区扎朗县境内，建立于 14 世纪帕木竹巴王朝时期，是西藏境内最古老、最高耸的高层庄园建筑之一，是庄园建筑的典型代表。由主楼、附楼、功能用房、牲畜棚、外围墙、内围墙、外围濠、碉楼、打麦场和林卡（花园）共同组成，其中

主楼共 7 层，建筑高度 22m，三层至七层为主要生活起居场所，并在每层都设有经堂和神殿，大经堂和神殿布有 12 根柱，小经堂布有 6 根柱，布置了大小不一的厨房、会客厅、客房、卧室及粮仓。设计内天井以满足主楼内部空间的采光要求，使建筑内部没有压抑感，通透敞亮。

朗赛林庄园外部有两道围墙，围墙基础均采用石砌，上部采用夯土，其中内墙高于外墙，内墙基础宽约 4.5m，顶宽约 2m，围墙高度约 10m，向上收分明显，设计了外围濠，类似于城墙，防御性能高，戒备森严。在庄园围墙南侧，有一座占地面积很大的庄园附属林卡，林卡花木繁盛、林木葱茏，也是风景秀丽的果园。

成因

庄园建筑约出现在公元 14 世纪，西藏帕木竹巴政权时期，随着庄园主家业的日益壮大逐渐发展成为现在的规模。例如朗赛林庄园是在扎西若丹庄园基础上发展起来的，集中能工巧匠，合理设计，建造了西藏庄园建筑中最具代表性的高层建筑。同时朗赛林庄园主对建筑防御性能的要求很高，建造了坚固高大的墙体、戒备森严的城墙、城墙上的瞭望塔及城墙之间的壕沟。

比较 / 演变

高层碉楼庄园一般占地面积大，建筑规模庞大，气势恢宏，西藏庄园建筑中较为罕见。在主楼、附楼及院落外围借鉴城墙加护城河的防御理念，建造两道围墙及中间壕沟，并在围墙边角设置简易哨卡，防御功能完善。

图 5　朗赛林庄园主楼正面

藏中民居·拉萨块石碉楼四合院

拉萨块石碉楼四合院形成时间较早，现存建筑均有100多年的历史，分布在著名的大昭寺周围，一般为贵族府邸和商贾宅院。由主楼和附楼围合庭院构成居住单元，花岗石块石砌筑墙体和木柱共同承重的石木结构体系。

图1 邦达仓庭院内景

1. 分布

拉萨块石碉楼四合院主要分布在拉萨河沿岸，最集中于八廓古城中。拉萨位于雅鲁藏布江支流拉萨河中段北部的河谷平原中，海拔3650m。拉萨为藏文音译，意为"圣地"或"佛地"，是我国历史文化名城，距今已有1300多年历史。拉萨河谷地势平坦，气候温和，土地肥沃，有丰富的石材资源供建造房屋。

2. 形制

拉萨块石碉楼四合院占地面积较大，修建在平坦地面上，平面呈矩形，布局规整，围合庭院内种植树木、花草，环境舒适。主楼建筑为3层，附楼为两层，附楼层高稍低于主楼，以衬托主楼，二层与主楼通过廊道连接，通过藏式木质陡梯连接各楼层。主楼建筑体量庞大，建筑形式丰富，由四栋3层建筑组合而成，采用内天井和中庭设计保证主楼二层以上房间的采光，东西两

侧建筑之间布设有两栋一字形建筑，围合出内庭院，通过挑檐廊道走廊连接四栋建筑。主楼底层房屋主要用于储藏柴木、牛粪及杂货等生活必需品，北侧底层房屋朝八廓街街道作为商业铺面；二层布置了大小各异的客厅、卧室、厨房、客房和各类功能用房；西侧主楼三层布置了经堂和客厅，面朝南向，光线充足，布置讲究，其余三栋楼三层上布置了卧室和客房。附楼平面呈"凹"字形，挑檐廊道连接各房间，通过花岗石陡坡石梯连接一二层，二层挑檐廊道与主楼相通。附楼一层布置家仆住房和储藏间，二层上布置管家用房、镪镂制作间、酥油奶渣制作间、青稞酒酿造坊及糌粑作坊等功能用房。

图3 邦达仓室内石梯

3. 建造

在修建房屋时选址择基需要请喇嘛打挂卜算，以确定建房最佳的开工时间和方位，奠基仪式上由喇嘛诵经做法事，向土地神和龙神赎地基为己用，主人点

图4 邦达仓楼内天井

图2 邦达仓背面

图5 邦达仓楼主楼东侧面

图6 邦达仓全景   图7 邦达仓主楼室内过道

燃桑烟,插上"九宫八卦图"和唐东杰布像。块石碉楼四合院由块石砌筑墙体和木制梁柱构件承受房屋荷载,屋面为平屋面,墙体由大小不一的块石砌筑而成,向上收分明显,墙面由白色石灰浆涂抹,显不规则肌理。木制梁柱作为主要的承重体系,底层至顶层柱子在垂直位置上相对应,柱网布局规则,采用传统的柱础、柱、雀替、梁、椽子木和藤条树枝承重受力体系,依据各楼层房屋功能等级上的区别,梁柱材质和装饰均有所不同。主楼除一层储藏间外其余房间地面为阿嘎土地面,光亮整洁,屋面采用黄泥填筑夯实。附楼廊道及二楼房间的地面和屋面做法与主楼房间相同。外庭院地面采用厚石板铺地,厚实坚固,内庭院地面采用大理石石板铺地,质地规整。在东侧附楼中间设置有木质双扇大门,门框雕刻莲花叠函图案,门楣由多层挑出椽木、门过梁和门斗栱组成,施以藏式彩绘,庄重气派。

4. 装饰

外装饰和内装饰共同形成了拉萨块石碉楼的建筑装饰风格,建筑的外装饰较少,一般在石墙墙面上采用彩绘木格窗、黑色梯形窗套、多层挑出窗楣和飘动的香布(由白色布料为主,配以黄、红、蓝布料缝制,用于装饰及防紫外线直射),使厚实的墙体显得活泼灵动。室内装饰一般较为丰富,木质梁、柱头、雀替等构件上绘制祥云、花卉和吉祥图

案文字,椽子木涂刷蓝色油漆,阴角线用红色、绿色颜料绘制"香布";经堂、客厅等重要的房间墙面上绘制"七政宝"、"吉祥八宝"和"五妙欲"等图案。

5. 信仰习俗

拉萨块石碉楼四合院民居一般在主楼三层布置面积较大的经堂,经堂内供奉藏传佛教佛、菩萨和高僧大德画像,是日常礼佛的主要场所。庭院内设置桑烟炉。

6. 代表建筑

拉萨市城关区八廓居委会邦达仓

邦达仓("邦达"为家族名称,"仓"意思为家),位于拉萨市城关区八廓古城中,为拉萨市56座古建大院之一,列入全国重点文物保护单位。由主楼、附楼、院落和大门组成,其中主楼为3层,石木结构,建筑体量庞大,坐北朝南,平面呈矩形,内部采用内天井设计以满足采光,大理石材质陡梯和木质楼梯连接各楼层,主楼东侧采用挑檐廊道围合出中庭。墙体采用块石砌筑,自下而上收分,厚实坚固,屋面采用黄泥夯实填筑。主楼南面外立面设置大尺寸木格窗及落地窗,简洁大方。附楼为石木结构,平面呈"凹"字形,石梯连接附楼一二层,挑檐廊道串联各房间。外庭院部分角落种植花卉草木,布置休息座椅,环境优美,舒适宜人。

成因

拉萨地处拉萨河谷,气候温和,地势平坦,石材资源丰富,为建造块石碉楼提供了先天条件。在公元7世纪修建大昭寺,形成了集宗教、商业活动为一体的八廓街,随之在八廓街周围出现了家族式建筑,逐渐发展壮大,慢慢形成了功能齐全、气势不凡的拉萨块石碉楼四合院。

比较 / 演变

传统块石碉楼民居整体布局较为封闭,有一定的防御功能,但位于拉萨八廓古城中的块石碉楼四合院建筑格局相对开放,在朝八廓街一侧设置商铺,并在院落附楼中布置了客房,为远道而来的朝圣者和商人提供住宿,商业气氛更浓。

藏中民居·块石碉楼僧舍

图1 僧舍正立面

块石碉楼僧舍分布在西藏的各个寺庙中，一座完整的寺庙由措钦大殿（前经堂后佛殿的平面形制）、活佛拉章、僧舍、学经院、辩经林苑、库房和学经院等组成。僧舍藏语称为"扎夏"，形成于藏传佛教后宏期，结构形式为石木结构，建筑体量庞大，墙体采用块石砌筑，向上收分明显，四面围合构成内庭院，庭院角落种植草木花卉，环境舒适。

1. 分布

僧舍主要分布在藏传佛教各个寺庙中，其中在西藏拉萨三大寺即哲蚌寺、色拉寺和甘丹寺中规模较大且较为集中。三大寺分别位于拉萨河谷中，依山而建，气候温和，水源丰沛，土地肥沃，平均海拔3650m。拉萨被誉为"日光之城"，日照时间长，年平均日照时间达3600多小时。

2. 形制

僧舍平面呈矩形，四面围合构成内庭院，布局规整。结构形式为石木结构，由块石墙体和木质梁柱构件共同承重，墙体由块石砌筑，坚固厚实，向上收分明显；木质梁柱结构体系由柱础、柱、托木、雀替（弓）、梁、椽子木组成，椽子木上部密铺藤条或树枝，以达到均匀分布荷载的目的；屋面由黄泥夯实填筑而成。主楼一般为三层，坐北朝南。其中一层为僧舍或柴火、牛粪（燃料）储藏间；二层布置大经堂，一般有几十根柱子，布局对称，装饰精美，雕梁画栋，富丽堂皇，墙面绘制壁画，精美绝伦，是僧侣平常以"扎仓"为单位进行诵经的大堂；三层布置佛堂及高僧大德住房，地面为阿嘎土，南面采用大尺寸木格窗。

附楼为两层，平面形态成"凹"字形，与主楼连接，围合出内庭院，附楼每层隔出若干小间，通过挑檐柱廊将各房间连接，一二层楼通过木质楼梯或石梯相连。每间可住一人或两人，是僧侣日常生活起居场所。主楼与二层附楼围合出露天庭院，庭院面积较大，宽敞明亮，地面铺设青石板，整洁朴素。

3. 建造

僧舍建筑结构形式为石木结构，块石墙体和木质梁柱共同受力，墙体由大小不一的块石砌筑，墙体向上收分，墙体底部厚度达80cm，顶部厚度达60cm。基础深度一般为1m左右，大小各样的石块以黏土泥巴做填充垫层向上砌筑，在达到每层高度时布设柱、梁、椽子木，在椽子木垂直方向上密铺规整的柴木，在柴木上横铺藤条树枝，再铺垫黏土或阿嘎土形成楼层。内墙采用巴嘎土抹灰，光滑平整，地面采用阿嘎土，光亮整洁。挑檐廊道上平均布置廊柱，廊柱间距一般为3m，廊柱间设置木制栏杆，造型精美。各楼层间由藏式传统石梯和木梯连接，坡度较陡，石梯材质为花岗石，一般用于室外，木质楼梯踏步的木板上包贴铁皮，经久耐磨，楼梯扶手端头用铜皮包裹，做成莲头形状。

4. 装饰

僧舍建筑外墙装饰与传统民居相似，由木格窗、挑出短椽窗楣、黑色窗套及外挂香布与厚实坚固的石墙共同构成了外立面装饰，简单朴素。在围合庭院中，挑檐廊道柱子、雀替、梁及主楼门窗上绘制了彩画，在窗楣、门楣及大门廊道檐口挂上飘逸的香布，给高大坚固的建筑增添了活泼灵动的气韵。

5. 代表建筑

1）色拉寺德玛康参

色拉寺，全称"色拉大乘寺"，为

图2 僧舍内庭院

图3 僧舍全景

图4 僧舍

图6 僧舍背面

国家重点文物保护单位，位于拉萨市北郊色拉乌孜山麓。僧舍由主楼和附楼围合构成庭院，形成居住生活单元，平面形制呈矩形。主楼为3层，附楼为两层，石木结构，墙体由块石砌筑，向上收分。附楼平面呈"凹"字形，分隔成多个小间，是僧侣们的日常居住场所。挑檐廊道将各房间串联，石梯将附楼一二层连接，附楼与主楼围合庭院，面积较大，部分角落种植花草。

2）哲蚌寺某扎仓

哲蚌寺，坐落于拉萨市西郊根培乌孜山南坡的山坳里，藏语意为"堆米山"，建筑群依山铺满山坡，规模宏大，为国家重点文物保护单位。僧舍由主楼和附楼围合构成庭院，主楼为3层，附楼也为3层，但较主楼层高较矮，石木结构，墙体由块石砌筑，向上收分，厚实坚固。

成因

拉萨地处拉萨河谷，气候温和，丰富的块石资源为修建房屋提供了建筑材料。藏传佛教历史分为前宏期和后宏期，寺庙也经历了从"拉康"到"贡巴"转变，拉康在藏语中的意思为佛殿，"贡巴"是指佛、法、僧即"三宝"俱全的寺庙。因为开始广收僧众，这就要求扩大建筑规模，以容纳更多的人来到寺庙学习，就出现了供给僧人诵经学习的经堂和供僧人居住的僧舍。依照八廓古城中四合院的形制和建造工艺，出现了主楼、附楼围合构成庭院的块石碉楼住房，是僧侣生活、学习、居住的场所。

比较/演变

僧舍的建筑形制虽与民居类似，但主楼、附楼功能上有本质的区别。僧舍的主楼设置经堂，是日常诵经学经的主要场所，而四合院民居中的主楼是主人生活起居的场所；僧舍附楼分隔成数个小间，为僧人生活居住场所，四合院民居附楼中设置各类功能用房。

图5 鸟瞰色拉寺僧舍

藏中民居·门巴族石墙坡屋顶民居

门巴族主要聚居于喜马拉雅山脉南坡的门隅地区，该地区山高谷深、气候湿润、森林植被茂密。门巴族石墙坡屋顶民居主要分布在勒布门巴族聚集村落中，建筑及院落的布局均结合坡地地形来布置，院落围墙随地形而建，建筑布局随意，深受藏族农耕文化影响。

图1 顿珠旺加宅

1. 分布

门巴族石墙坡屋顶民居主要分布在山南地区的错那县勒布乡，"门巴"意为生活在"门隅"地方的人，其境内原始森林茂密，峰峦重叠。因受印度洋季风气候影响，这里气候温暖湿润，土地肥沃、水源充裕，平均海拔2000m左右，林木四季常青。

2. 形制

门巴族石墙坡屋顶民居建筑平面呈方形，独幢建筑形式，以2层或3层居多。民居一般为上下两层，房屋由木框架构成承重结构，石砌墙作为围护墙体。一层布置草料储藏间和牛羊圈，二层为主人主要的生活起居场所，布置有起居室、卧室及经堂等房间；二层屋面与坡屋顶中间的隔层空间用于晾晒粮草和堆放杂物。建筑随坡地地形修建，在坡地上部可通过室外台阶进入到居住楼的二层。二层面朝南向处利用一层屋顶做平台，在建筑外墙上搭设氆氇编织架，是门巴族妇女日常编织氆氇的工作场所。

院落布局一般随地形随意布置，按独院独幢的形式组织。

3. 建造

门巴族石墙坡屋顶民居采用传统木构架结构，围护结构为石墙墙体，局部采用木板墙围护。屋面为双向坡屋顶，都采用长条形木板瓦，上用小石块压木板，楼面多采用原木板铺设。民居建筑使用小片块石砌筑墙体，基础一般较浅，在建造过程中首先架设木框架，再砌筑围护块石墙体，墙体砌筑至一层楼层高度时在木梁上铺设椽子木，椽子木上铺设厚木板，再架设二层承重木框架，上下层木柱原则上垂直对应，二层屋面厚木板铺设后再制作安装坡屋顶的木屋架，再于人字形木屋架上铺木板条，最后在木板条上放置小石块，以防木板条移动。建筑一般随坡地自由布置，利用坡地高差从坡地上端修建块石台阶进入二层，台阶一般有5～7个台级；二层至坡屋顶下部隔层空间通过简易独木梯连接。

4. 装饰

门巴族民居建筑外部装饰较少，门窗装饰也较少，块石砌筑的墙体墙面不做抹灰处理，墙面纹理清晰、粗犷朴实；木板条坡屋顶与周围茂密的森林植被和谐统一。建筑内部梁柱一般保留木质原色，不做雕刻或彩绘装饰。

5. 信仰习俗

门巴族民居建筑的建造过程中至今保留着崇拜"屋脊神—旺秋钦布"的传统习俗，新房修建完成后首先要举行安装和祭祀屋脊神"旺秋钦布"仪式，再表演祭祀歌舞"颇章拉堆巴"，意为"贺新房"。

6. 代表建筑

1）错那县勒布乡玛麻村顿珠旺加宅

顿珠旺加宅位于错那县勒布沟，主体建筑建于新中国成立后，一层为牛羊圈和杂物间，室外台阶多设置在坡地较高处，上几步台阶即可直接进入二层，二层为客厅、卧室，在小门廊处有一部

图2 仓央嘉措行宫

图3 顿珠旺加宅背面

图 4　罗布次仁正面

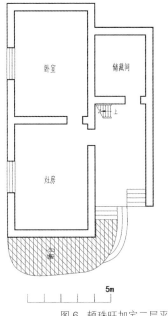

图 6　顿珠旺加宅二层平面图

圆木砍制的独木梯上到三角形的三层阁楼层，阁楼用墙体支撑木屋架，墙体之间无窗，阁楼通风好，多用于晾晒和堆放青草，作为牛饲料；二层的主要房间为起居室，灶台位于房间中部靠墙处，是家居的主要活动空间。

2）错那县勒布乡玛麻村桑珠康卓宅

桑珠康卓宅主体建筑一层为牛羊圈

和杂物间，从坡地高点上的台阶直接进入二层，二层起居室是两根带中柱的房间，作为厨房和起居空间，另设经堂和卧室等房间。

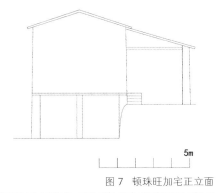

图 7　顿珠旺加宅正立面

成因

门巴族石墙坡屋顶民居的形成与自然地理和社会文化因素都密切相关，历史上生活在门隅和上珞隅毗邻的东北边缘上，门巴族长期与藏族人民生活在一起，建筑形制十分相近。门巴族家庭多为一夫一妻制，其建筑规模不大，生活习俗和穿着服饰也与藏族十分相近。

比较 / 演变

门巴人传统民居与吉隆的夏尔巴人民居及林芝鲁朗民居相比，建筑形制十分接近，但其层高较低，防御性减弱，相同的是都生活在林区，建筑材料较为丰富，特色在于门巴人对生殖器崇拜的意识较明显，这种精神信仰在室内装饰上也有所体现。

图 5　顿珠旺加宅侧面

藏中民居·琼结土坯碉楼

琼结土坯碉楼民居一般选址在小山坡或地势较高处，高于一般村落中的普通民居，视野开阔，是吐蕃王朝赞普墓葬群守陵人的住所，从民居屋顶向东南方向望去，吐蕃王朝第29代至第40代赞普、王妃的墓葬群一览无余。该类民居现存数量较少。

图1 白玛曲珍宅整体外观

1. 分布

琼结土坯碉楼民居主要分布在雅鲁藏布江中游南岸的琼结河谷中，平均海拔3900m左右，为高原温带半干旱季风气候区。琼结为藏语音译，意为"房角旋起多层"，境内有著名的吐蕃王朝时期藏王墓葬群。

2. 形制

琼结土坯碉楼民居多建于藏王墓陵区内的土墩上，是藏王墓守陵人的后代。一般在一个土墩上住着两到三户守墓人家，院落随土墩顶部形状自由围合，沿土墩布置室外台阶，台阶由石头砌筑。每户民居由居住楼、简易土坯牛羊圈、简易土坯草料房、农具杂物储藏房及围墙组成。居住楼平面呈方形，为两层楼，二层平面呈凹字形，凹进部分在对应的一层顶楼形成了二层的平台。一、二层之间由木制楼梯连接，一层设置楼梯过厅及各式储藏间；二层设置起居室、经堂、卧室及粮食储藏室；通过木梯至屋顶，屋顶视野开阔，是守陵人日常瞭望守护的重要地点。

3. 建造

琼结土坯碉楼民居建于土墩上，基础由块石砌筑，基础深度60cm左右，厚度为60cm；一层为块石墙体，二层为土坯墙，墙体外侧从底部向上收分，内侧竖向垂直；屋面为平顶，由黄泥夯筑而成。木质梁柱结构和墙体共同承受房屋荷载，木质梁柱结构体系由柱础、木柱、托木、木梁、椽子木、树枝藤条按传统形式组合而成，一层柱梁断面尺寸较大，采用粗大的圆木，基本不加工；二层木柱、木梁断面呈方形，托木造型优美，二层木柱与一层木柱上下垂直对应；木柱上放置雀替（托木），雀替上置横向木梁，木梁两端纵向交错布置椽子木，其上再密铺树枝，共同构成了完整的木构受力体系。土墩外侧修建片石挡墙，挡墙随土墩造型呈圆形，砌筑至土墩高度后再按围墙高度要求砌筑，与居住楼围合出庭院。

4. 装饰

琼结土坯碉楼民居的外部装饰主要有：褐红色的外墙，二层土坯墙面上的手抓纹图纹，单层挑檐屋檐，木格窗及多层挑檐彩绘窗楣，黑色方形窗套，另外女儿墙转角处有双层檐口，转角处涂黑色颜料。内部装饰主要集中于梁柱与墙面上，被烟熏黑的梁柱上用白面画点作装饰，墙面上用白色颜料绘制简单的图纹，白色在传统习俗里代表着吉祥，在民居装饰中也被大量采用。

5. 信仰习俗

琼结土坯碉楼在室内设置经堂，经堂内设佛龛、经书架，墙面挂唐卡，是全家的日常礼佛场所；在二层设置桑烟炉，每天清晨房主都会点燃桑烟，祈求和平、幸福；在屋顶转角处设置经幡插孔，挂五彩风马旗，风马旗一般在藏历新年的正月初三更换。

6. 代表建筑

1）琼结县琼结镇二村白玛曲珍宅

白玛曲珍宅位于藏王墓附近，是一个较典型、较完整的土坯碉楼民居，建筑建在一个小台地上。院落由五部分组成，分别是居住楼、简易木构土坯牛羊

图2 白玛曲珍宅主楼

图3 白玛曲珍宅佛堂

图4　白玛曲珍宅远景

图8　室外台阶

图5　白玛曲珍宅起居室

图9　白玛曲珍老宅屋顶遥望藏王墓

成因

琼结土坯碉楼中的一部分为藏王墓守陵人的民居，吐蕃王朝第29代至第40代赞普、王妃、大臣墓葬于此，形成了吐蕃王朝藏王墓葬群，随之也促生了藏王墓的守陵人及他们的房屋，一般选址在土墩或山坡等视野开阔的地方。

比较 / 演变

琼结土坯碉楼与藏中地区其他土坯碉楼的区别在于其选址一般选在土墩或山坡等地势较高的地方，作为守陵人的房屋以方便瞭望观察；院落布局随土墩顶部造型自由围合；从土墩底部随土墩形状砌筑片石墙体，起挡土墙的作用；沿土墩设置石砌台阶，一处土墩上面一般有两到三户人家，与村落中的其他民居距离较远。

圈、简易木构土坯青草料房、大门及土坯墙围合的院落。

2）琼结县琼结镇二村扎西班丹宅

扎西班丹宅是较典型的琼结土坯碉楼民居，选址在一座土墩上，视野开阔，

由居住楼、简易储藏室和牛羊圈组成，院落边界沿土墩修建，居住楼为两层。设有室外块石台阶通向土墩上部的庭院大门，沿土墩外围设置片石挡墙。

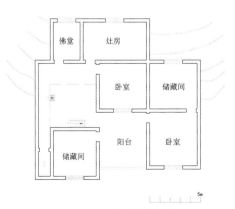

图6　白玛曲珍老宅一层平面图

图7　白玛曲珍老宅二层平面图

167

藏中民居·隆子片石碉楼

片石碉楼民居，形式适应了山南地区雨季较潮湿、雨量充沛的气候特点。为独栋式建筑，采用片石墙体与木柱共同承重，首层及二层均为片石墙体，建筑风格朴实，充分利用片石、木材、黏土的天然材质特色。

图1 索朗旺堆宅整体外观

1. 分布

片石碉楼民居主要分布在山南地区的隆子县、琼结县和日喀则地区的康马县等地区，这里地处盆地和河谷地带，河流纵横，雨季气候较湿润，雨量充沛，有充足的片石、木材作为建造材料。雅砻河和年楚河流域保存了较多此类民居。

2. 形制

片石碉楼民居为独栋形式，院落边界自由，结合简易片石木构牛羊圈、简易片石木构草料房（农具房）、大门、片石围墙围合出院落。民居平面多为长方形、凹字形、凸字形三种形式。一层为粮食储藏间和农具储藏间，二层为起居室、厨房、经堂和贮藏室，三层为卧室、经堂。通过木楼梯联系首层、二层至三层。二层中间设天井，连接了起居室、卧室、经堂、贮藏室等空间。藏中民居厨房和起居室相结合是一种普遍特色，但也会多设一个单独的厨房。起居室是民居中最主要的生活空间，通常起居室中间有一至两根结构木柱，有四根柱的情况较少，民居中都设有一间经堂，内部设佛龛、经书架，或者其

他法器供奉品。

3. 建造

建筑先挖基槽，用片石砌筑基础和一至三层墙体，片石墙体与木柱共同承重。片石墙身砌筑到楼面高度时在木梁上放椽子木，椽子木上放树枝，树枝上放碎石，最后放阿嘎土。阿嘎土屋面是用阿嘎土和榆树皮浸泡的黏液搅拌后，用工具不断夯打而成，越密实越好。墙身砌筑时略有收分，底部厚60cm，顶部50cm，内墙多利用巴嘎土抹平。早期由于社会动荡，民居开窗较小，防御性很强，立面上一层开窗数量不多，室内光线较暗。藏中民居在选择宅基地破土时要请高僧诵经，祈求人畜安康，风调雨顺。施工过程中开挖基槽、砌筑墙体、立柱封顶都要选择吉日搞不同的仪式，房屋建成入住时要请亲朋好友举行生火仪式。

图3 索朗旺堆宅侧面

4. 装饰

片石碉楼民居的装饰主要体现为在建筑的门窗、檐口部位做单层木枋，以片石压顶，处理简单；墙面保留块石砌

图4 索朗旺堆宅主楼正立面

图2 隆子片石碉楼村落

图5 索朗旺堆宅全景

筑纹理，自然粗犷；门窗上做传统窗楣和门楣。室内木梁、柱头上绘制花卉、祥云和瑞兽等彩画，木柱刷以红色为基调的颜料；内墙面上绘制"吉祥八宝"、"七政宝"、"五妙欲"等富含人文宗教内涵的吉祥图案；在起居室灶台上方绘制"火焰珍宝"图案；经堂内墙阴角线处彩绘"香布"图案，椽木刷蓝色颜料，墙面用巴嘎土抹平。

5. 信仰习俗

隆子片石碉楼屋顶四角设置五彩经幡插孔，每年藏历新年的初三要举行经幡更换仪式，祈求来年风调雨顺，人畜安康。在居住楼屋顶前侧中间或围墙上部设置桑烟炉，每逢吉日家家户户桑烟袅袅，祈愿和平、健康、幸福。如同西藏其他民居，经堂是民居中重要的组成部分，经堂装饰丰富，陈设精品家具、经书架和佛龛，供奉佛像、菩萨，是每一位家庭成员的精神寄托场所。

6、代表建筑

1）隆子县日当镇曲果塘村索朗旺堆宅

索朗旺堆宅是 20 世纪 80 年代初修建，主体建筑坐北朝南。一层是起居室、厨房、贮藏室，二层是卧室、经堂、贮藏间，局部三层是卧室，楼梯间和走道联系一至三层的各个房间，三层有一个

图 6 索朗旺堆宅二层天井

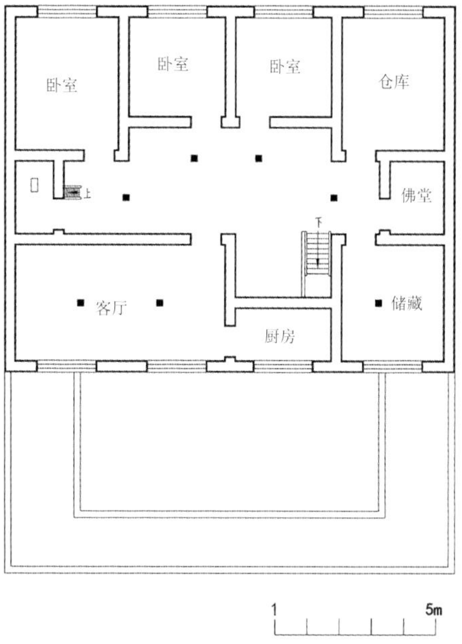

较大的露天晒台。

2）扎囊县扎其乡扎其村丹增旺久宅

丹增旺久宅位于扎其村，20 世纪 90 年代修建，建筑坐北朝南，平面呈 L 形，设有起居室、卧室、经堂、贮藏室，有室外厕所，小院以土坯墙围合院落，院外由土坯矮墙围合出一个大的牛羊圈。外墙面刷成咖啡色。

图 8 索朗旺堆宅二层平面图

成因

片石碉楼民居的成因与自然和社会文化因素都密切相关。该类民居成组地位于雅鲁藏布江和雅砻河两岸，本地气候湿润利于植物生长，有丰富的木材资源，且花岗石、青石板等石材资源也相对丰富。砌筑片石墙体和均匀布置柱网都比较简便易行，使此类民居在该地区被大量采用。

比较 / 演变

片石碉楼民居较夯土碉楼民居建造工艺简便，建造墙体时人工劳务成本较低，片石砌筑纹理自然粗犷，外观造型美观。

图 7 格桑次仁宅

藏中民居·夏尔巴人坡屋顶民居

夏尔巴人坡屋顶民居主要分布在喜马拉雅山脉南麓,与尼泊尔接壤,受印度洋季风气候影响,属亚热带气候。夏尔巴人坡屋顶民居由居住楼、院落及院落中的附属建筑构成居住单元,院落随坡地自由布置,边界自由,与周围环境融为一体。

图1 加多宅外观

1. 分布

夏尔巴人,藏语中意思为"东方人",相传夏尔巴人先祖为党项羌(西夏王族),来自于东方,为躲避战事从西藏东边的甘孜、阿坝地区进入西藏。在西藏境内约有1200个夏尔巴人,主要生活在日喀则地区吉隆县吉隆镇的吉甫村、邦兴村,定结县陈塘镇以及聂拉木县樟木镇立新村。该地区海拔相对较低,仅有2000多米,受印度洋暖湿气流影响,雨量充足,气候适宜,这里植被茂盛,云杉、樟木等各种树木为修建房屋提供了丰富的材料。

2. 形制

传统的夏尔巴人民居以院落围合出家庭居住单元,院落由五个部分组成,居住楼、牛羊圈、草房、围墙和大门。一般居住楼三面墙(侧墙、背墙)为石砌墙或夯土墙,面向院落内的墙体由厚木板制成。居住楼为两层,其中一层为

架空层,用于堆放木材和杂物;二层布置有起居室、卧室、佛堂、储藏室,起居室为多功能房间,包含会客、厨房、卧室等功能;坡屋顶下部形成的阁楼空间用于堆放杂物和晾晒食物。二层楼面和顶棚均由厚木板制成,人字形坡屋顶木屋架放置于木构架之上,木屋架上设檩条,檩条上放置石板或木板条。木质楼梯和廊道设在墙体外部,独立木结构,木质楼梯连接了居住楼二层和庭院。

3. 建造

夏尔巴人民居建筑结构为木框架,墙体一般以砌块石墙或夯土墙作为围护墙体,楼面采用厚木板,屋面做法为摆铺木板或片石于屋架上,通过叠落交错的摆铺工艺形成无缝屋面,以达到良好的屋面排水效果,其中常用在木板条坡屋顶上放置石块以防移位。该类房屋基础埋置深度较浅,一般为60cm深,

采用先立木构框架,再砌外墙的建造理念,墙体采用夯土墙或干砌块石墙,在气候相对暖和的沟谷地带以干砌块石墙为主,地势较高的村落多采用夯土墙。院落围墙一般由石砌墙体和柴木篱笆围合而成,部分院落大门由尺寸统一的条形柴火规则堆放而成。

4. 装饰

夏尔巴人的坡屋顶式民居外部装饰较为简单,主要体现在窗楣、门楣上,挑檐窗楣上雕刻具有尼泊尔风格的图案,石砌墙和夯土墙表面纹理古朴粗犷,门、窗、梁、柱上有精致的雕刻,部分建筑内墙绘有精美彩绘,夏尔巴人在雕刻技艺上深受尼泊尔风格的影响,将传统藏式雕刻工艺与尼泊尔式雕刻工艺融为一体,古朴典雅。内部装饰上体现为在柱头、雀替和梁上施以彩绘,彩绘图案主要以祥云、花卉和秘咒等为主;灶台背景墙上绘制"火焰宝",象征财运

图2 次旺云丹宅起居室

图3 贡布惹塞宅

图 4　夏尔巴人村落

图 6　夏尔巴人坡屋顶民居

昌隆；藏式家具雕刻为尼泊尔式风格图案，不施彩绘，保留木质纹理，独具特色。

5. 信仰习俗

藏传佛教是夏尔巴人的传统宗教，在夏尔巴人民居建筑中多有体现。经堂是居住楼中的重要组成部分，内部装饰精美、雕梁画栋，佛堂主要由佛龛、唐卡、香炉和经书架等构成，是主人日常礼佛的主要场所。柱头、雀替、梁等构件和内墙上绘制的彩绘图案如"吉祥八宝"、"七政宝"和"五妙欲"等图案都与藏传佛教息息相关。

6. 代表建筑

1）吉隆县吉隆镇吉甫村贡布惹塞宅

布惹塞宅的居住楼（即主楼）呈L形，一层用于堆放草料和牲畜圈养；

二层为主人的日常生活起居场所，由起居室、佛堂、卧室、储藏间组成，通往二层的楼梯及过道独立架设在主楼外墙上；通过二层储藏室中架设的木梯可达坡屋顶下部的阁楼空间。因气候湿润，雨水丰沛，阁楼主要用于晾晒食物和草料粮食，整个院落中还设有牛羊圈、青草料房、大门等附属建筑。

2）吉隆县吉隆镇乃村次旺云丹宅

次旺云丹宅由居住楼、简易夯土墙、木构牲畜棚、柴木篱笆围墙和大门组成，居住楼为两层，木结构，夯土墙作围护结构，一层有各式储藏间，二层为生活起居场所，设经堂、起居室、卧室和储藏间，木板条坡屋顶下部的阁楼用于晾晒粮食和青草，还用于堆放杂物。

成因

夏尔巴人坡屋顶民居适应了喜马拉雅山南麓温暖湿润、雨多潮湿的气候，在局部装饰上受尼泊尔建筑装饰艺术的影响，体现了文化的交流融合。其形制受地形影响，院落布置较为自由。当地盛产松、杉等适宜建造使用的木材，使建筑得以使用木板墙体、木楼板、木屋架及木板条屋顶。

比较 / 演变

夏尔巴人坡屋顶民居与藏东南坡屋顶民居及亚东坡屋顶民居相比较，其人字形坡屋顶形式有青石板和木板条两种，围护石墙石材形状不规整，部分石墙干砌而成，以利于屋内通风。木质承重构件材料粗大，建筑平面布局较为随意。

图 5　平措旺堆宅

藏东南民居·错高石墙木屋顶民居

图1 阿旺旦增、桑布宅

错高石墙木屋顶民居出现的较早，现存典型的此类民居为明清时期修建，为家境殷实的地主家庭所拥有。建筑形式类似拉萨地区的石墙平顶碉房与木架坡屋顶的结合。外墙以石块砌筑，有明显的收分，对外封闭。内部为梁柱体系承重，托横梁密肋式平屋顶上增加了人字形坡屋顶架，更好地适应本地雨季湿润多雨的气候。

1. 分布

典型石墙木屋顶藏式建筑主要分布在巴松措湖沿岸，这一地区地势较为平坦，有丰富的水源和农田，周边山上森林茂密，石材、林木可用作建材。充足的生存资源使得这里在早期就成为人们理想的居住场所。人们为了抵御猛兽攻击，在这里修建了坚固的住宅，长达三百年的建筑依然稳固屹立。错高石墙木屋顶民居以错高村保存最多，最具代表性。

2. 形制

错高石墙木屋顶民居为独栋形式，院落主要由主楼、围墙、大门以及简易的木构牲畜棚组成。主楼的体量比其他类型民居大，平面为矩形，较为规整，占地可达200m²。作为主要的居住生活楼，它通常朝向好的风景和采光，前有院子，以石材堆砌围墙，并修建较为讲究的大门。院子里还配有构造简单的木棚子用来圈养牲畜和堆放刚刚收割回来

带着秸秆的粮食。全家人居住在这一栋比较大的石墙建筑内。建筑两层，首层地势较低，室内潮湿，用来存放柴草杂物，雨季时期巴松措湖涨水，一层甚至会被水淹没。二层通过走廊连通各个房间，核心的部分是起居室，处在采光良好的位置，同时兼含厨房功能，在室内一角设有灶台和壁橱。起居室开间较大，中间需要一根方形柱子支撑，被形象地称为"伞室"。起居室大空间内靠窗和墙摆放有坐床，是一种白天可坐，晚上又可用来睡觉的床。二层另一处非常重要的房间是经堂，供奉着法器和活佛像，而卧室和储藏间就是开间较小的次要房间了。平屋顶上部至坡顶之间的阁楼通常也被用来堆放杂物。

图3 起居室与厨房

3. 建造

主体建筑建造前，先要诵经祈祷，这是本地风俗。建筑整体建造采用石砌外墙、梁柱承重的形式，木板分隔室内，木架屋顶与下部结构相互独立。两

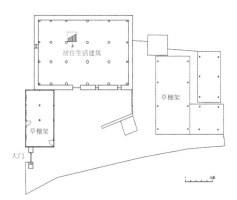

图4 桑培罗布宅院平面图

图2 桑培罗布宅主楼

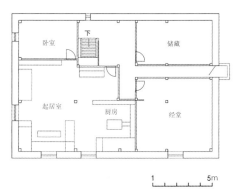

图5 桑培罗布宅二层平面图

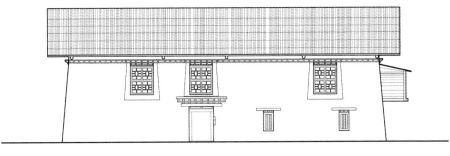

图 6　桑培罗布宅立面图

图 8　传统火灶

图 9　木柱梁架装饰

层外墙全部用石块砌成，墙身外侧的石缝隙之间再用黏土石灰等混合的粘合剂灌注。石墙墙身有明显的收分，底部厚 90cm，顶部厚 50cm。厚重的墙体在二层形成了可以供人坐在上面做家务的内窗台。一层的门洞尺寸较低，通常在 1.6m 左右，来访者需要低头进入，这种低头进入的方式其实也反映了客人来访时对主人的尊敬。建筑的内梁柱体系中，一层为较为均匀的柱网，柱径可达 40cm，柱距 3m，常为 5 开间面宽，3 开间进深，横向梁，纵向只在柱顶有起拉伸作用的系梁。梁上密铺纵向椽子，再铺横向灌木枝条，后铺二层楼板。二层的柱子结合室内的空间分隔需求来设置，与首层并不对位，梁上的椽子也是纵横均有，不局限在某一方向。二层平屋顶上中间竖起一排木柱，直接架起坡屋顶，上排椽子和木板瓦。墙身开窗尺寸中大窗高约 1.5m，宽 1.1m，小窗宽约 0.5m，高度与大窗相同。为保证墙体坚固完整，立面开窗数量不多，使得室内较为昏暗。

4. 装饰

错高石墙木屋顶民居在装饰上分外装饰和内装饰两部分。外部墙身全部粉刷白石灰，在接近屋顶的二层窗洞上，做一圈彩绘的木装饰裙，给厚重的墙体增添了一道活泼的彩带。门窗洞口也用彩绘的木板和木椽做了层层缩进的形式，在立面上有了强烈的光影对比。内装饰主要在起居室内的木柱部分，柱子通体红色，柱头施彩绘，顶部的托木做云式造型，横梁上悬挂彩色布带。

5. 代表建筑

错高村桑培罗布宅

桑培罗布宅修建于清朝初期，有 300 多年历史。建筑坐西朝东，在起居室内推窗可见南侧的巴松措湖湿地景观，拥有全村最好的景观视野。主宅建筑占地约 220m²，南北长 18m，东西宽 12m。二层起居室位于东南侧，面积约 80m²，南向有一个大窗和东向两个窗，采光良好，同时坐拥巴松措湖美景，视野开阔。

成因

林芝地区的石墙木屋顶民居，一方面与藏区其他碉房一样，注重安全性，有厚重的石墙；另一方面由于巴松措湖雨季潮湿多雨的特点，将首层作为防潮的空间，在平屋顶上增建了坡屋顶，利于屋顶排水，这些构建形式都是为了适应当地的自然气候而产生。

比较 / 演变

巴松措湖沿岸的错高石墙木屋顶民居，与拉萨地区的碉楼相比，在平屋顶上增加了坡屋顶，但二者的结构相互分离。与林芝县鲁朗镇的石墙木屋顶民居相比，它的首层功能有所不同，因其首层潮湿，仅用来饲养和储藏，而鲁朗镇民居首层也用于生活居住。

图 7　桑培罗布宅山墙面

藏东南民居·错高石墙干栏式民居

错高石墙干栏式民居形式适应了林芝地区雨季潮湿多雨的气候特点。民居为干栏式木架结构，首层架空，以石墙围合，防潮防涝，通常用作存储杂物；二层以木板做围护结构和室内分隔材料，为日常生活空间。采用双坡屋顶上铺本地木板瓦，适应了雨季潮湿多雨的季节性气候特征。

图1 错高村民居大门

1. 分布

错高石墙干栏式民居集中分布在工布江达县巴松措湖湿地东北末端的错高村，现存40余处。这里雨季气候湿润多雨，森林茂密，有充足的石材和木材作为建造材料。

2. 形制

错高石墙干栏式民居呈自由形态的院落围合，民居主体为独栋形式，与其他木构草料棚和围墙围合出院落。底层架空，并用石墙围合，用于饲养和储藏。民居主楼平面为矩形，首层、二层以及屋顶阁楼之间用木楼梯相连通。藏式民居中厨房和起居室相结合是一种普遍特色，此房间是二层的最主要的生活空间，通常中间有一根结构木柱，厨房靠内侧，在地上架设火灶，靠墙壁有放满各类炊具的橱柜，起居室在靠墙和窗户的一侧放置坐床。

民居内都设有一间经堂，用于供奉活佛像或者其他法器。其他房间用作卧室和储藏室。为便于生活晾晒，二层朝阳一侧还设置了外阳台。

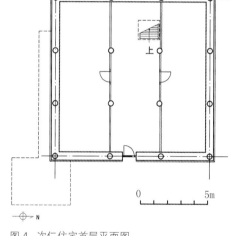

图3 经堂

3. 建造

民居主体为两层，均为木结构承重，建造时先做木架结构，后用石头砌筑墙体。底层搭建均匀布局的柱网，柱子外围用块石码放堆砌，直至二层地板。柱子顶端架设横向梁，梁上密排椽子，椽子上铺灌木藤条，再上铺宽约30cm，长1m左右的木板作为地板。二层结合室内分隔的需求来布置方形柱子，因为有十字形交叉的椽子和藤条，荷载比较均匀地分散开，二层柱子不一定和首层对位。二层大起居室和厨房空间中部有一根柱子，上架横梁，梁上铺边长约14cm的方形椽子，间距约70cm。椽子上铺木板，覆盖草泥做平屋顶，屋顶上

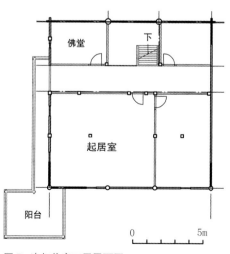

图4 次仁住宅首层平面图

图2 错高村石墙干栏式民居院落

图5 次仁住宅二层平面图

图6　次仁住宅　　　　　　　　　　　　　　　　　　图7　次仁住宅起居室

再架设人字形屋架，上排椽子和两排木板瓦。整体上建筑材料略显粗犷，石块或者方形或者采用原石，木料也由斧头、锯子粗加工之后直接用于建造。

4．装饰

干栏式民居本身装饰性不多，这与它简单的加工工艺相关。一般在起居室内柱子顶端有横梁托木，托木通常雕刻为云线纹造型，柱头和托木上施彩绘，色彩艳丽。室内佛龛、墙壁和窗口也通常悬挂了金色布带来装饰。在横梁托木上，藏历新年的时候要用面粉点白色斑点，书写藏经文。

5．代表建筑

错高村次仁住宅

次仁住宅位于巴松措湖湿地东岸的错高村内，修建于20世纪初中华民国时期，最近一次维护修缮在20世纪90

图8　次仁住宅模型

图9　次仁住宅立面图

图10　次仁住宅剖面图

年代，保持主体木结构不变的前提下仅对窗的形式、走廊尺度做了调整。整个院落坐西朝东，主楼在西侧，二层是比较典型的平面布局，内部东南角为最大的起居室空间，一字形内走廊一直向南伸出，接一个外走廊，并在走廊东侧连接出一个较大的露天晒台。

成因

错高石墙干栏式民居位于山谷河边，林芝地区雨季集中，本地气候湿润利于植物生长，提供了丰富的石材和木材。堆砌石材和均匀布置柱网比较简便易行，在本地区被大量采用。

比较／演变

错高村有两种民居形式，一种为石墙干栏式民居，另一种为石墙木屋顶民居，相对来说前者建造简便，造价低，在本地丰富的建造材料环境中，更利于普通下层民众生活居住。

图11　错高村索朗扎西宅

藏东南民居·鲁朗石墙木屋顶民居

林芝县鲁朗镇的传统藏式民居均为石墙木屋顶的建筑形式，收分明显的厚重墙体与出檐深远的阔大屋顶形成鲜明的对比。建筑内部为木构架承重，每层木构架垂直对应，用材粗大、空间舒朗、节点简洁明晰是其木构体系的主要特征。

图1 次娃顿珠宅

1. 分布

鲁朗石墙木屋顶民居分布于林芝县鲁朗镇扎西岗村、纳麦村、仲麦村等地，林芝古称"工布"，藏语意为"娘氏家族的宝座"或"太阳的宝座"。鲁朗镇位于色季拉山山脚下的鲁朗河谷地带，这里森林茂密，气候湿润，雨量充沛，有充足的木材和石材作为建筑材料。在扎西岗村中还有一座桑杰庄园，始建于19世纪初期，至今约有200年左右的历史。

2. 形制

民居的主体建筑通常建在较高的台基之上，门外设有专门的平台和多级台阶。相较其他地区的藏式民居，这里的民居建筑体量较大，普通民居的主体建筑占地在200m² 左右，平面呈长方形，面阔五间六柱，进深三间四柱，庄园的单体建筑规模更大。主体建筑的实际使用空间设两层：一层进门后设有通往二层的楼梯，地面用木板或石块铺砌，其他空间用作仓储，为泥土地面，不做处理。人口多的家庭也会在一层设居室；二层为主人生活起居的空间，包括带有藏式传统厨灶的起居室、经堂、卧室和仓储空间，围绕中部的交通进行组织。起居室是带有一根中柱的大房间，是一家人吃饭、会客的空间，除炉灶外，还设置藏柜、藏床等家具，老人和小孩晚间在此居住。二层的平顶之上还有空间十分开敞的屋顶阁层。

3. 建造

民居建筑是由外部围护石墙和内部木构架两部分组成。外墙是由大小不规则的石块砌筑而成，自下而上有较明显的收分，表面涂抹白色泥浆，并根据石块的形状抹出不规则的肌理。

木构架是房屋主要的承重体系。自下而上可分为3层，各层之间相互独立，通常一、二两层的柱子数量相同，垂直位置基本对应，顶层需设脊柱，与下面两层柱位不完全对应。一层木构架为最重要的承重层，通常用材较大，柱上承托沿进深方向设置的纵梁，梁上密排横檩，这与第二层梁、檩的方向呈垂直关系。柱与梁之间由粗大简略的榫卯结构相联系。二层为生活空间，木构件大都经过较为精细的处理，梁、柱断面通常为方形，柱上承横梁，梁上置密檩。在庄园建筑中，位于重要房间的柱头被雕刻成栌斗造型，其上承接轮廓优美的托木，托木上置梁檩，上面铺设木地板，做黄土夯实的楼板。第三层是屋顶的木构架，结构十分严整、明晰。从脊柱到两侧檐柱，高度递减，柱头承接通长的斜梁，梁上置檩，檩数可达18根，上面铺设手工劈成的木板瓦，形成平缓飘逸的大木屋顶。

4. 装饰

鲁朗石墙坡屋顶民居外观装饰简洁、朴素，石砌外墙涂刷白色，采用木格窗扇，窗格保留原木色，未施彩绘，窗套涂黑色呈梯形，窗楣涂藏红色。在二层窗楣上绕建筑一圈做一层木质挑檐，涂藏红色。在以白色为基调的外墙

图2 桑杰庄园庭院内景

图3 桑杰庄园二层天井

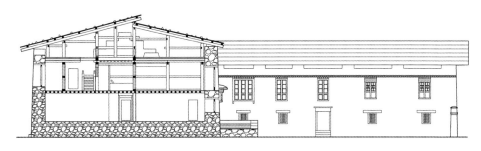

图 4　桑杰庄园剖面图

图 8　桑杰庄园侧面

上用黑色、藏红色进行点缀，同时，平缓飘逸的木屋顶也形成了简洁大方的建筑外部装饰，完全融于周围优美的田园景致。内部装饰主要集中于柱、梁和木板墙上，屋内所有木质构件保留原木色，柱头雕刻成栌斗造型，托木（雀替）造型优美，屋内装饰古香古色。

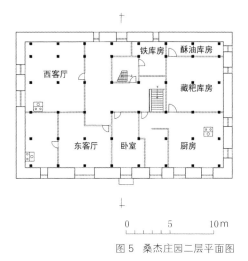

图 5　桑杰庄园二层平面图

图 9　次娃顿珠宅起居室

5. 信仰习俗

鲁朗石墙坡屋顶民居在二层采光条件好的位置专门设置了佛堂，通常在佛堂中布设雕刻、彩绘精美的佛龛，佛龛里供奉着藏传佛教中的各式佛、菩萨，佛堂是藏族家庭日常礼佛的重要场所。

6. 代表建筑

1）林芝县鲁朗镇扎西岗村桑杰庄园

桑杰庄园建于 19 世纪初期，至今约有 200 年左右的历史。庭院内部有两座石墙木屋顶形式的建筑，呈"L"形布局。主体建筑面阔 24.4m，进深 16m，一、二两层各有 48 根柱子。一层木结构用材巨大，柱径可达 45cm，二层中部设有天井，解决了建筑内部的采光和通风问题，围绕天井设有内廊，可以通向功能不同的多个房间。二层的开窗面积较大，设有通透的方格窗扇，窗外风景如画。

2）林芝县鲁朗镇罗布村次娃顿珠宅

位于鲁朗镇罗布村，主体建筑重修于新中国成立后。一、二两层中部为交通空间，一层有一间带中柱的方室，作为厨房和起居空间，其他空间用作仓储。二层是主要的生活空间，有带中柱的起居室、经堂、卧室等空间。

图 10　次娃顿珠宅

图 6　次娃顿珠宅平面图

图 7　桑杰林庄园全景

成因

鲁朗镇位于林芝东部的高山峡谷区，雨量充沛，林木资源丰富，防潮和防雨成为了民居建筑要解决的主要问题。因此，民居建筑的外墙以石材为主，建筑的基础较高，在平屋顶的基础上，设有宽大的双坡斜屋顶。

比较／演变

鲁朗镇石墙木屋顶民居与工布江达县错高乡的石墙木屋顶民居相比较，其木构体系更为严整、明晰。房屋基础高，一层空间舒适，设有生活和仓储的功能。隔层空间开敞，脊柱的高度甚至大于下面两层的柱高。

177

藏东南民居·波密石墙干栏式民居

图1 次仁旺秋宅厨房

波密石墙干栏式民居是林芝地区较为常见的传统民居形式。在边界自由的院落内，民居单体位于一侧，为两层木梁柱结构体系，首层为饲养牲畜和储存的空间，兼有防潮功能，二层以木板做室内分隔，为日常生活起居空间，有厨房、起居室、经堂和卧室，在朝向院子一侧为柱廊形式的晒台，为区别于本地区其他干栏式民居的标志。人字形结构双坡屋顶，应对了雨季潮湿多雨的季节性气候特征。

1. 分布

干栏式民居主要分布在西藏东部，气候湿润的山地林区，临近溪流河谷的缓坡地带，有充足的石材和木材作为建造材料，适宜生产生活。工布江达县错高湖沿岸以及波密县境内保存了较多干栏式民居，本类型为波密县境内的石墙干栏式民居，分布在山谷内的缓坡和平原地区。

2. 形制

波密石墙干栏式民居有边界较为自由的院落，以木篱笆或其他简易草架围合，民居建筑位于一侧，朝向院内。建筑平面为较规整的矩形，底层木柱承重，有横梁，外部用石头堆砌围合，一般不做室内分隔。因为本地气候湿润，底层不住人，主要用于饲养牛或储藏柴草。二层木框架结构，用木板围合及作室内分隔。二层朝向院子一侧为柱廊形式的晒台，一开间宽，用于晾晒衣物和需要较强光线的室内生活，楼梯设置在晒台的一个角落。二层室内以内走廊联通各个空间，其中主要生活空间为厨房和起居室，藏族居民习惯把二者放在一起，靠窗户和外墙一侧为起居室，摆放坐床和桌子。厨房一侧在地上架设火灶，靠内墙墙壁挂满各类炊具，也放置一座橱柜。民居内还要设有一间经堂，供奉活佛像或者其他法器，这是藏区的宗教信仰。

3. 建造

波密石墙干栏式民居为两层木结构承重。底层采用粗壮的木柱，形成均匀分布的柱网，柱子下部用石块做防潮柱础，顶部做单向横梁，梁上为纵横十字的两层椽子，承载二层地板。柱子外首层用石块码放堆砌外墙，朝向院子的柱廊与内侧柱子结构脱离，独立成外柱廊，二层楼板椽子直接架在石墙上。二层柱子结合室内分隔自由设置，室内隔墙和外围护墙体均为木板墙，顶部平屋顶，平顶上再加设的人字形木架屋顶。

4. 装饰

干栏式民居以原石和粗加工的原木

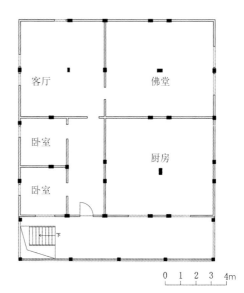

图3 次仁旺秋宅平面图

图4 次仁旺秋住宅立面图

图2 波密县次仁旺秋宅

图5 次仁旺秋宅首层柱网

图6　次仁旺秋宅外观

图9　次仁旺秋宅晒台前廊

为建材，具有粗犷的材质美感。在门窗等位置，经常有彩绘的雕刻门窗套，给立面增添了活泼的元素。前廊和起居室、经堂、开敞厅中间的柱子横梁托木加工成云线造型纹饰，室内柱头和托木上又施彩绘，色彩以红、黄、蓝色系为主，十分艳丽。在横梁托木上，藏历新年的时候要用面粉点白色斑点，书写藏经文。

5. 代表建筑

波密县次仁旺秋宅

次仁旺秋宅是20世纪新中国成立初期修建，建筑为两层，东西向矩形平面。东侧外接前廊，经由前廊内南端的楼梯到达二层宽敞的晒台。二层中部为东西向走廊，进门北侧为最大的起居室兼厨房空间，走廊尽头是西客厅，向北连通一间大经堂。厨房和经堂是主要生活空间，内部各有一根彩绘柱子，顶部安放雕刻云线纹饰的托木。厨房对面是两间小卧室，显得非常狭小，仅放一张床。

图7　次仁旺秋宅窗户纹饰

图8　次仁旺秋宅前廊外观

图10　次仁旺秋经堂木托纹饰

成因

石墙干栏式民居位于山谷河边，地势低洼潮湿，需要做底层防潮防涝。林芝地区气候湿润利于植物生长，有丰富的石材和木材，尤其是高大的松树、杉树，为干栏式民居最主要的建造材料。采用双坡屋顶，底层架空，并有一个前廊晒台，更适应本地自然环境。

比较 / 演变

林芝地区有两种干栏式传统民居，相比之下错高石墙干栏式民居的建造更简便，晒台直接从二层走廊伸出来。而波密干栏式民居由于有了前廊晒台，不必担心下雨天气，在晴天时立面上有了前后层次，在建筑造型上更美观。

藏东南民居·波密藏式木板房

西藏的木板房主要分布在波密、林芝、墨脱、察隅等气候温暖多雨的林区。建筑平面呈长方形，木板墙直接承重。室内空间根据使用需求，以立木纵横相交相互插接形成墙体进行分隔。庭院中多栽种果木及鲜花，景色优美，周围环以石砌围墙，限定院落空间，院落顺应地势及周围环境自然布局。

图1 索朗顿珠宅周围环境

1. 分布

波密藏式木板房民居主要分布在林芝地区波密县东南部，这里温暖多雨、地势平坦，有利于发挥木板房便于加工、建造周期短、造价低等优势，同时避免木板房不利于保温防寒、怕火、防御性差等缺点。

2. 形制

波密藏式木板房民居有单层和双层形式，建筑大多背山面路或面水，建筑主体基本采用对称式布局，根据房屋的大小，一般用木板隔成三五间不等，分别作为卧室、客厅、经堂、厨房和储藏室等，经堂是房屋中的重要组成部分，专门用于供奉神佛。

木板房民居多选址在平坦宽敞的场地上，主体建筑外侧有较大场院，栽种果木花卉，并布置休憩座椅，庭院环境舒适宜人、景色秀丽。

3. 建造

波密地区主要信奉藏传佛教，房屋建造前要先请喇嘛选址念经后才可进行场地平整，搭建屋顶时需举行上梁仪式。

木板房民居一般独门独院，与自然和谐共生。房屋基础由加工过的石块砌成，基础上放置"凹"形的方形木条作为石基础与木板墙的连系构件。木板墙外轮廓基本与基础齐平，屋檐出挑半米左右，以防雨水灌入室内。房屋内外墙板均用厚约10cm的立木插接而成，立木两端开槽，层层相扣连成整体，长度不足或丁字形相交的部位以开槽的木柱做连系构件，木墙板上部以方木圈梁进行连系和固定。屋内通铺木地板，房屋外墙整体涂色。门窗水平位置主要根据房间的功能而定，在立面上较自由。

4. 装饰

木板房民居室内装饰相对简单，外立面多刷涂色彩浓郁的藏红色涂料。在蓝天白云下、远山草甸中格外醒目欢快。藏族建筑非常重视对额枋和门窗的装饰，门窗外框有繁复的木雕彩绘，装饰华丽、色彩多样，极具民族特色。

5. 代表建筑

波密县扎木镇巴琼村索朗顿珠宅

索朗顿珠宅是典型的木板房民居，其建造年代较晚，为满足现代化生活的使用需求，在功能和空间上进行了很多改善。院落坐落于山脚下平坦的草甸上，占地约500m²，院墙以规整石块砌筑，大门开在西北隅，院内有主房一座，正房两侧有简易搭建的木棚，用以储藏木柴及杂物。宅前场地宽敞，院内不设铺地和道路，任牧草自然生长，房前左右各栽植葡萄与花卉，绿草茵茵，硕果累累、鲜花盛开。

主房为单层建筑，坐西朝东，面宽14m，进深10m，建筑面积约150m²。基础以简单加工的山中毛石砌筑，外抹水泥进行找平和防护，室内铺设木地板。建筑最有特色的地方体现在内外墙均以10cm厚的木板相互插接而成，层层木板竖向拼接，构成横向的纹饰，舒展而平缓。屋顶采用歇山形式，但比常规的歇山顶坡度小很多，屋面覆小板瓦，建

图2 索朗顿珠宅

图3 庭院环境

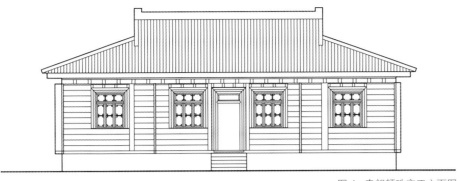

图 4　索朗顿珠宅正立面图

图 7　索朗顿珠宅室内空间

图 5　索朗顿珠宅山墙

图 8　索朗顿珠宅门窗装饰

筑室内空间较高，设有吊顶。平面空间根据使用需求分为门厅、卧室和厨房等，火塘上方的屋顶设有老虎窗形式的驱烟窗囱。因木板房对洞口尺寸没有限制，门窗较宽大，且施以丰富的色彩，青窗红墙相互对比呼应，整体建筑和谐而欢快。

建筑外墙面整体涂色，有防蛀防虫的作用，不同的色彩也蕴含着不同的寓意，如木板墙曲主体采用藏红油漆涂色，局部将木柱涂刷黑色，木板伸出的断面涂以白色，分别代表对地上神、地下神和天上神的崇拜。门窗采用藏式传统的木雕刻，并涂刷极具民族特色的蓝白红青四色，窗扇四角上也装饰有花卉木雕，细致精美。

成因

波密县扎木镇属于亚热带气候与高原温暖半湿润气候的相交地带，全年温暖多雨，植被丰富、木材充足，对保温防寒的要求较低。同时相较于石墙建筑，木板房有材料易于获取，加工简单，施工速度快等优势，成为波密地区广泛使用的传统民居形态。

比较／演变

传统的木板房民居室内空间低矮、狭小，形制并不规矩，随着木材加工技术水平的提高，波密县内现代的木板房空间可以做得十分宽敞舒适，并且随着生活水平的提高，人们对院落空间的利用和环境营造愈加重视，使得自然生态的环境和色彩浓郁的藏族民居相互融合、和谐共生。

图 6　索朗顿珠宅院墙及歇山顶

藏东南民居·朗县石墙木屋顶民居

朗县传统民居外观多为林芝地区常见的石墙木屋顶形式，但由于这里地处雅鲁藏布江河谷两岸，传统的藏族村落多选址在高差较大的坡地上，传统民居的院落空间通常会出现较大落差，同时，居住的房屋为适应这种落差，也形成了一种独特的、高耸向上的建筑立面。

图1 烈村山地民居外观

1. 分布

该类民居主要分布在藏东南地区朗县境内的卓村及烈村，这里的村落多选址在雅鲁藏布江沿岸的山坡地带，地形较为复杂，空间落差较大。

2. 形制

该类民居多建于有地势落差的坡地上，民居建筑结合地形建造，形成了有高程变化的院落空间。院墙之内，居住生活的主体建筑通常沿高地边缘建设，一般有两种做法应对地形的高差。一种是自下而上，砌出一层高度的石墙，起到稳固基础的作用，但并没有形成实际的一层空间；另外一种是自二层地坪向外跨出一定距离（通常为一跨距），再于墙体之上架设梁、檩，形成上下两层空间，上层是生活空间，下层用于仓储或关养牲畜。因此，朗县的传统民居通常在上下两层院分设两处大门，分别服务于农牧生产和日常生活。由于地形复杂，建设用地有限，山地民居建筑的规模一般较小。主体建筑通常为一座带有中柱的方室，作为一个家庭的起居室使用，里面设有藏式家具、佛龛和藏式传统炉灶。方室北侧通常会设一间储藏室，根据生活的需要，储藏室的东侧可以再加建房屋，与最先建的主房形成"L"形的布局关系。

3. 建造

朗县的石墙木屋顶民居为石木混合结构，即石砌的外墙与内部的木结构体系混合承重。外墙以不规则块石砌筑，中间用较小的片石找平，在房屋转角处，使用相对规整的块石砌筑墙体，起到加固的作用。起居室内部设一根方柱，通常柱上承长短两层托木，托木之上置横梁，梁与外墙之间密排圆檩。檩上铺木板，板上为黄土夯实的平顶屋面。屋面之上，通过层层叠垒短木架设出单坡的斜屋面，再铺设木板瓦。

4. 装饰

与其他藏式建筑相同，门窗是该类民居主要的装饰部位。主要房屋外墙为块石砌筑，有地势落差的一面通常朝南，为建筑的正立面，设通透的格扇窗，外墙涂有黑色的梯形窗套。加建房屋朝向院落的一面为木板墙体，设有较大的窗。传统的做法是用藏红色的泥浆涂刷门窗，改造后的民居会施以鲜丽的彩画。在室内装饰方面，常在熏黑的内部梁架上描绘吉祥图案和文字。

5. 信仰习俗

生活在火塘四周是藏族人的传统习

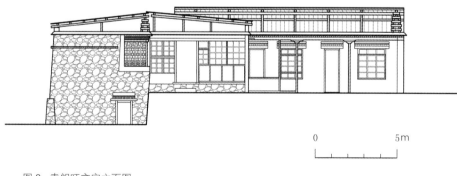

图2 索朗旺文宅立面图

0 —— 5m

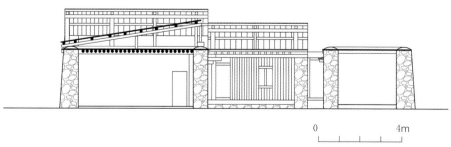

图3 烈村山地民居剖面图

0 —— 4m

图4 用短木支起的单坡屋顶（索朗旺文宅）

图5 获得更多采光的转角窗（索朗旺文宅）

俗，因此，起居室常围绕藏式炉灶而设置。另外，位于房间中部的柱子也是藏族人信奉的对象，通常会在房屋立柱时做法事活动，平时也会在柱头上挂哈达、柏枝等吉祥物品，独立经堂或设于起居室的佛龛则是每户藏族人家必有的信仰空间。

图 6　索朗旺文宅平面图

图 9　烈村山地居民入户景观

6. 代表性建筑

1）朗县洞嘎镇卓村索朗旺文宅

索朗旺文宅选址在落差较大的坡地上，有上下两层院落。上层院落与主路相连，下层院落通往村旁的山麓。主要房屋沿陡坎修建，分为上下两层，上层为带有中柱的方室，作为重要的起居室使用，并设有佛龛；下层为房屋的基础层，自二层地坪外跨出一间储藏室，目前用作存放饲养牲畜的料草和农具。主房北侧和东侧各附建一座带有中柱的储藏室和藏式厨房，与主房形成"L"形的平面布局。院落北侧另建有仓储用房。各建筑的平屋顶上有单面架起的斜屋顶，其上铺设木瓦。主房东南角上设有"拐角窗"，分别朝向上、下两层院落，由于光线可以从两个方向射入，房间内部格外明亮。

2）朗县金东乡列村山地民居

该民居选址在落差较大的山坡地，院落同样分上下两层。主体建筑建在有落差的陡坎处，其下面的基础紧贴

图 7　烈村山地居民起居室内的中柱

陡坎，垒起厚重高耸的石墙，远观颇有气势。起居室内设有一根中柱，柱头雕刻为栌斗的造型，上面承长短两层托木，托木上置方形断面的横梁，梁上密排圆檩。檩上为夯土的平屋顶，平顶之上有单坡的斜屋顶，其上再敷设木板瓦。主体建筑东侧附建有储藏用房。目前，这座民居建筑久经闲置，局部已经塌毁。此外，这座建筑的外墙出现多处属于不同时期的砌筑方法，反映出该建筑可能是在曾经塌毁的基础上重建而成。

图 10　加建的藏式厨房和起居空间（索朗旺文宅）

成因

鲁朗县位于林芝地区西南的雅鲁藏布江河谷，这里与拉萨地区相比，海拔逐渐降低，降水开始增多，周边山上的林木资源逐渐丰富，提供了更多利于建造的木材资源。由于建设地貌条件较为复杂，适应地形落差成为房屋建设的前提条件，于是形成了朗县地区较为独特的山地石墙木屋顶形式。

比较 / 演变

相较平坦地势上的院落，有落差的院落空间可以更快排除内部的积水，同时，上下两层院落自然形成了人畜空间的分离。该类民居的独特之处也在于巧借地势，通过外跨梁柱的方式，既增设了地下空间，也在建筑立面上形成了高耸的建筑外观。

图 8　设有一根中柱和佛龛的主要起居室空间（索朗旺文宅）

藏东南民居·珞巴族石墙木屋顶民居

珞巴族主要活动于西藏东南部，东起察隅、西至门隅之间的珞瑜地区，长期以狩猎为生，历史上多以岩洞或架设树屋为栖身之所。珞巴族习惯于按照一定的血缘关系聚族而居，建筑多由公共的长房和相对独立的小栋房组成。房屋一般采用片石砌筑，屋顶覆盖木板瓦。

图1 东娘宅周围环境

1. 分布

珞巴族石墙木屋顶民居主要分布在喜马拉雅山脉东段南侧，以米林、墨脱等地最为集中。南依沟曾经一直是珞巴族居民和藏族居民进行各种交换的传统边贸地区。1965年，国务院正式批准珞巴族成为独立的少数民族，并将散居于南伊沟各山沟的珞巴族居民集中在南依、琼林、才召三个行政村。1988年设立南依人民公社，由政府出资，建设新房，珞巴族才有了固定的居所。其建造主要借鉴了林芝地区其他的民居，采用石墙木屋顶的形式。

2. 形制

珞瑜地区潮湿多雨，珞巴族的住宅多选址于山坡平缓的开阔地带，以避山洪，利于排水防涝。珞巴族民居从岩洞、树屋形式演变为固定居所的历史并不久

远，加之政府大力改善珞巴族居住条件，传统民居保留下来的现存实例非常少，相关的研究基础也较为薄弱。依据现有的研究成果，珞巴族建筑形式主要有两类。一是"长房"，形态为一字形，常作为公房或整个家庭居住使用。男主人每增加一房妻子，须单独增加炉灶，建筑也相应加长。第二类是"小栋房"，呈方形或长方形，为小型家庭居住使用。

珞巴族传统民居形式与氏族制度、家庭形态和宗教观念密切相关，一般房屋中心设火塘，宅门的方向面向山坡。由于古时候部落之间经常发生纷争，因此珞巴族民居大都有坚固的墙体和狭小的门窗，易守难攻。

3. 建造

珞巴族民居建造选址需经村落议事会的讨论批准，并进行祈祷和献祭，确

定建房日期后，全村集体修建，房屋竣工后，要举行落成仪式。珞巴族民居外墙多以片石砌筑，外部石墙和内部木构架共同承重，建筑层高较低。应石墙构造的需要，外墙厚实坚固，略有收分。由于林芝地区多雨，木材生长快，且木材加工简单，珞巴族民居屋面多采用由木板瓦铺设的双坡屋顶，温暖地区还常以芭蕉叶或稻草覆顶，屋顶的阁层为木檩上铺设木板。但是受材料限制，同时避免潮气侵入，门窗一般低矮狭小，建筑周围以木板环作围墙形成院落，用以饲养牛马等牲畜。

4. 装饰

珞巴族民居装饰多为信仰图腾，如门口绘制蟾蜍与太阳。此外，珞巴族还常以兽骨和蹄甲为装饰，悬挂于门前檐下，用以彰显主人勇敢的精神、强大的

图2 东娘宅碉楼建筑及环境

图3 东娘宅山墙挑出的小檐口

图4 东娘宅单层建筑山墙

图5　东娘宅单层建筑及周围环境

图8　门楣上方悬挂辟邪的黄鼠狼

图9　珞巴族神秘图案及传统服饰

力量和高超的狩猎技艺。同时，也旨在祈盼日后获得更多的野兽。

5. 代表建筑

米林县南伊乡才召村东娘宅

才召村已进行了新农村改造，村民都搬入新居，东娘宅是村中唯一保留下来的一处珞巴族传统民居，大约建于1950年前后，现已无人居住。东娘宅选址于平坦、开阔的草甸上，坐西向东，院落内原有三栋建筑，东侧的建筑已完全倒塌，现仅存中部的二层碉楼和西侧的单层建筑。

西侧单层建筑面宽13m，进深8.7m，石墙体和屋内的两根中柱及一条横梁作为主要承重结构，屋檩沿进深方向架设于横梁及外墙上，屋内西南角设火塘，室内通铺木地板。在外墙正面和山墙面靠近顶端的位置，分别有1～3层为方椽连续挑出的小檐口，出挑的檐椽都涂成经典的藏红色，在建筑的外墙

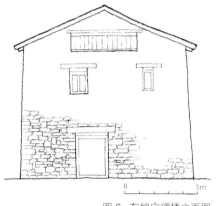

图6　东娘宅碉楼立面图

上形成了格外醒目的一道装饰线。屋檐下布置四根檐柱，支撑伸出的挑檐檩，檐柱采用简单加工的原木，整个建筑古朴自然。

位于院落中部的二层碉楼与东侧已坍塌的房屋之间原有廊将二层空间直接相连，碉楼石墙直接承檩，墙体约有5%的收分。碉楼有明显的防御特征，仅设东门，二层门窗狭小，顶层阁楼有横向长窗，建筑巍峨高耸，呈生长之势。

成因

珞瑜地区历史上部落族群多，野兽出没频繁，碉楼建筑主要适用于日常防御。20世纪60年代以前，珞巴族是以父系家长制家庭为基本单位的氏族部落社会，因此发展了适应于家长制家庭居住的长屋。1965年后，政府拨款为珞巴族建设新村，珞巴族家长制逐渐解体，一夫多妻的家庭结构逐渐消失，珞巴族传统的长屋失去了存在的社会基础，传统的碉楼也被宽敞明亮的新民居代替。

比较／演变

珞巴族传统民居反映了家长制的生活形态，及防御外族和野兽入侵的要求。其建筑材料和形式借鉴了藏式建筑，但装饰更为朴实自然，仅门窗局部雕刻、门窗上部出挑的红色檐檩和泼白的墙面体现了西藏建筑的装饰特点。

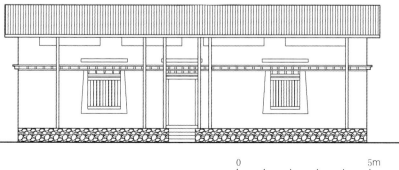

图7　东娘宅单层建筑立面图

藏东南民居·米堆藏式木板房

米堆藏式木板房形式适应波密县雨季潮湿多雨的气候，为独栋式建筑，采用木框架结构，屋面为双向坡屋顶，以一层和二层为主，随坡就势布置，院落边界自由，院内木杆晾草架与建筑和谐统一。

图1 罗布次仁宅远景

1.分布

米堆藏式木板房主要分布在林芝地区波密县，这里冰川众多，森林密布，高山河流纵横，雨季气候湿润多雨，土地肥沃。其中玉普乡米堆村坐落在闻名遐迩的米堆冰川脚下，景色宜人，平均海拔2000余米，适宜居住，形成了不同于波密县其他地区的独特的木板房形式。

2.形制

米堆藏式木板房为独栋形式，院落边界自由，建于河谷地带的坡地上。建筑由居住房、简易井干式牛羊圈、木构晾青草架，简易木板房储藏室、柴木棚、木板墙围合的院落、藏式木杆门组成。居住房设有起居室（可作厨房、客厅、休息使用）、卧室、经堂、厨房和储藏室等部分。经堂是重要的组成部分，专

门供奉佛像和信奉的神灵。木板房屋的顶形式为木板条坡屋顶，坡屋顶下部空间内堆放着农具和晾干的青草。

3.建造

米堆木板房一般独门独院，与自然和谐共生。房屋基础由块石砌筑而成，在基础上立方木柱。木柱、木梁构成房屋框架，厚约15cm，宽约20cm木板横向插入木柱凹槽，层层叠落形成墙体，四个墙角做成十字形搭扣连接，木板墙上方用方木做整体木圈梁进行连接和固定。木圈梁上铺木板，立三角形木屋架，木屋架上铺圆木椽子，上铺具有当地特色的长方形木板条。室内铺木地板，门窗的水平方位主要根据房间的功能而定，在立面上较自由，通常设挑檐门廊。

藏东南民居在选择宅基地破土时需请高僧诵经，祈求人畜安康，风调雨顺。施工过程中开挖基槽，立木柱、安

墙板、立木屋架时都要选择吉日，搞不同的仪式，房屋建成入住之前举行生火仪式，并选择吉日宴请亲朋好友举行入住仪式。

4.装饰

木板房民居室外装饰较为简单，外面多刷涂色彩浓郁的藏红色涂料，在入户门前的廊子里做重点彩画装饰，木墙上刷成绿色，柱子、廊柱刷成红色，木斗、雀替、顶棚角处均刷蓝、红、黄、绿等色彩，主要有花卉、云纹、带状纹、五彩布纹等纹饰彩绘，彩绘色彩鲜艳，极具民族特色。室内梁柱上绘制花卉、瑞兽和吉祥图案，家具彩绘图案艳丽华美。

5.信仰习俗

米堆藏式木板房周围及房顶插上风马旗，祈求风调雨顺，人畜安康。经堂作为房屋的重要组成部分，内部装饰华

图2 米堆木板房全景

图3 索朗顿珠宅门廊

图4 索朗顿珠宅全景

图 5　罗布次仁宅正面

丽，供奉着佛像和信奉的神灵，是日常礼佛的场所；柱头、门口悬挂吉祥结，以求消灾驱邪。

6. 代表建筑

1）波密县玉普乡米堆村罗布次仁宅

罗布次仁宅是典型的藏式木板房民居，其建设年代较早，院落坐落于河谷坡地上，院落里有住房一座，及简易井干牛羊圈、简易井干干草房、青草晾晒架，木板与柴木墙围合成院落。住房由起居室、卧室、客房、经堂和储藏间组成，坡屋顶下部隔层空间用于晾晒粮草

和堆放杂物。

2）波密县玉普乡米堆村次仁索朗宅

次仁索朗宅位于米堆村米堆河西侧坡地上，居住房为两层，木框架结构，墙体为木板墙，随坡地布置，建筑平面呈方形，屋顶为坡屋顶，房屋前有高约6m的木杆晾晒架，无明显的院落边界，坐落在青稞田中间，环境宜人。居住房一层为牲畜圈养棚，空间大，未做隔墙；二层为房主生活起居场所，布置了起居室、卧室和储藏间；设有独木梯连接二层，二层平台可用于晾晒粮草；坡屋顶下部隔层空间用于储藏杂物和晾晒粮草。

成因

藏式木板房民居的成因与自然和社会文化因素都密切相关，深受半农半牧文化的影响。建筑分布于藏东南森林地带沿河谷两岸的坡地上，村庄都选址在背山面水、冬季可挡风的地段上。建筑多坐北朝南，每户院落都巧妙利用坡地地形。这里属潮湿多雨地带，当地盛产松、杉、柏等适宜建造的木材。藏式木板房建造方式较为简易，成为了波密地区广泛使用的传统民居形态。

比较 / 演变

藏式木板房民居由于地域上的差异，在藏东南一带在外观形式和建造方式上变化多样，米堆藏式木板房较其他藏东南地区的藏式木板房比较，形式较为简洁，装饰简约，因波密气候湿润，雨量充沛，采用了坡屋顶，坡屋顶形式由单坡和双坡两种，这屋顶形式与波密扎木镇的歇山式坡屋顶区别尤为明显。

图 6　索朗顿珠宅起居室

藏东南民居·东坝富商夯土碉楼

图1 丹增平措宅外观

东坝富商夯土碉楼主要以居住为单元，院落中的主要建筑为居住楼、牛羊圈、水果园、青草房和大门值班室等建筑，是受富商建筑影响与当地夯土碉楼融合的独特民居建筑，房屋一般采用块石砌筑基础至勒脚，夯土墙体，木构架为房屋内骨架，梁、柱、木楼面、木屋面，屋顶盖土平顶屋面。建筑体量较大，院落分多个牛圈、青草贮藏，布局错落有致，气势恢宏。

1. 分布

东坝富商夯土碉楼主要分布在昌都地区左贡县东坝乡，是左贡县一带的代表建筑，常见的为院落形式，属于西藏居民聚族而居的一种传统样式。东坝为藏语音译，意为"兴盛"之意。东坝位于东坝乡怒江峡谷凹地处，是茶马古道上的重要驿站，是马帮从川、滇地区运送物资的集散地和中转站，其地形靠山向阳，用水方便，宜人居住，海拔约2300m，左贡县人有经商的传统，东坝人善于经商，走南闯北，见识广，思想开放。他们常年出门经商或务工赚钱，回家后常扩建房屋，以显示富裕，而后几代人逐年加盖，经常翻修。东坝人善于学习他人之长，往往利用自家建房之机，吸引外地工匠参与建设，借鉴别的技艺。

2. 形制

夯土碉楼民居为独栋形式，院落边界自由。历史上传统的东坝人多以一妻多夫制组成一个大家庭，院落中的建筑由四部分组成：居住主楼、牛羊圈、晾青草房和大门门卫室。居住主楼一般体量较大，是院落中最重要的房屋，因为恶劣的自然环境和历史上长期动荡不安的社会环境，迫使人们大规模地聚集起来共同防御敌人的进攻。每户民居建筑本身都表现出来了一定的防御性，一层为实体夯土墙，只设通风小孔，居住楼为3层楼房，每层建筑层高相当于普通民居的二层高度，达到5.8m之高，另外在建筑的梁、柱、椽木用料上均比常规的藏东南民居大。建筑中部有一个长方形内天井，通过内天井来组织各层空间的房屋。

3. 建造

建造程序为先夯筑墙体，夯土墙完成后，再搭室内木构架、木楼面和木屋顶，房间之间的隔墙为木板墙或用藤条骨架和泥抹面制成的墙体。房屋基础不是太高，出地面40cm左右，其上为夯土墙，按当地规制一层一层往上夯筑，建造层数按当时经济情况来定，在房屋建成后，房主一旦又有钱，会再加建某一局部，一幢房屋需几年、几十年或几代人分别加建而成。居住主楼入口处为双跑式楼梯间，其余为存储粮食、农具、长途贩运的物资的仓库，一层多不对外开窗，二层以一个长方形内天井来组织一个家庭居住单元的空间，有起居室（可做厨房、会客、居住使用）、会客厅、卧室、经堂、重要物质贮藏室。三层房间多为局部加建楼层，空房较多，有一个较大的夯土屋顶晒台，是用来晾晒各类粮食和干果的场地，居住楼规模较大，空房较多，室外门窗雕刻精美，挑檐口造型层次丰富，室内木梁、

图2 鸟瞰丹增平措宅

图3 丹增平措宅正面

图 4　丹增平措宅

图 6　丹增平措宅厨房

木柱绘画精美。

建造过程中,房屋选址要请喇嘛挑选念经,动土、动木要择吉日并举行佛事活动,封顶和入住也要举行生火仪式等活动。

4. 装饰

东坝富商夯土碉楼民居的装饰主要集中表现在入口、门窗、内廊、柱、梁,室内房间均做了木雕和彩画,木雕形式多样,有的藏汉结合,有的僧俗结合。木雕有圆雕、浮雕、镂雕、链雕、透雕、半浮雕,线描、彩画在民居中均有体现。民居在门和窗等部位重点装饰,形成东坝民居的独有风格。

5. 代表建筑

1)左贡县东坝乡军拥村丹增平措宅

丹增平措宅是一个较典型、较完整的左贡东坝民居。院落中有四栋建筑,分别是居住主楼、牛羊圈、青草料房、大门等建筑。居住主楼是典型的3层楼,功能布局合理,院落正门朝西,居住主楼为坐北朝南的长方形建筑。

2)左贡县东坝乡军拥村嘎松旺加宅

嘎松旺加宅由主楼、牛羊圈、果园、青草料房组成,结构形式为土木结构,主楼局部3层,平面形式成矩形,墙体为夯土墙,内设天井,窗户尺寸较大,门窗、斗栱、挑檐雕刻精美,彩绘内容丰富多彩。

成因

左贡县东坝富商夯土碉楼民居受古老商贸活动的影响较多,东坝商人生活在西藏东部,与四川、云南交界处,往返于茶马古道上,建筑融入了三地文化,且当地一妻多夫的家庭形式益于财富的集中,不易外流,出现了集中财产建大房,搞精品,一代一代的财产用于建房屋的现象,均以建筑大,木雕精,彩画内容丰富来体现主人的身份。

比较／演变

东坝商人民居与其他夯土碉楼民居相比存在以下不同,建筑单体面积较大,建筑层高较高,建筑总体占地面积大,房屋数量多,木雕、彩画做工精美,彰显商人的富足。

图 5　丹增平措宅客厅

藏东南民居·纳西族夯土碉楼

纳西族夯土碉楼民居是芒康县纳西乡较为典型的民居形式，风格受八宿县、左贡县、芒康县和德钦县澜沧江沿岸的建筑影响，同时与当地夯土碉楼融合，形成了形式独特的民居建筑。房屋一般采用块石砌筑基础至勒脚，夯土墙体，木构架为房屋内骨架，木楼面、木屋面，屋顶盖土形成平顶屋面。主体建筑体量较大，院落分居住楼、牛圈、猪圈、青草房和大门等，布局错落有致。

图1　白玛措姆宅外观

1. 分布

纳西夯土碉楼民居（左贡东坝）是芒康县纳西民族乡较为常见的院落形式，是西藏较早期聚族而居的一种传统样式，在上盐井村和下盐井村最为常见。盐井为汉语名，藏语称"擦卡洛"，是茶马古道上的重要驿站，是马帮从川、滇地区运送物质的中转站，也是往西藏大部分地区和四川、云南输送食盐的产地和输出地。其地形靠山向阳，用水方便、宜人居住，村落海拔约2400m，位于澜沧江河谷坡地处。马帮的流动给当地带来了建筑风格的变化，使西藏东部、四川、云南纳西族建筑风格在此融为一体。

2. 形制

纳西夯土碉楼民居为独栋形式，院落边界自由，以一妻一夫制组成一个大家庭，院落中的建筑由居住楼、简易木构牛羊圈、简易木构草棚、柴木篱笆垒砌围墙围合出院落、大门及各小院组成，每户均设有一块水果园，紧邻院落，大部分果园中种植葡萄。居住楼一般体量较大，是院落中最重要的房屋，每户民居建筑本身都表现出一定的防御风格，一层为夯土墙，且开窗较少较小。居住楼一般多为2层楼或局部3层楼房，建筑中部有一个小方厅，由小方厅和藏式木质楼梯来组织起一至三层房屋空间。院落中还设有木构夯土牛羊圈，牛羊圈的规模大小以户主家牛羊多少而定，在院落里还设有一个较大的木构夯土青草贮藏棚，每个院落还设有大门。

3. 建造

建造程序为先挖基槽，再做块石基础，基础超出地面40cm左右，再做夯土墙体，夯土墙做好后，在室内立木柱、木梁，形成围护墙体内的独立木框架。隔墙为木板墙或藤条骨架上抹黄泥制成。居住楼入口处为过厅，由一部木制楼梯联系楼上楼下。其余房间为存放粮食、农具、长途贩运的物资的仓库，一层对外开窗较小较少，二层以一个小方厅来组织一个家庭居住单元，有起居室（兼做厨房、会客、居住使用）、会客厅、卧室、经堂和贮藏室。三层房间大多为后期扩建，三层平面大多呈凹字形，部分平面呈方形，围合出内天井。房间门窗做工精良，窗户尺寸大，雕刻精美，窗楣挑檐层次丰富，彩绘绚丽。

4. 装饰

纳西族夯土碉楼民居的装饰由外部装饰和内部装饰组成，外部装饰主要表现在檐口和门窗，多层挑檐的檐口木料尺寸较大，彩绘装饰丰富多彩。窗套和窗楣雕刻丰富，彩绘艳丽。在窗楣上部设置两层挑檐，挑檐沿外墙窗户连成一线，挑檐下设置简易斗栱，斗栱与窗套连成一体。内部装饰以宗教信仰不同而有所不同，在梁柱装饰上均采用了藏式传统雕刻及彩绘，基督徒家庭中装修色彩以天蓝色和粉红色为主，木质隔墙及构件上雕刻的图纹具有欧式风格；藏传佛教家庭中按传统的彩绘图纹进行装饰，包含吉祥八宝、瑞兽、花卉和梵文等。

图2　白玛措姆宅外观

图3　白玛措姆宅起居室

图 4　次仁旺姆宅起居室

图 6　次仁旺姆宅

5. 代表建筑

1）纳西民族乡上盐井村次仁旺姆宅

次仁旺姆宅是一个较典型，较完整的纳西族民居。主楼为 3 层楼，夯土墙墙体，独立木构架承重，墙体为围护墙，向上收分。一层主要为各式储藏间，二层为主要的生活居住场所，三层为局部挑檐柱廊，用于晾晒粮草。二层起居室中设置了佛龛，灶台背后的墙面上悬挂"火焰珍宝"图案。

2）纳西民族乡上盐井村白玛群措宅

白玛群错宅由居住楼、院落、围墙及紧邻围墙的果园组成，居住楼为 3 层楼，墙体为夯土墙，独立木构架承重。一层为大空间储藏间，未隔断，柱网布局对称整齐，二层为房主生活居住场所，三层为局部挑檐柱廊。二层起居室内设置龛台，供奉基督神像，装饰色彩以天蓝为基调。

成因

纳西族夯土碉楼民居位于芒康县盐井纳西民族乡，紧邻云南，是茶马古道的重要驿站，滇茶运往西藏的必经之路。纳西族文化、藏族文化及 19 世纪传入的基督文化，和谐共存，交流融合，于建筑上体现为在传统西藏夯土碉楼的基础上融入了纳西族、基督文化的装饰元素，形成了独具特色的纳西族夯土碉楼民居。

比较 / 演变

纳西族夯土碉楼民居平面形制和结构与藏东南夯土碉楼建筑十分相近，但在建筑外部装饰和室内装饰上，纳西族夯土碉楼民居更多地体现了多元文化的融合性和精神信仰在建筑装饰上的具体反映。同时盐井作为茶马古道上的重要驿站，贩运滇茶的马帮往返于此地，促生了纳西族夯土碉楼民居拥有较高的层高及大空间的储藏间。

图 5　白玛措姆宅起居室中的龛台

藏东南民居·昌都干栏式平顶民居

图1 达瓦宅远景

昌都干栏式平屋顶民居是昌都地区较为常见的传统民居形式，建筑为独栋形式，木框架结构，平屋顶。首层围合方式一般为直接架空、块石堆砌围合、藤条抹泥墙围合三种形式，常用作饲养牛羊等牲畜和储存杂物。二层以木板做围护结构和室内分隔材料，用作起居室和经堂等日常生活用房。建筑风格朴实，充分利用了木材的天然材质特色。

1. 分布

昌都干栏式民居主要分布在昌都地区东部的昌都县柴维乡、嘎玛乡境内扎曲河沿岸及江达县同普乡、岗托镇境内，这里高山河流纵横，雨季气候湿润多雨，森林茂密，有充足的木材作为建造材料。在金沙江、澜沧江流域保存了较多的干栏式民居。

2. 形制

昌都干栏式平屋顶民居为独立居住楼形式，随坡地地形布置，一般二层居住空间的入口与坡顶直接相连，居住楼为独栋形式，在居住楼周围布置二层木制构架晾晒棚、简易牛羊圈和储藏间等附属建筑，组成边界较为自由的院落，一般不设围墙。居住楼一般为围合式二层楼，内设天井，一层为架空层，多用来堆放木料、柴木和杂物等；二层入口处设门廊，通过内天井组织交通联系各

个房间，设有起居室、卧室、经堂、内廊休息室、储藏间等。起居室和西藏其他地方的民居一样，是居住楼中最为重要的房间，兼有厨房、客厅和夜间休息的多重功能。昌都地区的起居室一般空间较大，中间设置大火炉，以火炉为界分里、外间，里间是家中男人的主要起居空间，外间是家中妇女的主要起居空间。

3. 建造

昌都干栏式平屋顶民居在选址、确定房屋大门朝向时需寺庙的僧侣打卦卜算，并举行法事活动祈愿解除灾祸，人畜安康。干栏式平屋顶民居多建在坡地上，墙体与木质承重结构相对独立，木柱分为两类，一类沿外墙布置，放置于块石柱础上，垂直延伸至二层檐口木过梁下部，此类木柱断面尺寸较大，高度约6m；另一类木柱为架空层支撑柱，

随坡地高度不一，同样先在地面上放置柱础，再立柱。两类木柱一般均采用圆木。木梁采用断面尺寸较大的圆木，纵向木梁穿墙而出，梁端放置于墙体外侧的立柱上，木梁上放置横向圆木椽子木，椽子木上放置纵向方形木板，方形木板上放置树枝，树枝上铺含有一定比例砾石的黏土，层层压实，形成黏土屋面。一层架空层中一般不设隔断，部分建筑的一层会使用块石垒砌作为隔断，围合出大小不一的房间；二层围护墙体采用藤条编织，外用黄泥抹平。晾草棚外部藤条编织墙面未做黄泥抹面处理，有利于晾草棚内的通风。

4. 装饰

昌都干栏式平屋顶民居外部装饰粗犷，大尺寸圆木木柱立于墙面外，圆木木梁穿墙而出，层层挑檐木板条构成了屋面檐口，木柱、木梁及屋面檐口保留

图2 达瓦宅侧面

图3 达瓦宅正面

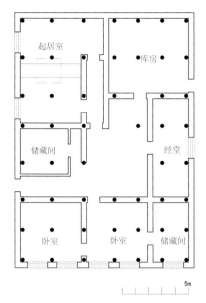

图4 达瓦宅平面图

图5 向巴赤列宅

原木材质。藤条编织墙外抹黄泥，保留黄泥本色，与木柱、木梁在色彩上形成统一。藏式彩绘木格窗、藏红色井干式木板墙，给建筑增添了灵动、活泼的色彩。建筑内部柱梁保留原木色，雀替造型丰富，墙面上用白面绘制点状图案及吉祥图案。

5. 信仰习俗

昌都干栏式平屋顶民居通常在室内设置佛堂，佛堂内装饰较为华丽，供奉着信仰的神灵，是全家日常礼佛的重要场所。在屋顶转角处设置风轮转经筒，转经筒靠风力顺时针转动。

6. 代表建筑

1）昌都县柴维乡柴维村达瓦宅

达瓦住宅位于柴维乡沿澜沧江东岸，是20世纪初中华民国时期修建，最近一次维护修缮在20世纪90年代，保持主体木结构不变的前提下对窗的形式、走廊的尺度做了调整。整个院落坐西朝东，主楼在西侧，二楼是比较典型的平面布局，内部东南角为最大的起居室空间，一字形内走廊一直从南伸出，接一个外走廊，并有一个较大的露天晒台。

2）昌都县柴维村尼玛贡秋宅

尼玛贡秋宅位于扎曲河东岸，院落为独栋形式，院落边界自由，院落朝东南向，一层为架空杂物间，二层为起居室、卧室、经堂和储藏室，北向设有一个通长的杂物间。

成因

昌都干栏式平屋顶民居成因与自然因素关系密切。因其成组团地聚集在山谷河边，且多为地势较陡的坡地，建筑根据坡地地质条件的复杂情况，巧妙地利用地势，采用干栏式建筑形式，一层立柱架空，不进行大面积的开挖，以减少对宅基地的破坏。本地气候湿润利于植物生长，提供了丰富木材，且均匀布置柱网比较简便易行，因此，昌都干栏式平屋顶民居在本地区被大量采用。

比较 / 演变

干栏式民居在我国南部省区的传统民居中经常采用，在西南省区尤多。昌都县干栏式平屋顶民居，大体做法与前两者相似，主要在屋顶上有所变化。这里的干栏式民居采用平屋顶做法，主要受到了藏东地区、藏北地区夯土碉楼平屋顶的影响。同时，这类民居建筑面积较大，防御功能相对较弱。

图6 达瓦宅起居室

193

藏东南民居·昌都石墙井干式民居

昌都井干式民居是昌都地区较为常见的民居形式，建筑为独栋形式，木框架结构。首层以石块围合，常用作饲养牛羊等牲畜和储存杂物，二层以木板做围护结构和室内分隔材料，用于起居和经堂等日常生活使用。建筑风格朴实，充分利用了石头与木材的天然材质特色，屋顶为平顶排檐屋顶。

图1 尼玛贡秋宅远景

1. 分布

昌都石墙井干式民居主要分布在昌都地区昌都县扎曲河两岸及江达县桐浦乡和岗托镇，这里高山河流纵横，雨季气候湿润多雨，森林茂密，有充足的石材和木材作为建造材料。昌都县扎曲河沿岸及江达县境内保存了较多此类民居。

2. 形制

昌都井干民居为平屋顶独栋形式，一般修建在坡地上，院落边界自由，简易木构草料棚和柴木篱笆围墙围合出庭院。底层用于饲养和储藏，二层用于生活居住。民居平面为矩形，由一个原木坡道联通首层和二层，在二层平面中应用一个内天井来联系各个房间，沟通了起居室和卧室等空间。藏式民居中起居室为最为重要的房间，一般有两到三柱的空间（藏式建筑的面积按柱来计算，一个柱大概12m²），兼有客厅、厨房和夜间休息的功能，厨房位置的一侧在地上架设有火灶，靠墙有放满各类炊具的橱柜，起居室靠窗户的一侧放置了卡垫床和藏桌。民居内都设有一间经堂，

用于供奉佛像或者其他法器。少量开间较窄的房间用作卧室和储藏室。为便于生活和晾晒，二层朝阳一侧还设置了通长的开敞式房间，用于堆放各类物品。

3. 建造

井干式平屋顶民居主体为两层，均由木结构承重，建造时先做木架结构，后以井干式圆木用来作空间围合。首层建造时先搭建柱网，柱径30～40cm，柱网均匀布局。在柱子外围用块石码放堆砌，直至二层地板。柱子顶端架设横向梁，梁上密排椽子木，再沿垂直于椽子木排布方向铺一层灌木藤条，达到均匀分布荷载的目的，其上再铺宽约30cm，长约1m左右的厚木板作为地板。二层结合室内分隔的需求来布置方形柱子，因为有十字形交叉的椽子和藤条，荷载比较均匀分散。屋面檐口采用两层或三层椽木挑檐，檐口彩绘图案丰富，色彩艳丽。整个建筑材料略显粗犷，石块经简单加工垒砌，木料经过斧头粗加工之后直接用于建造。二层大门与坡顶相连，二层外墙面为井干式圆木墙面，

中部由轻质藤条骨架抹灰墙面刷白色涂料，紧邻坡顶的墙体由木柱、块石砌筑墙面组成，局部二层在木构架中用带皮编织的藤木做围护，一层、二层挑檐按藏东传统做法，一层挑檐口加工细致，二层挑檐自然奔放。

4. 装饰

昌都井干式民居本身装饰就十分丰富，井干部分的房间用去皮圆木木料平行向上层层叠置，转角处垂直方向的圆木交叉伸出墙面，采用卡口工艺咬合，形成独特韵律，圆木上刷褐红色的颜料，体现一种原汁原味的自然之美。立面上木格窗户造型精美，彩绘用色讲究，搭配自然。在井干墙面中部做木板方格墙，丰富建筑立面的造型。屋面檐口层次丰富，彩绘色彩艳丽。室内装饰主要体现在梁、柱及墙面上，梁柱彩绘丰富，彩绘图案以花卉、瑞兽及传统吉祥图案为主。内墙保留原木材质，古朴整洁。

图2 坡地上井干式建筑群

图3 尼玛贡秋宅佛堂

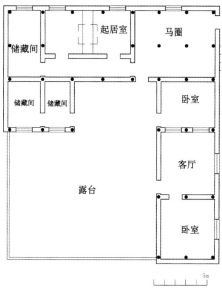

图6　尼玛贡秋宅平面图

图4　尼玛贡秋宅全景

5. 信仰习俗

昌都石墙井干式民居中经堂是重要的组成部分，经堂内供奉着佛像、菩萨像，是日常礼佛的重要场所。屋顶女儿墙转角处或中间设置风轮转经筒，随风顺时针转动。

6. 代表建筑

1）昌都县柴维乡柴维村多吉江村宅

多吉江村宅位于扎曲河西岸的坡地上，坐北朝南，顺坡地地势修建，主体建筑两层，局部3层，木质框架结构。一层沿坡地地势布设柱网，块石墙体围护，为仓储用房。二层为居住空间，外墙采用木板井干式及藤条编织抹泥墙，二层屋面檐口造型丰富。三层为粮草晾晒房，墙体采用藤条编织墙，通风良好。

2）昌都县柴维村尼玛贡秋宅

尼玛贡秋宅位于扎曲河东岸，建筑为独栋形式，木构架独立承重，主体建筑两层，局部3层，院落边界自由，院落朝东南向。一层为架空杂物间。二层为起居室、卧室、经堂和储藏室，北向设有一个通长的杂物间。三层为粮草晾晒间，由藤条墙面与柱廊构成。

成因

昌都井干式平屋顶民居成组团地聚集在扎曲河两岸，该地气候湿润，利于植物生长，提供了丰富的木材，为井干式房屋的建造创造了先天条件。堆砌石材和均匀布置柱网比较简便易行，在该地区被大量采用。

比较 / 演变

昌都石墙井干式建筑合理利用坡地层层搭建，外墙面上各种材料的组合自然和谐，木质承重结构布设独特，檐口层次丰富，彩绘色彩艳丽，挑檐平屋顶体现藏东地区和藏北地区的风格。

图5　尼玛贡秋宅侧面

藏北民居·牦牛帐篷

牦牛帐篷藏语译音"扎古尔",是高原牧民随牛羊迁徙,随草而居的住房形态。帐篷因其装拆方便,重量轻,便于运输等优点很适宜不断迁徙的生活方式,是藏族牧民长期以来的住房形式。

图1 牦牛帐篷整体外观

1. 分布

牦牛帐篷主要分布于藏北那曲地区,巴青县、索县、比如县、班戈县等地。藏北藏语译音"羌塘",意为"北方的空地"。藏北草原水草丰美,牛羊肥壮,早在松赞干布时期,藏北一带就有"军粮马匹,半出其中"的说法,羌塘草原是我国四大草场之一。羌塘地区为游牧区,20世纪中叶以前基本上没有建筑,牧民们逐水草情况而迁徙。藏北的气候特点是:年平均气温在-9°～3°,气温偏低;年温差大,只有冷季、暖季之分,没有春夏秋冬的差别可言;空气干燥,日照长,降雨量集中在5月～9月,期间多雨雪、雷暴、冰雹,天气变化无常。11月～3月是藏北的干旱和大风期。

2. 形制

牦牛帐篷,是藏族牧民长期以来生活的住房,历史上它也是"达官贵人"出巡游玩时的住所,甚至是赞普出巡时的行宫——亚布帐篷或亚布堆绣帐篷,更是军队出征过程中的住所。一顶帐篷就是一个家庭,也有一家有多个帐篷的情况,帐篷的面积约有十到三十多平方米,帐篷中间是一个牛粪火炉,帐篷最里面的小台面上放置佛龛,佛龛中供着佛像。帐篷四周放置卡垫床,藏桌,角落里堆放粮食、箱子和其他生活用品。一个游牧家庭每搬到一个新址,帐篷一般选择搭建在靠近水源河流又避风的地方。

3. 建造

帐篷有几种搭建方式,一般根据每个家庭的制作方式来决定,牦牛帐篷用的牦牛毛由家里妇女纺线后再织成牦牛毡布,再一块一块地缝制拼装成整个帐篷。新的牦牛帐篷多为棕色,使用一段时间后慢慢变为黑色。帐篷平面有长方形、方形、六角形等,一般采用长方形居多,长方向7m～8m,短方向4.5m左右,帐篷如四棱锥形覆盖在草地上,形如龟。编织物落地有两种方式,一种是用40cm宽的草皮砖或石块砌筑到40cm～50cm的矮墙上,上压牛毛编织物,另一种是把牛毛编织物直接落地,用块石沿周边压起来,两种形式内外都要用中粗木棍做支柱,外做斜拉支柱,牛毛编织绳从帐篷顶部和四角顶部经支柱斜拉起来,斜向四个方向,最后拴在斜拉入地下的小木桩上。外部所用拉绳数量每家都不一样,有用三十根的,也有用十几根的,只要保证帐篷不被大风刮倒即可。帐篷周边高度一般在1.6m左右,中间高度在2.5m左右,帐篷中间顶部要预留长条形宽缝来排烟,也作为采光和通风的通道,长条形宽缝处还有一块牦牛毛盖布,平时打开,下雨

图2 底部石墙维护的牦牛帐篷

图3 中型牦牛帐篷

图4 湖边牦牛帐篷

图7　牦牛帐篷内部空间

图5　大型牦牛帐篷

图8　中型牦牛帐篷

下雪时盖上。帐篷长方向中间有一处交叉的毡布作为门，掀开就可以出入。在帐篷立好后，沿帐篷周边要挖一条排水沟，防止草地上的雨水流入帐篷内。每户还要在帐篷边用草皮砖或块石修筑一个方形高约 1m 左右的矮墙圈，用来关牛和羊，大小根据每户的牛羊数来定。放牧方式有一户独家放牧或几户一同放牧。如几户在一处放牧，帐篷则围成长圆形。一般每户一顶帐篷，大人和孩子住一起，也有的是老人一顶帐篷，夫妇另立一顶帐篷。

4. 信仰习俗

藏北牧区的牦牛帐篷里设有简易佛龛，佛龛里供奉佛像。牧民习惯在帐篷顶部或前面插上经幡。除非遇到雨雪天气，帐篷的天窗一般时间均敞开。这样做一是为了通风透光，二是表示对天神的崇敬。在一些地方，帐篷入口的左侧称为"阴帐"，为妇女居住和生活劳作之地；入口右侧为"阳帐"，是男主人居住和招待客人的场所。因此在起居生活中有严格规定，不可混淆或相互交错。在藏北有较多的帐篷聚集区，有的帐篷聚集区中还设立有帐篷寺庙。

成因

帐篷是游牧民族生产生活的居住场所，其形成与自然地理和社会文化因素都密切相关。帐篷种类较多，早期多为兽皮和牛羊皮制成，后期用牦牛毛纺线编织而成，是近代使用最为普遍的一种，也是最实用的一种，使用较为经济，具有防晒、防雨雪、耐腐蚀等较多优点。

比较 / 演变

牦牛帐篷历史久远，与生息繁衍在青藏高原的藏民族息息相关，是藏族牧民早期的主要居住场所，也是吐蕃时期军队打仗所用的帐篷。随着社会经济的发展，牦牛帐篷从斧刃式小帐篷逐渐演变成为形制丰富的大型帐篷。牦牛帐篷因耐用、耐磨、简洁等优势，一直被牧民沿用至今。

图6　牦牛帐篷群

藏北民居 · 雅布堆绣帐篷

雅布堆绣帐篷，"雅布"为藏语音译，是由白色棉布缝制，彩色堆绣图案装点于帐体表面的一种帐篷形式，一般有斧刃形、歇山顶形、四方形、六边形等形状。在节庆、林卡等时节，藏族居民纷纷在草原、树林、草地中支起帐篷，亲近自然，与亲朋好友一道欢度林卡。

图1　雅布堆绣帐篷整体外观

1. 分布

雅布堆绣帐篷分布区域较广，因其与藏族群众生活息息相关，在西藏几乎每户都有一顶雅布堆绣帐篷。在藏北牧区，即那曲地区的索县、比如县、巴青县、尼玛县和申扎县等地十分盛行。尤其在赛马节等传统节日和夏季放牧时节，牧民会支起帐篷，搬居于野外。

2. 形制

雅布堆绣帐篷形状多样，大致有斧刃形、歇山顶形、四方形、六边形等形状，帐篷高度一般为2m左右，由白色棉布缝制，用蓝色、黄色、红色棉布制作"吉祥八宝"、"犬鼻图案"、花卉、瑞兽等图案，缝制于帐体表面和边角。由蓝、红、黄布料制作布幔沿帐篷表面四周缝制，色彩搭配和谐美观，装饰图案布局严谨。帐内中间设简易灶台，灶台上方供佛像或经书，灶台周围铺以羊皮、毡垫，以便坐卧。帐篷面对帐门的一边为上方，排列着酥油柜、糌粑牛皮袋、奶渣袋及装有贵重物品的铁皮柜等物件。搭建时部分雅布堆绣帐篷在顶部搭设面积略大于帐篷的布伞，以用于遮挡阳光及雨水。

3. 建造

雅布堆绣帐篷由长方形棉布缝制而成。根据帐篷大小不同，拼接缝制时使用的棉布数量也有所不同。用蓝、红、黄制作成富有文化宗教寓意和极具装饰效果的图案，按传统亚布帐篷的布局缝制于棉布帐体表面，再将帐体拼接缝制连成一体。帐体表面制作方形窗洞，窗洞外缝制布帘。蓝、黄、红布料制作的"香布"即布帘。缝制于斜顶与帐体表面连接处。雅布堆绣帐篷顶部的布伞由几块条形棉布拼接缝制而成，用蓝色棉布镶边，伞布表面缝制"吉祥八宝"等吉祥图案。帐体四角、底部、顶部边角均有用于固定帐篷的拴绳孔及固定于地面木桩上的绳子。雅布堆绣帐篷搭设时，先在帐内立两根木柱，上架木杆横梁作支撑，再将帐外四角用绳拉紧，固定于钉入地下的木桩上，最后把帐体表面、顶部和底部的拉绳全部固定于木桩上，使帐篷整体稳固。大型雅布堆绣帐篷所用木杆高度达3m左右，顶部布伞搭设时使用的木杆桩高度约4m，固定帐篷的拴绳一般由牦牛毛纺线织成。

4. 装饰

雅布堆绣帐篷的帐体表面装饰丰富，色彩搭配讲究，布局严谨，装饰图案线条清晰流畅，富有动感。帐体表面的装饰一般由白、蓝、黄、红颜色构成，装饰图案一般有"吉祥八宝"、飞龙莲花图案、对角连心图案、福寿吉祥穗边图案、莲花对角图案、几何四祥图案、

图2　羊群与雅布堆绣帐篷

图3　布伞下的雅布帐篷

图4　雅布堆绣帐篷与牦牛

图 5　小型雅布堆绣帐篷

图 8　斧刃形雅布堆绣帐篷

图 9　雅布堆绣帐篷及经幡柱

祥结寿字图案，金刚杵、曼陀罗等佛教符号和原始苯教的"卐"字符号等。帐体边角用蓝色布料镶边，帐体外围与斜顶连接处缝制"香布"（彩色布帘）。

5. 信仰习俗

雅布堆绣帐篷含纳的精神内涵十分丰富，具体表现在装饰图案上，古老的图腾，辟邪消灾的符号，保佑人畜健康和祈求美满生活的吉祥图案等。金刚杵、法轮、曼陀罗及原始苯教"卐"字符体现了藏传佛教和苯教的宗教教义，在图案组合方式上按佛教曼陀罗格局构成，即以山、水、云或佛经为中心，四周环绕吉祥结、古老图腾，表现佛法的意念，并通过图案装饰体现灵物崇拜及自然崇拜。

6. 代表建筑

索县热瓦乡贡布次却帐篷

贡布次却家的雅布堆绣帐篷形状为斧刃形。帐篷顶部架设布伞，布伞面积略大于帐篷，帐篷表面装饰图案丰富，有"吉祥八宝"、"七政宝"等图案，斜顶表面以角花点缀，正中缝制法轮、吉祥结等图案。

图 6　大型雅布堆绣帐篷

成因

雅布堆绣帐篷在历史上是达官贵人、商贾之家出行游玩时经常使用的帐篷形式，重大节日时在苍茫的草原上帐篷争奇斗艳，以其华丽程度显示主人的尊贵。民间工匠们结合藏民族审美情趣和精神信仰，发挥想象，同时布局严谨，设计缝制出了体现主人威严的堆绣帐篷，后来又出现了形式多样，色彩丰富，富含文化意义的雅布堆绣帐篷。

比较 / 演变

雅布堆绣帐篷因其携带方便、装饰华丽、搭设简便等优点，在藏族群众中使用率较高，是每个家庭在过林卡、重大节日上所必备的。随着社会的发展，经济条件的富足，使雅布堆绣帐篷的缝制向精美、华贵的方向发展，出现了形制多样、图案多变，文化内涵丰富的雅布堆绣帐篷，似雪莲绽放在苍茫的草原上。

图 7　圆形雅布堆绣帐篷

藏北民居·索县夯土碉楼

索县夯土碉楼民居为藏北牧民民居的典型代表，是牧民定居的住所，由居住楼、青草晾晒楼、简易储藏间组成居住单元。结合牧区生产生活方式，附属建筑均具有储藏功能。建筑整体风格受藏东夯土碉楼影响，但在局部装饰上独具藏北特色。

图1　夯土碉楼整体外观

1．分布

索县夯土碉楼民居是索县较为常见的民居形式，是西藏传统聚族而居的一种类型。索县为藏语音译，"索"意为"蒙古"，因元朝时期称这一带为"索格"而得名。位于那曲东北部，怒江上游索曲河沿岸，这里海拔3980m，但森林、黏土和石材较为丰富，为建房的主要材料。

2．形制

夯土墙民居为独栋形式，主要建在草原较为平坦的土地上，整栋院落以居住楼为主楼，坐北朝南，充分利用了高原的温暖阳光。一般在主楼前面的南侧、西侧、东侧分别布置有夯土木构储藏间、夯土木构晾晒青草楼及围墙，围合出较大面积的庭院。庭院南面设大门。居住楼为两层建筑，一层设置过厅，过厅两侧为起居室（起居室兼有客厅、厨房和休息功能）和储藏间，过厅内设置木质藏式楼梯连接一、二层。二层设置经堂、卧室和储藏间。起居室和经堂室内柱网格局均为两排四柱，形成较大的空间。因藏北气候寒冷，在经堂和起居室中均设火炉，围绕火炉周边生活起居。

3．建造

索县夯土碉楼建造时，宅基地选址和破土动工日期需请高僧打卦卜算，并按照规定仪轨举行法事，在立柱、封顶之时也需举行庆祝仪式。索县夯土碉楼建造时基础由卵石砌筑，砌筑至勒脚，在勒脚上按墙体厚度支好模板，模板由木板和木柱通过草绳绑扎而成。墙体外侧按传统规制从下至上收分夯筑，每层夯打厚度约50cm，夯打所使用黏土均采用当地含有小砾石的粒土，小砾石有利于增强夯土墙的强度。夯土墙夯筑完成后，再立室内木柱、木梁。一层木柱

图3　二层与青草房

图4　起居室

图2　主楼与附楼

图5　起居室中的炉灶

图6　索朗次珠宅全景

下用较规整的块石当柱础，木构架和夯土墙体共同承受房屋荷载。木质承重结构形式为柱础上立柱，柱上放造型各异的雀替，雀替上置木梁，木梁上密铺椽子木，椽子木上放置树枝或藤条，以均匀承受荷载。楼面和屋面做法相似，由含有小砾石的黏土夯筑而成，屋面铺筑时按一定坡度铺筑，以利排水。

4. 装饰

　　索县夯土碉楼民居外观装饰朴素，重点在门楣、窗楣和檐口部分，木作形式接近藏中地区的做法。黑色梯形窗套、门套均在顶部做出一个肩头状。门窗檐口均采用三层挑檐的彩绘檐口，檐口彩绘图案以花卉、莲花叠函图为主，色彩丰富；木质窗格图案采用吉祥结、"卍"字符和几何图形组合，造型多样。室内装饰主要集中在梁柱和墙面上，梁柱施以彩绘，彩绘内容以龙、凤、鹏等瑞兽和藏式吉祥图案为主，柱体呈红色。墙面阴角线部分绘制"香布"图案，腰线采用蓝色、黄色和红色三色带，三色带腰线与"香布"图案中间绘制"吉祥八宝"、"七政宝"等吉祥图案，柱上悬挂鹿角、羊角用于装饰。

5. 信仰习俗

　　索县夯土碉楼民居设置了经堂，经堂内供奉佛像、菩萨，墙壁上悬挂精美的唐卡，是日常礼佛的主要场所。在起居室东西角落上设置两个转经筒，方便在日常起居生活中随时转动经筒，以祈求和平、健康、幸福。

6. 代表建筑

1）索县亚拉镇日塘村索朗次珠宅

　　索朗次珠宅选址在落差较大的坡地上，有一层院落。居住楼在顺应地势修建，分为上下两层，上层为带有中柱的方室（起居室），起居室起到重要作用，会客兼做厨房，夜里睡觉等作用，另设有卧室、经堂等。一层房间为卧室、储藏室，一层、二层由一部木制藏式楼梯联系。院落中设有牛粪房（燃料）、杂物间等。

图9　二层方厅

2）索县亚拉镇萨日塘村次仁达娃家

　　次仁达娃宅选址在落差较小的缓坡地上，院落设有居住楼、两层青草房、牛粪房、杂物间和大门。居住楼重修于1955年，一层、二层由木质楼梯连接，中部方厅组织联系各房间。二层设置起居室、经堂、卧室。建筑坐北朝南，建筑平面呈方形，建筑外观装饰朴素，窗套外部的黑色肩头状造型独特，窗格图案丰富。

成因

　　索县夯土碉楼民居分布在平均海拔 4500m 以上的藏北地区，受藏东夯土碉楼民居的影响较大，结合藏北羌塘草原的气候条件和牧民的生产生活习惯，产生了适应藏北高寒气候的牧民定居建筑。

比较/演变

　　索县夯土碉楼民居与藏东地区夯土碉楼民居比较，在窗户的做法上区别较大。造型丰富的木格窗、连排长窗及三层挑檐窗楣均受藏中地区民居建筑的影响，在建筑外部的局部装饰上，如肩头式窗套和草坪块压顶等又具藏北特色。二层柱廊式青草晾晒房，外观整齐轻盈，木质构件造型丰富，布局严谨讲究，与一般简易青草晾晒棚形成鲜明的对比。

图7　索朗次珠宅背面

图8　索朗次珠宅侧面

藏西民居·普兰夯土碉楼

普兰夯土碉楼主要以单幢为一个居住单元，院落中的主要建筑为居住楼、简易夯土牛粪房（燃料房）、杂物房等，受藏北和新疆民居影响，结合当地的地理地质情况形成了自己的独特风格，建筑体量适中。

图 1 次仁云丹宅外观

1. 分布

普兰夯土墙平屋顶民居是普兰县较为常见的院落形式，是西藏居民聚族而居的一种传统样式。"普兰"为藏语音译，意为一根毛或独毛。目前主要分布在普兰县、札达县、日土县一带，该地区多为河谷盆地，地势较平缓，气候相对较适宜。

2. 形制

夯土墙民居为独栋形式，院落边界自由，院落中的建筑由四部分组成：居住楼、简易夯土牛羊圈、简易夯土晾青草房、大门。居住楼一般体量较大，是院落中最重要的房屋，因为恶劣的自然环境和历史上长期动荡不安的社会环境，迫使人们大规模地聚集起来共同防御敌人的进攻。每户民居建筑本身都表现出了防御性，一层为实体夯土墙，只

设通风小孔，居住楼一般为两层楼或局部 3 层楼房，建筑中部有一个长方形内天井，由内天井来组织起二层房屋。

3. 建造

普兰夯土碉楼民居的建造程序为先挖基槽，基槽深约 50 ～ 60cm 左右，用卵石平砌，出地面 40cm 左右，主要作用是防止雨水、雪水的浸泡。在卵石勒脚上用专业木板模具按规定的厚度装土、夯打，土质是当地黏土；黏土内加有小砾石，可以起到增强土墙强度的作用。传统墙身做法是内抹平，外墙面逐渐收分，夯打时每层固定模具都要向内收分，这样从墙底到挑檐口底有一个连续收分的过程，一是增加了建筑的稳定性，二是不断收分减轻了墙体的自重，增强了墙身的强度。在夯打到楼层高度时放圆木椽子，圆木椽子上放小木板，

小木板上铺土做成楼面。屋面则先放一层圆木椽子，再铺一层小木板、一层竹麻，最后放土轻轻分层夯实而成。室内在起居室中间立一个方木柱，柱上放雀替，雀替上放木梁，木梁伸到墙内。普兰民居朝向一般坐北朝南，二层窗较大，可满足采光要求，一层木窗都较小。

4. 装饰

普兰夯土碉楼民居装饰主要体现在建筑的门窗、屋面檐口部位。门窗上面都设有层层出挑的门楣和窗楣，门楣木作上还做有象征性的小斗栱。门楣、窗楣、挑檐口木作部分均画彩绘，门框、窗框处均画有象征牛头的黑框，这种黑框造型与拉萨的区别较大，门框、窗框内侧又刷成咖啡色涂料。室内的次要房间一般不做粉刷，主要房间如起居室、

图 2 次仁云丹宅正面

图 3 牛头窗

图 4 次仁云丹宅侧面

图 5　次仁云丹宅佛堂

卧室、经堂墙面上画蓝、红、绿色花草图案彩绘。有的房间墙面上绘制吉祥八宝图案。近代出现在木梁、木柱上绘制以红色为基调的花、云、动物彩画。

5. 信仰习俗

在普兰夯土碉楼民居中经堂是重要的组成部分，经堂内一般供奉佛像、菩萨像、佛教典籍，是全家人日常礼佛的重要场所。在起居室中的角落或门厅等位置一般设置有转经筒，便于家人在日常生活中随时念经诵佛，念经时转动经筒，祈求和平、幸福，健康。

6. 代表建筑

1）普兰县普兰镇丹增塔业宅

丹增塔业宅由居住楼和院落组成，居住楼为二层，坐北朝南，夯土墙和木质构建共同承重，木梯联系一、二层，屋檐为单层椽木，树枝压顶，窗楣造型丰富，彩绘艳丽，窗套牛头状黑框独具特色。居住楼一层布置了各式储藏间，

用于储藏杂物和牛粪燃料等，门厅内设置楼梯；二层为主要的居住场所，布置了起居室、卧室、经堂、晾肉房、储藏间。

2）普兰县普兰镇次仁云旦宅

次仁云旦宅为两层夯土碉楼，土木结构，墙体和内部木构架共同承受荷载，平顶屋面，女儿墙采用柴料垒砌，窗框形似牛头，建筑外观朴素。一层为楼梯过厅及各式储藏间，二层为主要的生活起居场所，由起居室、经堂、卧室及粮食储藏间组成。

成因

夯土碉楼成因与自然和社会文化因素都密切相关，民居成组团聚集在山谷、河边和草原上，当地气候干燥、寒冷，冬季西北风大，刮风时间长，建筑材料较少。夯土碉楼民居较适应该地，因此被大量采用。

比较 / 演变

普兰夯土碉楼民居与昌都地区、那曲地区夯土碉楼民居存在以下不同。从平面布局上，昌都地区占地面积更大，一层多为牛、羊圈和储藏室，二层以上住人，建筑木作用材大，挑檐口做工精美，木窗雕刻精细。那曲夯土碉楼民居处在两个地区中间，木作做工适度；藏西夯土碉楼民居还受到新疆喀什的影响。

图 6　次仁云丹宅起居室

藏西民居·阿里窑洞

阿里窑洞建筑塑造了西藏地区独特的窑洞民居形态。阿里地区气候干燥少雨，冬季寒冷，风季较长，树木较难生长，且缺乏石材，但有着较好的土质，当地的人们巧妙地利用土层特有的风貌和地质特点"挖出"了适宜该地区生活环境的居住空间。

图1 窑洞整体外观

图3 窑洞门

1．分布

窑洞民居通常分布于阿里地区札达县至噶尔县沿河两岸，在日土县也有分布，最有名的窑洞群分布在古格、东嘎、皮央、札布让等地。阿里地区虽说是高原中的高原，但仍有象泉河、狮泉河、孔雀河三条河流经狮泉河镇、日土县、札达县等地，海拔仅 3600～3700m，与拉萨河谷地区相似，是农业区。作为该地区重要的农作物产地，这片区域分布有着66%的农业人口。

2．形制

扎达窑洞，通常分布于从噶尔县至札达县的途中，在噶尔藏布河流两岸，从札达县至普兰等这数百公里途中，在河流两岸的沟壑、断崖、台地、山坡上，均可见到许多窑洞民居。窑洞形式分两

种，一种是直接在土崖边开凿洞穴，另一种是在窑洞前加盖房屋或加院落。历史上由于社会环境的不稳定，许多窑洞民居建在台地的山腰地段或十分险要的地段，事实上民居本身就成了防御体系的一部分，完全融入其中。扎达窑洞不仅仅用于居住，早期的宫殿、宗政府、宗教寺庙均采用窑洞的形制。在窑洞朝向的选择上，受当地强大西北风的影响，窑洞多选址在朝东的土崖处。

3．建造

窑洞是在土崖中挖出来的房屋，是利用天然的黄土或砂砾石土层作为结构体，以减法营造房屋。窑洞多在靠土崖处清理出一小块较平坦的地，将自然土崖削成垂直面，在垂直面上开挖的窑洞，由于受工具所限和土质较硬的影响，

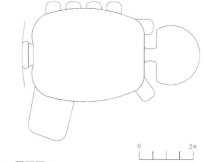

图4 平面图1

图5 平面图2

图2 窑洞与建筑结合

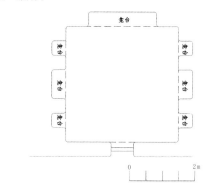

图6 窑洞前建筑

图7　山崖边的窑洞与建筑

图8　早期窑洞

图9　窑洞寺庙下的建筑

图10　窑洞外立面

开挖窑洞的顶部多为扁平圆形，下部为垂直墙面，形制都不规整。窑洞主要是崖窑，依山崖开挖，平面中有单孔、双孔、多孔窑洞或两窑并联等多种形式。立体上有单层、两层，最多可达5层以上。窑洞平面有方形、长方形、半圆形几种形状，面积一般在 12～18m² 左右。其中 4m×4m 窑洞比较多见，窑洞高在 2.1m 左右，门宽 0.9m。门上一般都设有排烟孔兼采光孔，窑洞顶部设有排烟道，排烟道利用热气上升原理，让烟沿着槽通过门堂上方的圆形洞排出室外。在窑洞墙面上多开挖壁龛，尺寸一般为 70～80cm，深 30～40cm，高 45～55cm，壁龛一般有放置油灯的灯龛，放置佛像的佛龛，放置日常用品的壁龛，窑洞内砌有灶炉。在窑洞的开挖过程中多能够注意室内采光和通风，较大的窑洞还在主窑房里开挖卧室、粮仓、杂物室。在窑洞门前用石墙围拢圈养牛羊。

4. 信仰习俗

窑洞民居中通常在其内部设置各式龛台，一些龛台上供奉佛像。在规模较大的窑洞民居墙面及顶部绘制有壁画或者含有精神信仰的图案，在窑洞门口悬挂五彩风马旗，祈求风调雨顺、健康幸福。

5. 代表建筑

札达窑洞

札达窑洞是阿里窑洞的代表之一，目前还保留着丰富的窑洞形式，在后期使用上多有变化。在山南地区错那县觉拉乡也有一片窑洞民居，觉拉乡窑洞民居一般多建在凹地上，在凹地的土崖处开挖窑洞，一切生活也均在凹地中，洞上依然种着各类庄稼，具有相当的隐蔽性，给人视觉上产生难以找到居住点的错觉，起到了很好的防御效果。

图11　窑洞内景

成因

窑洞民居在古格王国之前，已经作为当地民居建筑存在。随着天然洞穴逐渐无法满足人类生产生活的需要，而阿里札达一带多为黄土沉积层或砂砾石土层，土质黏性高，在地质冲击下形成的大量沟壑、断崖、台地上，为人工挖掘带来了极大便利。在建筑材料相对匮乏、气候严峻的自然条件下，窑洞以其造价低廉、冬暖夏凉等优势必然成为阿里地区广泛应用的传统民居形态。

比较 / 演变

窑洞民居主要分布在札达县、普兰县、日土县境内，在地域条件上土质、气候差异不大，形制较统一，古格王国遗址处窑洞较规整，有的窑洞还带有彩画。受社会、经济环境的影响，后期窑洞前都建有房屋，与窑洞民居构成新的空间形式，平面利用上变化较大。

陕西民居

SHANXI MINJU

1. 陕北窑洞
   靠崖窑
   砖石锢窑
   土基锢窑
   窑洞四合院

2. 关中民居
   窄四合院
   地坑院

3. 陕南民居
   石片房
   合院
   吊脚楼
   夯土房

陕北窑洞·靠崖窑

靠崖窑主要窑居类型有靠山窑和沿沟式窑洞。靠山窑通常位于不适宜耕作的沟壑坡地、河谷阶地或冲沟两岸，主要通过"减法"挖洞的方式营建形成。沿沟式窑洞多修建在河道两旁，大多数在阳面，即在冲沟两岸土坡和崖壁基岩上部的黄土层中开挖窑洞，它具有交通方便、饮水便利、可避风沙等优点，当地人称为"水食相连"之地。

图1 接口窑

1. 分布

靠崖窑，通常分布于山坡或台塬沟壑的边缘地区。陕西北部的延安、榆林一带为靠山窑的主要分布区。由于陕北地区主要为黄土高原丘陵沟壑区，多为黄土梁峁，地形地质环境脆弱，多陡坡和深沟，平坦面积匮乏，因此多依山而建，形成靠山窑。

沿沟式窑洞主要分布在沟壑明显区域。这些地段土质松软，经过长年的雨水冲刷，形成深深的道沟，两侧的土壁可用来挖掘窑洞。人们利用道沟的地形特点，沿两侧建窑洞形成沿沟窑。

2. 形制

靠崖窑，分常规靠崖窑和接口窑。常规靠山窑与接口窑均依靠山崖，坐北朝南前面有开阔的场地，从窑洞望向远处视野良好，其区别在于接口窑在常规靠山窑的窑脸上向外加建一段窑，进深较常规靠山窑大。

靠崖窑需依山靠崖挖掘，须随着等高线布置，常常数个窑洞并联，上下形成数排，而每排由若干窑洞一字排开，层层后退呈台阶式窑洞组群。靠崖窑平面呈长方形，宽3～4m，进深10m左右，高3～4.2m，覆土厚一般为3～8m。靠崖窑由单孔窑、两窑相连的双孔套窑、三孔套窑以及多孔窑等构成，孔数依人数以及经济实力而定。窑与窑之间至少相隔1m以保持土力。有的在窑内再挖小屋，储藏粮食和杂物。为了保持窑体的稳定性和受力合理，窑洞的顶部皆为半圆或尖圆的拱形。

受地形所限，沿沟式窑洞沿沟壑两岸建造，但其窑前的院子较小，室内装饰如图3所示。

3. 建造

靠崖窑是在黄土崖中"挖"出的房屋，开挖窑洞十分讲究，从始挖到建成，大致要经过选地、挖界沟、整窑脸、画窑券、挖窑、修窑、上窑间子、修建等过程。靠崖窑需修建在洪峰线以上至少3～5m的地方，山坡基岩层的倾斜角度不宜大于150°。应背风向阳，避开裂隙、洞穴、蚁穴等易渗水地段。施工时，将自然的黄土崖垂直削齐，再水平向立壁凿挖，经放线确定弧形部分，挖掘出窑洞雏形再修整，若土质不坚，过程中可辅助上木椽、木架、顶柱支撑，而后钻烟囱、盘炕等，最后再用麦草黄泥或石灰砂浆抹面，待反复干燥后在拱形口、方口上安圆窗、方窗即可使用。

黄土塬区的土质有较好的直立稳定性及较高的抗剪强度，有利于开挖窑洞并可保证崖壁的稳定与安全。因此黄土窑洞一般不需做衬砌支护，而是集承重与维护作用于一体。因黄土窑怕水患与潮湿，窑洞建成后需要经常维修，做防水处理。将挖出的土方直接填在窑前面的坡地上构筑成院落，既减少了土方的搬运，又不占耕

图2 靠山窑

图3 室内装饰

图4　沿沟式窑洞

地，再种植绿化以防止冲沟的扩展。

4. 装饰

靠崖窑的窑洞内部空间装饰简单，以石灰抹面或瓷砖贴面为主。装饰主要在女儿墙、窑檐、拱头线、门、窗等部位，其中向阳的立面俗称"窑脸"，以窑洞拱券曲线与门窗为构图重点，从最简朴的草泥抹面到砖石砌筑窑脸，再发展到木构架的檐廊木雕装饰，同时在窗格上贴剪纸窗花，都讲究窑脸的精心装饰。

5. 代表建筑

米脂中学窑洞群

米脂中学窑洞群是阶梯式靠崖窑的典型代表，呈上下立体，左右线型的布局特征。米脂中学依山而建，山体的基础部分突出，窑洞沿着山体越往上越收缩，层层叠落，下层窑洞教室的窑脑是上层教室的活动场地，不仅节省了空间和耕地，还延长了使用年限。

这种多孔、多排的靠崖式砖石拱窑洞给学校提供了冬暖夏凉的优越学习条件。

成因

窑洞民居可追溯到新石器时代，由最早的自然洞穴到自己挖掘洞穴最终形成窑洞的居住形态，都是在适应自然环境的条件下形成的。同时随着社会的发展，人们营造意识的提升，原始的穴居已不能满足生活需求，对居住的窑洞不断完善，渐渐形成靠崖窑的居住形态。

民居聚落所处的自然环境决定了聚落的整体布局形态，陕北地属黄土高原，而黄土高原分布广泛的黄土沉积层，土质黏性高，加之有冲击形成的大量沟壑、台地，为人工挖掘洞穴带来了极大的便利。因此，在物资相对匮乏，气候严峻的自然条件下，靠崖窑因其造价低廉、冬暖夏凉、节约耕地等优势，必然成为黄土高原地区广泛应用的传统民居形态。

比较 / 演变

由于地域条件的差异，不同地区的窑洞呈现出不同的特点。陕北的靠崖窑适应黄土高原的自然地形，依崖而建，其特殊的地理条件造就了陕北特色的窑洞。在人文因素方面，陕西关中、晋中以及山西等地带受中原传统文化影响较大，但陕北由于其所处的沟壑区历史上是游牧民族与农耕民居交融之地，同时加上薄弱的经济条件的制约，受中原文化影响较小。因此在此人文背景下，由于不同的黄土层土质力学性能的差异，陕西、甘肃等西部地区的窑洞拱券呈尖拱形，而以河南、山西为代表的黄土高原东部地区的拱券呈弧形。

与山西晋中等地区相比，虽窑洞单体平面均为矩形平面，但陕北的靠崖窑基数开间与偶数开间并存，且开间较大，大多窑洞较分散，院落宽敞，少有中原四合院的封闭。同时陕北窑洞的门窗与拱形分离，沿袭门窗分立、上部开气窗的传统做法，这与山西等地的门窗依拱而开的做法有很大的区别。

图5　女儿墙装饰

图6　门窗装饰

陕北窑洞·砖石锢窑

砖石锢窑是用砖石砌成拱券窑顶和墙身，再在顶部覆土所筑成的砖石窑居建筑。锢窑一般位于地势较平坦的川、坝、塬、台等地形，早期的锢窑用土坯和黄草泥垒成，后期发展成砖石锢窑。随着农村经济水平的提高，砖石锢窑成为许多村民修建窑洞的优先选择。在窑洞的演变上，由土窑向砖石窑的转变是窑洞建筑变迁的一个重要转折点。

图1　入口门装饰

1. 分布

砖石锢窑主要分布在陕北黄土高原的绥德、清涧县一带的河谷平坦宽阔的区域。在陕北地区，大量的山坡河谷的基岩外露，由于当地盛产青石，且量大、开采方便，因此当地居民因地制宜，就地取材，利用青石以及黄土烧砖砌筑而成。

2. 形制

砖石锢窑是窑洞中新型民居形式，多平地起窑，不依托黄土山崖，当地称之为"四明头窑"。锢窑所处地形与下沉式窑洞相似，但是种类却与靠山窑类似，每孔窑洞净宽约3～4m，净高度由于受顶部覆土的重量影响，一般也在3～4m左右，高宽比接近1:1。

砖石锢窑平面形式和一般窑洞类似，为方形。一般都是几孔窑组成，其内部通过门洞相连，孔数及规模视家庭人口数量和经济状况而定。锢窑作为现代窑洞一般都带有院落，院落面向主要村落道路。其院落布局与靠山窑相似，但是由于受地形限制小，院落长宽比约为1:1.5，较靠崖窑大。

3. 建造

砖石锢窑自成独立的体系，它的结构体系为砖石承重，无须借助山崖地势，建造较自由。独立式砖石窑是用石头、砖、黄土、石灰、水泥、水等材料建造的，主要经过平地形、掏马巷、垒平桩、揉旋、合口、压顶、垫背等工序。锢窑技术性较强，首先要打好窑墩，类似拱形的桥墩，俗称窑腿。一般并排修二孔锢窑需三个墩子，修三孔窑需四个墩子，以此类推。

砖石锢窑在选定窑址后，一般先劈山削坡形成一片平地，作为建造场地和未来的庭院，随后依着山壁挖出深1.5m的巷道做地基成窑腿。一般中腿窄，边腿宽，受力稳定。然后用石头把地基砌起1.5m高的石头墙，也叫起腿子。接着用木椽搭建半圆的拱形架子作窑坯子，在架子上放上麦秆、玉米秆等覆盖物，再抹上泥巴加固。

石锢窑需先用毛砂石块砌筑，一般是3孔以上并排相连的拱形窑体，然后再用碎石土料在拱形上方填压成平顶，从室外角度看，整个石窑是一个方形体，但室内屋顶为圆拱形。一般情况下需在窑洞的顶部和四周掩土1～1.5m左右，以保持

图2　砖锢窑

图3　室内装饰

图 4　石锢窑

窑洞冬暖夏凉的优点。再利用青砖料做成窑檐和"女儿墙"。砖锢窑与石锢窑的做法类似，但砖锢窑取材备料更方便，寿命较石窑短，而后出现了砖与石结合砌筑的窑洞。此类窑洞一般深为 8m，宽 3m 左右，居住时间也可达 60～80 年。砖石锢窑充分运用了类似拱形桥的圆拱承力原理。

4. 装饰

砖石锢窑用糙面的方石块作为窑面装饰，窑口安装大门亮窗，窗棂图案多样，繁简不一，可由工匠自由巧妙设计。为了增加室内的亮度以及保温性能，在窑脸的小窗加玻璃或在整个门窗安装双层玻璃，外观更具现代化。窑内多白灰抹面，炕台以及厨房锅台均用磨光的石板砌筑。有的大户人家讲究装饰，在入口等重要部分饰以雕刻，形成地位的象征。

5. 代表建筑

米脂杨家沟镇李村仡佬村生产大队队窑

米脂杨家沟的生产大队队窑是砖石锢窑的典型代表，杨家沟村落中因土地有限，大部分宝贵的土地都用作了耕地，因此为了满足更多的人的居住需求，在川道开阔地营建独立式联排砖石窑洞。

生产大队的队窑整体布局紧凑，继承了传统砖石窑洞的优点和建造方式，

它不依赖地形，平地而建。联排式的窑洞使得队窑整体风貌显得和谐，有韵律感具有陕北传统窑洞的特色。

图 5　门窗装饰

成因

窑洞的形制与地理环境、材料、文化传承有着密切的联系。经过长期的历史演化，原始穴居在有意识的营建行为下发展成不同形式的窑洞雏形。人们在历史的长河中，慢慢摸索形成了窑洞特有的使用功能空间和审美意识。

为了适应复杂多变的地形，同时随着经济的发展，营造技术的提高，历史上新材料、技术的应用总是伴随着新形式的出现，陕北的砖石窑洞也是如此。因此人们开始在平地或沿崖锢窑，形成独立式窑洞，而不用完全依赖地形，这是历史性的进步。

到了近代，由于家庭经济状况的改善，文化品位的提高，以及社会整体的进步，砖石窑因防水以及耐久性的优点渐渐替代了土窑。

比较 / 演变

砖石锢窑体现了中国保护自然环境与自然和谐相处的生态意识。随着居住方式的变化，穴居逐渐被视为原始、落后的居住形态，因此居民在防卫、空间、形式等上一直在探索，试图利用新的材料，发展新的居住形式。砖石锢窑相对于陕北地区的靠崖窑以及下沉式窑洞，具有更好的通风采光，能够更好地适应不同的地形，同时又保持了土窑居冬暖夏凉的物理特性。随着农村经济水平的提高，砖石锢窑成为村民新建窑居的首要选择。

然而在陕北城镇化过程中，砖石锢窑居住形式也面临着传统窑居普遍存在的困境。越来越多的人弃窑建房，如何保持传统建筑风貌成为迫在眉睫的问题。

陕北窑洞·土基锢窑

土基锢窑是黄土高原所特有的独立式窑洞，是陕北窑洞的原始形态，保留了古代穴居的习俗。土基锢窑是由当地村民所习惯的半地下式窑洞向平地锢窑的转变，有土基砖拱窑洞和土基土坯窑洞两种形式。土基锢窑具有施工便利、造价低、保温隔热性能好、防火抗震强、冬暖夏凉等优点，是当地普遍应用的一种窑洞形式。

图1 土基窑脸形式

1. 分布

土基锢窑主要分布在陕北黄土高原较平坦地区或丘壑起伏不明显区域。由于黄土高原的丘陵地带，黄土崖的高度不够，为了获得生活居住的建筑空间，居民就在平地或沿黄土坡而建。

2. 形制

由于受地形限制较小，因此土基锢窑在黄土高原建造的自由度高。其平面形制亦呈方形，有"一"字形布局和折线形布局两种。孔数从单孔到多孔不等。从窑洞的平面功能布局上看，主要讲求最大度地利用窑前良好的采光通风区域。因而在使用功能的分区上，以靠近窑脸处为主要使用空间，往后为次要使用空间。窑洞的内部布置较简单，主要以火炕和灶台为主，炉灶的烟囱穿过炕底，不仅节约能源而且还节省空间，布局合理。发展到后期，土基锢窑与靠崖窑等结合成为辅助用房。

3. 建造

土基锢窑所使用的材料黄土，在黄土高原是最便利的材料，黄土易于挖掘，运用简单的器械就可以施工。窑洞除了两边山墙用椽帮夯土墙外，其余中墙和后背墙均用土坯砌筑。窑面的双心圆曲拱采用楔形土坯承受压力。剖面为具有垂直壁的双圆心曲拱内口，两圆之间距采用三分之一拱跨，直壁高1.2m左右。

从窑洞的纵剖面上看，窑洞前高后低，高差在0.4m左右，纵坡5%；拱顶面为前高后低，利于雨水的排放，坡比6%；在建造中，窑脸适当后倾斜，坡比3%，以利于窑脸的稳定、室内的采光以及室内烟气的排出。

窑洞拱券的施工可不用模架，采用6%左右的倾斜度直接砌筑的方法。具体做法是先将麦草和的泥铺平，在上面用楔形土坯用力粘贴，且每皮应错差，过顶应施加预应力，在土坯的缝隙中打入瓦片，这样就能加固土坯，不会导致土坯的松动。

也有的土基锢窑建造时，先夯筑棋形土模，再在土模外砌筑，拱顶覆盖1～1.5m的层层夯实的黄土，并做排水坡或采用铺瓦，最后将土模挖出即可。土基窑洞下半部保留原土体作为窑腿，上半部砌土坯拱或砖拱，上下部分同起承重作用，同时双圆心曲拱采用契形土

图2 土基土坯窑

图3 室内装饰

图4　土基拱砖窑

坯承受应力，连续的中间拱脚其宽度需与拱跨大小相等，但若为砖或石砌筑宽度可变窄。

4. 装饰

土基锢窑内部装饰朴素，窑内墙体白灰抹面。但由于土墙上白灰耐久性差，过一段时间会脱落，因此有些窑洞土坯墙面直接裸露。窑洞由于其独特的建造方式，在装饰风格上也独具特色。土基窑洞的装饰主要集中在窑洞的女儿墙、窑檐、拱头线、门、窗等部位，门窗的种类多样，如有"＋"、"—"的基本格纹图案，有"寿字纹""喜字纹"等装饰图案，这些样式在当地都寓意着吉祥如意等愿望。由于南向是其主要的展示面，因此土基窑洞和其他类型的窑洞一样也讲究窑脸的重点装饰。

5. 代表建筑

陕北绥德雷家沟村的土基窑洞

雷家沟村地处黄土高原较平坦地区，当地经济条件薄弱，因此多以造价低廉的土窑洞为其主要居住形式。雷家村的土基窑洞布局较分散，多以黄土、砖砌筑而成，装饰较简单，窑洞窑脸上的装饰材料以砖、木的排列花样以及雕刻为主。但是随着社会的发展，人们经济水平的提高，原始的完全的土基窑洞已经在当地渐渐被淘汰，现在雷家沟村的窑洞主要以砖石窑洞为主，在土基窑洞居住的都是些经济能力差的弱势群体，由于土基窑洞年久失修，在长期的风吹雨打下，有的甚至已经显得破败不堪，成为堆放杂物的空间。

图5　门窗装饰

成因

陕北窑洞民居，无论是作为建筑单体还是作为聚落群体，都有其独特的价值。其空间、结构、材料等，都体现了因地制宜、因山就势、就地取材和因材施工的营建思想。从古到今，人类为了遮风避雨、躲避野兽而渴望有居住和防御的空间。随着人类文明的发展，人们所赋予穴居空间的含义也越来越复杂。

从穴居慢慢发展到现在的窑洞，可以看出陕北的土基窑洞是原始穴居的变形。由于受到地势的影响，有些地形的沟壑不满足横向挖窑的条件，在施工量小、造价低、建造简便等条件下，渐渐形成了土基箍窑这一窑居形态。从沿崖而建的土崖窑到在平地而建的土基箍窑都是历史发展的见证，土基窑洞有最原始窑洞的优点，但是由于土窑不耐雨淋风吹、寿命短的致命缺点，被其他新型窑洞，如砖石窑洞所取代，是土窑发展的必然命运。

比较 / 演变

在陕北地区，很多地区较为平坦或地域较为开阔，气候干旱、冬冷夏热，无法向靠崖窑那样沿坡地而建或像地坑窑那样往地下发展，因此人们就设法利用现有的自然条件，营建冬暖夏凉能够维持室内一定温度的居住建筑，于是在总结黄土经验的同时形成了这种新型独立式土基窑洞形式。

土基锢窑与砖石锢窑相比，二者都为独立式窑洞，但土基锢窑更具普遍性，它是砖石锢窑发展的前身，砖石窑洞是在土基窑洞的基础上演化而成的。

土基锢窑因造价低、施工方便、选材便利而成为经济条件低下地区的首选。随着时代的发展，土窑已显得不合时宜，其不耐水、寿命短的致命缺点导致它被其他材料所替代。

陕北窑洞·窑洞四合院

图1 室内装饰

窑洞四合院是以"院"为核心的组织发展方式，这与中国传统的建筑院落布局相似，但整体布局确与传统四合院有很大的区别。由于受到自然环境的影响，窑洞四合院的布局随自然地形的变化而变化。窑洞四合院主要构成元素有院落、正窑、厢窑、厅窑、倒坐、大门、仪门等，这些元素的不同组合，形成了丰富多样的窑洞合院民居。

1. 分布

窑洞四合院主要分布于陕北黄土高原地理条件恶劣、风沙大的区域，为了适应地理环境以及防御性，不同方向的窑洞面向院落而设，形成陕北特色的窑洞四合院。

2. 形制

陕北窑洞四合院的平面布局和组织方式大多都遵循中国传统民居院落合院式的布局形式，主要形式有三合院、四合院、三合院与四合院相结合的组合式院落，以及有一间正窑与院墙围合而成的形式。大多以院落为单元进行组合，有的靠崖窑与独立窑或木构建筑围合成院落。多分布在关中、陕北等气候条件较温和，经济发达地区。在气候和条件较为恶劣的地区，多分布的是独立式窑洞，较为分散。合院式窑居主要是受中

图3 门扣首

原文化影响及适应于家族氏族体制需要，反应农耕文明。考虑到家中尊卑长幼的安排需要。合院一般是由经济较为富裕的家庭建设的。三合院和四合院主要位于地势平坦的地段，都呈现中轴对称、主次分明、前堂后室等传统四合院的特点，主要构成元素有：院落、正窑、厢窑、倒座、大门。正窑和倒座位于中轴线上，厢窑沿中轴线左右对称布置，大门多偏于一侧，当地称作"邪门歪道"。三合院没有倒座，其他的形式与四合院类似。

窑洞四合院和三合院通过不同的平面组织，常常会形成大型组合式院落。其在平面布局上主要有前后串联、左右并联的形式。前后串联式多依轴线前后布置，形成两进式院落；左右并联式多以两个相同格局的院落横向并列，且两个独立院落有单独的出入口，交通便利。

图4 入口门檐

图5 窑洞立面装饰

陕北窑洞四合院的平面形状多为矩形，有扁有方、有大有小。院落主要以采光为主，少种树，面积从 $40 \sim 400m^2$ 不等，为居民的主要活动场地。

主体建筑正窑多为 $3 \sim 5$ 孔，正窑坐北朝南，且建于比厢窑高的台基上，以突出其主体地位，沿沟的窑洞四合院的正窑采用箍窑的形式，山坡上的正窑通常为靠崖窑。正窑为单层，前多建有檐廊，以保护窑脸。厢窑多为三孔，砖木混构，按照"左昭右穆"对称布局。

倒座多 $3 \sim 5$ 孔，单层砖木混构式，

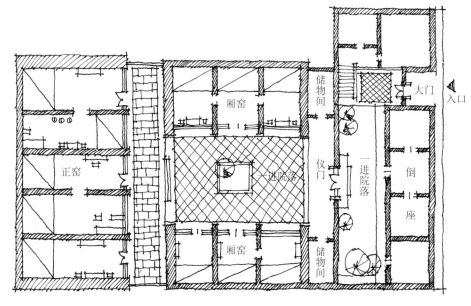

图2 窑洞四合院平面图

图6　窑洞四合院

开窗大小视功能形式而定，如商业的开的大。倒座的功能多样，有商铺、住屋、牲口棚等形式。陕北窑洞四合院的大门有屋宇式、门洞式、拱券式等。

3. 建造

陕北窑洞四合院建造材料主要有黄土、砖、石以及部分瓦、木材、金属等，多是就地取材。其在平地上的单体窑洞的建造和砖石锢窑类似，在坡地上的单体建造与靠崖窑类似，窑洞四合院是这些基本单体窑洞根据不同地形环境的合院式组合。

4. 装饰

窑洞四合院多饰以砖雕、木雕，砖雕仿木构建筑的梁枋、雀替、斗栱、垂花柱头等题材，屋顶采用浮雕处理，主要装饰图案有牡丹、莲花、蔓草、云纹以及几何图案，并在正脊、垂脊处安有吻兽，屋顶的瓦当为圆形并雕饰花纹图案。正窑、大门、屋顶等的装饰是地位的象征。窑洞四合院如同其他类型的窑洞注重窑脸的重点装饰。

5. 代表建筑

米脂县姜氏庄园

姜氏庄园依山而建，属城堡式窑洞多进四合院民居。整个庄园围有寨墙、山体，分有上院、中院、下院，规模宏大。下院是"管家院"，为四合院形式，正窑、厢窑均为三孔，倒座作为马棚，入口的大门偏于一侧为陕北典型的门楼式大门。中院也是四合院形式，入口位于正中，左右厢房对称布置并带有一耳房。上院为陕北等级最高的"五明四暗六厢窑"院落布局方式，正窑为5开间，整体布局与中院类似，只是等级更高。

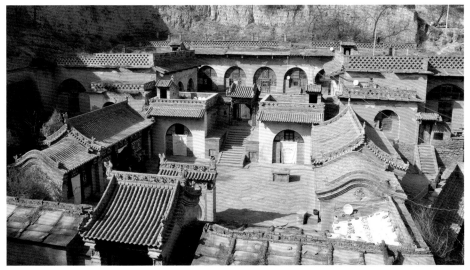

图7　米脂姜氏庄园

成因

中国传统民居很多是以院落为基本单位的。这种由房屋和墙将一个中心空间——即院落围合而成的合院式民居，几千年来一直沿用。以院为中心的建筑组群发展方式是人们起居生活需求下的产物。由于不同的历史条件和地理环境，造就了陕北窑洞四合院别具一格的合院特色。

陕北窑洞合院民居地处黄土高原，多沟壑纵横，地形复杂多变，因地制宜形成了极其丰富多样的形态。陕北窑洞四合院的民居形态的形成虽有其自发性和偶然性，但这只在前期起到决定性作用，而在后期，从窑洞四合院的布局、造型、装饰等可以看出，传统的美学观念、宗法制度等对窑洞有很大的影响。

比较／演变

陕北窑洞四合院在其独特的人文背景和自然条件下形成了陕北地区特有的窑洞文化，与晋西地区相比，二者的窑洞合院民居的构成要素基本相同，但在各构成要素的组合方式、形态、尺寸、功能等方面存在差异。如在平面布局上，陕北的窑洞四合院有前后串联式、左右并联式，而晋西地区由于其耕地宝贵，要把平坦的土地留作耕地使用，因此以左右并联式为主。在窑洞规模上，陕北窑洞合院多为单层，规模较小，整体显得朴素；晋西的合院民居以两层为主，规模宏大，显得奢华壮观。在环境绿化上，陕北的窑洞院内少植树，以最大限度地获得光线，而晋西地区的多注重绿化，院内景观环境丰富。

一个地区的民居形态与当地的地理文化背景是分不开的，陕北少受外力文化影响，经济落后，而与陕北相比，晋西居民多为经商，因此其窑洞合院民居多为大型豪宅。

关中民居·窄四合院

经过千百年的变迁，关中地区形成了独具风格的窄四合院民居，其建筑风格古朴恢宏、文化内涵丰富，在中国传统民居体系中自成一家。关中窄四合院民居的特点是：布局紧凑，用地节约，空间结构、选材与建造质量严格，室内外空间处理灵活，营造技术完善，装饰艺术水平高超。

图1 石雕柱础

1. 分布

目前，在关中地区还有很多保存完好的明清年间的四合院建筑，主要分布在西安市、三原县、潼关县、合阳县、富平县、旬邑县、韩城市等地。其中以韩城党家村的窄四合院民居最具代表性。

2. 形制

在形制上，关中四合院主要由临街的门房（街房、倒座）、两侧的厢房（厢房）、厅房和正房（上房）构成。为了尽量减少日晒，增加夏季阴影时间，中间的庭院一般比较狭窄，因而称作"窄四合院"。除了单进院落的窄四合院外，关中地区还存在大量的多进院落和平行院落的大型窄四合院，一般为大户人家居住。

窄四合院的门房一般为一层，面阔多数为三开间或五开间。院落入口一般设在东南角，也有设在正中，占地约一个开间。门房的沿街立面比较简单朴素，给人以庄重、谦和的印象。厢房位于中轴的两侧，与门房、厅房、正房垂直布置，关中地区的厢房为单坡，室内进深一般较小，多为3m左右，厢房一般供晚辈居住，或作厨房和储藏室。厅房位于院落的中心，是联系前后院的交通枢纽，空间围合通透、可变性强。厅房面向前院一般设有灰色空间——檐廊，增强了厅堂室内外空间的渗透。正房为第二进院落的最后一座建筑，也是整个院子最重要的建筑，多为三开间，采用一明两暗的布局，两边暗房多为主人及长辈的卧室，两侧厢房距离正房暗房留有一定空间，以便暗房通风采光。

3. 建造

关中窄四合院民居以木构件为骨架，以土木、砖木、石木为围护结构的"框架结构"体系，具有"墙倒屋不塌"的特点。木构架多为抬梁式，大梁与柱子均为较粗的松木。关中民居使用较深的基础，材料多采用本地产的石、土、砖等。关中地区雨量少，地下水位低、土层厚、土质塑性强，本地区以土作为建筑材料历史悠久，应用广泛。墙体按照建筑材料的特点可以分为土筑墙和土筑外包砖墙，土筑墙又可分为直接夯筑的"夯土墙"和先加工而后砌筑的"胡基墙"。也有两者结合的做法，即下部墙体做夯土，上部做胡基，每隔3～4层土坯砌一层青砖加固，土坯外抹麦草泥。土墙的上部一般用小青瓦做披水保护下部墙体不受雨水侵蚀。石材在关中地区主要用于墙体下半截的砌筑材料使用，墙基是设于台基或地面下的墙体，除用来支撑整个建筑之外，起到防水防潮的作用。砖材在关中地区也常常被用

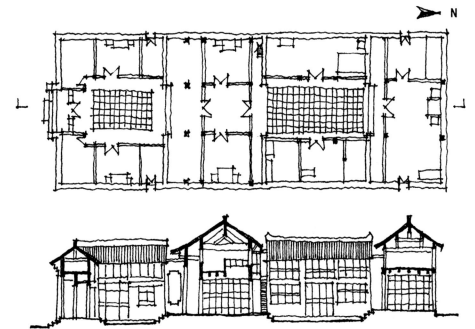

图2 党家村某宅平面与剖面示意图

图3 砖雕檐口

图4 木雕窗户

图 5　党家村鸟瞰

做墙体材料，有的墙体全部用砖砌筑，有的用砖和土坯相结合，形成多种类型的墙体形式，比如：实砖墙、包砖墙、包框墙、基础墙、玉带墙、清水墙、影壁墙、花砖墙等。

4. 装饰

关中窄四合院民居的装饰艺术精湛，集木雕、砖雕、石雕于一体。屋顶部分的脊饰、脊兽、瓦饰；墙身部分的山墙、窗下墙等这几部分，主要以砖雕工艺表现，而脊兽、瓦饰为一种细泥陶饰，与砖瓦同料同烧而成，具有美化屋脊丰富天际线的作用。门窗、挂落、窗帘罩以及檐下斗栱、室内屏风、落地罩及梁架部分，主要采用木雕工艺表现。柱础、门墩石、台阶、上马石、拴马桩等主要以石雕工艺表现。门楼、照壁等是装饰的重点部位，往往采用砖雕。

5. 代表建筑

党家村太史第

关中窄四合院最具代表性的是党家村民居。党家村位于韩城市东北部，是迄今为止陕西保存最完整的古村落，有清朝所建住宅 120 余处，绝大多数为四合院住宅，少量为三合院住宅。其中的"太史第"等代表了典型的关中窄四合院民居。该院落呈长方形，青砖墁地，中央设天心石。厅房居中，前为门房后为绣楼，左右两侧为厢房。其形似人体，厅房为首，门房为足，厢房为双臂。住宅中的门房一脊、厅房一脊、绣楼一脊，意喻三级连升。此外，其厢房的屋脊高度也不相同，东厢房比西厢房高，以示兄东弟西之意。正房为檐柱出檐二层楼式，一层为人们生活起居之用，二层设阁楼储藏物品，通常会将祖宗牌位设于堂屋中。正房的二层阁楼有的也作为家中女儿的闺房使用。

图 6　窄四合院

成因

关中地区的黄土地貌，属温带大陆性季风气候，夏季炎热干燥，院内不需要太多的阳光。为了使院内形成良好的阴影区，并满足居民生活需要，关中民居多有狭长的院落和较深的出檐。关中冬季寒冷时间较长，厚实的墙体增加了抗寒性能。关中地区降雨量少，单坡的厦房有利于收集雨水。为了保持院内适宜的室内温度，兼防风沙，经过漫长的历史演变，最终形成了窄长、封闭特征的关中地区窄四合院民居。

比较 / 演变

关中民居和我国北方地区、中原地区的传统民居一样以四合院为基本形制，所不同的是关中地区的大量四合院用地狭窄，正方、倒座、厢房等围合成狭窄的天井院，不同于北京四合院和山西四合院的庭院较宽敞。关中四合院的厢房，绝大多数是两坡水。北京四合院要大得多，总有一个狭窄的前院，多带偏院，穿过"垂花门"才能进入内院，内院又是通道又是花树，要宽敞豁亮得多，除过临街一面，一般还有专门修筑的界墙。不论院子面积、院中格局、还是相邻院落间距离，差别都是很大的。

关中窄四合院民居虽然具有自己的地方特色，但其平面关系与空间组织仍属于中国传统的院落式民居模式。其主要布局特点是多沿纵轴布置房屋，以厅堂为中心层层组织院落，在向纵深发展的狭长平面布置院落形式的同时，也有横向发展，形成多院落形式。在建筑装饰纹饰上多以砖雕、石雕和木雕为主，从装饰部位上看，均集中在门窗、脊饰以及影壁墙等部位。在一定意义上说，关中窄四合院民居是对关中黄土地域环境中的自然环境及其"天人合一"哲学观的表达。

关中民居·地坑院

图1 柏社村地坑院

陕西关中地区的北部是土层厚实的黄土台塬，先民们因地制宜利用黄土的特性创造了地坑院的居住环境，形成了"见树不见村，进村不见房，闻声不见人"的奇特景象。地坑院由自然地理选择其位、造就其形，由社会文明演变其形、铸就其美。

1．分布

陕西的地坑院主要分布在陕西关中的渭北平原地区，属黄土台塬地貌，比如乾县的吴店乡、三原县的柏社村、永寿县的等驾坡村均有大量的地坑院。

2．形制

地坑院是在平坦的塬上垂直下挖方形的地坑，而后向四壁挖窑洞空间，地坑院的保温性良好，但进出不便。它的生活空间位于地下，窑顶的地面则是生产用地和各家的晾晒场地，各家树木种于地坑院内，窑与窑之间有公共道路，各家窑洞基本按"井"字网格顺序排列。

窑院一般深为6～7m，平面为9～15m的长方形或正方形。地坑院内窑洞孔数，依经济条件、人口数量而定，一般6～14孔窑，最多达16孔。窑洞高3m左右，宽约4m，进深则有10～12m，窑洞2m以下的墙壁垂直于地面，2m以上至顶端为拱形。与外界联系的入口则利用其中一个窑洞，凿成阶梯形弧形甬道通向地面。

人们一般按居住人口的辈分主次和用途，筑有主窑、客窑、厨窑、牲畜窑、杂物窑、茅厕窑、井窑等。近年常以阳光照射最多的北方位为主窑，右手方向旋转，依次递进。地坑窑也可通过相邻的洞打通将各个窑院联系在一起，有时候可以多达五六个院子。传统的地坑院，窑洞内多用土坯垒成火炕，人畜饮水通常打井解决，院心设"渗井"处理排水和蓄雨水问题，地坑院四周设拦马墙防止雨水侵蚀、儿童坠落。地坑院根据入口可以分为全下沉型（即天井式地坑窑）、半下沉型和平地型，前者为最常见形式，后两者皆为塬面地形有高差变化，改善入口坡度，利于排水。

3．建造

通常地坑院施工经过挖坑壁→凿雏洞→修筑→粉刷→砌门脸安门窗→修大

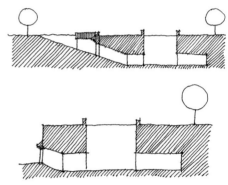

图3 地坑院剖面示意图

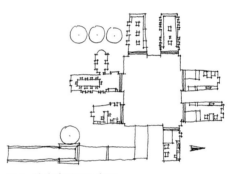

图4 地坑院平面示意图

图5 地坑院外观

图6 地坑院室内

图2 下沉庭院

图 7　地坑院庭院景观

门出口→挖渗井及排水沟等过程。运用合适的切土法和弃土法挖出坑壁、凿出窑孔。挖好窑洞，还需要做一系列的防渗和排水措施。窑脸（窑洞的正立面）开窗户同时还要泥抹壁，基座要用青砖垒成，屋檐砌起一道四五十厘米高的拦马墙。院子铺设　圈青砖，东南角挖成一个四五米深、直径 1m 的水窖，底垫炉渣、口盖青石板，用于蓄积雨水和排渗污水。

4. 装饰

窑洞的装饰通常会从窑脸、拦马墙、炕、院门等方面进行装饰。装饰重点是窑脸，从最简朴的耙纹装饰、草泥抹面到砖石砌筑窑脸，历代的工匠无不将心血倾注在窑洞这唯一的"脸面"上，顶部的女儿墙用砖则必砌成各式花墙，用碎石与青砖嵌镶成各种图案。窑洞内的装饰简洁质朴，以门窗和炕墙为重点，墙面多为掺了石灰的麦糠泥上糊一层纸，有的在炕周围贴一层纸和各色的剪纸。窑内的木构架多采用素木或黑色，与隔扇和门窗相呼应。窑洞院的宅门也是重点装饰部位，通常采用砖砌门拱，上卧青瓦顶，富有人家的宅门则磨砖对缝、砖墙门楼、木雕精美、做工考究。

5. 代表建筑

三原县柏社村地坑院

三原县柏社村地处关中北部黄土台塬区，居于县城北端，目前柏社村共保留窑洞约 780 院，大多为全下沉式，少量为平地型，入口形式以曲尺跨院型为主。其中核心区集中分布了 225 院下沉式窑洞四合院，保存完好的地坑窑 134 院，以梁鹏宅、同敏英宅、何平权宅三处最具代表性，其下沉院落为四方几何形布局，建设过程经多年建成，每年挖掘四方几何形的一边，也就是两到三口单窑，四年即能初步建成。单窑主要为主窑、客窑、厨窑、牲口窑、厕窑等，较长的单窑向内有隔开的储物空间，窑洞院落整体呈现了一种对称式的格局，体现了传统儒家思想的渗入。

成因

陕西的地坑院的建成得益于渭北黄土台塬区优越的地形地貌，塬面平坦，黄土深厚，风积层的风积黄土土质紧密，灌溉方便，既有利于窑居，又有利于粮食生产。由于没有山崖、沟壁可供利用挖窑居住，先民们创造性地建造出这种向地下发展的窑洞合院形式。地坑院结构形式简单，建材用量少、成本低，需 2~3 年左右靠自家劳动力农闲时挥撅挖刨即可建成，对黄土塬地区经济落后的状况极为实用，这也是地坑窑得以延续的主要原因。

比较 / 演变

早在《诗经大雅·绵》就曾记载"陶复陶穴"，即为地坑窑，可见其历史之悠久。它始创陕西彬县附近，由周族先祖古公亶父把这一技术带至周原。20 世纪前叶，德国人鲁道夫斯基书写了《没有建筑师的建筑》，最早向全世界介绍了中国窑洞地坑院，称其为"大胆的创作、洗练的手法、抽象的语言、严密的造型"，地坑窑因此闻名中外。与其他地区的地坑院相比较，拱券形态受黄土层土质构成差异等因素影响而成不同的形式。河南、山西等黄土高原东部地区的窑洞拱券呈弧形，甘肃、陕西北部的窑洞拱券呈尖拱形。陕北的窑洞受到游牧民族文化的影响，而关中地区的地坑院实则与关中地区的典型四合院建筑具有很大关联，地坑院实际是地下的四合院落，延续了四合院的形制和布局。地坑院与民间习俗相结合，崇尚实用性与功能性，是当地居民民俗文化活动的重要场所。

陕南民居·石片房

陕南地区的石片房多分布在山区等地貌较为复杂的偏远地区，多建于山地上，利用当地石灰岩进行建造，墙体多用土坯砌筑。平面形制较为自由，在"一"字形平面的基础上根据住户自己需求来添置房屋。由于就地取材，石片房与当地环境和谐统一，甚是美观，极具特色。

图1 石片房照片

1．分布

陕南石片房多分布在山区，如宁强、南郑、西乡、镇巴和镇平等县境内的山地，当地的山石由石灰岩组成，是建造石片房的好材料。

2．形制

石片房多建于山地上，顺应山势，平面形制因地制宜，随机应变。有些是以"一"字形平面布置，将房屋的功能结构顺延布置。有三间，五间等，庭院开敞，直接对外。在此基础上，部分房屋在平面尽端添加别院或者房屋，形成"L"形平面。有些则围合成院落，有三合院四合院等。在地形允许的条件下，户主会根据家庭人口的需求，添置别院。石片房多靠山崖建造，三面房屋和山崖围合，形成院落。石片房的间数必须是单数，一般是三间。民间认为，单数属阳，所以使用单数能使子孙绵延，世代安居乐业。

典型的石片房的布局一般是正中一间为中堂，俗称"堂屋"，一般为一层，是接待客人、用餐、休憩和妇女做家务的地方，也是全家人活动的中心。两边的房屋均为一楼一底，用作卧室、客房、厨房、储藏等。

3．建造

石片房的搭建通常是在选址确定后开始挖基坑，之后用较大的石块进行基础砌筑，在基坑填满时，地面上选择小块石头进行砌筑。

接下来要进行墙体的砌筑，根据地区不同和取材的难易程度，墙体会有几种砌筑方式。最常见的是夯土砌筑和竹编墙体。夯土砌筑墙体时，分为准备生土、支模等几个步骤，由下往上砌筑。竹编墙则要用竹条编织好骨架，然后进行抹灰填充。

木构架是石片房的实际承重结构，土坯墙或竹编墙并不承重。陕南当地多用穿斗式构架，然后在需要大空间的地方，某几间房屋运用抬梁式。在墙体部分仍使用穿斗式。

石片房因地制宜，就地取材，由于建造石片房的石都是取自同一层的石灰岩，所以厚度比较均匀。一般用料是有讲究的，2cm左右的做屋面，3cm厚的做墙，4cm厚的可做成水缸等容器。木结构承重体系中，屋顶的梁和檩均架设在木柱之上，然后在檩条上铺设椽版，椽版上铺设石片即可。陕南当地的石片房会堆砌屋脊，然后利用碎石片或者砖

图2 院内照片

图3 墙体特色窗口

图4 屋脊装饰

图5 紫阳县街景

雕来装饰屋脊。

4. 装饰

陕南石片房的建筑材料就地取材，采用当地的岩石片，由于岩石片大小不一、色泽不一，所以别致的屋顶，自然成了一种装饰。在屋脊处，不同人家会采用由简单到复杂的多样的砖雕装饰，形成优美的天际线。

5. 代表建筑

紫阳老城石片房

这种石片房主要集中在紫阳地区，以紫阳老城的石片房最有特色。这里80%的民居都为石片房，大量集中，很有代表性。紫阳是集水而建的城镇，石片房很多都为宅店一体的形式。就这些房屋的平面组织而言，当地的石片的天井式住宅多呈"口"字形平面。前面临近街道处是店面，后面是厅堂，之后再缀有一个后天井。

紫阳当地气候条件的限制使得"穿斗式"和"捆绑式"木结构成为最主要的结构支撑。紫阳老街的石片房的墙体围护结构多为竹编夹泥墙套白，与深色木构架呈强烈而有趣的对比。聪明的紫阳人民利用当地岩页做屋面铺设，与当地环境浑然天成，这种屋面没有望板，大都直接在檩上加椽，椽上铺石板。紫阳老城中是采用石片屋面，统一的材质和色彩使得街区建筑群体的第五立面

图6 屋内构架

图7 屋面铺设

图8 石砌台阶

取得了极佳的效果。

成因

陕南地区地形较为复杂，山区地带房屋不好建设，材料也难以运达，于是人们就地取材，利用当地石灰岩建造房屋。所以，建筑的色彩和周围的环境十分协调，融入山体中。石片房造价低廉，当地的农户可以用这种简单的方式建造房屋。石片经过年复一年的风吹雨淋，会变得疏松，所以十年左右需重新建造。

比较/演变

陕南的石片房在发展中，由于人们生活的需要，在平面形式上也有了改善，添加了功能。平面不单单限制在"一"字形平面上，沿街的住宅会利用沿街优势，将房屋盖成前店后宅的形式。由于材料的局限和人们对于不同房屋的需求，还有加建等因素，我们在很多地区都可以看到瓦片屋面和石片屋面交接的情景，形成一种独特的韵味。

在云贵等地，也有大量的石片房。云贵地区多用石头砌筑整个房屋。贵阳地区的石片房，墙体暴露木构架，木构架之间镶嵌薄的大石板。安顺地区的石片房，墙壁为石块砌筑。云贵地区石片房开启的门洞口都很狭窄，以至于大旅行包都难以横着拎进去。石板房的窗子，除了方形外，还有拱形、圆形、倒"V"字形等多种形状，远远望去，好像是石头碉堡上的炮眼儿一样，既小又奇特。这是因为当地石板房的墙壁、屋顶，全部是用石头垒成的，如果门窗洞口开得过大，便会因难以承受其重量而发生断裂。所以，云贵地区的石板房往往采光不好。陕南地区的石板房多用夯土或者竹编墙，所以开窗洞口较灵活些。在山墙上会开高窗，或者规则的洞口，起到通风，采光以及装饰的作用。

陕南民居·合院

陕南的合院民居主要分布在平川地区，多由当地富裕人家建造、按平面形制可分为三合院、四合院。从布局层次上分，有一进院、二进院、三进院等。结构骨架由木构架搭建，沙子、石材、土坯做墙体填充，有些第二层会采用竹笆木板填充。装饰精美，极富当地特色。

图1　内部庭院

1．分布

陕南合院民居多分布在陕南平川地区，多见于汉中盆地、安康盆地等。

2．形制

陕南的合院民居是在"一"字形平面的基础上发展的。在朝向道路的房间，多数民宅做成前店后宅的形式，带有封闭的后院。后来发展成三合院、四合院。三合院由正房、厢房组成。正房前方屋檐外伸，其下可用来吃饭、歇脚，形成一个有特色的灰空间，成为人们生活中不可缺少的交流场所。厢房开间比正房小，两端有围墙相连，墙中间朝南开门。四合院由正房、厢房和过门房组成，中间有一天井，比三合院更讲究。因为我国封建礼教的关系，在合院住宅中，从宅院大门一般不能直接进入庭院，而是用门廊或者入口门道、影壁、垂花门等构成紧凑的小前庭作为前导空间。

陕南民居的四合院布局形制，除了北方地区的一般特点以外，还融合了南方地区灵活多变的布局手法。从布局的层次上分，可以分为一进院、二进院、三进院等。这种院落的层次划分，往往和住宅主人的身份、地位、财富有关联。因为陕南地区的地形较为复杂，当地人多顺应自然，因地制宜，在四合院的布局形状上，也有着多样的变化，如"L"形、矩形、正方形等。正房一般用做会客、起居等，厢房用做卧室或者书房。根据使用者身份地位，会将不同的人安排在不同的院子中。

为了适应地形以及地貌的需要，陕南地区对于合院建筑又有了更加因地制宜的办法。他们将合院顺应高差，建在山地上，一般将正房建在最高处，利用庭院台阶等调节高差。若高差较大，则利用加盖厢房的办法来实现，形成了独特的合院建筑。

3．建造

合院两层的房屋，底层外墙通常用沙子、石材、土坯来填充，第二层的外墙大多会用竹笆木板填充，有的人家会在竹笆外抹草泥、刷白灰墙。木构架均外露，建筑外观在材质上取得上轻下重的稳定感，结构采用木构架。不同地方也有差异，在汉中、勉县、南郑用木构架、砖墙或者土坯墙填充，墙外围用木板做维护结构。屋顶的建造是在木构架上搭建椽子，铺设瓦片或者石片等。

4．装饰

陕南民居由于受南北两地的影响，综合了湘、鄂及四川的手法，门头丰富多样，造型变化多，屋脊的砖雕纹样丰富，有的脊吻起翘很高，轮廓线优美，

图2　合院内景1

图3　檐下构架

图4　合院内景2

图5　陕南合院鸟瞰

反映屋主的文化底蕴和财气地位。由于当地气候多雨潮湿，住宅多伸长挑檐，出檐深远是陕南民居的特色之一。一般挑檐梁的出挑均在1m以上，有的甚至达到1.5m。挑梁头上饰以花纹，挑梁与檐柱的夹角装饰以雀替状木装修。屋脊举折，墙体装饰山花小窗。马头墙在当地运用广泛，雕饰精美。

因为雨水天气多，当地的门头出挑多用这种形式。农宅的装饰较官宅少，立面山墙面上设计有方形花格漏窗，打破了土坯墙的沉闷感，大小和位置恰到好处。建筑底部还做有砖石勒脚，使得立面层次丰富显得稳重。

5. 代表建筑

1) 旬阳季家坪杨宅

旬阳季家坪杨宅是典型的陕南合院住宅，属于四合院中的三进院。和传统的陕南合院一样，由于杨宅建在山坡上，于是将正房居高布置，进入第一个院子后，通过石阶来到正房，正房与厢房的地面高差达到1.5～2.0m。杨宅中有三个横向的院子，分别都有通向相邻院子的门。庭院中有直接通向二层的楼梯。陕南的雨水较充沛，庭院内植物茂密，和假山石等相映成趣，景致极好。杨宅的特别之处还在于水平方向设计有一个套院，窄长的套院将三个院子连接成一个整体。

2) 陕南安康张宅

陕南安康张宅是当地典型的三合院农宅，由正房、厢房和门头组成。入口大门的檐部出挑形式具有当地的特色，出檐较为深远，挑梁头上装饰以花纹。

图6　合院马头墙

图7　合院内生活

成因

陕南合院民居的成因受南北合院的影响。形制上它继承了合院应有的基础原型，又由于受到南北建筑风格的影响，形成了不同的变化。由于陕南地区的地形较为复杂，所以在有高差的地带，合院也进行了变形，如加建厢房等。陕南合院的存在不是很普遍，基本是地绅富商营建的宅第和明清两代存留下来的府邸。由于财力雄厚，合院民居往往集中了能工巧匠的精华，所以能反应陕南建筑的较高水平。

比较 / 演变

陕南合院相比于北方合院，多了一些灵活多变的布局手法。因为受南方民居的影响，风火式山墙和马头墙的广泛运用以及为争取空间的二层出挑处理，丰富了陕南民居建筑造型的轮廓线。加上雕饰精美，富有曲线的脊瓦和木雕饰，使其民居造型与北方的合院有明显的不同。由于地理因素的影响，为了充分利用地段，和山体浑然一体的山坡合院也成了一大特色。山区合院的平面布局及空间处理，受到地形变化的限制，手法独特，如陕南旬阳县城建在山冈上，有较多的四合院住宅靠着山坡建造，巧妙地利用了地形坡度，使建筑物与山坡组成一体。一般正房居高布置，进入院子，通过石阶到达正房，厢房地面与正房地面的高差1.5～2.0m左右。如高差再大，则把厢房建成两层，从正房台阶上几步便到厢房二层外廊。有的住宅的大门开在山坡下的前巷，居高的正房侧门则连通坡上的后巷，两条巷子的高差达到3m以上。

有的山坡住宅为3节地，在山腰上依崖建造，这是山坡住宅的又一种类型。远观村镇，就看见房屋顺应山势起伏，层层叠叠与自然景观浑然一体，既壮观又构成了明显的环境标志。陕南地区的山地合院是因地制宜，由于地形的需求而产生的一种特殊的住宅形式。

陕南民居·吊脚楼

陕南的吊脚楼主要分布在沿着汉江的集镇。吊脚楼造型奇特，是人们为了扩大居住面积，而在江边悬空而建的民居。吊脚楼通常是由木柱或者砖石支撑，在上面架底板，然后再架设房屋。吊脚楼的主要结构是木骨架，维护结构等也多用木板等较轻的材质。陕南的吊脚楼朴素无华，有一种原生的乡土气息。

图1　氏羌古街

1. 分布

陕南的吊脚楼多分布在沿江的集镇。陕南地区依靠汉江水流，沿江分布大量鱼米人家。多集中在石泉县，宁强县等。主要存在于汉水中、上游两岸的沿江集镇。汉江中上游，两岸多为峡谷，山崖险峻，平坦地势较少，其沿江集镇多利用河阶坪地建设。

2. 形制

吊脚楼窗子多向江，所以也叫望江楼。吊脚楼是由远古的巢居发展而来的。陕南的吊脚楼延汉江流域分布，这里的吊脚楼式民宅建筑古朴别致，由于陕南地区山地较多，为扩大街坊，民宅建筑面积，临江的半边街，多为半陆地、半悬空一排楼的吊脚楼。吊脚楼顺山势向

上蔓延，悬在半空独具一格。陕南地区的吊脚楼，结构造型因山势制宜，多种多样，按照平面大体分为几种类型："一"字形、"L"形、"回"字形、现代型、复合型等。与一般农舍相似，平面布局随意，没有固定的形制，因依山而建，所以受地形限制因素较大。窗户临江而开，犹如空中楼阁，景致幽清。盛夏，江水经烈日蒸晒，闷热难忍，若置身临江吊脚楼，凉风习习，暑气顿消。临江眺望，江水风光尽收眼底，此种形式的民宅建筑，现在沿江许多集镇仍保留着。

图3　与石头房结合的吊脚楼

3. 建造

吊脚楼这一古老民居，为"干栏"建筑的一种主要形式。传统吊脚楼属于纯木结构建筑，采用穿斗式、不用一钉

图4　白江边的吊脚楼

图2　白江吊脚楼

图5　沿江县城

图 6　二层俯瞰

图 7　木构架

一铆，梁、柱、枋、板、椽、榫均以木加工而成。一般依山就势，以吊脚的高地来适应地形变化并将楼房与平房结为一体，故有人称之为"半干栏式建筑"。吊脚楼一般是家中的附属建筑，立于主房的两侧，无论开间还是进深都要比正房小很多，通常的做法是在底部用木柱支撑，上部再铺设地板建造房屋。汉江沿岸的吊脚楼，结构造型因山势制宜，多种多样，有石顶木撑，有以砖石为柱，有以木柱倒"八"字形斜撑的。其上架木为枕，铺以楼板，或竹编覆土，与街坊地面相平，其上建宅。为减轻吊楼的负荷，多采用杉木结构的屋架，四壁有用木板作墙的，有木骨泥墙，竹骨泥墙，屋顶盖瓦或覆以茅草。吊脚楼的主体建筑大多采用穿斗式木构架，因木结构已经起到了主要的支撑作用，所以底部挑出的部分大多承重很小，再加上本身面积不大，因此建筑也十分坚固。

4. 装饰

陕南传统民居装饰种类较多集中在四合院类型的传统民居中，一般吊脚楼则少有装饰，十分简洁朴实，充满浓浓的乡土气息。由于吊脚楼的造型较为独特，其本身就起到了装饰作用。因吊脚楼主要由木结构建造，挑出的外廊，木格栅等都是朴素中透出了别致的水乡特色的装饰。

5. 代表建筑

1）白河吊脚楼

白河山城的吊脚楼独具特色，成为陕南一代有名的代表建筑。白河山

城虽小，但却风情万种，幸好有这条汉江黄金水道，带来了这一带商业运输繁荣。汉江让这里的交通四通八达，白河县城这一块历史沉淀的土地，顽强地生存在陕南的秦巴山里。沿着汉江，独特的吊脚楼依山就势建造，十分有特色。这些吊脚楼保留着明清时代的风貌，风格古朴。由于主要由木材修建，长年的雨水冲刷，吊脚楼木色变深，越发有岁月的痕迹。白河吊脚楼基础多用砖石，由木柱斜撑，上面搁置楼板，再修建房屋。建筑主体由木板维护，上面铺设青瓦。依山而建的吊脚楼下方可以进行一些生活劳作，做牲口棚等。由于地势高低起伏，吊脚楼错落有致，形成白河山城美丽的景观。

2) 紫阳吊脚楼

紫阳存在着大量的吊脚楼。它们的生成是由于紫阳地区地势起伏大、气候多水湿热，在这种特殊的自然环境影响下，"穿斗式"的吊脚楼更适宜于当地人民的生活。紫阳老街"地无三分平"的特殊条件，使居民在如何利用地形、争取居住空间方面造诣颇深。当地的吊脚楼为穿斗式木构架建筑，平面自由，易于建造，能够灵活地适应于多种地形和小的空间。沿汉江边分布的大量吊脚楼。斜撑的木柱插入水中，一半的房屋修在水上，一半修建在山地上，远远望去，房子像悬空在水面上一样。吊脚楼层层叠叠高低起伏，交错出现在山边，景象十分壮观。他们被人们戏称为"危楼"，却是人类和大自然斗智斗勇的结果。形成了一道特殊的风景线。

成因

陕南汉江，地形较为复杂。为了应对山地环境与潮湿气候以及扩大建筑的使用面积，临江的建筑多半是半面在陆地上，半面悬空而建。这种独特的建筑形式是由于地形的特殊性而产生的。吊脚楼是由古代的巢居演变而来的，在长年的发展中，逐渐成熟，形成现在的面貌。

比较 / 演变

陕南地区的吊脚楼多受到川蜀地区的影响。吊脚楼最基本的特点是正屋建在实地上，厢房除一边靠在实地和正房相连，其余三边均悬空，靠柱子支撑。吊脚楼有很多好处，高悬地面既通风干燥，又能防毒蛇、野兽，楼板下还可放杂物。吊脚楼还有鲜明的民族特色，优雅的"丝檐"和宽绰的"走栏"使吊脚楼自成一格。依山的吊脚楼，在平地上用木柱撑起，分上下两层，节约土地，造价较廉—上层是居室；下层关牲口，也用来堆放杂物。吊脚楼反映了当地人巧妙地依靠自然、利用自然、与自然和谐相处的生态观念。吊脚楼的用材体现了陕南地区人民运用资源的技巧。陕南地区由于降雨量丰富，利于树木生长，木材粗壮，适合建造房屋，这就为当地人提供了天然资源。陕南地区人民在恶劣的条件下，充分利用大自然的给予，建成各式各样的吊脚楼。在今天，吊脚楼的材质也会根据需要使用适当的现代材料，使得房屋更加经久耐用。

陕南民居·夯土房

夯土房大量分布在陕南各个地区，是最为常见的一种民居形式。在此，我们常提到的是版筑式夯土房。"一"字形平面居多，平面形式自由灵活。由石头砌筑基础，夯土墙进行维护，承重结构分木结构和夯土墙两种。屋面可铺设岩片或青瓦。根据不同住户的要求，装饰由简到繁，丰富多样。

图1　院内生活

1. 分布

版筑式夯土房是陕南地区大量存在的民居形式，在平川和山区都有，是陕南地区最主要的农宅形式。

2. 形制

传统的陕南版筑式夯土房，一般以"一"字形平面居多，少有"L"形平面。由于陕南地区夏季比较湿热，乡间的农宅一般采用开敞式庭院的居多。在城镇的大多数面街的一字型民宅，会利用街道的优势，建成前店后宅的形制，并有封闭的后院。"L"形平面中，有的仍存在是开敞式庭院，有的则用围墙围成封闭的或者半封闭的庭院，形成一种近似三合院的空间。面对正房的墙做成影壁，设置花坛，形成安静的前庭空间。

"一"字形平面中，按照功能布局将房间一字排开形成水平方向平面，有些会辅以侧面的宅院，将房屋串联。"一"字形平面的开间数从二开间到七开间不等，二开间的房屋则一间用做会客和休憩空间，另一间用做卧室。三开间、五开间等住宅，则将起居会客空间设在中间。两边依次是卧室、厨房、杂物间等。厨房和起居室的门会开向前廊。农宅一般不设置二层，在山区的住宅，会利用高差将房屋加建。

3. 建造

开始建造房屋之前，需要做好准备工作：寻找合适的木材和生土。建造之前要明确选址，清楚建筑的基本平面。

开始第一步先挖基坑。然后砌筑基础，低于地表的称作大脚，大脚的铺设用较厚的条石层层铺就，在转角的位置要挑选方正的石块进行砌筑。接下来要用表面较平整的小石块砌筑小脚，在转角处用较大石头砌筑，一般富裕人家会采用三块青砖铺设，在转角处做保护。

第二步夯筑墙体。夯土墙体的施工步骤分为，准备生土、支模等几个步骤。施工过程中，从下往上层层夯筑。每一版土墙之间的连接均为套接。版筑时，上下接缝需要错开。砌筑工人要在墙体尚未干透之前对墙体进行拍板、修补。

第三步开启窗洞口。开启窗洞口有两种形式，一种是在砌筑墙体时预留，另一种是预埋木质过梁，之后挖出窗洞口。

第四步是架设屋顶。屋顶的架设与结构有关，住宅的结构分独立木结构承重或者夯土墙承重体系。前者中，夯土墙只起到围护作用，费用较高，则多用于较为富裕的户主。木结构多采用穿梁式，在需要大空间时则部分房间使用抬梁结构。陕南当地多因地制宜，采用灵活多变的空间形式。在木结构承重体系

图3　马头墙砖雕

图4　窗洞口木雕

图2　夯土民居

图5　版筑式夯土房建筑群

中，屋顶的梁、檩均架设在木柱之上。第二种承重方式是版筑墙体做承重体系，则屋顶的梁、檩直接架设在夯土墙上。然后在檩条上铺设椽版，椽版上铺设小青瓦或者石片即可。

第五步是做场地的排水，对于建筑的防水处理，一般会砌筑石材的墙基，在多雨的地区还要在建筑四周挖设深沟排水。陕南地区在建筑正房时会有宽阔的前廊或者盖廊，也起到了防水作用，并留出了供人们休憩和交流的灰空间。

在新居居住一段时间之后进行最后一道工序，墙体抹面，墙体抹面分为泥草抹灰、石灰抹面、水泥抹面。

4. 装饰

版筑夯土房外观大多朴素、大方。会在山墙上开设高窗，做通风采光，同时也兼顾了装饰作用。屋顶有瓦片和页岩铺设两种形式，会形成不同的第五立面效果。屋脊上会做适当装饰，用碎瓷片做翘脊，看起来灵动有趣。

5. 代表建筑

1）略阳县刘宅

刘宅的位置处在山旁谷地，坐北朝南，一共有五个开间，布局紧凑。中间三开间进深较小，形成内凹的檐下空间，可以用作休憩、乘凉。两侧分别布置有厨房和一间卧室。会客厅布置在正中间。墙体外围四周做有石阶环绕。它具有典型的陕南民居风格，石砌勒脚，防水加固耐磨，土坯墙砖包角。二层阁楼构架外露，展现清晰的结构，檐部有翘曲状挑梁，出檐深远。

略阳刘宅是典型的"一"字形平面，庭院开敞对外。

2）略阳县李宅

略阳县李宅是略阳典型的山区农宅，平面是最简单的一字型两开间。房屋四面有石阶及石砌勒脚，墙体为土坯砖。二层阁楼的木构架外露，丰富了山墙面，展现清晰的结构，出檐深远。立面造型上轻下重、层层缩进。

图6　院内丰收景象

成因

版筑夯土房是陕南地区最常见的建筑形式，由于造价低廉、操作简单、材料易得，广泛用于山区或平川地区的农舍。不同的户主会根据自家的家庭条件情况，在建筑建造技艺及装饰上体现不同的品味。如普通人家的门头无过多修饰，只是在檐口或者屋脊处做一些砖雕或木雕。大户人家则较为讲究，在屋檐的起翘、门窗的花式图案上更加琳琅满目。另外，富裕的家庭会建造合院，由一间间夯土房组合而成。

比较 / 演变

陕南的版筑式夯土建筑较别的地方的民居有所不同。很多人家会在阁楼处外露木结构，使得山墙面结构清晰，也起到了装饰作用。由于雨水较多，陕南民居出檐深远，保护墙体，也成了一道独特的风景线。除夯土房外，陕南还有用竹编墙做墙体的建设方法。即把竹条钉在由立柱隔好的墙壁空挡里，再竖向编织，织成壁体，然后在壁体外抹石灰。这种编竹壁表面空隙很多，很容易挂灰泥，整体干后收缩小，无裂缝。这种墙壁坚硬、简单易行，建造速度快，且通气性能好。不过，它壁薄、热阻小、耐温隔热性能差，对陕南地区季潮热的空气和冬季阴冷的寒气都起不到阻隔作用。

所以各地会根据需要，选择实用性高的建筑方式。为了保护墙体不受损伤，墙体外的抹灰以及贴面形式的不同，也会使得村镇的街道风貌，聚落中的建筑呈现出的性格有所不同。在今天的陕南，当地人还在使用这种操作较为简单的，价格低廉的建筑方式，版筑式房屋还是大量地运用在农宅等居住建筑当中。

甘肃民居

GANSU MINJU

河西走廊民居·夯土堡寨

图1 夯土堡寨外观

堡寨，古称"屯庄"或"屯堡"，是河西走廊典型的民居类型。其在满足居住功能的前提下，突出防御功能，含有"居"的成分，更强调"防"的意义。"堡"字在今陇东一带的方言中念作"bu"也读"pu"。

1. 分布

堡寨式居民建筑是甘肃境内比较特殊的生土建筑，曾经在河西走廊分布范围很广，数量也很多，但是，经历1927年的河西大地震及新中国成立后数量急剧减少。留存至今的河西走廊夯土堡寨在交通便利的绿洲内部的城镇附近呈少量零散分布，在边远地区有大量留存，如武威市民勤县、古浪县、金昌市永昌县、酒泉市肃州区等地。

2. 形制

堡寨最典型的工艺特征是夯筑非常厚重的外墙。甘肃境内堡墙的修筑方式有夯土版筑、土坯垒砌、青砖砌筑、砖石土坯混合砌筑等。其中，夯土版筑、土坯垒砌最常见。清末民国时期，出现了较大的院落，有过厅，设有内、外二院或三院，建筑物有宗祠、土地庙、住宅房屋、牲畜圈、磨房、地窖等，一般在正面修建三间上房（堂屋），内供祖先神主和佛道神像；两侧为三间或五间厢房；堂屋对面为倒座。单体房屋建筑与当地的合院式房屋建筑完全一致。

3. 建造

1) 夯土版筑

夯土筑墙俗称"干打垒"，施工技术比较简单，容易操作，首先用高约4m的两个"V"字形支架，以2m为一段，支架两侧用棍模编排成板，木棍用绳子捆扎或直接用木板，组成一个拦土槽。把土填入槽内，反复拍打坚实，形成10cm厚的夯土层。墙体一般厚约2～6m，从墙底到墙顶逐渐收分，下部宽、上部窄，一般高约10～11m。如果墙基加宽很多，分层夯筑，夯层内

添加树枝以增加稳固性，这样可筑到几十米高；墙堡的顶部两侧再筑女儿墙，形成走道或转台，女儿墙的外缘高约2m，墙上开枪眼。

图2 夯土堡寨细部与装饰

堡墙的四周或四角均设碉墩或角墩，凸出墙面，其上修建房屋，主要用于瞭望四周，屋内备有防御武器；有的在角墩内设通道通向天井院，并在天井院内挖有水井，在角墩上建房舍；有的在墩下设有地道通向庄外。大型堡子均设有射孔、门楼、角楼，有的还有马面，外绕堡壕，内部分成许多小院，有房屋数百间，俨然一座小城。小者仅一户之居，防卫、遮挡风沙均有效。

堡寨大门多朝东或南面开，开在墙正中，也是墩台式，墩上建有门楼，门道深而窄，设二道门或三道门。这样就组成一个封闭的院落，完全能够满足抵御风沙和外来入侵的需要。

2) 土坯修筑

堡子墙体高大，工程量很大，土坯筑墙者比较少见。土坯的制作技术简单，但成本较高，一般用于砌筑房屋墙体或者与夯筑墙混合使用。土坯砖用黏土、草、水混合拌入粉煤灰，放入砖模之中，晒干成型。砌墙时，要分层垒砌，与砖石砌筑方式一样。

4. 装饰

堡墙部分装饰简单，堡墙的大门有少量砖雕装饰，上部的角楼会有砖雕、木雕装饰。堡内建筑的装饰多样，有砖雕、木雕，题材多样。

5. 代表建筑

1）武威市民勤县三雷乡三陶村瑞安堡

建于1938年，是河西走廊地区

图3 夯土堡寨院内景观

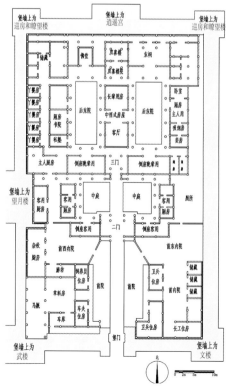

图4 武威市民勤县三雷乡三陶村瑞安堡平面图

图 5　瑞安堡鸟瞰

图 6　威武市凉州区金羊乡海藏村秦家庄院内景

典型的地主庄园堡,坐北向南,占地 5089m²,建筑面积 2394m²,集防卫、居住、游乐于一体。现存堡墙南北长 90m,东西宽 56.5m,夯土版筑,夯层内加红柳,通高 10m,基宽 6m,墙上有人行道,最宽处 2.3m,最窄处 1.5m,女儿墙高 2m,堡内建筑呈三进四合院布局。

瑞安堡的设计构思、建筑布局颇具匠心。堡门高 3.6m,宽 3.2m,十分坚固,南面正中开门,第一道大铁门上共有 2751 个铁钉,寓意该堡于 1938 年开始修建。门前上方设有上下贯通的漏孔,一旦有人破门,可以用石头进行攻击,也可往下灌水,半圆形门洞深 8m;堡门上方有门楼,砖木结构三架梁前后出廊硬山顶式。门外上方正中镶嵌石雕"瑞安堡"匾。堡墙顶部四周分布着 7 座亭台楼阁,修建在 7 个砖包墙墩上,分别称为文楼、武楼、门楼、望月亭、逍遥宫、瞭望台和角楼,文楼像文官的帽子,武楼像武官的帽子。北墙上有逍遥宫,西北角有望台,西墙上有望月亭,西南角有武楼,正门墙上有门楼,东南角有角楼。逍遥宫、望月亭和门楼是堡主娱乐和赏月的地方。

2)威武市凉州区金羊乡海藏村秦家庄院

1921 年修建,占地 7680m²,坐北朝南,南北长 96m,东西宽 80m。围墙高 12m,前后筑角墩,辟南门。四合院布局,有偏院。北为二层堂屋,五开间,歇山顶前出廊。东西厢房各五开间,单坡硬山顶,前出廊。倒座三开间,单坡硬山顶,前出廊。大门条石砌筑,表面雕花,额题"味经遗范",并刻对联"积善前程应远大,存仁后地自宽宏",

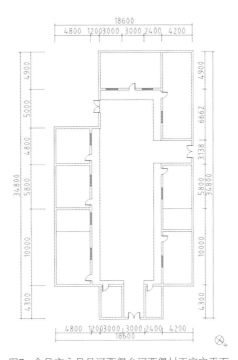

图 7　金昌市永昌县河西堡乡河西堡村王家宅平面

图 8　金昌市永昌县河西堡乡河西堡村王家宅主屋

均为杏卿隶书。

3)金昌市永昌县河西堡乡河西堡村王家宅

四合院、平屋顶,四周有围墙,前后有墩子。正屋墙体泥土本色、东厢房的墙体为白色。建筑室外装饰为木雕。

图 9　金昌市永昌县河西堡乡河西堡村王家宅立面

成因

夯土堡寨的形成主要源于防卫的需要。由屯田堡或驻军堡演变而来,多为边疆地区的居民修筑而成,更多的是居民自发修建的住宅建筑,它带有很强的防御功能。明、清以来,甘肃境内各种变乱频发,人们的生存没有安全保障,特殊的社会环境促使夯土堡寨快速发展。

比较 / 演变

堡寨式建筑的布局和形制有鲜明的个性——"住、防合一",以古代军事建筑是其原型,经过几千年的演变,近现代的夯土堡寨民居的形制趋于固定。然而,伴随着新中国成立后的社会政治环境的稳定,其防御功能已失去重要性,大部分堡寨趋于废弃。

河西走廊民居·夯土围墙合院

河西走廊的夯土围墙合院有四合院、三合院、二合院及仅有三间正房的院落几种类型，建筑体量均较小，面宽小、进深大，布局紧凑，多以平屋顶为主，中轴线上为堂屋三间。

图1 夯土围墙合院外观

1. 分布

河西走廊绿洲农业较为发达，沿走廊交通条件便利，当地居民的基本经济条件尚可。改革开放后，传统的民居更新改造程度大，尤其是走廊中部的绿洲地区。目前的传统夯土围墙合院在城镇周边仅有零星分布，而在山区及比较偏远、交通不便的地区尚有规模化存在，如古浪县、天祝县交界处。

2. 形制

合院对称布局，轴线结构清晰、主次分明，高墙院落；居室多坐北朝南，山区可见坐西朝东。建筑厚墙小窗、屋顶平坡结合，常见平坡土屋面、硬山单坡，偶见双坡瓦屋面，屋顶设计简明低调。民居与绿树、黄土、农田、远山自然环境融为一体，突出跳跃浅暖色彩。

经济条件较好的人家的生活院落有前后之分，前院起居生活、后院仓储畜舍，院落布局规整，可形成四合院或三合院，建筑可见起脊、出廊、彩枋、基脚。经济条件一般或较差人家的院落起居生活与仓库、畜舍在一个院落中紧凑建造，一般房屋不起脊、不出廊、无彩枋、无基脚，建筑以三间或五间为一排，或挂一个折角（图4）。

3. 建造

梁柱结构为最常见形式。屋面多为平顶，为木梁、檩、椽搭接结构，椽上铺木板、竹帘或芦苇等，表层抹麦草泥，不覆盖瓦件。传统的墙体中常见的有夯土或土坯外抹草泥，在规模比较大城镇的民居也有以青砖为墙的。

4. 装饰

传统木构民居中略有彩画，门窗有简洁的少量装饰纹样，院门装饰均有简化的艺术处理，符号应用质朴简洁。经济条件较好的人家，房屋装饰类型丰富，有砖雕、木刻、书法、绘画等，经济条件不好的人家少有装饰。

5. 代表建筑

1）武威市古浪县泗水乡铁门村八组7号

单进四合院，夯土院墙，居室和牲口房、杂物房集中于一院。主屋四梁八柱，三开间，土坯抹草泥墙体，平屋顶，出廊并有装饰。厢房后建，土坯抹草泥墙体，平屋顶，造型简洁，少装饰。

2）武威市天祝县东大滩乡东大滩村刘存汉宅

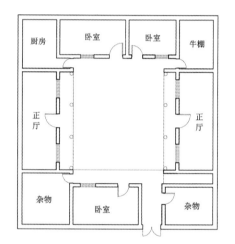

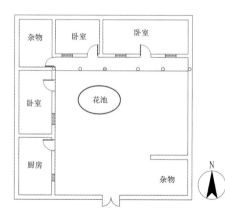

图4 四合院平面图

图2 夯土围墙合院鸟瞰

图3 细部装饰

图5 外观1

图 6　院落空间 1

图 9　外观 2

图 13　院落空间 2

图 7　正房立面

图 10　院落空间 3

图 14　院落外观

单进三合院，居室和杂物房集中于一院，院墙石头基础，上部土坯抹草泥。主屋三开间，四梁八柱，土坯抹草泥墙体，平屋顶。厢房石基础，平顶，土坯抹草泥墙体。

3）张掖市甘州区安阳乡高寺儿村高文宅

院落主要由南北院组成，北院主要为养牲口，南院主要为居住用房、牲口棚、杂物院组成。三间居住用房，一间朝东，两间朝南。牲口棚位于建筑的东北部，杂物用地和窑洞位于西南部和西北部。

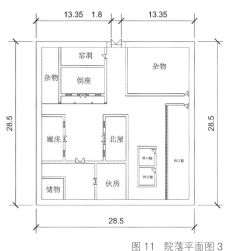

图 11　院落平面图 3

成因

夯土围墙合院的成因与自然经济社会等地域条件密切相关。河西走廊干旱，全年气候温和，四季分明，昼夜温差大，光热资源丰富。民居建筑注重保温隔热，防风沙侵蚀。新中国成立前，河西走廊社会治安长期不稳定，民居注重采用外部院墙进行自我防卫。生土墙体因取材容易、防火、易修建、保温隔热效果佳，在此地区应用广泛。

比较 / 演变

与偏远地区比较，城镇附近的民居布局紧凑，合院形制更完整，院落方正、规矩，且工艺更复杂、装修更华丽。

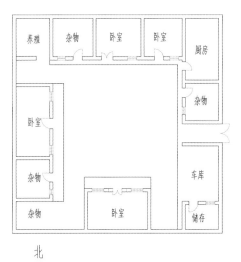

北

图 8　院落平面图 1

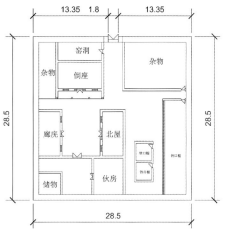

图 12　院落平面图 2

陇中民居·夯土围墙庄堡式四合院

此类合院形制由房屋自身的后檐墙体围闭而成，房屋朝向院内，均为单坡屋面，排水聚合在院内。这种合院占地面积小，通风采光较差。建筑结构较为坚固，地基由石块砌成，建筑由承重的木框结构和起围合作用的木板和夯土墙构成，房屋有较为宽敞的前廊。

图1 外观

1. 分布

此类民居主要分布在兰州地区，院落布局别具一格，建筑艺术广泛吸收了中原地区的建筑文化，又因临近河湟地区深受河州建筑艺术的影响。但从目前调查看，夯土围墙四合院在兰州境内分布较为分散，保护不佳，在来紫堡乡的黄家庄村现存十余处。在金崖镇永丰村有四十余处现存建筑。其他分部不详。

2. 形制

此类民居建筑大多分前院和左、右院，前院多为商业活动区或者生活区，因为部分院落前院直接临街作商铺，此时前院主要从事商品生产加工，辅助有生活功能。左、右院主要为生活区，用于居民生活和圈养牲畜，各院落之间大多有独立的出入口。

院子四面均为房屋，堂屋为三间房，侧房均为三间房屋，当地人称为三堂三厦，在当地曾有五堂三厦、七堂五厦等。

部分院子是两进院落，分为前院和后院，前落为主要院落，后落为马车进出存放院落和牲畜饲养院落，一般情况两院各自有独立开门，在东侧或者西侧有门相通。

3. 建造

建造时先放线开槽，确定院落范围，继而开始夯院墙。此时有两种情况，有的居民会在院墙全部夯好之后再开始夯主体建筑的墙体，而有的居民则一边夯院墙一边夯主体建筑的墙体。但就院落内单体建筑来说，是先开槽，打地基，地基深度一般要30～40cm，选用石砌或者砖砌，然后放柱基，再夯墙体，夯到一半构筑木构架作为主要骨架，然后继续建造夯土墙，墙体通常不会进行任何雕饰，保留夯土墙朴素的外貌，使建筑整体呈现出古朴的韵味。墙面夯实后再上大梁，一般大梁直径为30～40cm。房顶一般为木构架，上覆青瓦。等整体完成后开始对梁架和门窗进行精细的雕饰，此时通常使用兰州传统民居建筑艺术中应用最广泛的木雕，其装饰的重点是主梁、斗栱和门窗，家具的装饰通常会和主梁的装饰风格统一。

4. 装饰

此类型民居的装饰通常较为简单，墙体多为夯土原色，建筑多为木材原色，纹路简约，朴素淡雅，有统一的模式，让人感觉清新舒适。部分民居会在雕饰表面施以彩绘，不仅保护建筑，更能使木雕的艺术表现达到极致。这些古拙、

图2 巷道全貌

图3 建筑细部

图 4　黄家大院落空间

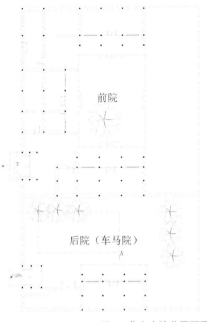

图 6　黄家大院落平面图

简洁但不失精巧的雕饰，无一不是匠心独具。走进宅院，隐约中仿佛可以领略到百年来兰州人传统生活所酿造的浓郁民俗文化。

5. 代表建筑

兰州市榆中县来紫堡乡黄家庄黄家大院

此院落是典型的夯土围墙庄堡式四合院，从建造至今一直用作居住，历经多年主体建筑构架依旧完好，院落格局也保存较为完整。

院落共两进，前院为生活起居用，后院为车马院，用来停放马车、圈养牲畜等。院落地面平整，地基均为石基，院内建筑布局合理，均为木架结构，由夯土墙与木板围合，屋面由单坡屋顶与卷棚屋顶结合而成。正房坐北朝南，一明两暗，耳房与厢房均在其西侧，雕花精细丰富，室内陈设与建筑雕花相辅相成，别具韵味。后院空间开阔，有独立入口，与前院入口位于同侧，互不干涉且出入方便。

成因

夯土围墙庄堡式四合院是兰州地区特有的院落类型，它的形成主要是因为兰州地区当时人口剧增，土地使用紧张，当地居民为了保证自家院落的范围，一时兴起先筑院墙后筑建筑的修筑方法。后来虽然合理分配了宅基地，但是这种建筑方式却延续下来，形成如今我们看到的院落形式。

比较／演变

夯土围墙庄堡式四合院的布局和形制有自己的个性——院落总是两进或者多进，且功能分区非常明显；初期阶段院落之间是相互贯通的，常用屏风门隔开，后来为了使用更简便，各个院落独自设立出入口，并与主院落入口在同侧，方便车辆与牲畜的出入，但院落之间的屏风门依旧保留。

图 5　黄家大院落正门

陇中民居·高房子

在通渭、定西一带，传统民居建筑以夯土版筑高墙庄院为主，称为"庄"，民居院落多有"高房子"建筑，这种土木结构的简单楼式建筑，一般位于入门内的左侧。高房的底部多有土坯锢窑，窑面上垫平后建高房，下层用于储藏农具杂物或用作牲口圈，上层住人，楼梯设在院内。

图1 高房子全貌1

1. 分布

高房子具有很强的防御性，站于高房子上，能够眺望周围的情况。其主要分布于定西市通渭县和安定区一带。

2. 形制

高房子内四面均建房屋，主房为堂室，即其他地方的"上堂屋"，堂室的前面为宽阔的庭院。陇中南部地区的堂室与其他地方的上堂屋之间存在区别：堂在前，室在后；在堂、室之间设有前墙隔开，墙外属堂的空间，墙内属室的空间；隔墙的左右各设窗（牖），中间设户（室门），即所谓的"升堂入室"；堂的左、右、后均围以砖或土坯墙，左墙称为"左序"，右墙称为"右序"。堂中前方，一般置两个大明柱（楹）；室的平面为长方形，中前方，一般置两个大明柱（楹）；左右长而前后窄，面积较大，寝室住人，庙室祭祖或供宴会起居之用。这种高房子建筑属于会宁通渭一带流行的庄院，简称"庄"。庄的大小以弓（4～5m）计算，有12弓、16弓、20弓、21弓等标准，最常见的是16弓（约250m²），平面讲究正方形，忌讳前后延伸，有时还在围墙上修筑女儿墙，这种院落形制称之为"团庄"。庄内的房屋布局沿袭传统四合院形式，有厅房（主房或客房）、对厅、厢房及高房等，堂屋的台阶最高，对厅厦房次之，过厅厨房最低，院内四角分别置厕所、磨坊。牲口圈于院外，与菜园、果园、打麦场等其他生产设施相连通，并修筑低矮的围墙圈起来，称之为"外落城"。而高房子与传统的"庄"的不同之处就在于，它的牲口圈是在高房子的底层。

3. 建造

高房子底部多以土坯锢窑，所以要先建窑，因为窑面上垫平后才能在其上建高房。垫平窑面后先在院内建楼梯，楼梯是开敞的，没有屋顶，楼梯的高度一般与窑面高度持平。楼梯建好后开始在窑顶建高房子。高房子体量很小，一般位于入门内左侧，有时也建于右侧，这是由于高房子主要用于防御观察，其方位要根据具体情况而定。高房子的下层一般用于储藏农具杂物或牲口圈，上层住人。

由于定西等地常年干旱少雨，房屋结构多为"一梁两挂椽一檐水"式，房顶坡度较平缓，前檐高2.6～2.9m，后墙高4m以上，房屋坡度在1:0.3～1:0.35之间。

高房子的建造与当地其他院落一

图2 高房子全貌2

图3　高房子楼梯

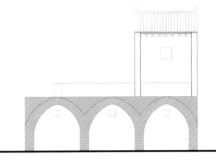

图4　高房子剖面图

样，上房（堂屋）建筑最为讲究，通渭县等地称上房为"厅房"，布局形式多样，有全厅、半厅、软三间、软一间等几种，一般面阔三间，进深一间，明间正中开门，次间置窗户。房屋的围墙多由两部分组成，下部为夯土墙（高2m），上部为土坯砌筑，有些房屋的后檐墙建在庄墙上。盐碱地区多以砖石砌墙基，其上砌土坯。安定区一带的上房有简易结构和间架结构两种，"间架结构"较为复杂，称为"三间两檐四檩三挂深檐"，前檐有二檩承挑檐廊，露出二明柱，柱头装饰有"扎梁头子"，梁、檩间为梯形楔搭接，脊檩中间置顺水桴梁，上拖杩墩、瓜柱等构件；其他梁檩以14根明柱、暗柱支撑，柱子水平之间以"拉槾"连接。在明间设边门二扇，中间设启闭门二扇。

高房子的建筑屋顶椽子的布置与形成与特定的传统习俗有关。梁架结构一般为"四椽嚼口"或"腰扎挂"飞椽挑檐，两门四窗。简易者为无"嚼口"，无飞椽。椽子排布以"滚椽"，若厢房选挂椽方式，则主房不能选滚椽，否则有"以大压小"之嫌。同时，"滚椽"房屋对面的房屋不能用"挂椽"，否则有"乱箭射主"之嫌。

4. 装饰

高房子本身的建筑装饰并不多，但其院落整体建筑的装饰还是很有讲究的，大多数柱头装饰有"扎梁头子"；且门窗雕饰都有固定的样式：堂屋明间的门窗多为四门八窗的"箍子门窗"，两次间各设互为开合的"四明窗子"，窗下砌槛墙，门楣之上为奇数组成的"卧山板"，其上有贴槾坊、闭风板等构件。对厅、厦房门

多双扇棋盘门，厨房门多单扇踏板门。窗子多为16或25眼的方格窗，有的是上下两合虎张口窗，现多改为玻璃窗、钢门钢窗。

5. 代表建筑

麻子川村徐进德院落

此院落是典型的高房子四合院，由于至今作居住用，所以保存较为完整。院落总体布局形式为三合院，前院为生活起居用，高房子位于前院，现用作居住，后院附带菜园。

该三合院位于李家堡乡，高房子整座建筑坐北朝南，选择基址为向阳开敞避风处，在建造过程中保留了传统乡土气息。房屋体量大小适中，不突兀，与整个院落的比例和谐，在细部并无过多装饰。造型简洁大方，毛石基础，泥木结构，泥土夯实墙，整体风格朴素简约。

正房为西向，一明两暗，结构形式为三檩双坡硬山顶，屋面为仰瓦屋面带脊；东西厢房都为一明两暗，单坡硬山顶。大门为双坡硬山顶，院内地面原状为素土铺装。整个院落的风格呈现出浓重的陇中韵味，朴实的泥木夯土，没有过分的修饰，体现出主人素朴的生活态度。

图5　高房子外观

成因

高房子的产生地在古时社会很不稳定，所以人们在牲口圈上筑高房，用以瞭望周边的情况，又因为老人的夜晚睡觉比较轻，所以高房子常常是老人居住。

比较/演变

高房子在古时是用来防御敌害的，后来社会稳定了，高房子失去防御功能，但是其形制却被保留了下来，用以当地居民们日常居住的重要场所，并且逐渐成为当地物质文化的一部分，是当地建筑的一种典型代表。

陇中民居·庄堡式民居

庄堡式民居即"屯庄"或"屯堡"，是流行于我国北方地区的居住建筑。它在满足居住的前提下，突出抵御外侵、防御内乱、安全庇护等方面的功能，含有"居"的成分，更强调"防"。屯堡的产生有特殊的历史背景，建筑结构比较独特，有堡子、寨、坞、城等名称。

图1 民居全貌

1. 分布

庄堡式民居具有很强的防御性，是甘肃境内比较特殊的生土民居建筑，分布范围广，数量相对较多，目前其在定西市分布较多且主要在安定区一带。

2. 形制

堡子墙体高大，工程量很大，土坯筑墙者比较少见。土坯的制作技术很简单，但成本较高，一般用于砌筑房屋墙体或者与夯筑墙混合使用，堡内房屋建筑的布局在各朝各代不大相同，但均以四合院为主，有一进的、两进的甚至多进院落，院落之间用过厅连接。

单进院落通常只有一个出入口，且大多在南侧，院落内部正房大多坐北朝南，以三开间为主，主要由家中长者居住使用。东西两侧各有一座厢房，也

以三开间居多，主要由家中少者居住使用。

入口两侧为厨房、旱厕及牲口棚等建筑，其与主院落之间有时有隔断，相互干扰较少，且接近出口，使用颇为方便。

此类建筑从外观看，体量巨大，气势非凡，是我国北方地区典型的民居建筑。

3. 建造

庄堡式建筑在修建方式上可分为三个类型：第一类，历代屯田或展开军事活动而修筑者；第二类，聚落、村庄内村民自发修筑的用于集体防御者；第三类，历代官僚、富商、地主修筑的庄堡式庄园。

堡墙的修筑方式有夯土版筑墙、土

坯垒起墙、青砖砌墙、砖石土坯混合砌筑等，其中砖砌的堡墙很少见。

夯土筑墙的施工技术比较简单，容易操作，首先用高约4m的两个"V"字形支架，以2m为一段，支架两侧用棍模编排成板，木棍用绳子捆扎或直接用木板，组成一个拦土槽。把土填入槽内，反复拍打坚实，形成十几厘米厚的夯层。

建筑材料就地取材。基础素土夯实。大木构架为抬梁式，木材为松木。檩上放直径约为10cm的圆椽，椽子搭头为乱搭头，上抹滑秸泥，黄泥布小青瓦。屋脊做法为三皮砖。墙体做法为后墙土坯墙；前墙墙体下部（勒脚）砌三至五层砖，其上砌土坯。窗户为棂条格子窗。正房后改为铝合金玻璃窗。当地民居符合黄土高原民居："墙倒屋不

图2 院落外貌

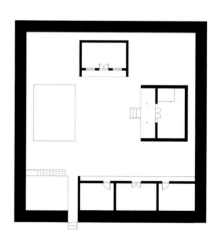

图3 院落平面图

图 4　院落空间

图 6　院墙外貌 1

塌"的特征，虽经历次维修，大木作整体未做改动。

4. 装饰

围墙直接裸露的夯土材质，没有丝毫装饰，院内建筑也素面朝天，从外观看来少有修饰，建筑的构架结构等都直接裸露，色彩也以原色为主，总会让人误以为很简陋，但走进建筑内部后会大吃一惊，内部装饰非常丰富，以砖铺地，墙上一般都会挂有壁画，甚至饰以彩绘，与外部相对比总会让人觉得走入了梦境。

5. 代表建筑

锦花村曹龙院落

此院落为典型的庄堡式院落。正房朝南，一明两暗，为客厅兼老人卧室，以及供奉祖先之用。左次间为火炕，右次间放衣柜，沙发，茶几，电视等，

室内功能布置合理。东面厢房，现已废弃，用来放置杂物，左耳房为厨房，还在正常使用，右耳房原为杂物间，现已坍塌。西面厢房为夫妇俩的卧室，左耳房为杂物间，均正常使用。院落西南角为厕所，紧邻院落出入口而设。

室内红砖铺地，木质天花板，已将原房屋结构遮住不可见。四周墙壁上挂字画作装饰，风格以陇中的一贯风格为主。室内家具简朴实用，其装饰风格与建筑整体风格统一。

成因

庄堡式民居产生的原因与高房子相似，都是因为当时社会不稳定，常年有战争，人们为了躲避战乱，筑起厚厚的院墙，在墙上开一小小的门洞作为唯一的出入口，这样做虽然能抵御外敌，但也不容易从里逃脱。

比较 / 演变

堡内房屋建筑的布局，初始阶段较为简单，明代多为一院式，随着社会的发展，清末民国时期，出现了较大的院落，有过厅，也有内外二院或三院，规模不断扩大。单体房屋建筑与当地的合院式房屋建筑完全一致，个别院落会有比较精细的雕饰等。

图 5　院墙外貌 2

239

陇中民居·夯土围墙合院

陇中位于祁连山以东、陇山以西、甘南高原和陇南山地以北的甘肃省中部。其行政区范围包括兰州、白银、天水3个市以及定西地区和临夏州，共28个县，面积约7.6万km²，占甘肃省面积的16.8%，海拔1200～2500m。其特有的地理因素创造出独有的夯土围墙合院。

图1 院落内景

1. 分布

陇中民居主要分布在高平走廊上，受地形限制，其大门开设多按东西轴线，院内对称布置房屋和多进院落。

为适应西北的高寒气候和便于采光取暖，并且节约用地，夯土合院形制多为长方形，院落空间开阔。院墙较低矮，屋面和墙体厚重，以满足保温的要求。同时由于该地区干旱少雨，因而平面围合，屋顶采用"一坡水"（单坡）较多，坡度较缓，而且采用方瓦平铺，少用筒瓦。

2. 形制

夯土围墙合院的规模和装饰等表现形式与当时社会的经济、政治、文化和建筑艺术水平紧密相连。其独特之处在于房子后墙和左右墙高大且用青砖或土坯砌成。整体建筑形态受西北地区地域环境

和气候因素的影响。屋脊和青瓦的应用充分展现了民俗文化的底蕴。

3. 建造

外墙和院墙做成夯土墙或砖墙，建筑外檐多为枋木分隔，材料选用土坯、青砖、木材等，台阶用青砖和块石砌筑，室内外地面多采用素土夯实。其建造时一定先夯院落的围墙，再进行建筑墙体的夯实，除特殊情况外，不会打乱顺序。

4. 装饰

主要装饰形式是木雕、砖雕、石雕三种雕刻艺术。装饰注重"耕读传家、重文轻商"的文化题材，重点反映在屋脊、檐口、窗户、牌匾、门头、台阶、院墙等部位。

在色彩方面，以大面积素雅的青灰色为主要色调，穿插使用少量的白灰色

或是夯土墙的本色，点缀木构本色或者桐油漆色。整体色调显示出儒雅清秀的乡土气息。

5. 代表建筑

景泰位于甘肃省干旱少雨地区，生态较脆弱。以农为主，住宅建筑表现为强烈的农耕文化特征。合院式民居建筑完全承袭了中原传统四合院布局形式，轴线明确，构图严谨，层次分明，主从有序。为适应当地的地理、气候环境，演变为院落进深小、面阔大、争取日照，同时为避免夏季正午的阳光直射室内，前檐出檐较深远。房屋形式既有单坡也有双坡，用木料较多，对木材要求较高。墙体及火炕为黄土夯筑，窗为双层，保温性能好，满足冬季保温和夏季隔热的要求。因降雨量少，屋面坡度较为平缓，

图2 院落实景立面

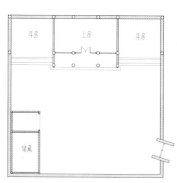

图3 房屋平面图

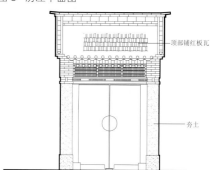

图4 大门立面图1

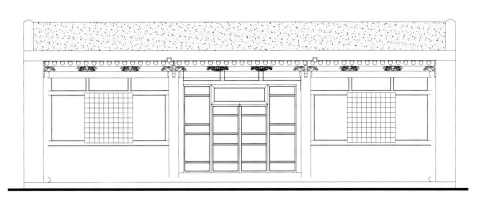

图 5　房屋立面图 2

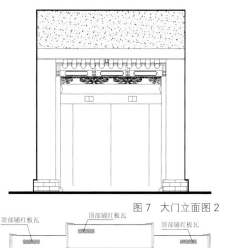

图 7　大门立面图 2

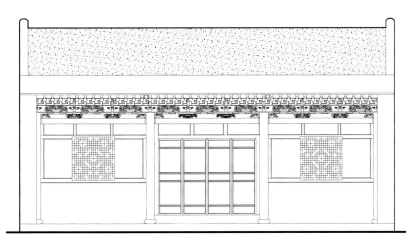

图 8　房屋立面图 3

室外地面为黄土地面，较为干燥。院内无过多装饰，一切以实用功能为主。

1）景泰疃庄村 26 号

总体布局，院落形式为一字合院，为生活起居用。该合院位于疃庄村中心位置，整座建筑坐北朝南，选择基址为向阳开敞避风处。正房南向，一明两暗，结构形式为三檩单坡硬山顶，屋面为仰瓦屋面带脊，正房室内吊顶。大门为双坡硬山顶，院内地面采用素土夯实。

正房朝南，一明两暗，为客厅兼老人卧室，以及供奉祖先之用。明间布置几案，八仙桌，一对太师椅，墙上挂中堂，左次间为火炕，右次间放衣柜、沙发、茶几、电视等。院落西南角为储物棚，用于存放粮食和农具等。

建筑材料就地取材。基础素土夯实地。大木构架为抬梁式，木材为松木。檩上放直径约为10cm的圆椽，椽子搭头为乱搭头，上铺望板，上抹滑秸泥，黄泥布小青瓦。屋脊做法为三皮砖。

墙体做法：墙角为卵石砌筑，同墙厚。上部墙身为土坯砌筑，外抹滑秸泥，细泥罩面。窗户为木框玻璃窗。门为板门。

2）景泰疃庄村 56 号

总体布局，院落形式为两进院四合院，为生活起居用。上房整座建筑坐东朝西，选择基址为向阳开敞避风处；正房为西向，一明两暗，结构形式为双坡顶（内部结构不明），屋面为胶泥加沙子屋面带脊；正房和南北厦房带有前廊，均为石砌台基。正房朝西，一明两暗，常年不住人，右耳房为厨房；南厦房明间布置几案，八仙桌，一对太师椅，墙上挂中堂，左次间为火炕，右次间放置沙发和衣柜等；北厦房为储藏房屋；西南和西北面为新建居住房间；东北面是大门，两进院子。南厦房有八仙桌，几案上放置花瓶与镜子，寓意"平平静静"，八仙桌两侧是太师椅，墙上挂中堂。

建筑材料就地取材。基础夯实，即选定地基后，原地坪下挖0.5m左右，除去浮土、石块，夯实。按设计尺寸放线、建造基础。基础四周及柱础铺设细砂，以上用块石砌筑，中央回填素土，夯实。

大木构架为抬梁式，木材为松木。檩上放直径约为10cm的圆椽，椽子搭头为乱搭头，上铺椽板，上抹滑秸泥，再用胶泥和沙子做防水。屋脊做法为两皮砖。

墙体做法：墙角为卵石砌筑，同墙厚。上部墙身为土坯砌筑，外抹滑秸泥，细泥罩面。

窗户为大棋盘木窗，现仍在使用。当地民居符合黄土高原民居："墙倒屋不塌"的特征，虽经历次维修，大木作整体上并未做改动。

成因

这种合院出现的最主要原因是当时各地人口的增加，土地使用情况日益紧张，且为了适应西北高寒气候和解决日照不足的问题，此类院落常为长方形。

比较 / 演变

早期常为一进院落，正房基本坐北朝南，后发展为两进或多进院落，正房的朝向也不拘泥于南向，出现了顺应各自地理环境的坐东朝西的正房。由北至南由于降雨量的增加，屋顶坡度也逐渐增加。

图 6　房屋立面图 1

陇东民居·靠崖窑

窑洞建筑是人类最早的居住形式之一，距今约4500年以上的历史，在我国北方地区至今仍然普遍使用。甘肃陇东地区地处世界最大的黄土高原地带，是我国黄土层分布最为集中的地区之一，具有创建窑居建筑的天然便利条件。

图1 院落空间1

1. 分布

靠崖窑多选择修建在靠北山、避风向阳的山坡平台处，且黄土层很厚，系朝山崖掘进而成。靠崖窑的建造工艺相对简单，以庆阳、平凉等地区最为常见，并且至今仍在普遍使用中。

半明半暗是崖窑的主要居住形式。主要修筑在庆阳地区广袤的董志塬、草胜塬等地，减少了对大片土地的浪费，由于塬边的崖壁不高，多为缓坡状，窑洞挖成后，往往是三面高，正面低。

2. 形制

靠崖窑的崖面都很平直，在崖面上挖3～5孔窑洞，数量为奇数；有时仅为一孔。一般的窑洞高3～4m，深5～10m，宽3～4m；窑腿必须距离平行，以增加支撑窑顶的稳固性；窑肩用土坯或砖砌成，安置门窗；窑洞内安置火炕。在这一排窑洞中，崖面中间为主窑，供祭祖、待客、长辈居住，东侧为厨房，其余各窑洞均为晚辈居住或作为仓库等。

3. 建造

1）在坡上铲出一个立面有"L"形凹角的平台；

2）在与平台垂直的三个面上掏窑洞，一般为亲戚朋友来帮忙完成。

3）在掏好初步成型的洞内，请专业人士来进行饰面装修，将表面铲平。

4）抹白灰，垒炕，置办家具以及室外贴砖。

4. 装饰

建筑保留陇东黄土高原的地貌特色，多以黄土色为主。多选择在靠北山、避风向阳的山坡平台处，且黄土层必须很厚，系朝山崖掘进而成（当地称为"打窑"）。靠山窑崖面平直，多直接表现黄土的质感，现在常用红砖砌筑崖面表面。室内地面多为素土夯实，现在有地砖铺墁的做法；室内墙面多为滑秸泥抹面，现在多为白灰抹面。

5. 代表建筑

1）王水荣宅（西峰区什社乡李岭村）

此院落为典型的靠崖窑民居，院落空间布局简洁明了，院门朝东，进入院子，地面已非原始的夯土地面而是以砖石重新铺砌过，院墙也以被素色砖石夯实，朴素大方。西北两侧均布置窑洞，西侧共4间窑洞，从左往右依次是厨房兼卧室、主卧室、柴房；北侧1间窑洞，

图4 院内立面图1

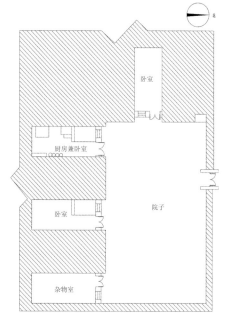

图5 院落空间2

图3 院落空间3

图2 院内立面图2

图6 院落平面图1

图 7　室内空间

图 8　院落内景

图 13　室内陈设

为卧室兼放粮，还有 1 间鸡窝。窑洞门窗全部摒弃了旧式的土门土窗，改以暗色铝合金玻璃门窗，与窑洞同时素面朝天，韵味独特。室内地面为素土夯实，室内墙面滑秸泥抹面。靠近门窗位置设置火炕，火炕和灶共用一个烟囱排烟，烟囱通常打通窑洞上部土层直到顶部向外排烟。

2）李三立宅（庆城县庆城乡李家后沟村）

　　此院落为典型的靠崖窑民居。较其他窑类民居，此院落宽敞明亮，主入口位于方形院落的西南边的切脚上，与院落成一定的角度，非常独特。院落庭院地面本为素土夯实，现已用砖重新铺砌，院落内部墙面也以墙砖铺砌作为装饰，门窗等均为新式玻璃门窗，但仍不减窑居的魅力。整个院落建造工艺相对简单，修造起来较为快捷。院落北侧为主要使用房间，并列四间，西侧和南侧为辅助用房，西侧三间，面积均较大，以中间一间最突出，南侧四间面积较小。主要用房内已用白灰抹面，地面也以砖石铺砌，陈设较多，而辅助用房一直保持着窑居最原始的朴素，没有任何修饰，陈设也仅有日常用品，并充分利用窑居的曲面巧妙地制造家具。

　　整个院落视野开阔，景观朝向良好，形成了一个临崖远眺的交流场所。

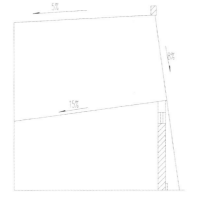

图 9　院落剖面图 1

图 10　院落平面图 2

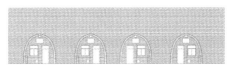

图 11　院内立面图 3

图 12　院落剖面图 2

成因

　　该民居出现较早，在西周时就已开始修筑。由于壁面朝向较好，地质条件较好，可以并列开挖并且进深可达到二十多米，所以当地居民进行大量修筑，导致现在靠崖窑形制繁多，规模也较大。

比较 / 演变

　　靠崖窑早期形制单一，每个院落有三到四个窑洞。后来窑洞进深加大，出现半明半暗的形式。清末时由于陇东匪患严重，人们为了防御便开始建以村落或宗族为主的集体窑洞院落，这种形制接近堡子，当地人称为"堡子式崖窑"。

陇东民居·地坑窑

地坑窑，又名"天井窑"、"地阴坑"、"地窑"，是古代人们穴居方式的遗留，为窑洞式住房的一种样式。地坑窑土层厚且坚硬，窑洞还是天然的温度调节器，冬暖夏凉，特别是它建造简单价廉，对昔日贫穷的山民来说，这样的建筑是再理想不过的了。

图1 庭院内景2

1. 分布

在陇东地区地坑窑的修建历史悠久，距今已有四千多年，《诗经·绵》中的"陶穴"就是修建下沉式的地坑窑。地坑院式窑洞建筑被誉为"北京的地下四合院"，在那些没有条件修建靠崖窑的地区，人们则在地上成坑挖地，然后在坑内四面挖窑，形成四壁闭合的下沉式窑洞院。大型的地坑院可以几个相连，成为几进院落。入口挖成隧道式或开敞式阶梯，通向地面。院内设渗水井。窑顶是自然地面，人和车马可通行。地坑窑在陇东地区分布较为广泛，尤其庆阳、平凉地区黄土高原地势平坦，地坑窑所占比例较大。

2. 形制

利用黄土构造特征，挖掘下沉式地坑窑，使得建筑与大地融为一体，从地面上看几乎看不到痕迹。四面窑洞以下

沉式呈向心式排列，门、院落、院墙和房子的布置主次分明。院落正立面一般开3或5孔主窑，通常保持单数。整体布局成四合院式，大型的地坑院可以几个相连，成为几进院落。

3. 建造

1）挖天井院、渗井；
2）挖入口坡道、门洞、水井；
3）挖窑洞；
4）砌筑窑脸、下尖肩墙、檐口、挡马墙及散水；
5）修建散水坡、加固窑顶、修建窑顶排水坡、排水沟；
6）安门框、窗框；
7）装饰细部。

4. 装饰

一般表面为素土，也有采用砖铺面，拼接成各种花纹。院落成方形，地面部分四周砌一圈青砖矮墙。窑洞有尖券和

图3 房屋立面图1

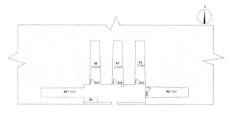

图4 室内陈设

图2 庭院内景1

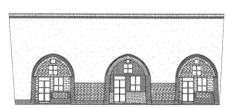

图5 房屋平面图1

图6 房屋立面图2

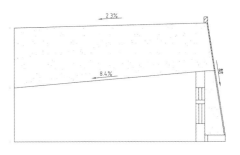

图9 房屋平面图2

图7 庭院内景3

圆券，开方形门窗洞，在立面部分有壁垛式烟道，排烟口也设在屋顶的。墙面微微向外倾斜，利于排水。

5. 代表建筑

王万龙宅（镇原县临泾乡席沟圈村）

建筑保留陇东黄土高原的地貌特色，以黄土色为主，体量雄浑巨大，装饰较少，建筑性格粗犷，似"北京的地下四合院"。在平地上挖坑，坑内四面挖窑，形成四壁闭合的下沉式窑洞院落。

大门开在南面，北面原为两间卧室，一间厨房。西面一间，由于年久失修，已改为储物间，东面为一储粮间。在南侧围墙下有一块菜地。院落为方形三合院。

地坑院的内部设施和布局，是以火炕为中心，以此辐射形成灶台和排烟道。靠近门窗位置具有良好的采光通风，设置火炕，靠近内部采光较差，多设置柜子等储物空间。火炕和灶共用一个烟囱排烟，烟囱设置在建筑顶部。室内墙面为滑秸泥抹面，地面为素土夯实。

成因

在地质条件较好但是没有靠阳面的山崖的地区，陇东人们按照自己想要的院落大小向下挖出院落，在向院落四周挖窑洞形成了地坑窑。

比较 / 演变

与其他窑洞相比，地坑窑在修建时土方量特别大，且自身排水系统也不够完善，现在大多数已经废弃不用了，部分利用崖面修筑新式房屋建筑，但因其修建需要占用大量土地，仍导致有大量土地浪费，非常可惜。

图8 室内陈设

陇东民居·锢窑

锢窑建筑也称"独立式窑洞"、"覆土窑"、"掩土窑洞"等,也有"砖窑"、"石窑"、"薄壳窑"等名称,属于地坑院向地面房屋过渡的建筑。锢窑一般不挖掘地坑或窑洞,而是用砖石块、土坯和麦草黄泥浆砌成墙基,窑顶的外表面用覆土掩盖,属土窑洞的改良建筑。

图1 室内陈设

1. 分布

锢窑的抗震性能很差,所以大多数已经不复存在,但在甘肃贫困山区的人们如今还有部分生活在锢窑中。如庆阳地区广袤的董志塬、草胜塬等地以及白银景泰县、会宁县,定西通渭县、陇西县等,至今仍普遍使用中。

2. 形制

锢窑是在没有适宜开挖窑洞的地方,在地面之上仿照窑洞空间形态建造形成,承袭了窑洞的特点,有较好的保温性,冬暖夏凉。此类窑洞一般就地取材,利用当地黄土、砖石、木材砌筑墙体和覆盖窑顶。锢窑从外观看来是尖拱形,门洞处高高的高窗,在冬天的时候可以使阳光进一步深入到窑洞的内侧。

外墙装饰相较其他类型窑洞较丰富,内部空间也为拱形,加大了内部的竖向空间,开敞舒适。

锢窑可分为土坯窑和砖石窑。土坯窑的下半部分一般由夯土或者土坯砌筑的墙体。有的土坯窑屋顶盖青瓦,外形很像是瓦房,所以有的地方称之为"房窑"。砖石窑是用砖和石材砌筑的建造的,拱顶常用覆土夯实。

虽然多座锢窑已经可围合成一个四合院,周边再用夯土夯筑围墙。但由于其建筑形态和建造过程的特殊性,锢窑仍属窑洞类建筑。

3. 建造

锢窑外观看似简单,但建造过程和修筑的工艺还是比较复杂的。首先是准确的选址,由经验丰富的匠人选好之后

确定窑洞方位。然后在所选平地上打地基,仿照窑洞的空间形态,毛石砌筑出锢窑的基本形状。接着扎山墙、安门窗,在门上高处安高窗,和门并列安低窗,一门二窗。门内靠窗盘炕,门外靠墙立烟囱,炕靠窗是为了出烟快,有利于窑洞环境,对身体好。接下来处理锢窑的外部表面,墙面贴瓷砖,屋顶为釉面瓦。最后一步是根据人们的日常生活布置室内功能布局。

4. 装饰

在保留传统窑居乡土气息的基础上,建筑外观保留窑洞的特征,门窗为拱券形式,院落内前檐墙外表白瓷砖贴面。屋顶为双坡硬山顶,多覆小青瓦,现在也用上覆釉面瓦。室内墙面为白灰抹面,地面为地砖铺墁。

图2 院落立面

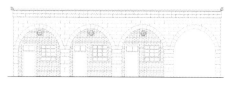

图3 房屋立面图1

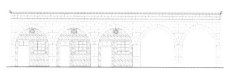

图4 房屋立面图2

图 5　院落内景　　　　　　　　　　　　　　　　　图 7　室内陈设

5．代表建筑

1）杜德武宅（华池县山庄乡山庄村）

此院落为典型的砖石窑代表建筑。院落空间布局简洁明了，地面以砖铺砌，院门朝南，进入院子，西侧和南侧为锢窑，西侧锢窑共 4 间，均以白砖铺面作装饰，从左往右依次是卧室、厨房兼卧室、主卧室、卧室；南侧锢窑为 3 间，保持着原始风格，装饰较少，从左往右依次为卧室、卧室、杂物间。根据人的日常生活，火炕和灶共用一个烟囱排烟，烟囱设置在建筑顶部。靠近门窗设置火炕，靠近内部光线较暗，设置柜子等储物空间，因为当地经济条件所限，室内陈设简单。

主卧室等室内墙面分为上下两部分，下部用白砖铺面以保护墙面，与上部衔接处贴彩色花纹瓷砖作装饰。上部基本保持原状。其他房屋墙面均为白灰抹面，地面为地砖铺墁。

2）王浩阳宅（华池县山庄乡山庄村）

王浩阳宅选择在平坦的地面上仿照窑洞形态建造形成。在保留传统窑居乡土气息的基础上，建筑外观保留窑洞的特征，门窗为拱券形式，院落内前檐墙外表部分以毛石贴面，部分用红砖贴面。屋顶只做出前檐口，上覆釉面瓦，表面用现代建筑材料改造较多。空间布局简洁明了，院门朝南，进入院子，西侧锢窑共 5 间，从左到右依次是储物间、厨房兼卧室、卧室，后两间为没有门的杂物间。

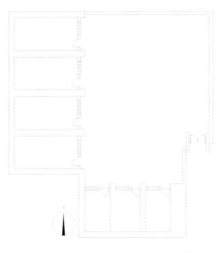

图 6　院落平面图

成因

由于地坑窑占地面积大，修建土方大又不利于排水，所以陇东人们开始寻求从地坑窑向地面房屋的过渡，在平坦的地面上仿照窑洞的形态建造新的建筑形式，于是产生了锢窑。

比较／演变

早期锢窑一般常为土坯窑，这种窑抗震性差，后由砖石建造，略微有所改善。锢窑功能单一，后由多座锢窑围合成四合院，周围用夯土围墙，各窑名称按使用功能而定，不仅功能复杂且形制独特，又符合当地人较为内向的生活观念。

陇东民居·板屋

"板屋"，又作"版屋"，是以木材为主的住宅建筑形式。据文献记载板屋曾经流行于甘肃的东、中、南部各地。春秋战国时期，生活于西垂之地的秦人受西戎各族生活习俗的影响，以修建板屋做住宅建筑。甘肃文县、四川平武一带的白马藏族将土墙板屋称之为"木楞子"，也有称"杉板房"、"榻板房"、"杉板棚"、"棚棚房"、"板板房"者。

图1 院落外观

1. 分布

在古代很长一段历史时期内，天水、陇南、陇中各地及部分陇东地区和河西走廊地区流行板屋式住宅。但自明、清以来，随着陇东、陇中、河西各地森林的锐减甚至消失，天水、陇中、陇东地区的板屋式住宅建筑也随之锐减，现已存在较少。

2. 形制

板屋式民居作为一种独立的民居形式，具有自己的形制和特点：板屋是一种以木为主，土、木、石相结合的古老建筑。该类建筑很少单独建造，常见为在院落中当做厢房建造，一般多用做卧室和储藏间。

板屋式民居建筑有多种，主要有：
1）纯粹的榻板房。这种房屋很少用土石构筑，全为木构造，一般建筑在平缓的山坡上，或以临近的山崖或土坝为天然防护墙；

2）土、木、石相间的榻板房。这种房屋类似于庄窠院，首先筑一座四面严实仅一面开门的"土庄窠"，然后在庄窠内修建一、二层单间、连间木构房屋，称为"土包房"，房屋布局采用四合院形式；

3）石、木结合的碉楼建筑。这是典型的"内不见土，外不见木"的羌族、藏族碉楼；

4）"坎楼型"建筑。多修建于坡地上，由于受地形限制，平整宅基地后形成坡坎，在坎下用石砌成"石庄窠"，用作牛、马畜圈及贮仓；在平整好的坎上修筑住人的房屋，远远望去，像是一幢二层小楼。一楼为圈养、储藏用，二楼住人；

5）土、木、石结合的独门独院式建筑。它不像碉房、羌楼那样严密，也不如"坎楼型"建筑那样层次分明，而是在凹凸不平的地面上顺地势展开。

天水、陇中一带的板屋建筑形制已

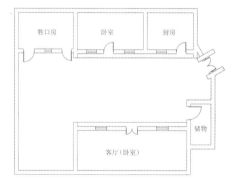

图3 院落内景2

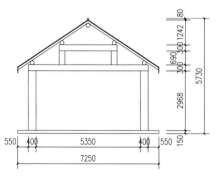

图4 院落平面图

图2 院落内景1

图5 正房剖面图

图6 院落立面图

无从考证。陇南、甘南地区由于生态环境较好，林木资源富足，板屋的形制完整地延续和保留了下来。清代道光《龙安府志》载："番民所居房屋，四周筑土墙，高三丈，上竖小柱，覆以松木板。中分二、三层，下层开一门圈牛羊，中上住人，伏天则移居顶屋。"陇南、甘南地区的汉族和少数民族的板屋形制大同小异，只是在构筑方式方法上有区别，汉族多沿用传统合院式民居建筑形式，少数民族民居建筑均依山而建，房屋的地基处理方式比较简略，不夯打地基。

然而，板屋是高消耗木材的住宅建筑，自其诞生以来，就存在很大的缺陷：

1）板屋式住宅建筑的耗材量大，坚固性差，过几年就需要更换椽板；

2）板屋建筑的火灾隐患很明显。

3. 建造

1）开工前放炮，拜土地神，开挖地基前烧香，叩拜；

2）挖地基：一般为条基，基坑深 1500 mm，三合土垫层 1000mm 厚，上作砖基础；

3）砌墙：用土坯或砖砌墙；

4）墙砌好后，在上梁前需要放炮，门口和梁上贴对联，抛洒硬币和糖果；

5）上梁，架檩条和椽子；

6）椽子上铺席子，上铺稻草 100mm，抹草泥 150mm，待草泥干透后，抹草泥 15mm，上铺瓦。

4. 装饰

建筑风格为中国传统建筑样式，体量不大，平面多为矩形。外立面基本无装饰，颜色为材料本色，多为灰色。屋顶为坡屋顶，单坡双坡均有实例。建筑装饰较少，常见为屋脊用瓦作脊，气窗作图案。

室内墙面多为草泥抹面，偶见水泥墙面，地面多为夯土地面，也有砖铺地面，顶棚基本无装饰，也可见到纸质吊顶。

5. 代表建筑

慕万军宅（镇原县临泾乡席沟圈村）

此院落为典型的板屋式民居，院落呈方形，空间布局简洁明了，院门朝东北，进入院子，地面为素土夯实，显得非常有人情味，南侧和北侧为板屋式建筑，西侧只有院墙，并无建筑围合。北侧共 3 间，从左往右依次是牲口房、卧室、厨房，建筑外表装饰较少，基本保留最原始的板屋风格，墙面由土砖打底，素土夯实，简洁大方；南侧为 2 间，从左往右依次为客厅、储物间，窗户均为木制窗边，尽显当地风情。

大门依巷道而开，属于当地常称的"街门"，青砖砌墙，四角上翘，门上安置走马版刻写着吉祥符号和花纹，一进门便可见一处壁照。

正房室内正中曾为置一长条桌，桌上供祖先牌位，条桌前为一八仙桌，用于摆放供品，现已用现代家具和新的摆设方式取代。其他房屋室内桌椅和床铺等室内陈设均沿墙布置一周，墙壁贴字画做装饰，且其颜色搭配与其他陈设相统一协调。

建筑特征：1）建筑一般体量不大，平面多为矩形，外立面基本无装饰，体现材料本身；2）施工方便；3）就地取材，材料便宜且取材方便；4）不需要机械施工。

图 8　室内陈设

成因

古时陇东一带森林茂盛，山地延绵，受其他民族生活习惯的影响，陇东人们也开始利用木材搭建板房，既保暖又抗寒。

比较/演变

随着陇东地区森林的锐减，陇东地区的板屋式住宅建筑也随之减少，现存较少。较多的是本地生土作为主要建筑材料的建筑形式，木材则主要用于建筑物重要位置装饰。陇东板屋式民居类型繁多，多建造在高台之上，有的以纯粹木制为原料建造房屋，有的是木、土、石相混合而建。

图 7　院落空间

陇东南民居·秦陇风格四合院

秦陇地区以汉族为主体，自古以来属于板屋建筑文化主要流行区，居民建筑艺术深受汉族历史、文化的影响。同时，又因与周边地区民族建筑文化相互渗透、相互影响，不断发展和变革，形成了自己的地域风格，兼有北方民居的粗犷和南方民居的精巧秀美。

图1 院落外观

1. 分布

秦陇地域位于黄土高原，含关中盆地。西起河西走廊，东抵太行山脉，北界内蒙古高原，南限秦岭，古老的黄河穿越本区，肥沃的关中平原与陇中黄土高原成为中国古代文化的摇篮与文明的发祥地之一。秦陇风格四合院民居在甘肃境内多分布于平凉、庆阳、天水等地区。

2. 形制

秦陇风格四合院民居属我国北方合院式建筑，院落较为宽敞。富庶人家的院落以二、三进居多，单独一个院落者多为贫寒之家。

从四合院中对居者的定位、安排上，也淋漓尽致地反映出尊卑有序、内外有别的儒家礼教思想和传统的封建等级制度。院落多坐北朝南，也有少量院落受街巷方向的限制而坐西朝东。受传统风水观念的影响，大门多位于东南角，厕所位于西南角。

正房一般面阔三间，厢房多为三到五间，其中包括左、右两间耳房，厢房还多采用一坡水（单面坡顶）构架方式。房屋以"人"字坡顶为主，屋顶有单面和双面两种。

明、清两代，家祠已成为民居宅第建筑的重要组成部分。中华民国时期，随着传统儒家文化的式微，许多祠堂建筑变为居住房屋。

图4 巷道空间

3. 建造

秦陇风格四合院民居的结构采用土木混合结构，从木构架形式上属于抬梁式结构，这种形式也是北方地区厚墙厚顶的民间建筑的构架，是由当地的自然条件决定的。土，厚重、亲地、质朴、坚实；木，轻巧、崇天、温和、柔软。建筑较少用砖，

图5 正房立面

图2 大门

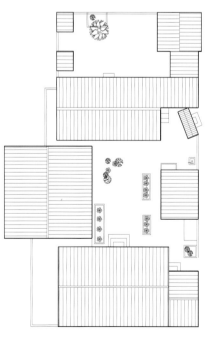

图3 院落平面图1

图6 正房立面图

图7 院落模型

图 8　倒座立面

图 9　院落模型

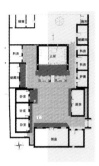

图 11　院落平面图 2

仅在槛墙、墀头有些许砖雕，从而强化了庭院温和、柔软的品格。虽为土木，选材却非常考究。砖瓦脊兽，都是用粗细适当的黏土烧成，色彩一致，强度高，耐腐蚀。采用优质松木制作柱、梁和枋椽，多数柱梁粗壮惊人，往往超过结构需要的许多倍。

建筑装饰材料就地取材，保留木材原有的质地和色泽，结合本土土坯墙和青色砖瓦，展示出西北民居建筑文化特有的朴素大方。

4．装饰

秦陇风格四合院民居的门窗雕饰非常讲究，工艺水平很高。重点集中在大门、垂花门、虎座门、影壁、棋间板、雀替、木门窗、墀头等部位上。此外，还有悬挂名家书写匾额楹联的软装饰艺术。农村地区的民居形制相对较为简单，装饰艺术也没那么细腻。

5．代表建筑

1）天水市秦州区天水村刘家大院

此民居建筑为清代建筑，两进院落，

由八幢房屋组成，该院落的房屋排列较为整齐，正房左侧有耳房，这是当地民居的一大特点。

正房为客厅与卧室，耳房用作卧室，东厢房用作卧室，西厢房则用作贮藏，倒座房则为客厅。院落坐北朝南，正门开向西南方，正门连接着此民居的主要院落，包含正房、东、西厢房与倒座房，而倒座房连接辅助院落，院落内包含有厕所、仓库、厨房等。

2）天水市秦州区天水村武家大院

此民居建筑为木构建筑布置板屋，整体为灰顶白墙，木构件保持原木色。正房为双坡屋顶，东厢房与西厢房均为单坡屋顶，横材与竖材之间辅有花绘木雀替，八边形及四边形雕花木窗格更使得此民居建筑极具趣味。

正门开向西方，首先进入一个窄长小院落，院落右侧依次布置有杂物室、花园、厕所，再通过一扇圆拱门，进入一个传统四合院形式的主院落，正厢房为客厅，两侧为耳房，东侧耳房用作卧室，西侧耳房则用作贮藏，西侧耳房连接有一

后期用砖墙围合的杂物院。

3）清水县白沙村靳家大院

传统四合院，东西厢房对称，大小、形式都相同。院落原为三进院落，后由于维修道路拆了一进院落，土地改革的时候将院落分为两户人家，现只有靳家大院保存完好。

正房以前为过廊，现由于住房紧张，将其改建为客厅，双坡屋顶，覆青瓦，三开间，夯土墙，旁边没有耳房。屋子的主人祖上为文人，房前种有竹子，这是一种身份的象征。四开木门，格网木窗，用格网的疏密以及角度变化形成图案。西厢房为双坡屋顶，覆瓦，三开间，灰顶泥墙，土木混合结构，双开木门，格网木窗，墙基为砖砌。入口为垂花门，双开木门，前檐檩下不立柱，改用两个悬而倒置的垂柱，柱间安有雕刻精美的花枋。

成因

在古代，秦陇地区的经济发展水平较高，人们的生活比较富裕，房屋的建筑常为砖石砌筑，或者由土坯和砖石混合砌筑。院落内建筑分布情况受传统封建礼制和传统风水的影响较深。

比较／演变

此类民居的规格和布局由其进数决定，在由单进向多进演变的过程中，院落布局逐渐呈现出中轴对称的格局，院落内的建筑也由一面坡和双面坡逐渐演变出两个单面坡对接的形式。

图 10　院门立面

陇东南民居 · 秦巴山区板屋

板屋,史书称之为"西戎板屋",最早起源于西戎各族。秦巴山区泛指秦岭和巴山山区,有众多的小盆地和山间谷地相连接。秦巴山区板屋民居现今主要流行于陇南地区。现如今板屋已经是一个过渡的制式,以面阔三间、两层的"一座房"为典型。建造方式一般采用当地石材作为基础,墙体采用夯土墙和木板墙,承重结构为穿斗式木构架,屋顶部分明瓦明椽。

图1 穿斗式板屋民居外观1

1. 分布

秦巴山区泛指秦岭和巴山山区,有众多的小盆地和山间谷地相连接,其南部的巴山山麓,群山毗连,重峦叠嶂,河流源远流长;北部的秦岭余脉,山势和缓,谷宽坡平,溪水淙淙流淌,地理环境优越。秦巴山区板屋民居是陇南地区的汉族民居,目前主要分布在康县、两当县等汉族聚居的地区。

2. 形制

分布于康县的穿斗式板屋民居较少,为合院,常为一进院落,主要是单栋建筑,面阔三间或五间,大部分建筑为两层,只有明间开门,两侧不开门。一层明间为正厅,部分房屋明间向内退入,形成锁子厅,而二层明间出挑,与左右尽间平齐。

正厅正中靠墙摆放长桌,桌上放置祖先牌位或已故长辈照片和供品,正中间墙上则安顿家神或信仰物画像。一层左侧间为卧室,右侧间为厨房;二层左侧间为卧室;右侧间主要用于储藏,也有用于卧室,二层明间主要为正厅,与

一层正厅一样为祈福空间。分布于两当县的穿斗式板屋民居或为单栋建筑,或组合成三合院、四合院。每栋建筑面阔三间或五间,立面形象多表现为一层,其明间为通高的堂屋或过厅,左右两侧为卧室,其上有夹层,夹层空间多为储物空间,用以置放杂物或晾晒粮食。

图3 穿斗式板屋民居外观2

3. 建造

房屋基础一般为 1.2～1.3m 深的石头基础。墙基低矮,为石砌或砖砌。房屋主体结构采用穿斗式木构架,正立面采用木板制门窗和墙体,其他立面采用泥土拌和草筋,夯实筑成夯土墙。有的房屋明间则采用木板墙,木墙上一般开两扇木门,其余各间均为夯土墙体,窗扇用木格栅。屋顶为双坡屋顶,梁架上搭檩条,檩条上搭椽,椽上直接覆盖瓦,为明瓦明椽,或椽上覆草编织物,织物上抹泥覆瓦。

图4 穿斗式板屋民居外观3

4. 装饰

穿斗式板屋民居外观装饰朴素,屋脊上会装饰用瓦制得的脊饰,有的门扇或窗扇上会有精美的窗格和雕刻。室内

图5 穿斗式板屋民居屋脊装饰

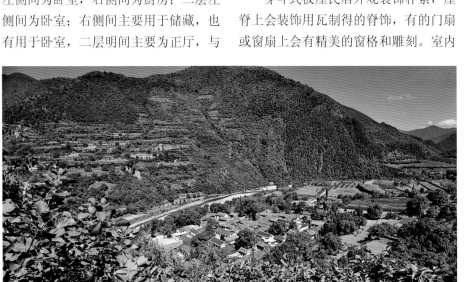

图2 秦巴山某村落鸟瞰

图6 苟金刘民居西厢房

图 7　苟金刘民居

图 11　权家大院民居堂屋

装饰简单朴素，家具都为简单的木质家具。

5. 代表建筑

1）甘肃省陇南市康县王坝乡苟家庄村苟金刘民居

苟金刘民居分两栋，平面形式呈"L"形，正房部分为后期重新修砌，砖混结构，平屋顶；西厢房则保留了原来的木框架结构，夯土墙，双坡屋顶，屋顶做法是明瓦明椽。西厢房是新中国成立后修建的，建筑保留穿斗式板屋民居的传统建造方式。

正房朝西南方向，平面形制与传统建筑的平面形制一样，三开间，明间为正堂，两侧间为卧室。西厢房共两层，也是三开间，一层明间为正厅，两侧间分别为卧室和厨房，二层现已主要用作储藏。

2）甘肃省陇南市两当县左家乡权坪村权家大院

权家大院为清代所建，共分为四个院落，院落内的单栋建筑保留了典型的穿斗式板屋形制。以上院为例，组成院落的建筑有正房、过厅、绣花楼、厢房、倒座。每栋建筑平面形式均为"一"字形，正房开间为五间，双坡硬山屋顶，明间通高，左右次间均有夹层。

权家大院正房朝向为坐东朝西，其朝向与村落选址颇有关系。权家大院内的绣花楼具有陇南地区穿斗式板屋民居的典型特征，不同的是正立面挑

图 8　权家大院上院

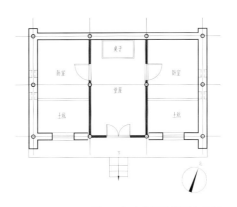

图 9　穿斗式板屋平面布置图

图 10　权家大院民居山墙面

出檐廊，为陇南地区较少见的实例。

图 12　演变后的新民居

成因

穿斗式板屋民居的成因与自然因素密切相关。陇东南广大地区植被良好，森林广布，资源丰富，是"良材大木"的主要产区。而且陇东南石材丰富，土质良好。丰富的资源为板屋民居提供了充足的建筑材料，使人们充分利用当地材料建造房屋。

比较 / 演变

穿斗式板屋民居大多席地而建，是以土、木、石相结合的建筑物，其本均为穿斗式木构架及夯土墙构建。建筑以石头做地基，墙为夯土墙，墙很厚，窗洞小，承重结构是木构架。但随着现代建筑结构和材料的流行，居民越来越多使用砖头、混凝土、钢筋等这些现代材料建造房屋，墙厚变薄，窗洞做大，解决室内阴暗潮湿的问题。而房顶则仍采用木屋架和明瓦明椽的建筑方式。新建筑外观和建筑形制仍与二三十年前的老房屋相近，部分新建筑平面形制演变成"L"形，在原来三间面阔的基础上多建一座厢房与主体建筑相连。

陇东南民居·秦巴山区合院

合院式民居有着类似北方四合院的建筑形制，主要房屋均为二层楼阁式硬山结构。陇南地区合院式建筑院落坐北朝南，"一颗印"式布局形制，建筑均为两层四面连通的木楼，称"转角楼"。

图1　合院式民居外观1

1. 分布

陇东南合院式建筑目前保存较为完整的数量已经不多，现大多分布于陇南地区的宕昌，康县，两当县，徽县，其他地方零星留存部分"一颗印"式民居建筑。

2. 形制

院落朝向以坐北朝南为主，"一颗印"式布局形制。平面布局紧凑简洁，呈方形，由正房、厢房和倒座组成，瓦顶土墙。合院有不同的形式，可分为四合院，三合院和二合院，院落布局均为中轴对称。

屋顶分为单坡和双坡屋顶两种，主要房屋均为二层阁楼式，木楼四面连通，称"转角楼"。

正房和倒座均位于中轴线上，左右分设东西厢房。正房坐北朝南位于中轴线北端，高大壮观，是等级地位最为高贵的地方，倒座则位于正房对面、中轴线南端。

陇南地区受商业文化的影响，民居宅院多为临街布局形式，由临街铺面，左右厢房和正房围合成一个合院，院中设有狭长的天井，组成第一进院，然后以中门为界，左右厢房，正房及边门组成第二进院。

3. 建造

陇南地区合院式建筑采用土木结构建造，上下施通柱，采用穿斗式结构。建筑都建造在较高的台基上，因地制宜，建筑装饰多使用木材，屋顶一般用木板覆瓦。

图3　台基将建筑抬高

4. 装饰

图2　合院式民居外观2

图4　石雕

图5　装饰窗花

图6　朱彦杰故居外观

陇南地区合院式民居外观统一，显得宏伟壮观，细部格外精致。装饰物件多为木雕和石雕。陇南地区林木资源充足，取材方便，各房屋的立面均安置雕刻细腻，花纹繁缛的门窗。木格栅门雕饰细腻，题材多样，内容丰富。正房前台基上有石雕作为装饰。屋面形式较为一致，屋脊有吻兽。

5. 代表建筑

朱彦杰故居

朱彦杰故居位于陇南市康县岸门口镇街道村朱家沟社，是保留较为完整的四合院，是典型的合院式民居。

朱彦杰故居由门房，过厅，东西厢房和正房组成，院落内部地面现已硬化，大门在2008年地震时损坏严重，后重建时依旧采用传统风格，保持与整个院落统一。过厅和东西厢房均为二层的木阁楼，与院落地面之间有40cm左右高差，过厅和厢房相互连通，由走廊连接，其中一层因年代久远的关系已有部分用水泥等整修，整体建筑较简约，现保持着最原始的木色。过厅一层用于会客，二层用于储藏；东西厢房一层用于厨房，二层用作起居，功能分布非常合理。正房处于一座较高的台基上，两侧各有一处台阶通到院落地面，整体建筑为两层木阁楼，在整个院落中拥有最高地位，建筑坐北朝南，面阔三间，现依旧保留红漆，在整个院落中显

图7　过厅立面

得庄重大气。

建筑的门窗曾经均有精细的木雕花，现仅存窗户雕花。在门房的入口处和正房的台基处有石雕作为装饰。

图8　石雕

图9　木雕花

成因

陇南地区的汉族人主要是从其他地方迁徙而来，其合院式民居建筑都是从天水、中原等地引进的，因此陇南地区的合院式民居特征与四川等地的建造特点有很多相似之处。陇南地区的合院式民居是在周围合院的特征下以其自然环境的影响改进而来。

比较/演变

陇南地区降水量较少，顺其自然条件，合院式民居屋顶有单坡和双坡两种。该地区木材资源充足，在用材上多采用木材。在后来的发展中，由于安全的原因，一些合院的整修，采用了传统的形制和建筑体量，但在用材上更多地采用砖石。

陇东南民居·秦巴山区土屋

抬梁穿斗混合式土屋民居主要分布在甘肃陇东南地区，以合院式为居住单元。院落中主要建筑为正房、厢房、厨房、库房。房屋基础一般采用石砌加素土夯实，内墙为土木结合，外墙为夯土墙，屋顶覆瓦。

图1 夯土墙

1. 分布

抬梁穿斗混合式土屋民居分布在甘肃省礼县等地，比如礼县桥头乡蒋寺村、白河镇铨水村、固城乡固城村。

2. 形制

院落为一进合院式院落，明间为正房，一个耳房，一般两侧设厢房，正门上层也设有房间。整个院子设正厅一个，卧室三四个，厨房一个，库房一个。

正房，体量比其他房间大，是院落中最重要的房屋。正房一般被分为三部分，左侧设土炕，用来睡觉；中间为中堂，用于祈福祭祖；右侧设休息桌椅，用来待客。厢房一般作卧室。有些地方，厢房设两层，一层养牛，二层住人。正门上层也设有房间，主要用来作卧室和库房。

3. 建造

1）挖地基：挖1m深的地基，素土夯实；

2）基础用水泥和当地的青石堆砌；

3）立木构架（多数为松木、白杨木），采用穿斗式结合抬梁式做法做出房屋主体框架。此过程之前有简单的仪式，即献神祈福等；

4）夯实墙面（版筑墙等），山墙用竹编抹泥；

5）架椽，铺碎木柴，抹泥，卧瓦；

6）外粉刷墙面（刷白墙，后期）。

4. 装饰

抬梁穿斗混合式土屋民居外观装饰朴素，大多以原色为主或没有装饰。室内装饰主要集中在正房，中堂正墙地面摆有条案、八仙桌、太师椅，桌上摆有

图3 竹编墙

图4 青瓦

图2 民居鸟瞰图

图5 中堂装饰

图 6　庞二贯民居室内

图 8　庞二贯民居院内

图 9　庞二贯民居厢房

香炉等，墙上贴有国画、对联、长辈遗像等，装饰并不多，简约而绝不简陋。其他房屋装饰也非常简约。

5. 代表建筑

白河镇铨水村庞二贯民居

白河镇铨水村庞二贯民居是一个较典型、较完整的抬梁穿斗混合式土屋民居。院落为一进四合院式院落，由正房、耳房、厢房等构成。

正房坐北朝南，主要用来住人待客祈福祭祖，明间为中堂，装饰古朴，摆有条案、八仙桌、太师椅等，墙面抹白灰，除挂有山水字画等外并无其他装饰，地面抹灰，屋顶结构裸露，并无吊顶装饰，室内陈设也是典型的土屋民居的风格。

正房连接一个耳房，用做厨房。正房两侧设厢房，左侧厢房为两层，第一层养牛等牲畜，第二层住人，主要是家里的晚辈们。右侧厢房现在闲置，夯土墙因年久未修已经有部分脱落，曾经也用于居住，左右厢房的装饰风格与正房统一，室内并无独特装饰，以简朴为主。正门上层也设有房间，一直用做库房。

房屋基础采用石砌加素土夯实，房屋建筑与院落之间有 30cm 左右的高差，内墙为土木结合，外墙为夯土墙，均抹白灰，屋顶覆青瓦。

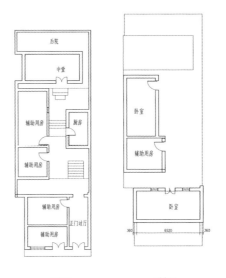

图 7　抬梁穿斗混合式土屋民居平面图

成因

抬梁穿斗混合式土屋民居具有就地取材、构造简洁、施工方便且经济、与自然环境相适应、冬暖夏凉、节约能源等优点。在多风沙气候环境中，民居慢慢演变成如今的封闭布局，既有利于防风、采光，又符合当地人较为内向的生活观念。

比较 / 演变

早年的建筑形式比较单一，但在历史的演变中，当地居民逐渐发现单一的抬梁或者穿斗已经不能满足人们的居住需求，于是产生抬梁穿斗混合式土屋。此类土屋民居不仅使用方便，外观简洁，易于修建且防风节能，也更反映了当地的生活形态及所处地域的文化习俗的影响。

陇东南民居·羌藏板屋

"板屋"又作"版屋","板"为形声字,凡施于宫室器用的片状物皆可称"板"。板屋是以木材为主的一种住宅建筑形式。此类民居是羌族民居建筑中最多也是最重要的一种,一般建于高山或半山台地上,顺山势排列,呈现高低错落之状。

图1 民居鸟瞰图

1. 分布

在白龙江流域的甘南、舟曲县、宕昌县等羌藏族居住地,广泛分布着板屋式民居建筑,因为这是他们最主要的居住建筑形式之一。

2. 形制

羌藏族地区的板屋式建筑有多种建筑形制。有纯粹的榻板房,这种房屋几乎全是木构架,很少用土石等材料构筑,常建于平缓的山坡上。也有土、木、石相混的榻板房这种房屋类似于庄窠院,房屋常采用四合院式布局。还有石、木结合的碉楼建筑,是典型的"内不见土,外不见木"的羌藏族碉楼,也是本节要描述的民居。还有"坎楼型"建筑,常修建于坡地上,由于地形的限制,常常会在平整完宅基地后形成坎坡,在坎下修筑牲畜圈和储藏间,在坎上修筑居住建筑,远看极似一幢幢二层的小楼房。这种居住建筑的外墙由夯土版筑而成,为了防止屋顶的木板被风吹走,常常在屋顶上覆盖一层白色大鹅卵石,屋脊的正中央常常供奉白石神。此类建筑中堂屋(正房)的地位是最高的,常面阔三间,且只在明间开门,两侧是不能开门的,明间需要安顿家神祭祀祖先,右次间常供奉山神,左次间才用于住人。房屋大门不仅不能与正方相对,还要避开神地,更不能与寺院或庙的大门朝向一致,大门修筑时需要请专人计算动工的日期,非常讲究。最后一种是土、木、石相结合的独院建筑,这种建筑既不像碉楼那样紧实严密,也不像坎楼那样层次分明,而是依据其自身凹凸不平的地面顺势展开。

碉房平面呈方形,沿街墙体下部为石块叠砌,上部夯土版筑,逐渐收分,平屋顶;内院为天井式木楼,一般为两层,低层圈养牲畜,二层一圈回廊贯通,为堂屋和卧室,屋顶可做晒台,上下有木楼梯连接,较陡。当地也称这种碉房形式为转角楼。宕昌境内的碉楼以家碉为主,可以住人、储藏、圈畜,实用性较强。

3. 建造

当地民居的修建工序比较讲究,因为民居建筑关乎家庭每个成员的幸福,而且强调建筑物的修建工序也是表达信仰的一种方式。羌族修建碉楼前都要举行一系列比较复杂的仪式,要充分考虑到地形地势,一般选在沿河谷的高山上或半山腰有耕地和水源的地方依山而建,数十家聚居为一寨,分台筑室。破土动工时会举行仪式,整个仪式结束后先用犁在选定的基地上犁出方形的四条沟线,当地人叫作基脚沟,然后才能开始打地基。碉楼的建筑材料有石、泥、木、麻等,打好地基后,用泥土、石头和木材配比的黄泥胶砌筑外墙,然后再用木材搭建房架和做榻板,榻板一般用松木锯成小木段而成,直接铺在屋顶上后,用石头压住榻板。一幢房子至少要上千个榻板,工程量非常巨大,榻板的木瓦有金黄、灰白、黑色等不同的颜色,

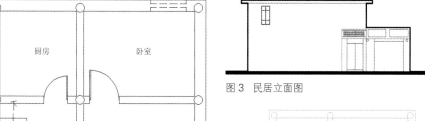

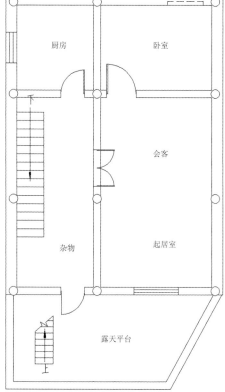

图2 院落平面图1

图3 民居立面图

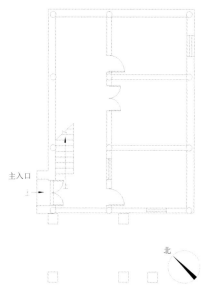

北

图4 院落平面图2

图 5　天井院落

远远望去非常别致，形成一道非常美丽的景观。

4. 装饰

陇南方境内的碉楼外形较朴素，白墙红檐，灰色墙线。装饰主要集中在院内，由于民族的融合，有一部分木楼的雕饰曾非常讲究，现存碉楼二层回廊栏板间的耕读文化很强烈。

5. 代表建筑

1）甘肃省陇南市宕昌两河乡王院村王家大院

建于清朝末年，外立面碉楼形式，墙体为白色，屋檐为红色。内院二层四合院转角楼，护栏上有雕刻、镂空花纹。屋顶为平屋顶，上覆砂石，可上人。

2）甘肃省陇南市宕昌沙湾镇董家庄村董家大院

建筑原貌为转角楼形式，三进院落，入口垂花门装饰华丽，有斗栱，为官宦家宅。

北向正房为两层，一层以厅堂、卧室为主，二层以卧室为主，朝向为西南朝向、东西厢房和下房均以接客和卧室为主，朝向分别是西北朝向、东南朝向和东北朝向。西厢房北侧房以厨房、储藏为主，朝向为东南朝向。

图 6　细部雕花

图 7　入口垂花门

成因

以前这里是藏羌民族居住，后来汉民族迁入，将木楼形式与羌族建筑结合，就造就了现在这种外立面呈羌族风格的木楼形式。随着汉民族人数越来越多，羌族人逐渐搬迁离开这里，因此，本地成为汉族的居住地，而这种建筑形式却传承保留了下来。

比较 / 演变

由于民族的迁徙更替，宕昌境内的碉楼外立面延续了传统羌族碉楼的特征，内部则具有汉族木楼结构的特点，在功能使用上基本保持了最初建造的目的，集住人、贮藏、圈畜于一体。

陇南民居·临夏回族四合院

早期的回族穆斯林社区以其聚居区"坊"为单位。"坊"是穆斯林的宗教社区单位，又称为"教坊"，实际上是居住在清真寺周围的穆斯林组成的宗教组织。由于回族穆斯林的定居在此，形成了四合院"坊"居。

图1　院落空间1

1．分布

回族是甘肃少数民族中人口数量最多的一个，甘肃回族分布有三大区域：天水、陇中（包括兰州和临夏）、甘南（包括临潭、卓尼、岷县等地），其中以临夏、兰州市和张家川回族自治县最为集中。历史上甘肃回族长期生活在东西方文化交流的联结地带，在宗教信仰、生活习俗、民居建筑文化等方面形成其特有的民族传统。受门宦制度的影响，回族院落的分布体现了鲜明的民族特色。

临夏回族大多聚居在旧城南关，纵横7～8km，人口密集，屋宇栉比，据称以前整个区内建有八座清真寺，各司所属回民自成一个教坊，因之，此地被称为"八坊"。在八坊内，高大的寺院和凌空林立的邦克楼形成少见的回民聚居区风貌。

2．形制

回族传统民居受中国传统文化和当地自然条件和气候等因素的影响，出现了廊院式和合院式两种。廊院式的布局最早是由汉族人使用的，有着悠久的历史，它以回廊围合成院落，院内沿着纵轴线在其稍微偏后的地方布置主体建筑，但是这种院落在国内已经很少见，接近绝迹，临夏市的蝴蝶楼是国内仅存的廊院式回族传统民居之一。合院式比较普通，当时称之为"舍"，是由若干单体建筑和墙、廊围合成的二合院、三合院、四合院等，有的是大院中套小院，这种院落布局参考了北方汉族传统四合院的形制，具有很强的安全性和私密性，体现出两个民族传统文化的融合。

3．建造

1）放样后开挖基槽；

2）采用毛石砌筑基础，一般底层基础宽1.2～1.5m，顶层0.4m；

3）由砖瓦匠人砌砖墙，传统做法是直接用青砖砌成，但现在由于青砖成本高，砌筑精度要求高，工匠水平达不到，所以现在的做法是用普通多孔砖先砌筑主体，再在表面贴面砖；

4）由木匠制作木框架；

5）上梁的传统做法是由人力拉上去，现在比较大的木料安装是由机械吊起，但小一些的木料还是保留了传统做法，由人力拉上去；

6）在梁架上铺椽子、椽子上铺望板、望板上铺泥、泥上铺覆筒板瓦屋面，如有必要的话还要用水泥勾瓦缝，防止屋顶长草。形如走廊，称甘肃走廊。

图2　院落空间2

图3　院落小品

图4 民居鸟瞰图

图5 院落景观

4. 装饰

在建筑艺术方面，回族合院式民居充分吸收了大量汉族、藏族等民居建筑艺术和风格。

而临夏回族四合院建筑中的装饰，主要以临夏著名的砖雕、木雕和藏式彩绘为主。主体建筑外立面多由砖雕墙面为主、藏式彩绘为辅，而室内则以木雕为主。由于回族信奉伊斯兰教，因此室内装饰多为几何纹和蔓草花纹。而走廊、隔墙等分隔空间的隔断中则以墙面砖雕作为主要装饰来丰富立面效果，且隔断的墙面砖雕多与主体建筑立面上的砖雕有一定的联系，使之表现一个主题，从而形成一个不可分割的整体。而临夏有回族砖雕、汉族木雕和藏族彩绘之说，由此可见这三者在临夏建筑中的地位，因此在临夏几乎随处可见这三者的身影。而临夏回族传统四合院位于临夏境内，不可避免地受到了影响，这也形成了临夏特有的四合院装饰因素，使临夏四合院有了区别于其他地方四合院的鲜明特征。

5. 代表建筑

80号院

坐落于甘肃省临夏回族自治州临夏市内，属于八坊十三巷其中的一个四合院，共有三进院落，八坊十三巷是指围绕八座清真寺形成的回族聚居区。现在产权属于政府，已列入市级保护名录。

院内有大量砖雕作为建筑装饰。建筑使用大量青砖，以灰色调为主。屋顶为卷棚顶，独具阴柔之美。院落讲究轴线，也讲究"小中见大"和"大中见小"。室内装饰主要以木雕为主，样式与外部装饰相似，但是雕花细致生动，层次丰富。

此院注重对景，将园林建造方法融入其中。主要建筑朝南，并布置东西厢房、耳房、过厅以及小的景观庭院等。耳房是两层，南侧有裸露的楼梯供主人上下楼使用，布置在主体建筑的东侧并带转角，与东厢房相连，院内有一口水井，既是为了满足功能的需求，也为院子增添了生活气息，采用鹅卵石拼花铺地，多以吉祥如意的寓意为主。

成因

临夏穆斯林在聚居时喜以清真寺等宗教建筑为中心，依次以某一种单位形成居住单元，这种居住单元当地称之为"坊"，也称"教坊"。

比较/演变

门宦制度产生后，受其影响，回族中产生了一种特殊的宗教社会结构，穆斯林聚居区的组织形式也由早期较为松散的教坊制开始向门宦教坊制转换。若干个回族家庭以清真寺为中心，形成文化习俗方面的共同体，并且受汉族人建筑形式的影响产生了这种合院，由合院形成"坊"的单位。一个穆斯林社区，小的由一个坊、几十户人家组成一个村庄，大的由几千户、上万户集中聚集，乃至形成集镇或城区。

陇南民居·临夏庄廓

庄廓院作为一种典型的生土建筑，原先具有一定的防御功能，但是在社会环境的慢慢发展中，这种防御功能逐渐被淡化甚至被遗弃。临夏庄廓院在满足使用功能之后也形成了独有的建筑形制与特征。

图1 民居正立面

1. 分布

临夏是一个多民族聚集的区域，庄廓院作为一种地域性的生土建筑广泛分布但比较分散。其中在东乡县和积石山县境内存有土族庄廓院，保安县存有保安族庄廓院，同时在积石山县也存有撒拉族庄廓院。可见在这个多民族的区域，庄廓院的建造也被普遍化。

2. 形制

尽管作为地域共同的特色建筑，庄廓院在临夏这个多民族聚集区也被建造得各有特色，不同民族之间都有所差异。

1）土族庄廓院

土族民居分布在积石山境内，为适应当地高寒的自然环境，土族庄廓院多靠山修筑，选择山脚向阳方位。外围墙夯土版筑，高约4m。院落布局以四合院居多，多坐北朝南，堂屋位于北面，为庄廓院的核心，居于轴线上，土族称之为"大房子"；左右两侧分别为卧室、佛堂等；院内四角修建厨房、畜舍、杂物房等。

2）东乡族、撒拉、保安族庄廓院

以上三个民族由于宗教信仰、经济和自然条件基本相同，民居建筑外形、布局和装饰基本相同。庄廓院以北为尊，东北方和西南方的建筑十分简单。堂屋多采用木构架承重，多带有前廊檐，平面有"一"字形和"虎包头"式两种；用土坯砌筑房屋后墙，山墙和分隔墙，椽头搭在后土墙上；由于气候干燥，降雨少，房屋皆平顶。

3. 建造

庄廓院类型的民居建筑有着一套完整的修筑程式，基本上在各民族之间的修筑工法大同小异。首先，打庄廓墙体，在墙基处用卵石砌筑，墙基以上用黄土夯筑，高3～4m，下部宽约1m，顶宽0.3m。其次，在院内修建房屋，房屋紧贴庄墙，有的则用庄墙作为房屋围墙，院落为"一"字形，既沿一面庄墙修建的房屋，也有沿三面庄墙修建，平面呈"凹"字形，院落中间形成一个小天井院。除了门、窗以及梁、檩、椽用木材外，其余都用泥土砌成。

图2 民居鸟瞰

图5　民居入口1

图3　院落空间

4. 装饰

　　土族因信仰藏传佛教，民居建筑装饰具有浓厚的宗教色彩，庭院布局具有民族特色，院落正中有黄土砌筑的圆形嘛呢台，直径2m，高约1m，上面竖有一根嘛呢杆，上挂经幡。台上还设有小煨桑炉。建筑的内、外均以白泥抹光，墙头四角常放置避邪的白卵石。

　　东乡族、撒拉族、保安族的民居建筑装饰主要集中在屋檐下及门窗等处，木雕工艺精湛。前檐下的"花草板"、闸口板是雕饰的重点部位，多雕卷叶莲花、龙花纹、带纹、寿字、卷云纹等。此外大门两侧也设砖雕柱。室内布置基本一致，正房迎面墙上挂字画，下置长条供桌，靠窗设火炕。

5. 代表建筑

韩家大院

　　该建筑位于东乡族自治县坪庄乡韩则岭村，一个建筑形制基本保存完整的民居建筑。整体院落不大，坐北朝南，堂屋为五开间建筑，分为两个大空间，呈"一"字形平面；西侧三开间房屋，作卧室和厨房之用，西北角的小房屋作为储藏室，平时堆放一些杂物；西南角建有角屋，作为储藏间，与偏房毗邻，建筑形体比较随意。

　　在建筑装饰方面，整体比较简洁，

图4　民居入口2

堂屋只有在窗户和门上刻有木雕，墙体刷为白色；室内陈设较为简单，设有火炕。在院落入口大门处有砖雕，地域色彩比较浓厚，装饰性极强。

成因

　　庄廓院是西北地区特有的民居建筑形式，主要流行于青藏高原东北部以及河西走廊等地，由于常年风沙大、雨水少、夏热冬寒，庄廓院的形成很好地适应了自然环境。所以生活在这些地区的藏族、土族、撒拉族、东乡族群众皆修建庄廓院。

比较/演变

　　明清时期，临夏地区的东乡族自治县、积石山县是庄廓院的集中分布地，各民族的庄廓院的形制基本相同，只是在院内房屋的布局、使用功能、装饰艺术等方面表现出各自的民族特色。信奉伊斯兰教的东乡族、撒拉族等的庄廓院的体量较小，而土族受到藏传佛教文化和建筑艺术的影响，庄廓院墙高大。在建筑功能配置方面，土族庄廓院在室内增加小佛堂，房顶的四角和门前布置各色布幡。

陇南民居·甘南藏族庄廓院

"庄廓"一词为青海方言,庄者村庄,俗称庄子,廓即郭,字义为城墙外围之防护墙。庄廓院应为一种合院与庄廓院结合的一种形式,有着深远的历史性和很强的实用性。

图1 院落空间

1. 分布

庄廓院是青海河湟地区多民族共同具有的代表性建筑形式。庄廓也为青海所特有,主要分布在河湟流域。受河湟文化的扩散,庄廓院形式越来越多地影响到周边地区的民居形式,其中就包括甘肃部分地区,尤以和青海接壤的甘南地区为主,例如舟曲县。

2. 形制

甘南舟曲县典型庄廓院坐北向南,平面呈"U"形或"L"形,院内三面建房围合成三合院,中间留出庭院。庄廓院正房朝南,面阔三间。前出廊,土木结构,明间安四扇木门,左尽间开格窗,右尽间端头开一扇门,门前有木梯上二层。村子中庄廓院屋顶大多是平屋顶或者平缓屋顶,坡度比约为5%～7%。平缓屋顶一方面节约了材料,降低了建造成本,另一方面屋顶上可晾晒农作物,满足生产生活的需要。

3. 建造

建造地基所用材料为石材,院落房屋所筑地基一般达0.5～1m。院落建筑为木结构,正房等重要的房屋使用木质墙体,其余外墙使用夯土,在夯土墙的墙面抹土。在屋顶梁架上搭椽,椽上搭木板,板上覆土夯实,房顶边缘土筑高为女儿墙。

4. 装饰

装饰主要集中在木构架以及木质墙面、木栏杆的雕刻上,木雕题材多以花草为主。大门侧有藏式的装饰。"内不见土,外不见木"。室内装饰的重点在佛堂或佛龛。墙面、天花板、门等均施以精心绘制的彩画,彩画以代表吉祥如意的佛教图案为主。色彩以黄、绿、红色为主,兼以金粉描绘,色彩鲜艳、对比强烈,更显富丽堂皇。在佛堂的北墙上,镶入木雕佛龛,供奉泥塑、银质、铜制或唐卡等类别佛像。同时,佛堂内

还供奉有经卷、圣物、法器等佛教物什。此外,壁柜、壁橱、壁龛也是室内重点装饰的地方,或雕刻吉祥图案,或施以吉祥彩画。

室外装饰的重点是大门。大门由门框、门楣、斗栱组成。门楣上施以精细木雕,其上连着斗栱,斗栱一般不做彩画,多为原木清水构件,风格清新、自然。

5. 代表建筑

1)甘南州市临潭县流顺乡红堡子村某民居

此代表建筑为清代建造。大门形制较高,门楣上有精致的斗栱装饰。两进院落布局,第一进院落主要是杂物与储藏空间,第二进院落由三面建筑围合。

2)甘南州市临潭县王旗乡磨儿沟村某民居

单进院落,主体建筑坐北朝南,双坡硬山屋顶,覆瓦,室外裸露天然木构架,走廊顶部有卷棚天花,室内外以木

图2 民居鸟瞰

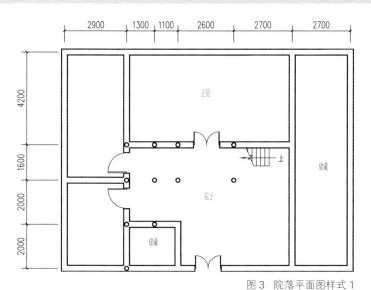

图 3　院落平面图样式 1　　　　　图 4　院落平面图样式 2

图 5　室内装饰

图 6　院落正房立面

墙隔断，并装饰有精美窗格，体现了汉藏风格的糅合。

图 7　窗花雕饰

图 8　院落大门立面

成因

甘南地区处于青藏高原和黄土高原过渡地带，位于青东河谷盆地土壤地区，天然土质丰富，但石料较少，土壤主要以栗钙土为主，土壤水分含量少，土质颗粒稳定性较好。土质黏结坚硬，适用于建筑材料。

甘南高原气候高寒，为了防风、御寒，民居对于日照、采光、保温及防止风沙的要求更为强烈。雨、雪、冰对墙体、屋面等的侵害，要求民居与聚落在布局及建造技术上对此采取有效的措施。藏族人民在千百年的生产、生活中，逐渐积累了丰富的适应当地气候条件的建房经验，形成了传统庄廓院的民居形式，使其能够在恶劣的自然环境中得以繁衍生息。

比较 / 演变

甘南藏族庄廓院的建造方式、工艺延续至今，依然保持着"内不见土、外不见木"的特征。近十年来，随着经济的发展，建筑外围护结构的材料多置换为砖以改善土墙不易维护的缺点。在檐廊处加建玻璃暖廊，形成被动式阳光间，有效提高屋内的热舒适性。

陇南民居·甘南藏族干栏式民居

"干栏"是民居建筑形式之一，又称高栏、阁栏、麻栏等。甘南藏族干栏式民居一般用木材作桩柱、楼板和上层的墙壁等，但是不同时间、不同地域其墙壁也有用砖、石、泥等材料砌筑而成。

图 1 民居细部

1. 分布

甘南藏族干栏式民居在甘南藏区存在不少，多分布于甘南中部、东南部的森林河谷等气候炎热、雨水充足湿度较大、林木资源丰富的地区，集中分布在迭部县和舟曲县等地。这里海拔相对较低，属于青藏高原与黄土高原交界处，地形地貌具有明显的农区、半农半牧区等过渡性特征。

2. 形制

甘南藏族干栏式民居大致分两种类型：

1）全木结构干栏式民居

在迭部县的林区，此种民居的比重较大，很少用土、石材料，全为木构造，房屋墙体多用圆木互相咬结，形制与"井干式"民居如出一辙。其规模大小由柱子多少确定，最小的是9柱间，大的有40柱间等。

2）混合修筑的干栏式民居

由于受地形条件的限制，一些藏族民居在山坡上将山体削成"厂"字形土台，土台以下用木柱支撑，将架空的平台修整好，在其上面修建房屋，形成"干栏式"楼居。

3. 建造

一般的建造流程是首先请木匠（现在大都是寺院的僧人）择吉日破土动工，平整地坪，夯筑"土庄廊"，这些土庄廊是干栏式民居的护墙，大多不承重。其次进行建筑主体的一、二层木构造（不用护墙的直接进行木构造）、立柱、上梁，搭木板后才能进行内装修。干栏式民居外围的柱子之间全用木板卯榫连接而成墙壁，其余各柱之间根据需要用木板卯榫连接。

4. 装饰

藏族是善于表现美的民族，对于居所的装饰十分讲究。藏民居室内墙壁上方多绘以吉祥图案，客厅的内壁则绘蓝、绿、红三色，寓意蓝天、土地和大海。室外装饰的重点是大门。大门由门框、门楣组成，多为原木清水构件，风格清新、自然。

图 3 室内空间

图 2 民居鸟瞰

图 4 民居外部

图 5　齐土生宅院院落空间

图 6　齐土生宅院卧室

图 7　大门装饰

图 9　民居墙体

图 10　室内装饰

5. 代表建筑

1）迭部县益哇乡扎尕那村民居

扎尕那村位于甘南藏族迭部县益哇乡，从县城到扎尕那大约 30km，江迭路从村口而过。"扎尕那"是藏语，意为"石匣子"。藏式干栏式民居，鳞次栉比，层叠而上，嘛呢经幡迎风飘扬。东哇村和拉桑寺院正好坐落在石城中央。此代表建筑属于混合修建的干栏式民居，在山坡上顺着地势而建。

建筑主体是二层木构屋，当地称为"土包房"，类似于汉族四合院，但其主要表现了"内不见土，外不见木"的特征。

在屋顶方面采用双坡顶式，房屋的两面坡木板屋顶上既不抹泥，也不布瓦，仅用一些乱石压住；在墙体方面部分用木、部分用土夯筑而成，外围再涂以草泥。以上作法均有着明显的地域特色。此外，所有的藏式干栏式民居外部都建有一间"午都"（防火设备存放处）在室内处理上，墙面、顶棚、门等均施以木构造，室内通过供奉本教神像与佛像表达精神信仰，且家具均镶嵌在壁间或壁外。

图 8　门窗装饰

2）齐土生宅院

齐土生宅院是舟曲县石门沟村一个较为典型的庄廓院民居。院落中有一"L"形建筑。宅院是几十年前使用传统工艺所建。因为该村建于半山坡地上，地形限制，院子面积不大。宅院总共两层，一层正房是待客客厅，二层是祭祀用房以及卧室。正房进深较浅，面积不大，院落以及建筑门槛都不是很高。二层走廊不是很宽敞，高度较低。

二楼正房是祭祀用房，二楼西侧用房是家庭成员居住用房，一楼东侧土房设置畜圈。木栏杆上有大量木雕，梁架上有少许木雕。屋顶是覆土平屋顶，后来用水泥做了屋面材料。屋顶放置一些晾晒工具，满足家中的生活需要。

成因

由于当地石料较少，但天然土质丰富，且土质颗粒稳定性较好，土质黏结坚硬，故非常适用于建筑材料。藏族人民在千百年的生产、生活中，逐渐积累了适应当地气候条件建房的丰富经验，使其能够在恶劣的自然环境中得以繁衍生息。

比较／演变

今天，甘南藏族干栏式民居的建造方式没有发生根本改变，甘南地区的民居依然延续着传统的工艺和手段，依然保持着"内不见土、外不见木"的特征。但是近十年来，随着经济的发展和人们生活水平的提高，建筑外围护结构的材料多发生变化。

陇南民居·甘南藏族毡房

早期游牧与甘南地区的藏族先民们也和其他游牧民族一样，使用移动帐篷，史书多称之为"穹庐"、"毡帐"、"毡房"、"旗帐"，今人通称之为"牛毛帐房"。毡帐系用牦牛毛编制而成，古代甘南牧区的自然条件非常严酷，广大牧民的居住环境和卫生条件都很差。

图1 民居细部1

1. 分布

毡帐民居主要流行于纯牧区，为适应四季游牧生活，牧民皆建毡房。牛毛毡房的外形具有明显的地域特色，不同地区的毡房外观样式有很大不同，如夏河县美仁乡一带多为圆形或椭圆形，麦西乡一带多为圆形或锥形，科才乡一带还有蒙古包式账房，玛曲县多为不规则的长方形，还有白色的棉布帐篷，外形有马脊形、平顶、尖顶等。

2. 形制

牛毛毡房只留一个出口，多朝南开。帐内两柱间垒有一狭长的灶台，藏语称为"塔卡"。正中尊位供奉神龛、经文、酥油灯。帐房外立一根高杆，悬挂灰白色经幡（麻尼达秋）。

3. 建造

将内篷、外篷、杆件、地桩、拉线等部件准备齐全。

安装杆件，以组成帐篷的骨架，支架的四个角是安装帐篷的难点，如果在方向上把握不准可能会使搭建起来的帐篷不牢固。将构成帐篷屋顶和墙壁的帆布固定在骨架上，并用地钉将帐篷幕布底边固定在地面。将主绳由支柱两端分出，为避免支柱倾斜，并以钉子固定。

4. 装饰

该地牧民人家主要信仰藏传佛教。帐篷北侧一般挂有佛像或设置有佛龛，正中央放置火炉，火炉东侧铺放一张大毯子，约1300mm×800mm，西侧铺了三张牛皮垫子，平时女性只能坐在牛皮垫子上，男性则可以坐在大毯子上，这可能与他们传统信仰有一定关系。

5. 代表建筑

才让东知毡帐

才让东知毡帐，位于甘肃省甘南藏

图2 民居外貌1

图3 民居外貌2

图4 民居细部外貌1

族自治州玛曲县尼玛镇境内，为传统形制的黑帐篷。由于生活水平的提高，牧民普遍已使用搭建、拆卸更为简单快速，携带更为方便的白帐篷，传统的黑帐篷现存数量已经不多。

　　毡房搭建、拆除简单快捷，也便于携带，非常符合游牧民族的生活需求，所以在牧区几乎随处可见毡房。

图5 民居细部2

图6 民居细部外貌2

成因

　　在牧区，牧民的主要经济来源是畜牧业，但是甘南牧区自然环境非常严酷，草皮很薄，极易遭到破坏，牧民为防止在一个地区长时间放牧导致草场退化不得不经常性地迁移到新的草场，使每个草场在放牧一段时间后有恢复的时间，因此便于搭建、拆卸和携带的毡房便应运而生，成为牧区特有的建筑形式。

比较／演变

　　早期由于牧区自然环境严酷，与外界交通不畅，经济水平较低，牧民生活大都自给自足。早期毡房所用牛毛毡、绳子全部由牧民手工制成。

　　随着社会发展，牧区与外界的交流越来越密切，牧民生活受到的影响也越来越大，帆布毡帐走进了牧民的生活。由于帆布毡帐比牛毛毡帐使用更加便利，很快帆布毡帐便几乎取代了传统的牛毛毡帐。

　　目前，在牧区几乎随处可见帆布毡帐，而传统的牛毛毡帐反而不多见了。

陇南民居·穿斗式石屋

穿斗式石屋主要分布在甘肃藏族自治州舟曲县地区，有单体和合院式居住单元，一般都是二层。主要建筑由正房、厢房、厨房、库房组成。房屋基础一般采用石砌加素土夯实，承重结构为木架结构，墙面采用当地石头砌筑，屋顶覆土。

图1 巷道空间

1. 分布

穿斗式石屋分布在甘肃省藏族自治州等地，比如舟曲县上下巴藏村，大部分都被砖瓦房取代，留存下来的石屋占总建筑的约20%。

2. 形制

有单体建筑和院落式两种形式。院落为一进合院式院落，明间为正房，一般两侧是厢房，耳房作厨房之用。建筑为两层，一层台面正上方为二层走廊。整个院子设正房一个，卧室三至四个，厨房一个，库房一个。

正房体量最大，是院落中最为重要的房屋。一般被分为两部分，左侧摆有条案、太师椅等，桌上摆有香炉或其他，墙上贴有国画、对联、长辈遗像等，为祈福祭祖之用；右侧设土炕和桌椅，用来休息和待客。

正房之上是正厅，有的用作库房，有的用来待客或储藏杂物。厢房两层都作储藏之用。一旁耳房用作厨房，只有一层，屋顶为交通空间。

3. 建造

此类民居的主要建筑材料为石材和木材，它是在充分适应当地自然环境和气候特点的基础上形成发展起来的。建造时均就地取材，充分利用当地石头打好地基；立构木架，然后选用最合适的石材砌筑石墙面；举行仪式，然后起梁檩；用当地木材搭建楼板和屋顶，一般为坡屋顶，但是坡度不一；覆瓦时根据主人的喜好选择不同颜色的瓦片，主要以青色和红色为主；全部竣工后举行庆祝仪式。

4. 装饰

穿斗式石屋民居外观装饰较为朴素，因为由不同大小，不同质感的石料搭建而成的石墙本身就是一种装饰，且韵味别致，石墙面上局部带有雕花装饰，二层栅栏上有的带有花纹的木雕。此类民居的装饰主要是集中在室内，因为受到汉族的影响，所以装饰都比较汉化。

内部的阁楼大多都有雕花，不仅在立面有镂空雕刻，有的也在门窗上有雕花。而内部装饰主要集中在中堂，正墙地面摆有条案、桌上摆有香炉等，墙面一般为抹灰墙面，墙上贴有国画、对联、长辈遗像等。室内布置也较简洁，家具常为木制家具，都少有装饰，且基本都为木原色。

5. 代表建筑

巴藏乡刘后海民居

巴藏乡刘后海民居是一个较典型、较完整的穿斗式石屋民居（图4、图6）。

图3 室内装饰

图4 屋顶装饰

图5 门窗装饰1

图2 民居外貌

图 6 挑檐

建筑为合院形式，内部均为两层建筑，有正房、厢房和厨房等主要房屋构成。正房和厢房承重结构为穿斗式，墙面为石墙，门窗等均为木制，屋顶均为双坡屋顶，椽上盖有望板，上覆石片，最上层盖土。正房与厢房的二层围栏和窗户都有装饰，有镂空雕刻，也有浮雕式雕花。北向正房上下两层，功能不一，一层以厅堂为主，主要用于祭祀等，二层以厅房和库房为主，朝向南方。东西厢房用于居住，受汉族思想影响常为家中晚辈居住，下房朝西，用作厨房。整个院落基本保持原貌，也正常使用。

室内用木质隔墙隔断，隔墙上有简单装饰性花纹，简洁大方。墙面抹白灰，并挂有一些人物和风景画，提升了整个室内空间的质感。建筑内部的木构架基本全部外露，几乎不带装饰，且由于年代久远的关系呈现出时间感，尤其是厨房，因为常年油烟的熏染，显现黑色，但是更有生活气息。该户人家信仰家神，正堂正中放有条案，上有香炉，为祭祀祖先之用。

图 7 门窗装饰 2

成因

穿斗式石屋具有就地取材、构造简洁、施工方便、经济、与自然环境相适应，冬暖夏凉、节约能源等很多优点。在多风沙气候环境下，墙面采用石材，不仅能够防风，且坚实耐用，而上部采用木构架，既减轻了屋顶自身的承重，也有利于装饰和覆瓦，一举两得。

比较 / 演变

穿斗式石屋由当地取材用石块砌墙到后来与土坯墙、砖墙相结合，逐步成熟，很好地利用了当地的建筑材料，不仅节约能源，还能够充分体现出当地的人文风貌。在长期的发展过程中民居建筑慢慢演变成如今的封闭布局，有利于防风、采光。

图 8 墙面装饰

青海民居

QINGHAI MINJU

庄廓·汉族庄廓

汉族在青海境内多分布于适宜耕种的东部地区湟水河两岸，而这里是黄土高原和青藏高原的交接处，丰富的黄土成为汉族民居建造的主要建筑材料。由高大的黄土围墙、最普通的硬木构架和自成系统的房屋围护隔墙组成的庄廓，成为汉族群众具有代表性的民居建筑形式。庄廓，也称庄寨。

图1 庄廓鸟瞰

1. 分布

汉族庄廓主要分布于青海东部地区的湟水河两岸。环湖地区的海北州、海南州，三江源地区的海南州、黄南州及柴达木地区的乌兰县、都兰县等地均有分布。

2. 形制

汉族庄廓建筑形式既有传统风水格局的讲究，又有儒家礼制的"门庭"要求，同时亦有佛、道、伊斯兰等宗教的影响。通常庄廓院坐北向南，平面形式呈虎抱头或钥匙头样式，版筑夯土围墙，南墙正中辟门，院内四面靠墙建房，中留庭院。院内北房为正房，建造时台基略高于其他房基，用料、装饰及规模上格外讲究。面阔五间或三间，单坡平顶，前出廊，土木结构，均不做油饰，纯朴自然。正房内明间靠墙摆供桌、八仙桌或米柜，两边为官帽椅，墙上挂古训字画；左次间用木隔断另成一室，于堂屋供佛像和祖先神位及家谱；在堂屋右侧稍间用木隔断作为寝室，做满间炕，炕中间摆炕桌，炕头置火盆。北房是家中长者和客人的用房。

3. 建造

汉族庄廓主体由木结构承重，庄廓围墙多为夯土筑成，同时作为庄郭内房屋的主要围护结构。承重木柱通常与夯土墙脱离，木结构自成一体。房屋面向院落一侧多为轻质木门窗和隔断。木材和就地可取的黏土、少量块石为主要建筑材料，建造时序通常是先打院墙后盖房。首先建造庄廓夯土墙，用当地丰富的黄土夯筑成高大厚重的收分院墙，称"庄廓墙"，即墙身底部厚，向上渐薄，并且随着地区的海拔增高而加厚。整个墙体稳重坚实，围成的院落为方形或近方形。然后在庄廓内搭造房屋的主体承重系统即木质构架，砌筑房间的隔墙，其次铺设屋面，最后安装门窗，进行细部装修。房舍多为三开间一组，土木结构，即梁架为承重构件，土坯墙围护。整个庄廓除了大门以外不开其他孔洞，所有房屋均向内院开设门窗洞，厨房开天窗排放烟气。房屋的屋面是在木屋架系统上铺设草泥屋面，并向院内倾斜为单坡式以便排水。

4. 装饰

汉族兼容并蓄，佛教、道教、伊斯兰教的建筑形式在其民居中均有体现，墙体颜色为黄土本色，装修采用木料的

图2 庄廓院落

图3 庄廓大门

图4 庄廓正房透视

图7 木雕装饰

图8 窗装饰

图9 李玉芳民居正房一角

图5 大门装饰

本色，不添加任何色彩正方木雕以暗八仙、梅兰竹菊、文房四宝为主。

5. 代表建筑

平安县硝水泉村李玉芳宅

李玉芳宅院落布局严谨，空间利用合理，以内院与外院结合的形式建设。外院墙内区域以生产性功能为主，多建有畜棚、猪舍、草料间、厕所等，用于饲养牲畜、存放农具、堆放柴草；内院墙内区域以生活性功能为主，房屋与台地围合而成，修建土木结构的平房，中间留有庭院，可种植花木。

由青砖及砖雕和精雕花纹的木质大门进入。正房面阔三间，单坡平顶，前出廊。正中房屋靠墙摆八仙桌，两边为官帽椅、墙上挂古训字画，桌上置古瓶、镜架，显得古香古色，并于中央供祖先神位及家谱，颇有耕读传家遗风，两侧房屋作为居住使用。西房现为家中长者和客人用房，明间安四扇格子门，次间安花格支摘窗，前檐底层层叠叠辅以多种多样的花、草、几何图样等木雕纹饰，支摘窗采用步步锦、方胜扣。该民居建筑细部工艺高超，体现了青海民间传统的建筑技艺水准；东房建筑十分简单，为厨房、杂货间，北侧则紧靠陡坎，挖有洞穴，作为杂货、储物之用。

成因

青海冬季寒冷漫长，夏季凉爽短暂，因此这一地域的建筑拥有共同的特征：高大厚重的围墙、南窗采光、形体敦实。稀少的雨量使得建筑屋顶多为平屋顶，即便起坡，坡度也较为和缓，其平屋顶有晾晒谷物的功能。

比较 / 演变

庄廓这种紧密的封闭空间，在同类四合院中也是特征显著的。这种空间不同于南方天井式民居的"透气孔"形式，它的形成完全是由于严酷的自然环境造成，是一个由外而内的发展过程，也是当地生土与南方木构架房屋的绝妙结合。

图6 李玉芳民居院落空间透视

庄廓·回族庄廓

青海回族主要分布在东部农业区的河湟谷地一带，长期同汉族混居，住房相差无几，但在建筑装饰与纹样上自有本民族的独特风格。

图1 庄廓整体鸟瞰

1．分布

回族庄廓民居主要分布于青海东部和东北部，以化隆、门源、民和、大通、湟中和西宁东关较为集中。

2．形制

回族典型的庄廓院平面呈钥匙头或"一"字形，信仰伊斯兰教的回族在建筑布局上遵从"以西为贵"的伊斯兰传统思想，卧室靠西面布置，由于其生活中常有"大净"与"小净"的习俗，在卧室一侧常设有淋浴间，以满足日常的卫生需求。

3．建造

回族庄廓主体结构和建造工艺与汉族庄郭相类似，即：木结构承重，夯土墙作为外围护结构。受回族民族信仰和生活习惯的影响，与其他类型庄廓相比，回族庄廓建造工艺的差异主要集中于装饰方面。例如，入口等院落显著位置多设置砖雕，其内容多以回族宗教、习俗和典故相关。相比砖雕的精致，回族庄廓木结构的装饰相对较为简单，为增强其耐久性和易于清洁，外露的木结构和木隔断多刷以透明或杏黄色油漆。

4．装饰

回族建筑装饰中有着明显的宗教色彩，装饰图案中设有人物、飞禽走兽等，多以花草纹样为装饰题材。

图3 庄廓正房透视

图2 特色回族建筑

图4 特色庄廓大门

图 5　靠尕法宅正房

图 10　靠尕法宅室内民族特色装饰

图 11　靠尕法宅木雕

5. 代表建筑

隆务社区靠尕法宅

靠尕法民居历经百年，依然保存原有建筑风貌，正房为两层楼房，主体为木构架，二层设通廊，于正房两侧增设厢房，用围墙相连组成合院天井。

建筑立面的装修在用料、装饰上格外讲究，清漆刷面，前檐花草木雕装修精美。

成因

为了适应青海严寒干燥的大陆性气候，庄廓墙体高大封闭，具有较好的防寒保温，隔风防沙的功能，在选址和布局上，也很重视"向阳"、"背风"的原则。

比较 / 演变

回族、撒拉族均信仰伊斯兰教，其民居在墙体色彩、装修色彩、正房木雕、庭院景观方面相同，不同之处在于平面形式上回族民居为"钥匙头"、"一"字形，撒拉族民居为"虎抱头"。

图 6　靠尕法宅通廊

图 7　室外整体装饰

图 8　木雕装饰

图 9　窗装饰

庄廓·撒拉族庄廓

青海撒拉族主要分布在青海循化县、化隆县一带。撒拉族民居建筑受自然环境制约和经济生活的差异影响，民居存在不同形式，其中以土木楼、篱笆楼为著，尤其在篱笆楼的编造技艺及建筑局部雕刻装饰技艺方面堪称一绝。

图1 街子镇篱笆楼

1. 分布

撒拉族庄廓民居主要分布于青海东部地区的循化撒拉族自治县、化隆回族自治县。

2. 形制

撒拉族庄廓建筑布局为横建、角楼、楼底建门通道式。建筑用材变为土、木。通进缩浅，间为条檩，金檩上方安置固椽燕尾榫，雀替变宽短而薄。廊栏一般在平板扶枋下设置栅栏。二层楼底檩上密排细椽，楼上楼下装修为人员居室。庄廓大门以面向东方为主，禁忌面向北方、西方。

3. 建造

撒拉族庄廓在建造时，通常是先打院墙后盖房。墙体有两种形式，一种是高筑夯土院墙，夯筑到顶，与楼顶持平。

另一种是楼体底层墙，一墙两用，既是围墙，又是楼墙，由土泥混做，夯土打垒，建造筑砌墙体。庄廓民居以黏土、木材为主要建筑材料。在庄廓内搭造房屋的承重系统即木构架，砌筑房间的隔墙，然后铺设屋面，最后安装门窗，进行细部装修。单体建筑有一层和二层，房舍多为三开间一组，土木结构，即梁架为承重构件。撒拉族民居较为特别的是篱笆楼，以木、石、土、篱笆编做混为一体，木造结构篱笆编墙为主建成的楼座。楼体背侧、大部分墙面用林间乔灌木种桩笆编做而成。

图3 撒拉族庄廓大门

4. 装饰

撒拉族建筑多选取花草纹样为装饰题材，设有人物、飞禽走兽等，色彩方面以绿色、白色为常用色。

图4 庄廓正房透视

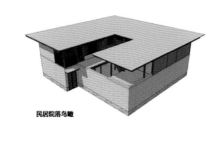

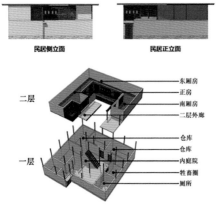

图2 撒拉族庄廓户型分析

民居院落鸟瞰

民居侧立面　　民居正立面

二层

一层

东厢房
正房
南厢房
二层外廊
仓库
仓库
内庭院
牲畜圈
厕所

图5 庄廓院落空间

图 8　马宅篱笆楼

图 9　木雕装饰 2

图 10　木雕装饰 3

图 6　马进明明清古民居

5. 代表建筑

1）大庄村马进明宅

马进明宅历经四百多年，迄今建筑风貌依然如故。建筑为土木石材结构，建筑形式为阔室带前廊做法，东北面通廊转角，北面西头第二间出弧包，木板铺饰二楼廊面。楼体通高 5.3m，土平顶屋，封闭性较强。楼体建筑功能、形式、构造和用材相互适应，风格淳朴自然，实用性很突出。上层为家庭生活中心，楼底房间内阔廊窄，用作牲畜圈。

2）孟达乡大庄村马宅篱笆楼

马宅民居，平面形态为"虎抱头"，入口位于院落西北角，利用二楼楼板下空间形成较为低矮的入口，正房为篱笆楼，一层四开间，二层三开间为木构架，有通廊，西端开间为通长进深。上楼的木梯紧贴着东面房屋外墙搭建，外立面秀丽。

成因

篱笆楼作为撒拉族的代表民居，其形成有自身的独特性。由于紧邻积石山等高山峡谷谷地，地下水源充裕，植被相对茂密，为以土、木、枝条为主要材料的篱笆楼的出现提供了必要条件，形成了独具特色的民居建筑文化艺术。

比较／演变

撒拉族篱笆楼是庄廓民居的一种表现形式，与土族二层小楼既有区别又有相似之处。小巧清秀作为篱笆楼的最大特色，讲求木作建筑艺术与篱笆编墙艺术的紧密结合，最大限度地显现篱笆编做技艺的最佳展示效果。

图 7　木雕装饰 1

庄廓·土族庄廓

土族主要分布在大通、互助、黄南等地。土族民居具有其独特的建筑风格，居住为合院式布置，选址依山傍水，大门设置受宗教信仰的影响，一般朝向神山或寺庙的方向，是土族庄廓的显著特点。

图1 二层民居房高墙低

1．分布

土族庄廓民居主要分布于青海东部地区的湟水河两岸，及黄南州少部分地区。

2．形制

土族庄廓多数呈现房高墙低，登一房见全村的特点。其建筑平面呈虎抱头或"一"字形，墙体均为材料本色。土族居民通常在家中专辟一室供奉家佛，在庭院内常设置"中宫"，在其靠近正房的一侧设有煨桑炉，同时，在庭院中竖立的一杆经幡，在院墙四角置石。

3．建造

土族庄廓的主体结构形式、材料和建造工艺，与其他庄郭类型相似。而其"房高墙低"的形制特点，使其房屋后墙和临外侧的山墙需要在原有夯土围墙

的基础上进一步加高，因此，房屋夯土墙身更为厚重，加高部分有时采用土坯砌筑。当北房为两层时，主体承重仍然依赖木结构，楼面采用与屋面相似的密肋结构承重，多铺以木板面层。土族庄廓另一个显著的特点是在位于建筑的四角，常采用白色石头作为角部装饰材料。

图3 一层民居佛堂房高墙低

4．装饰

土族庄廓民居多以正方木雕饰面，保留木材本色，内容以佛八宝、文房四宝为主。

5．代表建筑

互助县大庄村李成铎民居

李成铎民居始建于清代，为进院落式布局，坐北朝南，由过厅、北楼房、西房组成。北楼房为木制二层楼阁，面

图2 庄廓局部透视

图4 庄廓大门

图5 庄廓正房、中宫透视

图8 李成铎民居西房

图10 楼外廊装饰

图6 李成铎民居北楼房

阔三间，进深两间，五架梁，屋面为一坡水，檐下出廊做成檐廊的形式，形成半开敞的家庭活动空间。二楼实木围栏雕刻花卉图案。西房为厢房，不做檐廊，立面较北房简洁。民居的门、窗、楼外廊的挡板、檐口底部雕刻着图案卷草纹路，建筑立面木制材料保持材料本色，经常年风吹雨淋，呈黑黄色，更显古朴。

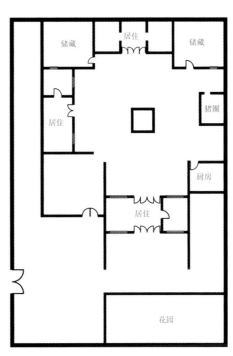

一层平面图

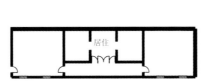

二层平面图

图9 李成铎民居平面布局示意图

图11 门头装饰

图12 窗装饰

成因

青海的冬季严寒的气候条件造就了庄廓的主要特征：高大的土筑围墙，厚实的大门组成的四合院。同时，一般的庄廓都是坐北向南，北房也会在冬季时用火炕煨热。

比较／演变

土族、藏族均信仰藏传佛教，其民居在建筑结构、墙体色彩、装饰色彩、庭院景观方面相同，均在院中置煨桑炉、插经幡杆。不同之处在于：土族民居房高墙低，单辟一室供奉家佛。

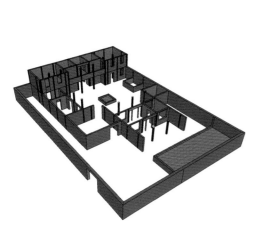

图7 李成铎轴测图

庄廓·藏族庄廓

少部分藏族先民在适宜耕种的地区定居,主要从事农耕或半农半牧,受生产方式及汉族居住方式影响,庄廓成为其主要居住形式之一,受自身文化影响,在房顶、墙头或院内挂印有嘛呢经的白、蓝布小旗,以体现其独特的民居特点。

图1 庄廓整体院落空间

1. 分布

藏族庄廓民居主要分布于青海东部地区湟水两岸,环湖地区海北州、海南州、海西州天峻县,三江源地区等地。

2. 形制

藏族庄廓民居院墙四角向上,于院墙四角置石,这是其典型特点。藏族信仰藏传佛教,庭院里常常设置"中宫",在其靠近正房的一侧设有煨桑炉,同时,在庭院中竖立一杆经幡也是藏族庄廓民居的显著特征。

3. 建造

藏族庄廓的主体结构形式与其他庄廓类型相似,外围护结构通常为较厚的夯土墙或者土坯墙,由木结构承重,建筑装饰也多选用木材。藏族庄廓最显著的特点是其普遍采用的较为简单的平屋顶,相对于单坡式屋顶,平屋顶具有晾晒粮食的功能。藏族庄廓的屋顶在建造时,通常是以原木为顶,上覆厚土。在早期的藏族庄廓中,受到藏族游牧的生活方式的影响,庄廓内既种蔬菜,又养牛羊,是藏族典型的半农半牧生活方式的缩影。建筑外墙门窗上挑出小檐,藏族通常在此下悬红蓝白三色的条形布幔。

图4 庄廓院一角

4. 装饰

藏族房屋前有较宽走廊,廊檐下的房柱上刻有花纹图样,精致优美,别具风格,正房木雕以藏吉祥八宝为主。房顶上、墙头上或院内挂有印有嘛呢经的白、蓝布小旗。

5. 代表建筑

下排村公措卓玛宅

图5 庄廓正房透视

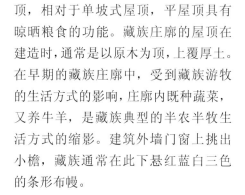

图2 庄廓院内的经幡、煨桑炉

图3 庄廓大门

图6 庄廓院

图 12 下排村公措卓玛宅房屋一角

图 7 下排村公措卓玛宅院落

图 13 下排村公措卓玛宅偏房

图 8 室内灶台

图 10 正房挑檐木雕

图 14 院墙墙脚置石

公措卓玛宅为多进院，夯土筑墙，外院墙低，用于生产及储藏之用。内院为居住庄廓，墙高开门洞，院内建筑平面呈一字形布局，空间开阔，利于采光，院中置经幡、煨桑炉。正房面阔三间，入内左侧为经堂，前出廊，立面木雕装饰，图案精美。

成因

青藏高原特有的严峻生存背景使得青海民居十分重视对特产资源的高效利用与自然环境的适应。房屋都是就地取材，尽量不对天然材料进行过度处理，充分保持了材料的天然特性，也充分适应了藏族群众"拆旧翻新"的建房习惯。

比较 / 演变

藏族、土族在民居木构架和细部形式上存在差别，藏族庄廓民居院墙四角向上翘起及墙高门小是其区别于土族庄廓民居的主要特点。

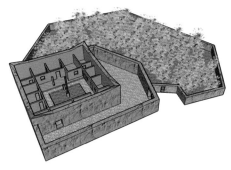

图 9 下排村公措卓玛宅民居门窗

图 11 下排村典型院落空间结构解析

藏族碉房

"碉房"多为石砌、土筑二层或局部三层楼房，大都建在背风向阳，能防御侵袭的山坡地段。碉房分布的区域海拔较高，气候寒冷，碉房的保温性能和防御功能，很好地适应了该地区的气候及人文环境，使之成为三江源地区独具特色的传统民居之一。

图 1 藏族碉房

1. 分布

青海境内的藏式碉房主要分布在玉树、果洛、黄南州的一些农牧兼营地区，且这些地区多是盛产石材的山峦河谷地带，以玉树州通天河流域为主。根据所处地域的不同，其建筑材料、建筑形制等也有细微的差异。

2. 形制

藏式碉房建筑形制基本相同，多为石木或土木结构，一般为两至三层。底层为牧畜圈和贮藏室，二层为居住层，分为主室、卧室等，三层多作经堂和晒台之用。碉房外形自然稳固，风格古朴粗犷，布局紧凑、合理，生产、生活功能齐备，体现出当地藏族群众的生活智慧和高超的建筑技巧。

3. 建造

碉房建造技艺繁复、精细，用料考究。所选石材为片石或毛石，厚度一般不超出 20cm。黄土要经过筛选，预先掺草调制，以保证最佳的黏性。根据地势有的还要在墙体内加入木筋，来增加墙体的稳固性。房屋建造时先搭造木构架，再砌筑墙体，石木结构碉房砌筑时先从两个基角砌起，然后螺旋向上砌筑，片石与片石间需确保压实，所有的缝隙必须用黄泥填满，土木结构碉房采用夯筑或土坯砌筑墙体，再以黄草泥抹面。

4. 装饰

受地域环境和材料限制，传统碉房装饰构建较少，风格粗犷而凝重。总体色彩朴素协调，基本采用材料的本色，泥土、石块、木料相得益彰，与周边自然环境完美融合。窗多采用藏式牛头窗，尺寸较小，特色鲜明。屋檐、窗檐下木

图 3 多伦多村土木结构碉房

图 4 电达村隆宝百户府邸

图 2 卓木其村石木结构碉房

图 5 电达村隆宝百户府邸外景

图 6　卓木其村碉房群

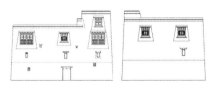

图 8　电达村隆宝百户府邸立面图

质的出挑,将木材的轻巧与灵活和大面积厚宽沉重的石墙、土墙形成鲜明对比,使碉房外形变化丰富,这种做法不仅着眼于功能布局,而且还兼顾了艺术效果,使其自成格调,体现出浓郁的藏民族地域特色。

5.代表建筑

玉树县电达村隆宝百户府邸

百户府邸是石木结构的四层藏式碉房,房内隔间错落严谨,客厅、寝室、佛堂、厨房、粮仓、肉仓、牢房、厕所、杂物间一应俱全,四楼只有坐北朝南的度母佛堂和风干肉仓,两间房的东西两侧设有煨桑台。三楼是百户的起居室,有佛堂、客厅、寝室、厨房等。二楼是家人的生活用房,一楼为杂物房和库房。

所有房屋中,属佛堂形制级别最高,装饰最为精美,比其他房屋约高出两米,从三楼房顶伸出凸形,凸出部分为自然采光的南窗。主梁、门窗均有彩绘花纹,工艺精细、施色自然,纹饰古朴、具有很高的历史文化价值。

成因

由于地区气候及人文环境的特殊性,造就了独特的藏族碉房民居。其分布区域均为河谷地区,为碉房的建造提供了丰富的土、石、木等建筑材料,同时这些区域农牧民早已实现定居,藏族对房屋保温、防御功能的物质需求以及宗教信仰的精神需求也是碉房形成和发展的必要条件。

比较 / 演变

随着社会局势的安定和经济的发展,青海藏式碉房呈现出建筑防御性减弱,建筑装饰趋向繁复精美、室内空间品质提升等多种特征。

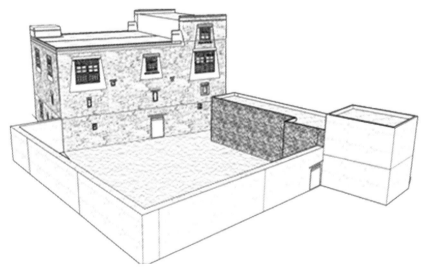

图 7　电达村隆宝百户府邸透视图

藏族碉楼

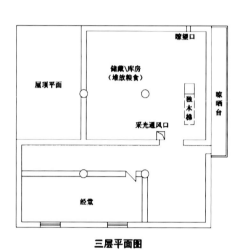
图1 独木梯

由于历史上长期的格局以及部落之间的斗争，使得班玛县境内特别是玛柯河流域的藏族民居独具特色，形成了房与碉连为一体的形式，当地人称之为碉楼。碉楼为石木混合结构的藏式民居建筑，受特有的自然环境条件影响与限制，当地人以片石砌筑墙体，以木梁、柱为框架做内部承重结构，形成防御性较强的平顶楼式建筑。

1. 分布

藏族碉楼多分布于果洛藏族自治州班玛县玛柯河流域的江日堂、亚尔堂和灯塔三乡。

2. 形制

典型的班玛碉楼建筑分为三层，一层为入口及牲畜棚；二层为主室、卧室、储藏室等空间；三层为经堂、储粮空间和晒台。各楼层由独木梯衔接，独木梯是班玛碉楼的主要特点之一，不但能解决各层之间的联系还具有较强防御功能。主室为碉楼中最主要的空间，多位于建筑东南部位，中央设有火炉，家具沿墙环绕布置，日常休息、起居均在主室中进行。传统班玛碉楼门窗洞口较小，底层和北墙均不开窗，在二层有设转角窗的习惯，以便获得更长的日照时间。

3. 建造

碉楼建造时由藏族专门的石匠修建，在建造过程中，全凭经验信手其成。建造碉楼的步骤为：首先，开挖地基；由于山体坚硬，班玛碉楼地基通常只有十几厘米。然后，环绕地基挖基槽，砌筑承重石墙。石墙以片石为材料，错缝搭接，墙厚 600 ~ 900mm，自上而下略作收分。砌筑好一层的墙体后安装内部柱梁，之后，建造上一层楼面。楼面以密铺檩条承重，最后以黄土为面层，抹光并拍打密实。由于使用内脚手架，一层基本建造完后再进行第二层的建造，这种方式被称为"分层砌筑"，常见于藏族建筑中。

4. 装饰

藏族民居色彩朴素协调，基本采用材料的本色。碉楼外观朴素大方，大部

图2 "分层砌筑"的建造方式1

图3 "分层砌筑"的建造方式2

图4 新建碉楼精美华丽的建筑装饰

三层平面图

二层平面图

一层平面图

图5 典型班玛碉楼平面示意图

图6　班玛县碉楼聚落　　　　　　　　　　　　　　图8　可培村班马忠宅

分起到装饰作用的构建或图案都与宗教信仰有关。最常见的有风马旗、嘛呢石刻、经轮、佛像等。当代碉楼装饰愈渐华丽，做复杂的檐口、梁柱上施以彩绘，这些都体现出浓郁的地域文化特色。

5. 代表建筑

1）青海省果洛藏族自治州班玛县灯塔乡可培村堂增措宅

堂增措宅建于山腰，约有500年历史，现居住两人。建筑从结构到建筑外观均未经过大规模改造。建筑共三层。底层长8m、宽6m，为牲畜棚。二层东南为主室，兼具卧室、厨房、起居的功能；设置天窗开向三层半开敞空间，用以排烟。三层经堂位于建筑东北角。整个碉楼外观以树篱墙围合，看不见窗户，造型古朴粗犷。

2）青海省果洛藏族自治州班玛县灯塔乡可培村班马忠宅

班马忠宅距今约80年历史，现居住6人。碉楼在原建部分的南侧进行过加建，扩大建筑面积的同时，对建筑内部空间进行了细分改造，增加了单独的卧室。加建除建筑主体之外，户主还在院落中建造了半开敞的杂物棚，用以堆放木材。改造后的碉楼对二层主室等重要房间使用木板装修，窗户面积较大，楼层间使用带扶手的木质楼梯代替传统独木梯。由于原建部分外观古朴，加建部分沿用传统材料和传统营建技法，在体量、外观上和原建部分有机结合，相得益彰。

成因

第一，受自然条件的影响。班玛县盛产片石，这种石材由于自身纹理结构的特性，采用"楔劈法"开采，较易取得。且其具有较高的耐久性。同时当地有面积巨大的原始生态林区，有云杉、圆柏等多种高大乔木，为建造提供了丰富木材资源。这种石木结构的碉楼建筑在定期维护的情况下，可历经数百年不倒。第二，新中国成立前班玛县社会治安动荡不定，经常有部落斗争发生，因此碉楼墙体坚实厚重、窗洞狭小，防御性极强。

比较/演变

青海藏式碉楼是藏式民居的一种形式，与四川羌族碉楼有相似之处。但其防御功能弱于羌族碉楼，建筑构造也更加适应高海拔地区的气候条件及居住建筑的功能性，形成了独特的藏民族建筑风貌。

图7　可培村堂增措宅

藏族帐篷

帐篷（亦称帐房）是青海藏族牧区的主要居住形式。帐篷种类多样，分布于青海境内的帐篷主要分为四种：黑帐、白帐、花帐、布帐（用于大型公共活动使用，不属民居范畴）。帐篷这种易搭易拆、方便实用的居住形式体现了与高原自然环境的和谐共生，从而形成了青海游牧民族独特的建筑文化。

图1 尖顶式花帐篷

1. 分布

帐篷民居主要分布在海拔 3000 ～ 6000m 的高寒地区，以三江源地区、环湖地区及柴达木地区的都兰县及乌兰县为主分布。帐篷的分布受到游牧生产方式的影响，带有明显的"流动性"特点。"逐水草而居"的帐篷具体位置并不固定，但它始终离不开高山草场特殊的自然地理环境。

2. 形制

帐篷民居由篷顶、四壁、横杆、撑杆、橛子等部分构成，篷顶正中是天窗，天窗起通风、采光的作用。天窗上有一块毡质盖布，白天打开，夜晚盖上，可防雨、防风。帐篷的"门"多由帐壁重叠合拢构成，其中一端晚上用镢子固定，另一端撩起以供进出。

3. 建造

搭建帐篷选址多在"靠山高低适中，北高南低且正前或左右有清泉流淌"的地方。帐门朝东，搭建时，将帐篷顶部四角的"江塔"绳拉向远处，系于钉好的木橛上，然后在帐篷中架一根木杆作横梁顶住篷顶，用两根立柱支撑横梁两端，接着调整四周拉绳的松紧即可将帐篷固定，最后用橛子钉住帐篷四壁底部的小绳扣，使帐篷四壁绷紧固定。为挡寒风，常在帐篷内壁用草皮砌一圈高约一尺的矮墙，或在帐篷外用草皮或牛粪围一圈一米多高的矮墙。

图3 青海草原上的帐篷

4. 装饰

勤劳淳朴的藏族牧民在帐篷正中尊位设有神龛，除供奉佛教诸神外，还有用黄绸缎包裹的佛经。位于神龛附近的

图2 牦牛毛编织的"黑帐篷"

图4 牧区帐篷人家

图5 花帐（厚布帐篷）

图 9 室内外装饰

图 6 牧区帐篷"背靠山、面对水"的景观格局

立柱是帐篷里的"上柱"，上面除了挂念珠，经鋼、哈达、护身佛盒等敬神物品外，不许悬挂他物。青海藏族牧区帐篷外常插有一些各色经幡，经幡上经文随风飘曳，以求帐篷的主人们祈福消灾。

5. 代表建筑

1）黑帐

黑帐是用黑牛毛线织成粗氆氇（又称"日雅"）缝制而成。粗氆氇每幅宽约 30cm，长短由帐篷的大小而定。将若干幅"日雅"拼接缝合成两大片，放在顶部当作天窗。帐篷的大小是根据经济条件和家庭人口缝制的，一般缝制一顶帐篷需"日雅"二三十幅，帐篷越大，需要的"日雅"数量越多。有的人家为了美观，用羊毛"日雅"从帐篷门到篷顶，直延伸到后壁，形成一条白色的宽带。

2）白帐

大多用羊毛织的帐篷料缝制，这是富裕牧户在小范围内游牧时带的，有单层和双层两种形式。

3）花帐

用质地厚的白布或羊毛所织的"日雅"作帐篷的"四壁"，而用牛毛"日雅"做顶，看上去黑顶白壁，十分漂亮。帐内还给人以光亮清新的感觉，常用于"夏乐"等节日野游，是随时可带的、较方便的一种帐篷。

成因

游牧作为藏族的主要生活方式之一，是藏族对高原的生存环境所作的一种适应性选择。藏族牧民在漫长的游牧生涯中，把探索生命世界所获得的思想智慧镌刻在了生产、生活的居舍—帐篷上。它作为藏族牧人世世代代的住家，不仅反映了藏族牧人的生活特点，而且反映了一种与自然和谐共处的文化意识。

比较／演变

自 20 世纪后期以来，环境恶化进一步加剧，高原生态环境变得更加脆弱，随之依赖于高原生态环境存在的藏族传统的游牧文化呈现出衰退的趋势，传统的藏族帐篷也在日渐减少。

图 7 黑帐（牛毛帐篷）

图 8 白帐

蒙古包

图1 蒙古包

蒙古族的传统住房是蒙古包，汉文史籍称为穹庐、毡帐或帐幕，是为适应游牧生活而形成的易拆卸，易搭盖，便于搬迁的简易住房，被称为"可移动的软质建筑"。

1. 分布

青海境内的蒙古包主要分布于柴达木地区、三江源地区的河南县及环湖地区的海晏县。蒙古族所居区域地势大多开阔平坦、水草丰美，色彩亮丽的蒙古包与草原、蓝天相互交融，构成了独特的景观效果。

2. 形制

蒙古包底部呈圆形，上部为圆锥形，天穹一般是日月形，这不仅反映了蒙古族对日月的崇拜，还使蒙古包具有计时的功能。蒙古包门一般朝东南方向，便于采光和判断时辰。中央为炉灶，炉筒从天窗伸出，围炉区域是饮食和取暖之处，摆放炕桌和坐毡。进门正面及西南为家中主要成员起居处，东面一般是晚辈的座位及寝所。

3. 建造

蒙古包由五个部分组成，套瑙、乌尼、哈那、毡墙和门，其中"套瑙"为蒙语，意思是天窗，"乌尼"即蒙古包顶端的伞形骨架，"哈那"即蒙古包的木制骨架。搭建蒙古包时要先根据包的大小画一个圆，沿着画好的圆圈将哈那架好，由木条组成可收缩的菱形围护墙，再加上顶端的乌尼，将哈那和乌尼按圆形衔接在一起，然后在顶上和四周覆盖一至两层厚厚的毛毡，用毛绳把它系紧，搭建便完成。

4. 装饰

蒙古包外部的圆顶、墙壁和门上都装饰着各种图案纹样，其传统图案有回纹、方纹、火纹、水纹、卷草纹等，随着与各民族的文化交流，也吸收了其他

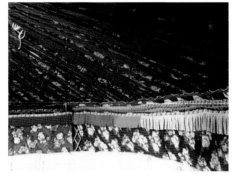

图3 海西州蒙古包内部1

图4 海西州蒙古包内部2

图5 海西蒙古包1

图6 海西蒙古包2

图2 海西州蒙古包

图 10　包内装饰图案

图 11　包内家居布置

图 7　都兰县蒙古包

图 8　包内装饰布置

图 9　包内空间

民族的装饰花纹，如龙凤图案、福寿图案、宝瓶、宝伞图案等，并把这些图案融入蒙古传统图案之中，使其变得更加丰富多彩。而其内部装修也极具特色，包内以房门、火灶、佛龛为中心线，地面铺有羊毛地毯，摆上生活家具，四周挂上镜框，装饰精美。

5. 代表建筑

青海蒙古包

青海省内的蒙古包形制基本相同，只是根据主人经济条件不同，包的大小、装饰有所不同。

由于青海省内蒙古族多与藏族交叉居住，蒙古包的装饰图案，布局方式有较多的藏族元素。一户人家中蒙古包与藏式帐房同时使用的情况也较常见，在全国独具特色。

成因

蒙古包是为满足蒙古族随水草不断迁移的需求而产生的。青海地区的蒙古包是随蒙古族迁移进入的，迁入后的蒙古族在长期与藏族、汉族等民族交往中，创造出了自己独特的民族文化，蒙古包也逐步具有了青藏高原的特色。

比较 / 演变

蒙古包是蒙古族的传统建筑，与哈萨克族毡房最大的区别在于顶部，蒙古包顶部为圆球形，而哈萨克族毡房则为尖锥形，此外内外装饰也有所不同，体现出蒙古族独特的文化。

宁夏民居

NINGXIA MINJU

1. 银川平原民居
   平顶房

2. 西海固地区民居
   堡寨
   高房子
   土坯房
   窑洞

银川平原民居·平顶房

平顶房是银川平原最常见的传统民居，最典型的是当地的汉族民居和回族民居，由于其都具有相同的地理与气候条件，故民居形态有较多的相似性。建筑院落形态多为合院式，建筑单体多为平顶房，有"一"字形、"L"形及"虎抱头"等平面形式。

图1 中部平原民居鸟瞰

1. 分布

目前主要分布范围为：北起石嘴山，南至黄土高原，东到鄂尔多斯高原，西接贺兰山。该地区属于温带干旱区，年降水量不足200mm，是黄河冲击而成的平原，地势平坦，土层深厚，引水方便，利于自流灌溉。

2. 形制

银川平原地区降水量相对少，民居大多以土坯墙、平屋顶的形式出现，院落空间较之陕西关中地区的宅院更宽敞，多为土木结构平房。民居依家庭经济能力和使用功能而建造，富庶的家庭则建"三合院"或"四合院"瓦房，即富裕房讲究"四合头"、"三合头"院，院前有门、照壁，院内四面或三面起房，配置均齐。

3. 建造

银川平原平顶民居建造大多为"四梁八柱"式土木结构。房屋的下部一般都有高出地面的毛石基础，基础之上为土坯垒砌的墙体，墙体四角及前后墙，共竖立前后对称的八根立柱，立柱砌于墙体之内；前后相对的立柱上端为大梁，大梁与立柱采取榫卯结构紧紧相套，大梁共为四根，此结构被称为"四梁八柱"；大梁上置檩，檩上纵向铺椽子，椽子在房屋正面伸出墙体约1m，用于遮雨；椽子之上铺苇芭，苇芭上铺两层草泥封顶；屋顶部左右及后部再砌50cm高的腰墙（又称女儿墙）；椽子前端上部一般都压两层方砖；方砖和椽头用木封板（又称遮羞板）遮盖。屋门位于正中，开门两扇，两侧为窗户，屋门和窗户上端都用枋木与墙体内的立柱相套接；墙体内外均用草泥抹平，墙面在草泥干透之后刮白灰。

4. 装饰

平顶房民居的主要装饰集中在门、窗、台基、屋檐、内外墙面等部位，由于石材使用较少，故民居的主要装饰手法为木雕，间或有少量砖雕。用砖雕装饰的构件主要有门、窗等檐下构件，砖雕的装饰构件主要是照壁、砖墙墙裙、墀头等。装饰主题一般为花草、植物等有吉祥象征的图案。

5. 代表建筑

吴忠市马月坡寨子

马月坡寨子是吴忠知名回族商人马月坡私宅，建于20世纪20年代，距今已有九十多年的历史。寨子由护寨壕沟、寨墙和三所院落组成，是宁夏目前唯一幸存下来的回族传统经典民居。

马月坡寨子，建筑群坐北朝南，平面呈长方形，东西宽78m，南北长93m，占地7254m²。四周用黄土夯筑高大寨墙，高7.5m，墙基宽3.6m四角砖罩马面，建有角亭。墙外环以护寨壕沟，南寨墙正中开寨门。寨内建筑布局分前后两大院，前大院占地约4500m²，空旷似广场，主要是为了满足当年生意繁忙时的车、马、驼队的临时安置。前大院东西两边建驼、马棚厩，东南角设登上寨墙的台阶式马道。后面大院又分东、中、西三个小院，地坪高于前院1.2m，三个院落一字排开，均为一正两厢格局，共有房屋60多间。

现存建筑仅是原有马月坡三小院的西院部分，占地约440m²。建筑平面中轴对称，由正房和东西两厢组成典型三合院布局。

正房（也称上房）坐北朝南，面阔七间，平屋顶，砖木结构。中部三间开间较大，且前墙退后1.5m形成前廊，木门窗装修精美，为接见宾客时使用，同时也显示出主人的地位，"居中为尊"

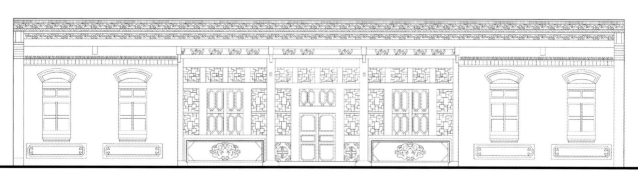

图2 马月坡寨子上房南立面图

图 3　马月坡寨子院落

图 6　平顶房构造

图 4　马月坡寨子装饰木雕

图 7　马月坡寨子室内

窗户造型为上圆拱式样。东耳房后面设置沐浴室，有通道与西耳房相连，是满足穆斯林家庭礼拜前洗大、小净而设置的特有空间。

　　两侧厢房面阔五间（现仅保存四间），平屋顶，采用木框架结构体系，先用木质的立柱、横梁构成房屋的骨架，后在梁下砌以土坯墙。厢房的檐廊结构处理巧妙，在屋檐下的雀替与吊柱后面加了类似于如意的斜向支撑，用以保护结构的完整性。采用挑梁减柱法，巧妙地运用三角支撑原理，既实现了力的传承，又节省了立柱，使得檐下空间更显宽敞、通透，可谓一举三得，堪称回族民居建筑设计的精品。柱下的斜向支撑代替了汉族传统民居中的檐柱，也是回族民居中很有特色的结构兼装饰构件。

这种中国传统建筑礼制在这里也表现出来。正房左右两侧耳房为套间型制，各占两开间，分别做书房和卧室之用，其

成因

　　银川平原由于干旱少雨且蒸发量大，因此屋顶处理基本不考虑降水因素影响，孕育出平屋顶的建筑形式，具体还可以分为有瓦平屋顶和无瓦平屋顶两类。多数屋顶略为倾斜，坡度 3% 左右，有的甚至完全水平。经济条件较好的建筑屋顶设有砖砌女儿墙，有组织排水。

比较 / 演变

　　平顶房的平面形制早期为"一"字形居多，由于对寒冷、多风沙的气候特征的回应，发展为现在的 L 型和虎抱头平面形式，建筑室内空间的划分也由于生产、生活方式的不断变化而日趋复杂丰富。院落空间也随着单体建筑的不断增加和私密性、归属性的心理需求而逐渐以较为封闭的方式围合起来。院落空间则较之陕西关中地区的更为宽敞，多为三合院或者二合院。

图 5　马月坡寨子厢房

西海固地区民居·堡寨

堡寨是古代军事工程体系的重要组成部分，是重要的古代历史文化遗存。宁夏地区自秦汉至明清，为历代边远州郡属地，亦为历代各民族角逐的争战场所，故自秦汉以来战争频繁，境内堡寨林立。明代以后的堡寨建筑逐渐民堡化，发展为今天的堡子民居。

1. 分布

土堡、寨类建筑多分布于固原市原州区、海原、隆德、西吉等地，是在战乱年代，豪绅富户为了聚众自保而修筑的防御性居住形制，也有的是当年军事戍边的遗留产物。

2. 形制

堡寨四周用封闭厚重的夯土墙体作围墙，有的在四角建有角楼。堡寨外墙自下而上明显收分，呈梯形轮廓。夯实的黄土墙与周围黄土地融合在一起，显得稳固、浑厚、敦实、朴素。

宁夏堡寨多为矩形，设一个大门，堡的长宽比约1:1.6，墙高4～6m，基阔4m，顶宽2.4～3m。墙上外侧版筑女儿墙，高0.8～1m，厚0.6m，辟有瞭望孔洞。到了清代，宁夏地区回汉族聚居之所仍在堡寨内营建房舍。所谓海城县（今海原县）"五十六大堡"、"平罗三十八堡，金灵五百余寨"、"宁夏（今银川地区）九十七堡"即清代中后期宁

夏堡寨建筑状况的生动写照。堡寨内的回汉民居，多为四合院布局，堂屋高基，出廊立柱；南部山区则以曲尺形布局为多，更强调实用功能。

3. 建造

夯筑墙一般选用黏土、灰土（黄土与石灰之比为6：4）或者黄土与细砂、石灰掺拌，将之填入用木柱、横木等固定好的平板或者圆木槽里，然后使用石杵夯实，再拆除下层的木头，移动到上边来重新固定，如此往复直至达到所需高度，俗称"干打垒"。夯筑墙的门窗孔洞，预留或者后挖都可以，施工简易，两三个壮劳力，打一道墙只需要几个小时，待墙干透后，就可在上面架梁盖顶，安装门窗。

夯筑过程中采用的填土模具主要分为椽模和板模。椽模，用立杆、椽条、竖椽、撑木等做墙架；板模，则用木板做墙架，包括侧板、挡板、横撑杆、短立杆、横拉杆等。打夯时，常常两人

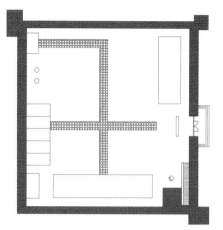

图1 同心王团北堡子平面图

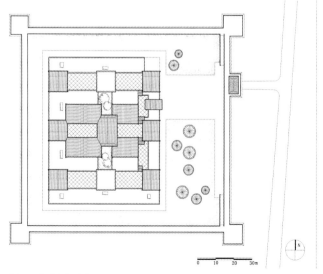

图2 董府平面图

图3 董府城堡大门

图4 同心王团北堡子外观

图5 土堡子民居内部

图 6　董府俯视

图 7　精美木雕

或四人手持夯具由墙基两端相对进行，这种打夯方法叫作相对法；另一种相背法，与相对法方向相反，是由墙基中段向两端进行；还有一种纵横法，人们一组横向，一组纵向，分两组进行，左右交错。

4. 装饰

堡寨民居的主要装饰表现为内部建筑门窗的雕饰，门窗隔扇中间常常刻有三交六碗菱花，上下裙板处雕刻有繁多的木雕图案，刻画神态逼真，栩栩如生。回族堡寨民居的装饰特征则体现为，正房为传统的立木前墙，双开扇刻花板门，"回"字格宽大棱窗，窗台下饰长方形雕刻，主要雕有各种吉祥图案。封檐板及门窗均为木雕或砖雕装饰。雕刻图案题材有五"福"捧寿、梅、兰、竹、菊等，云板、横梁、挡板等构件皆为雕花，雕刻内容完全不同。砖雕木刻都保持本身的青灰色和原木色，不施彩绘和油漆，体现了当地百姓喜爱淡雅清静，崇尚自然天成的精神理念。

5. 代表建筑

吴忠市董府

吴忠市董府是清末名将甘肃提督董福祥的府邸，坐落在宁夏吴忠市金积镇，至今一百多年，是一座兼具堡寨式与合院式民居特点的传统经典建筑群。

董府建筑群始建于 1902 年（光绪二十八年），现存董府平面略呈长方形，周围夯土墙东西长 127.7m，南北宽 121.6m、高 8.5m，顶宽 4.35m，基宽 8m，占地面积 15600m²。早年初建时，董府拥有双重寨墙，有内寨、外寨、护府河和主体建筑群四部分组成，（现仅存内寨主体建筑群）。功能界定分明，其外寨供屯兵存粮（寨墙现已无存），内寨建筑群供居住生活之用，有高大的夯土墙维护构成内寨墙。

进入董府内寨大门是院落建筑群，是一方形大院，东西 60.3m，南北 74m，占地面积 4462m²。董府院落空间体系严整对称，有相互毗邻却又各自独立的三列两进四合院，即北院、中院、南院三部分，充分体现出受汉民族礼制文化熏陶。但值得注意的是，府门向东，院落建筑整体坐西向东布置，且正门位于建筑群东北角。这种有别于汉族建房坐北朝南的做法，据说是主人身为朝廷重臣，房屋朝向京城方向以示忠心感恩朝廷之意。根据董府所处的地域环境，可以看出宅院布局明显受到当地伊斯兰文明以"西"为尊思想的影响，院落方位朝向与清真寺一致。

董府的空间序列完全按照中国传统建筑的空间组织手法。以内院群中轴线（也是中院的中轴线）为主要的轴向空间序列，并在主轴上向南北发展衍生出连接南北两院的次要序列。另外在主轴的北侧还设有两组入口序列，在经历了前导入口序列的两次转折后才能到达主空间序列。通过平行于主轴的入口前导序列，和与主轴垂直的次要序列的转变，形成曲折的前进路线，从而增加了空间的层次感，同时空间序列的安排也显示了前后、左右共3组院落主次等级的重要手段。

成因

堡寨民居是受到宋夏以来有军事防御性质的城、寨、堡、关等建筑形制的直接影响而产生的民居建筑。明代，宁夏作为"九边重镇"之一，境内建造的不同级别的卫所堡寨共同组成了一个准军事社会。经过多年的建设，成为宁夏境内独特的居住景观。

比较 / 演变

经过宋夏、明、清等朝代的发展演变，当时的军事堡寨在和平统一的社会、政治环境下民堡化，形成了清初一村一堡、一村多堡的壮观景象。直至今天，作为堡寨建筑形态部分延续的高房子民居类型依然在南部山区深入人心。

西海固地区民居·高房子

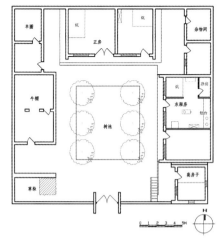

图1　穆宅高房子院落平面图

西海固地区，特别是固原地区（包括原州区、彭阳县、隆德县、西吉县、泾源县）的民居常在院落拐角处的平房顶上再加一层双坡顶的小房子，俗称"高房子"。

1. 分布

高房子民居主要分布在西海固的大部分地区，该地区降水量在 200 ～ 500mm 之间范围，泾源地区也有分布。另外，由于生态移民工程的原因，大量西海固居民迁移至银川平原，故将此种建筑形制带入川区。

2. 形制

高房子屋顶有单坡顶、两流水型，个别地方也有阿拉伯式穹顶样式，丰富了当地民居建筑的外轮廓，使原本单一的院落天际线高低错落有致。高房子这种民居形式不仅当地回族、汉族采用，还影响到周边甘肃庆阳地区，成为当地民居的地域特征之一。

3. 建造

高房子作为当地民居中的一种独特类型在形态上与单层民居有所不同，但建造方式却依旧采用当地的土木结构，以土坯和少量木材作为主要的建筑材料。采用土坯墙作为主要承重结构，当

地土坯的砌筑方法同样丰富多彩，在此列举一些应用范围较广的，共有以下六种：一、平砖顺砌错缝，这种砌法为单砖墙，上下两层错缝搭接，搭接长度不小于土坯长度的三分之一，墙体较薄，稳定性差，高度受限制，多用于外墙；二、平砖顺砌与侧砖丁砌上下组合式，这种做法是在平砖顺砌或错缝砌筑时，每隔几层加砌一层侧砖顺丁，间隔层数可灵活设置；三、平砖侧顺与侧丁、平顺上下层砌筑，这种做法与上种做法类似，只是变为平顺、侧丁、侧顺三种方式交替砌筑；四、侧砖、平砖或生土块全砌，全部用丁砌或顺砌，此种做法仅限于围墙，承重性能差；五、平砖丁砌与侧砖顺砌上下层组合，这种墙体承重性能较好，多用于砌拱和房屋承重墙；六、侧砖丁砌与平砖丁砌上下层组合，同样承重性能良好，较多用于房屋的承重墙。

4. 装饰

宁夏地区所采取的建筑材料决定

图3　海原县李俊乡高房子

图4　青海高房子

图2　固原地区高房子

图5　高房子1

一层砖瓦房，土木结构，夯土墙承重，外部用红砖包砌，防潮又美观。采用硬山搁檩式结构，两面流水形屋顶，板瓦铺面。这种结构形式俗称"窑上房"。高房子坐东向西，在南、东、西三面侧墙开窗，原先用于居住，现用以储存杂物。

图 6　高房子 2

了当地的整体建筑风格，不同地区的民居聚落在色彩和表面肌理上有各自特点。利用生土的可塑性，创造出各种各样的细部处理手法，打破单一材料、单一色彩带来的平淡感。例如，将土坯按照不同的组合方法砌筑墙体，表面有起伏变化，显出质感与韵律美；将生土材料进行虚实处理，使受光面与背光面呈现出光影效果，打在墙面上，具有装饰效果，营造出美感。高房子则是当地经济条件较好的家庭喜爱的建筑形式，所以高房子本身就已经成为一种装饰、符号、显示经济实力的标志。当地群众通常会在高房子二层的山墙位置用砖包土坯墙的做法，同时在硬山屋顶的山墙用砖的不同砌筑方式勾勒出曲尺形线条，并且将此处的窗户处理为上半部为半圆拱的形状，装饰效果十分显著。

5. 代表建筑

海原县李俊乡红星村马宅

李俊乡位于海原县南部，距海城镇 41km，辖 9 个行政村。六盘山西麓，干旱少雨。红星村为坡地型聚落，房屋与等高线平行，外部形态呈外凸发散状。村庄院落多为三合院，上房与厢房均为三开间，大多数人家都在院落东南角建高房子以构成院落的制高点，丰富院落天际轮廓线。

马宅为三合院布局，坐北朝南。高房子位于马宅东南角，占地约 54m²，近似长方形，两层楼建筑，高约 4.5m。建筑先在底层箍两间土窑，外砌砖围护，用作储存粮食或麦草；然后在锢窑上建

成因

宁夏地区自古以来一直是边疆重地，军事防御文化对当地的民居建筑也产生了重要影响，高房子即是其中之一。高房子建筑形态的形成应该与当地民间堡寨的角楼有关，起初具有一定的瞭望、防御功能。

比较 / 演变

高房子建筑形态的原型应是边疆地区的军事堡寨的角楼，起初具有强烈的防御特征。战乱年代，被人们用来登高瞭望；畜牧业发达时，利用高房子守望家畜防止偷盗；随着伊斯兰教的传入，回族的高房子多被用来供老人诵经礼拜。现在的高房子，则是显示家庭经济条件的标志。同时，高房子在民居造型上起到了丰富天际轮廓线的作用，其装饰意义早已超过原先的功能。今天的高房子不仅当地回族、汉族采用，还影响到周边甘肃、青海地区，成为当地民居的显著特征。

图 7　马宅高房子

西海固地区民居·土坯房

图1 土坯房室内

西海固地区土坯房主要有平屋顶和坡屋顶两大类，土泥平屋顶的坡度极小，无组织排水，黄泥铺面压实。土坯墙瓦房顶则分为单坡顶和双坡顶民居，一般坡度较大，但仅限于汉族民居。

1. 分布

西海固地区的土坯平屋顶房屋主要分布在降雨量低于300mm的地区；土坯墙瓦房顶主要分布在400～600mm降雨量范围内，其中单坡屋顶民居分布300～500mm的降雨量线左右，双坡屋顶民居则分布在500～600mm的降雨量线范围内。

2. 形制

西北地区大部分农村都以土坯建造房屋。由于其就地取材，经济实惠，在宁夏整个农村普遍流行。土坯房墙体一般山墙与后墙采用生土夯筑，前墙用土坯砌筑，也有全部墙体采用土坯砌筑。此类建筑在学术领域也称其为"生土建筑"。土坯即"胡基"，在当地叫"垒垃"单块土坯规格300mm×200mm×150mm。在降水量较多的地区墙裙和建筑四角会用砖砌，也有人家在土坯墙外用砖平贴起到装饰与防水作用。此类民居木构件少，屋顶坡度缓，建造时，将梁直接担在墙壁上，梁上搭檩，檩上担椽，椽上铺芦苇覆草泥，房子即可建成。

3. 建造

西海固地区的土坯房建造的重点是土坯墙，土坯墙类型多样，根据使用土坯的多少，可以分为以下四种：一、全土坯墙，墙体砌筑全部使用土坯；二、填心墙，也称"金镶玉"，内填土坯，外砌砖块；三、版筑土坯墙，墙体下半部为夯筑，上半部用土坯砖；四、包砖墙，土坯墙体边角承重部位用砖块包砌。

土坯墙地基一般先在夯实过的地基槽内用石块或砖砌筑至地面上40cm以防止雨水侵蚀，在降雨量小的地区直接从基槽做起。地基砌完之后，先铺好一层浆泥，然后趁湿快速往上摆放土坯，摆完一层后再铺一层浆泥，在土坯与土坯之间无须使用浆泥。土坯墙经常是在很短的时间内完工，砌好后要往墙上抹两遍泥，第一遍麦草粗泥，第二遍麦糠细文泥。前者起找平的作用，使墙面大

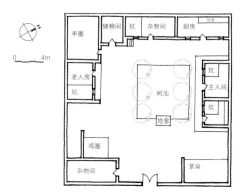
图3 姚宅平面图

致平整，后者则起保护和美观作用。有的地方还用掺了石灰的三合泥，使墙面更加光滑和有光泽。

4. 装饰

生土民居对材料的处理强调"白木构"，即在建筑主体构造完毕后不再做任何色彩装饰，展现建筑材料原本色彩。即使是清朝末期以后建的民居等建筑，虽然在建筑完工时有绚丽的色彩，但是久经西海固地区的恶劣气候之后，慢慢褪色直至最后变成了和黄土高原一样的色彩，完全融入自然之中。

图4 西滩乡民居土坯牛圈

图2 姚宅正房独立式窑洞

图 5　姚宅内院空间

图 7　固原漕河村民居屋架

5. 代表建筑

西安乡西洼村姚宅

姚宅位于海原县西安乡西洼村，周围生态环境恶劣，多为梁峁残塬地带，植被稀疏，水土流失严重。多年来年均降水量不足 300mm，水资源极度匮乏。当地民居普遍为土坯建造，屋顶多采用平顶及坡度极小的单坡顶。受特殊的气候环境、地理环境、当地传统畜牧业的影响，院落空间占地较大，村落结构松散。院内一般布置有羊圈、鸡圈、农机具堆放点等生产性空间。

姚宅紧邻公路，受道路的影响，院落大门与正房轴线为东西方向布局。民居为正方形院落，占地 22m×21m。院内布置正房、主人房、老人房及羊圈、储粮间等生活、生产用房。西侧正房为独立式窑洞（当地称"锢窑"），进深 2.9m，连排面宽 17m，主要做杂物间及厨房使用。北侧为主人房，单坡土坯房，为硬山搁檩式墙体承重结构。进深 3.2m，两开间，面宽 8.6m。南侧为老人房，院落西南角为羊圈。院落中间有 7m×6.5m 的近正方形树池。院落房屋主要为土坯建筑，很少装饰，粗犷质朴，体现了当地特殊地域环境下的民居建筑特征。

成因

西北黄土高原地区大部分农村都以土坯建造房屋。由于其就地取材，经济实惠，在相当长的时间里，普遍流行于宁夏地区。土坯房的产生应与秦汉时期因修筑长城而引进的夯土技术有关，是当地群众利用生土、改造生土材料建造技术的一大进步。

比较 / 演变

早在殷商时期我国就有成熟的夯土技术，而土坯技术则是对生土材料更高层次的加工。唐宋时期，由于宁夏地区生态系统恶化，气温升高，雨量稀少，林木区急剧减少，当地百姓不得不放弃原来的"板屋"居住模式，逐渐改为土坯与木构相结合的居住形式。土坯房在今天的宁夏，无论川区、山区都大量而广泛的存在着，只是随着当地经济条件的不断好转，人们将土坯外墙用砖包裹，既利用了土坯良好的保温性能，又节约了建筑材料。

西海固地区土坯平顶房与银川平原平顶房的区别在于：1. 由于所处地理环境的不同，西海固地区生产方式为农牧结合，院落空间除了满足农业生产需要的功能外还要满足牧业生产的功能，加之当地地广人稀，所以院落空间相对较大。2. 由于地区建材资源和经济条件的差别导致西海固地区平顶房很少有梁、柱，多数为滚木房，而银川平原平顶房则多为梁柱结构体系。

图 6　六盘山区土坯房

西海固地区民居·窑洞

宁夏南部地区属于黄土高原边缘，土层深厚、气候干燥，各类窑洞建筑广布其中，种类较为齐全。当地窑洞主要分为靠崖窑、下沉窑以及独立式窑洞三种。依山而建，窑前是开阔的平地，多根据等高线布置，平面布局呈曲线形、折线形排列。

图1 独立式窑洞

1. 分布

靠崖式窑洞多分布在降雨量300～500mm的干旱少雨地区的山坡、土塬边远地带；下沉式窑洞主要分布于六盘山黄土塬梁峁、丘陵地区，彭阳、海原县多有分布；独立式窑洞则分布于清水河东侧黄土丘陵地区降雨量小于300mm的区域。

2. 形制

下沉式窑洞的修建方式为，就地挖出一个方形地坑，形成闭合的地下四合院，然后再在四壁上开挖窑洞。利用一个壁孔开挖坡道通向地面，作为出入口。宁夏的下沉式窑洞，比起陕西的地坑院要宽敞，占地也大。独立式窑洞又名"锢窑"，分布于黄土丘陵山地一带。宁夏锢窑是一种拱形无覆土民居窑洞，与陕北地区覆土式锢窑造型迥异。其锢窑外观呈尖圆拱形，构成极富地域特色的窑洞类型。

3. 建造

西海固地区挖凿下沉式窑洞和靠崖式窑洞主要用挖余法，在原有地貌上直接挖凿，使开挖空间形成建筑，不似投入大量建筑材料构筑空间的"加法"方式，而是采用挖去天然材料以取得地下空间的"减法"方式。主要利用黄土的直立性能，具有抗压、剪切力等特性。

确定挖掘的大小、高度、进深等。刚开始可以大幅度挖掘先形成雏形，不过要根据建筑类型分前后次序，而且不能超挖，以确保土体应力集中稳定。待通风晾干后再进行修整，用粗文泥、细文泥或三合泥抹墙壁进行维护。施工进度需要控制，一般每天挖土不宜超过一定量，以避免土体受力不匀而坍塌。

4. 装饰

西海固地区采用生土作建筑材料，建筑形象顺应生土材料本身的性能，将几何形态有机地与生土材料融为一体，高大封闭的院落、实多虚少的围护墙体、依山开凿的窑洞等，都呈现出坚固、稳定、恒定的视觉感受，而天然材料的运用，又给建筑带来未经修饰的肌理效果，形成当地粗犷、雄浑、坚实的整体建筑风格。

5. 代表建筑

彭阳县红河乡何源村景宅

红河乡何源村临近茹河，境内发现有旧石器时代晚期遗址。彭阳县红河

图2 景宅正房

图3 景宅下沉窑入口

图4 西吉西滩乡靠崖窑

图5　同心县预旺锢窑

图7　景宅窑洞细部

乡何源村景宅位于何源村的一条沟里，是利用地势挖凿而成的矩形全下沉式窑洞。庭院地坪比原地坪下沉7m多，从马路上经过一条露天的曲尺形坡道入院。该院坐北向南，大门外为一条3m宽的狭长坡道，西侧断面有排水沟经过地下管道通向院落内的排水井，东侧现留一孔小窑饲养家禽。

大门是一孔窑洞隧道，深5.5m。院内下口面积35m×15m，上口比下口大1m左右，北、东、西三面立有0.8m高的女儿墙。四壁共有11孔窑洞。院主仅住五口人，所以居室少，多数窑洞用作仓库。五孔正窑坐北朝南，位于在

中轴线上，主窑面宽3.9m，进深7.6m，砖砌窑脸，用细泥抹窑面，为老人居室，其左侧窑洞住儿子，其余存贮粮食和杂物，宽2.9~3.3m，进深4~7m；对称东西两壁各两孔窑。东侧厨房用小窑宽2.6m，进深2.7m，烟囱露出上口地面1m左右。北壁原有三孔窑，轴线西侧一孔现已填实废弃，东侧有水井窑一孔。

院内还建有牛棚和羊圈，西海固地区农村家庭庭院大多集居住、为一体。庭院注重绿化，轴线两侧有两块大小不一的绿地，中间留有4m多的通道。

成因

在气候干旱的黄土丘陵沟壑区，自古人类就选择了生土建筑作为栖息地，而今仍然能够看到大片的生土聚落在西海固地区持续发展。窑洞民居是生土建筑最为典型的代表，其优点是保暖隔声性能好、就地取材、施工便利、造价低廉。

比较/演变

宁夏地区从菜园村窑洞遗址到今天西海固地区普遍存在的各类窑洞，基本展现了宁夏窑洞发展的历史过程。西海固地区的窑洞根据不同地质、地貌特征发展经历了早期的靠崖窑、下沉窑、独立式窑洞三个不同的发展阶段。与陕西一带下沉式窑洞不同，这里的窑洞受地形限制，多为半下沉式地坑院，采取直进型入口通道；该地区太阳高度角小，为获得更为充足的光照，下沉院落面积更大。

图6　景宅下沉窑俯瞰

新疆民居

XINJIANG MINJU

1. 维吾尔族民居
　　喀什地区民居
　　和田地区民居
　　伊犁地区民居
　　吐鲁番地区民居

2. 满族民居

3. 汉族民居

4. 哈萨克族民居

5. 回族民居

6. 柯尔克孜族民居

7. 蒙古族民居

8. 塔吉克族民居

9. 锡伯族民居

10. 乌孜别克族民居

11. 俄罗斯族民居

12. 塔塔尔族民居

13. 达斡尔族民居

维吾尔族民居·喀什地区民居

图1 高台民居

喀什地区地处欧亚大陆中部，新疆维吾尔自治区西南部。喀什古称"疏勒"，历史上是横贯欧亚大陆"丝绸之路"的中国南、北、中三路，在西端交汇的商埠重镇，是著名的"安西四镇"之一。喀什民居在居室安排和院落布局上，在维持本民族共有的格局基础上，努力适应着居住地的自然条件和历史沿革的影响，从而又演化出各种不同的形式。

1. 分布

喀什是塔里木盆地周边绿洲城市之一，地处中亚大陆腹部，于东经73°～79°至北纬35°～40°之间。西倚帕米尔高原，昆仑山与天山雄峙平原南北两侧，东临举世闻名的塔克拉玛干大沙漠。地貌由喀什噶尔河的洪水冲积和自然剥蚀作用交替而形成。城市中心东侧和南侧分别有吐曼河及克孜勒河穿城而过，景色秀丽。喀什处于干热气候区，具有强烈的日辐射，频繁的暴风沙，气温高而温差大，雨量小而蒸发快等特点。年降水量40～60mm，而年蒸发量却为499mm。

2. 形制

维吾尔族居民建筑一般由4个部分组成。

1）基本生活单元：当地人称"沙拉依"，即由一明两暗三间房间组成的一组房间。这种布置很像汉族民居建筑的一明两暗的格式。

2）辅助用房：一般指储藏室、冷室、客人用房。这些房间大都建在基本生活单元的一侧或两侧，或"一"字排开，或曲尺形布置。

3）连廊：维吾尔族民居建筑各个房间一般均采取横向排列布局。为取得各室之间的联系又不至露天来往，故大都采用加建室外连廊的措施。

4）厨房：维吾尔族传统民居除了在基本单元的中室、右室或辅助用房的某个房间内设置一些厨事所用的灶炉外，一年中的大部分时间的炊事均在室外进行，或架设开放的棚架，或在主体建筑的端头添建一处半封闭的棚舍。

喀什是维吾尔族居民集中居住的城市，它地势起伏，房屋密集，街巷狭窄，大街宽7～8m，小巷仅宽2～3m。

喀什有一种特有的地方民居建筑，被称之为高台民居，维吾尔语叫"阔孜其亚贝希"，意为"高崖土陶"。受当地气候、地理环境及维吾尔族的生产和生活方式等综合因素的影响，其布局与中国古代汉族传统的村落式建筑群有明显的区别。在整个居住群里，每一户民居没有明显的独立性，其墙体通常都不是为其单独所有，而是与其他相邻住户所共有，这使得整个建筑群的布局很紧凑。这些单体建筑高低错落，毗邻相建，每户都有其单独的开敞院落，形成一个建筑群。建筑群的交通网由一个主干道和若干次干道组成。其中主干道贯穿整个建筑群，它们是一些相互连贯的道路，在这些道路上，又有一些并不相通的小路形成分支，而每户民居就分布在这些小路的旁边。这些通道并非只是一个连贯的开敞通道，而是由一些连续的开敞空间和有遮挡的灰空间所组成，这些灰空间是由住户的悬空二层部分即过街楼的遮挡所形成。它们使得建筑群的内部空间十分丰富，并有利于通风和遮阳。每户都有单独半户外空间及公共道路过渡空间。

3. 建造

喀什民居在曲折的深巷内，随着地形地势而兴建。每户院落千变万化，面积大小悬殊，大的庭院有100m²左右，小的仅有3～4m²，但以10～25m²的最多。无论庭院大小，它们总是空间尺度适当，房间组织合理，绿化配置得体，环境舒适。喀什民居有些室内仅有一根或两根柱，平天窗采光，这是为适应地震形成的变化。

喀什民居的结构主要为土木混合结

图2 高台民居过街楼

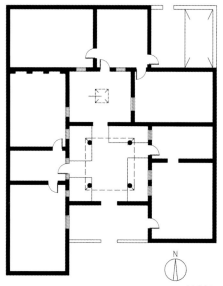

图3 维吾尔族住宅基本单元平面图

N

比例 0 1 2 3 4m

图 5　喀什维吾尔族民居内景及装饰 1

图 7　高台民居内传统街巷

图 4　高台民居传统街巷

图 6　喀什维吾尔族民居内景及装饰 2

构。喀什地区土质塑性大、强度高，基础处理相对较为简单，甚至可以不做基础。多为二至三层楼房，墙用厚的土坯墙，屋面因少雨坡度平缓。

4. 装饰

维吾尔族是外在性格淳朴、单纯、直爽而内在热爱生活、积极向上的民族，这些反映在民族的民居文化上。民居外表极为普通，外墙用土坯砌成，不加粉饰，露出土坯本质质感；院子的大门同样是木质的本色，不加彩饰。在外部极为平淡的情况下，其内部却别有情感。不仅在柱廊、壁龛等多处用木雕、石膏雕饰，而且在室内大量使用色彩绚丽的各种装饰品，烘托出民居内部的温馨气氛。

喀什传统民居多为生土建筑，而建筑装饰多采用石膏刻花、杨木上雕花、琉璃砖贴面、红砖刻花等。喀什地区盛产石膏，用其抹墙面或雕花既实用又价廉物美。选取质量好的杨木做大梁，上面雕绘多反映当地的物产，如石榴花、巴旦木。也有山水画，但画中不出现动物类图案。色彩多用蓝色和绿色，且喜用对比色。随着经济发展，现代建筑材料已在新的民居中得到广泛应用，如钢筋混凝土、铝合金等。

5. 代表建筑

在喀什噶尔老城东南端一座高 40 多米、长 800 多米的地势最高的黄土高崖上，有一处五六百年历史的高台维吾尔族民居。该民居长达数百米，占地 86 亩（约 30682m²），有 40 多条小巷，过街楼 20 多个，现有居民 640 户，人口 4050 余，全为维吾尔族人。在这座黄土高崖上，房屋随着地形地势营造，犬牙交错、互相套叠，但各家都自成完整的院落。狭窄的街巷上常常建有过街楼，形成连续的小天井，在一些崎岖的坎坡上，还充分利用地形地势巧夺空间，使建筑层次丰富，居住环境舒适，生活气息浓郁，在居住区周围的街头常有一些商业活动，很有地方和民族特色。民居除户门禁止朝西开外，一般不讲朝向。

成因

喀什地区绿洲面积较大，连片成串，土壤较肥沃。气候较和田地区有所改善，风沙小，次数少，因此建筑墙体不必严密围合，组合较为灵活，常见以三合院布局。气候较为温和的自然环境，导致了不同于新疆其他地区的维吾尔族民居。

比较 / 演变

喀什市区及其近郊因历史原因，人口众多，用地紧张，在一些老城区出现过街楼的情况。房屋布局在基本单元沙拉依的基础上随时代进程，土地日紧，人口渐多，居室处理也开始灵活变化。这些民居无固定格式，一般除主室争取好的朝向，其他房间随其展开，地形允许亦作半地下室安排。空间布局灵活，手法巧妙，显示出当地居民的聪明才智。

维吾尔族民居·和田地区民居

和田地区，隶属于新疆维吾尔自治区，位于新疆维吾尔自治区南隅。南抵昆仑山与西藏自治区交界，北临塔克拉玛干大沙漠与阿克苏相连，东部与巴音郭楞蒙古自治州相接，西部与喀什地区毗邻，西南以喀喇昆仑山为界，同克什米尔接壤。和田维吾尔族民居多为砖砌，不讲朝向，室内多壁龛和石膏花饰，精美华丽。因维吾尔族信奉伊斯兰教，装饰颜色多为绿色。

图1 和田维吾尔族民居鸟瞰

1. 分布

和田位于新疆维吾尔自治区的最南端，南枕昆仑山和喀喇昆仑山，北部深入塔克拉玛干大沙漠腹地，东部与巴音郭楞蒙古自治州的且末县相接，西部连喀什地区的叶城、麦盖提、巴楚县，北部与阿克苏地区沙雅、阿瓦提县接壤，南邻西藏自治区，西南与印度、巴基斯坦在克什米尔的实际控制区毗邻。和田地区深居内陆，远距海洋，四周高山（天山、昆仑山、帕米尔高原）环绕，因而受海洋气流影响。大陆性强。所处纬度较低，寒潮受阻于天山，因而气温较高，属于暖温带极端干旱荒漠气候，和田气候的主要特点是夏季炎热，冬季寒冷，四季分明，热量丰富，昼夜温差较大，无霜期长，降水稀少，蒸发强烈，空气干燥，气候带垂直分布也较明显。

2. 形制

和田地区的维吾尔族民居在和田地区各城乡居民点中具有典型性。该地区位于塔克拉玛干沙漠的西南边缘，居民为了避免风沙对居住环境的干扰，对建筑部分采取了严密的封闭形式，将基本单元、辅助用房、厨房等围合成一个以内廊相连的四合院，所有的门窗全部开向内庭，建筑的外墙几乎无窗。有时一侧无房，但也以墙体封围，只有一个门作为出入口。一般居室围合的庭园较小，大都为正方形，形成一个中庭，人们平时的起居生活都在中庭内进行。为了更好地堵截风沙，居民们在庭园上部也加盖封顶，为通风采光起见，使其顶部突出于四周建筑的屋面之上60～120cm左右，其侧向装窗，可启闭，做采光通风之用。当地将这种中庭空间的做法叫作"阿以旺"。

王小东在《伊斯兰建筑图典》中指出：在和田特有的气候、资源、经济和文化等条件下，和田的民居主要以阿以旺式民居为主，这种民居在清代发展到顶峰。随着经济的发展，和田阿以旺式的民居在清代后期逐渐被米玛哈那式民居取代。

1）和田阿以旺民居。阿以旺民居的基本形制，是以阿以旺厅为中心，周围布置房间，其中以一组叫沙拉依的单元房室为家庭主要生活区，另外以客房为主布置的待客区。其余房间构成杂物区，这种基本布置被称为标准阿以旺。

2）和田米玛哈那式民居。米玛哈那式民居形式的发展是在近两百年期间的事。生产力的提高使得人们对自己的生活环境有了更高的要求，促使房屋平面布局及建筑空间形式也发生了变化。原来有屋顶的阿以旺厅，逐渐被天井式、设柱廊形成的庭院空间取代，更明亮宽敞的柱廊成为全年绝大多数家庭日常生活的活动中心，乃至夜间就寝。和田城镇里，大型米玛哈那式民居较少，多数是低标准的小院，采用类似沙拉依的房屋，再配以设有廊子的单间或套件组成庭院，有阿以旺民居的遗风。

3. 建造

和田维吾尔族民居的建筑结构多为木质榫卯结构框架，且墙面的材料多就地取材。内外墙做法有五种：编笆墙、筑土墙、插坯墙、木板墙和承重的泥浆砌生坯墙。和田民居大都以土块砌筑，但在乡镇、村落亦有不少是以柱架承重，泥抹箥子墙做维护的建筑。维吾尔族民居在与自

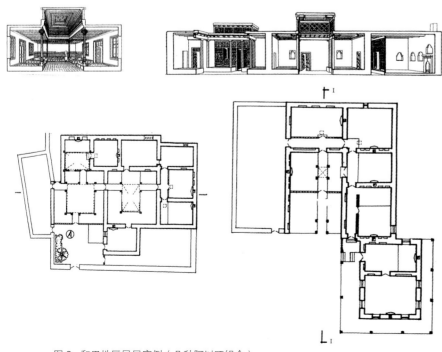

图2 和田地区民居实例（几种阿以旺组合）

然的长期斗争中，形成了营造生土建筑的特点。那里盛行土拱住宅，用土坯花墙、拱门等划分空间，同时注意院落内和室内通风，一般用筒拱做成门拱洞，这样可以形成良好的穿堂风。在筒拱顶部留天窗，利于室内透气。楼房部分外廊使主要房间进深变浅，门面向外廊，以利通风。

4. 装饰

在建筑装饰方面，由于石膏质地细腻、洁白，涂色和不涂色使用都能收到良好的效果，维吾尔族常用它来装饰民居。石膏花饰用于墙顶边缘、壁龛周边的带状图案，有用于壁面的大幅尖拱形图案和用于顶棚的圆形、多角形图案。图案取材于牡丹、荷花、葵花、菊花、梅花、玫瑰等。石膏花饰中的植物纹与几何纹结合自然，疏密有致。

另外，彩画、木雕、拼砖等手法也常用于维吾尔族建筑装饰。彩画色调浅淡柔和，在顶棚边缘和密梁等处稍加点缀，效果突出。木雕花纹多取材于桃、杏、葡萄、石榴、荷花等植物花卉，主要用于柱子、门窗、枋和梁装饰。木雕花饰多用原色材料或施加彩绘，在雕法上有线雕、浅浮雕及透雕等。拼砖所拼砌出的花纹为各种几何纹，施工中要求有高度的拼合技巧，主要用于装饰砖砌的墙面、台基、柱墩和楼梯等处。

和田地区建筑装饰分为墙面装饰、结构、构件装饰几个方面。墙面装饰中，利用壁龛、壁台、龛式炉等部位作为装饰重点。结构构件的装饰中，如承重木构架的柱、梁、檩等，其表面与端部巧妙地做出图案形状或饰花纹。建筑装饰风格独特、手法多样、丰富多彩又突出重点，装饰的手法主要有石膏花饰、彩画、木雕、和砖饰。外部以外廊和大门为重点，室内则以客厅和室内过渡空间为重点，尤其是夏客室和"阿以旺"更为突出。在具体部位和构件的装饰上也是有简有繁，一般在墙面和木柱的视线集中处做重点装饰，必要时也做大面积

图 3　典型的阿以旺剖面示意图

图 4　和田维吾尔族民居内景

图 5　新建民居连廊

的彩画，色彩视环境和部位或素净或艳丽，应用自如，亲切协调。

5. 代表建筑

洛浦县杭桂乡欧吐拉艾日克（Ottura Erik）村胡都木拜迪·霍加故居

该故居已有 300 多年的历史，保存较为完整。故居整个院落布局合理，主次分明。居室所围合的庭院较小，大都为正方形，相互围合形成一个中庭。单体建筑主要由东西两座土木结构房屋组成，大小共十几间房，采用前廊式布局，并利用其下作为平时生活起居场所。东座有 100 多年的历史，墙上有彩绘，并利用墙厚设石膏壁龛、壁炉，具有很强的室内装饰效果，建筑技艺精湛。整体房屋建筑线条整齐，轮廓简洁，繁简有致，墙面基本平直无装饰，但在门楣、护门板、窗眉、阿衣旺、檐口线、廊柱的柱根及托梁等地方雕琢有特色的装饰花纹等，带有一定地域传统建筑风格。建筑结构形式为木框架结构，墙体采用编笆，砌体结构形式与构造做法相对较好，荷载分布均匀、结构受力合理，具有良好的力学特征。

图 6　连廊 1

图 7　连廊 2

图 8　胡都木拜迪·霍加故居

成因

和田地区气候条件干旱、少雨，风沙频繁，为了避免风沙对居住环境的干扰，将基本建筑单元封闭围合成内廊的四合院，门窗向内开，只有一个门作为出入口。

比较／演变

据考证，和田这种建筑形式大约在汉末唐初就已经初具雏形，逐渐完善。和田民居不仅形态美观，它的建筑布局、建筑技艺、建筑空间也都为居住者营造了舒适的生活环境。在此基础上，又利用建筑艺术处理以及细部装饰体现民族性格、历史、文化和习俗。

维吾尔族民居·伊犁地区民居

伊犁地区是民族混合地区，居民主要有维吾尔族、哈萨克族、乌孜别克族、俄罗斯族等 10 余个民族，大部分民族信仰伊斯兰教。蒙古族、哈萨克族以牧业为主，居住毡包，过着逐水草而移居的生活。而混居在城镇的各族居民，由于长期融合，其民居形制存在相互影响的因素，而且受寒冷气候的制约，民族习惯亦有所改变。

1. 分布

伊犁哈萨克自治州东北与蒙古人民共和国接壤，东南与昌吉回族自治州、巴音郭楞蒙古自治州相连接，西南与阿克苏地区毗邻，西南与阿克苏地区毗邻，西北与哈萨克斯坦接壤，全州面积 35 万 km²，约占新疆总面积的五分之一。伊犁地区的维吾尔族居民除 17 世纪上半期准噶尔部迁部分维吾尔族人到此种田纳粮外，大部分都是清乾隆年间政府由南疆有意识迁入的 6000 余户农民留居而繁衍的后代，当地人称"塔兰奇"，为迁来的耕种者之意。伊犁属中温带大陆性气候，但是由于东、南、北三面环山，西面开阔，来自西方的水汽经过时，受到地势抬升的影响，形成降水过程，加之南临伊犁河，因而气候比较湿润。年平均温度为 7℃～9℃，无霜期仅 150 天，冬夏温差比较大，春秋短暂，故防寒是民居建筑的首要问题。该地区地面水资源丰富，水渠纵横，且年降水量为 150～300mm，是新疆降水量最多的地区之一。加之土地丰肥，水源充足，是宜农宜牧的好地方。春季气温上升迅速而不稳定，秋季气温下降较快并且多雨雪，但夏季热而少酷暑，冬季寒冷而少严寒，少风沙，日照长。所以，伊犁民居与新疆其他地区的民居从建筑造型到构建体制都有很大不同。

2. 形制

伊犁住宅的平面布局是在其民族习惯、传统文化、宗教信仰等方面的影响下逐步形成的。其布局的一般形制是将各种用房并列布置，呈"一"字形，通常是以一明一暗或一明两暗为基本单

元，经济宽裕者或人口多的家庭就在这个基础上顺延加建。可分为以下三种：

1）"一"字形直线布局

这是维吾尔族民居中最常见的布局方式，在这种布局中"过道"扮演着连接枢纽的作用，通常较为明亮，它既是普通会客的接待室，又是餐厅，有时还作为卧室。在"过道"左边的暗室（套间）是主卧室。过厅右边的暗室是次卧室，是主人的子女或老人居住的房间。在此基础上，大多数家庭在这三间之外还接建一间厨廊和一间储藏室。一连五间带长廊是维吾尔族民居的典型形式。这种布局方式的特点在于功能分区明确简洁，面向院落的外廊将各居室有机连接在一起，一般在卧室与居室外设有过渡空间，这样就丰富了空间类型，将室内与室外既划分开来又不会被直接隔断。

2）曲尺形折线布局

这种平面形式是"一"字形直线平面的变体，它往往是由于住宅的主人受地形限制或纯粹是个人喜好的原因形成的，其中各居室的关系和相互联系类似一字式平面的布局。

3）组团式方形布局

在这种形制的平面图中，整个平面显示出较强的内聚感，往往都是由一个门厅来联系室内各房间，其内部或互相套门相通，或由内廊连接。

3. 建造

伊犁维吾尔族民居的地域特色鲜明，最主要的原因就是地方建筑材料的使用。当地居民在建造时大量利用木材、生土，辅以芦苇、麦草、砖块、石灰等土产材料，其中生土是当地最为常见的

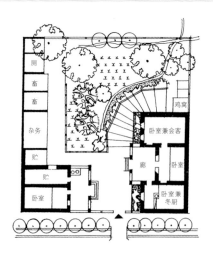

图 1 伊犁地区民居平面实例平面图 1

建筑材料，它最原始，也最容易取得。其次伊犁的森林资源较为丰富，故民居大量使用木材作为建筑材料，它主要用来作民居的木框架、柱、梁、檩木、椽木等起支撑作用的构件，经过加工后还可以制作成门、窗、栏杆或木雕来装饰整个建筑。石灰也是伊犁住宅建筑中最常用的材料之一，通常作为建筑内外墙的粉刷涂料。铁是一种能够凸显伊犁民居建筑格调的材料，最常见的是伊犁维吾尔族民居的屋顶材料，通常是原色的

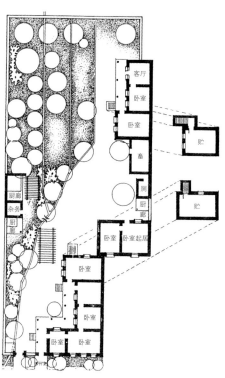

图 2 伊犁地区民居平面实例平面图 2

图 3　建筑走廊

铁皮尖顶，还有铁艺大门在民居中也很常见。

4. 装饰

伊犁民居的外部墙面大部分都朴实无华，偶尔将墙壁外线凸出。内部墙面利用墙厚提供的有利条件，在墙上挖洞设龛，壁龛和壁炉的形式都具有很强的室内装饰效果。民居大量使用地方土产材料，适应外界气候变化而将高档外购的材料精选、节俭、合理地使用在建筑的重点部位，如柱头、栏杆、檐头、门窗楣以及室内装饰上，从而形成大体平淡、重点装饰、外简内秀的特点。维吾尔族建筑上的装饰、图案都以植物茎叶、藤蔓、花果、蓓蕾为创作题材，没有动物或人物的造型。室内装饰中还采取较多的"软装饰"，如挂毯、地毯、帘子、花布墙裙，专设的壁龛中安放了整齐的被褥形象（米和拉甫）等，即起了装饰效果，还起着保温隔热的作用。色彩在墙体上大面积部分以白、赭、蓝为主色调，柱头、柱脚、栏杆、栏板、檐下、门窗楣等重点部位则变化多样，甚至丰富华丽。其建筑的扶壁柱、檐头和主要墙体更以砖或经过磨制的异型砖砌出拼花图案。

5. 代表建筑

1）伊宁市南市区前进街七巷苏力堂阿洪旧居

该民居为庭院式建筑，房屋呈曲尺形排列在院子北面和东面。主体房屋坐北向南，北墙临街。房屋为木土结构，现存面积约 250m²。北墙每个窗户下都有一个风口。室内为木地板，门、窗均是两层，内扇为玻璃，外扇是木制护板。房屋线条整齐，轮廓简洁，繁简有致，墙面基本平直无装饰，为艳丽的蓝色，但在门楣、护门板、窗楣、护窗板、檐口线、廊柱的柱根及托梁等地方雕琢有特色鲜明的装饰花纹。

2）伊宁果园四巷 8 号维吾尔族民居

平面为曲尺形，明间为过渡性空间，作一般接待用。西套间较大，为主卧室兼会客室，有火坑，墙上有壁毯、画幛，坑上为被褥鲜艳，纱巾蒙盖，窗帘考究，鲜花陈设，气氛十分温馨热烈。东套间为子女卧室，有的内设灶台，为冬日炊作之处。院墙包围的宽大的庭院，设于居室之南。院内种植果树、花卉，并有部分菜地，并引入渠水流灌期间。在居室之前尚留一块铺装过的室外活动空间，有葡萄架遮阳，是夏日家务活动场地。

成因

1）自然地理环境创造了伊犁民居的特殊布局；

2）自然气候环境引出了伊犁民居的明敞空间；

3）历史人文环境萌生了伊犁民居的多民族建筑文化；

4）建筑材料环境铸成了伊犁民居的凝重简朴而亲切的建筑性格。

比较／演变

与新疆其他地区相比，伊犁地区气候较为温和湿润，但它深处内陆，降水量少，属大陆性灌溉型绿洲经济的地区，所以人们特别注意近水而居。为了生活人们开挖渠道引水，使伊犁河下游阡陌交错，水渠纵横，村镇密集。村落不管大小，城镇无论闹静，大都依山傍水，风景十分秀丽。

311

维吾尔族民居·吐鲁番地区民居

吐鲁番地区，位于新疆维吾尔自治区天山东部，周围众山环绕，中部低洼，形如枣核形盆状。因这种特殊的地形，吐鲁番地区的民居大多建在地势较平坦的山麓，从高到低、依山造势、错落有致地形成了多层式的民居建筑。其民居广泛建造黄黏土房，屋顶都以泥土覆盖，再依地形建造成组合式院落式住宅，形成吐鲁番独特的传统民居艺术。

图1 吐鲁番传统民居

1. 分布

吐鲁番地区是天山东部的一个东西横置的形如橄榄状的山间盆地，四面环山。盆地西起阿拉山沟口，东至七角井峡谷西口，东西长245km，北部为博格达山山麓，南抵库鲁塔格山，南北宽约75km。中部有火焰山和博尔托乌拉山的余脉横穿境内，把本地区分成南北两半。盆底艾丁湖水面低于海平面155m，是我国最低的盆地。吐鲁番盆地属于独特的暖温带干旱荒漠气候，日照充足，热量丰富但又极端干燥，降雨稀少且大风频繁，有"火洲"、"风库"之称。全年日照时数为3000～3200小时左右，平均降水量仅有16.4mm，而蒸发量则高达3000mm以上。主要特点是：干燥、高温、多风。盆地内，年日照时数长、蒸发量大、降水量少但局地性强。火焰山以南夏季漫长酷热，冬季严寒，风小雪少。与山南相比，火焰山以北四季分明，冬多严寒，夏少酷热，降水量偏多。春秋两季较山南长半个月。

2. 形制

吐鲁番盆地夏季酷热异常，避高温是民居的首要问题，因而除了民族、宗教、习俗等因素与其他地区的维吾尔族相同之外，抵御自然以适合居住生活要求导致它的基本生活空间也有所不同。尽管也很干旱，但风沙频率不高，"阿以旺"也就不复存在了，因此半开敞性高棚架式的空间布局方式是吐鲁番民居的主要特点。

吐鲁番民居建筑比较自由。有"一"字式、曲尺式、穿堂式等，皆围合成一个小院。土拱平房民居室内布置简单，每间皆有土炕，炕面略高，约占半间房屋。炕前设有灶台，冬季可以取暖、做饭两用。炕上铺毡、毯，炕周围墙上挂围布。

住宅与前后院落的布置很自由。院中以土坯垒砌花样、拱门等，划分出不同地段，组成多变的空间。院内搭建凉棚，种植葡萄等攀缘植物，形成阴凉的小气候。院内往往引入渠水，配合绿化清新怡人，花香风凉，为蔽日纳凉之所。棚架下多置土台、土炕和大床，日常起居多在院内进行。

3. 建造

吐鲁番盆地气候干旱酷热，降雨量少，日照长，是典型的暖温带干旱荒漠气候。盆地中黏土层厚。这种自然条件为生土建筑奠定了得天独厚的条件。自古以来，不论这里的房屋如何千变万化，都离不开生土这种最基本的建筑材料。一般住宅是一明两暗式的全生土拱形建筑或土木结构的平屋顶房屋，人口较多者建四跨以上联排，这种建筑墙体较厚。另有一些民居建成半地下室的两层楼房，即底层是全生土拱形建筑，二层为米玛哈那式木结构平屋顶房屋。

半地下室拱形建筑具有鲜明的吐鲁番地方特色。这种房屋由于底层挖成半地下室，冬暖夏凉，一般人们夏季都住底层半地下室房子，过了炎热季节，则可住在二层房间里。吐鲁番之所以采用半地下室，不采用全地下室，原因是全地下室室温很低，和室外温差太大，人易生病，另外还有通风等问题，半地下室挖深一般在0.5m左右。一层屋顶用土坯起券砌成拱形建筑，

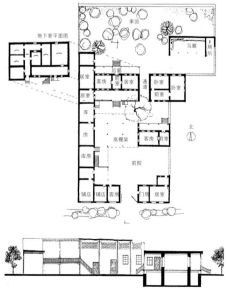

图2 吐鲁番地区民居实例平面图1

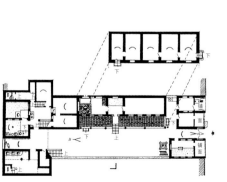

图3 吐鲁番地区民居实例平面图2

图4 吐鲁番地区民居实例平面图3

图 5　吐峪沟麻扎村村落

二层屋面用木檩、椽子铺芦苇，用干土做保温层，草泥抹面，往往采用木制室外楼梯。一般房屋室内墙壁四周都有各种形状的具有民族特色的壁龛，取代了立柜、碗橱的作用。在建筑外形上采用女儿墙、挑檐和外廊、走道及拱形门窗等，增加了建筑的造型美。

4. 装饰

吐鲁番地区维吾尔族民居室内外装饰极少，朴素无华，仅门框略施雕刻，在细泥抹制的外墙面上多用木模压印出各式装饰图案。民居大门多数为门洞式结构，其门窗的形制和装饰明显受到汉文化的影响。如中原地区的木棂窗格、汉式柱式，除此还有地区独具特色的四宛双交棱花格。同时，彩绘在吐鲁番地区较为普遍。彩绘直接画在门扇上多用淡蓝、中黄、中绿或土红等颜色。

5. 代表建筑

吐峪沟麻扎村民居

吐峪沟麻扎村位于吐鲁番地区鄯善县境内吐峪沟大峡谷南端，全称为"圣灵之地"或"麻扎·阿勒迪村"。

村民均为维吾尔族，信仰伊斯兰教，村里约有百户人家。麻扎村位于

图 6　吐鲁番地区民居实例

大峡谷中，房屋沿坡而建，给人一种自然生长的感觉，为错落有致的坡地建筑形态。

院落平面比较自由，房屋没有特别的朝向规定，皆是随坡就势。每户建筑皆是按照减法与加法原则进行建造，即先在坡地建造，当一层建筑建好后，在主要房屋上加建二层或者晾房。每家自成一个院落，呈内向性封闭和半封闭性。前院是建筑围合剩余的狭小地带，有的在院落中搭起高棚架可以遮阳降温，成为室内室外过渡空间，也是居民夏季生活休闲的重要场所。由于村民的生活习惯，常在前院一角或院外设置馕坑。后院大多有一定坡度，村民在这里设置卫生间和饲养牲畜。

成因

吐鲁番维吾尔族传统民居建筑构成因素和建筑构筑一开始就依附于使用需要，这也就注定了它的"原生"和"自然"。民居建筑的基本功能是为了抵御风雨、寒暑等，因而它势必受到当地的气候、自然环境、材料等直接影响。

比较／演变

吐鲁番维吾尔族民居聚落形成不是横空出世的，它没有固定静止的时间点，它是随时间流逝的进程而不断积累，不断演进而逐渐形成的。正如吐鲁番本土作家在描写吐鲁番吐峪沟麻扎村时描述的那样："吐峪沟无山青，更无水秀，所有风景都藏在剥离的壁画中，红色的泥土里。沟口那一座座至今仍为人们居住的黄土民房，他们全身沾满了唐风宋雨；那一张张笨重的大门，从东晋一直吱呀吱呀响彻至今；那一扇扇木制老窗，经历过不同朝代人们的无数次目光的磨砺，已变得黑朽；还有那洋溢着中原和西域文化的住户雕饰"。时代的印记在这段话中，体现得淋漓尽致。

吐鲁番居民是内向庭院型，不少是由一二层建筑配合组成庭院，建筑类型有房屋集中式和米玛哈那高棚架庭院式。而和田民居的代表是阿以旺，它是由一个内向式的封闭空间组成，整幢建筑除门以外，在外观上是不开任何洞的实体造型。

满族民居

1635 年，皇太极废除"女真"的族号，改称"满洲"，将居住在中国东北地区的建州女真、海西女真、野人女真、蒙古族、朝鲜族、汉族、呼尔哈、索伦等多个民族及支系均纳入八旗之下，现代满族雏形自此形成。满族住房一般为土木结构的平房，三或五间，坐南朝北。新疆满族人主要从事农业，过去信仰萨满教。

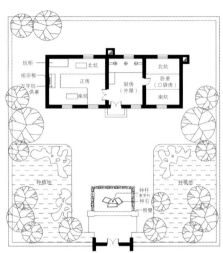

图 1　早期满族住宅平面图、立面图

1. 分布

新疆满族是在 1644 年清朝建立之后逐步进入新疆的。雍正时清军进驻巴里坤、哈密、吐鲁番，于乾隆二十七年（1762 年）设置伊犁将军府统辖天山南北。清军进驻之地兴建了满城，允许官兵携家带眷，使满族人大量增加。大批满族人入关后改变了原来从事农、牧、捕鱼、采集山果、养蚕、养鹿或采集人参的从业情况，或为官，或当兵驻防，遍及新疆各地，形成了与汉族及其他少数民族杂居的局面，从而在风俗习惯、宗教信仰、语言文字、建筑形制等方面融合了大量汉民族及其他民族文化的内容。现在新疆满族主要居住在乌鲁木齐、伊犁、昌吉、哈密等地。据 2007 年统计数据，在新疆的满族人口有 2.52 万人，占全疆人口的 0.12%，列第九位。

2. 形制

满族人在新疆初期定居生活时，以大家庭为其居住体，几代人住在一起，形成一个院落。建筑单体以三间或五间为一幢并排布置，平面多为简单的矩形，简洁而规整，坐北朝南，形体也不高大。院落组合可由单幢正屋的布置和由多个单幢组合成三合院的形式。满族的住房，过去一般院内有一影壁，立有供神用的"索伦杆"。杆下堆石三块，称神石，他们建房有"以西为贵，近水为吉，依山为富"的说法，故建宅选址极为讲究。若人口较多，欲建的幢数也多，一般先建西厢房。满族传统住房一般为西、中、东三间，大门朝南开，西间称西上屋，中间称堂屋，东间则称东下屋。西上屋设南、西、北三面炕。

满族人还喜欢睡火炕，因此在满族

人的住宅中，炕也十分具有特色。家家户户都是南北大炕，屋子西面沿着山墙还有一溜儿窄炕，把南北炕连起来，俗称"万字炕"。西炕的墙上供有"祖宗板"，作祭祀之用，炕上不能坐卧，不放置杂物。南炕长辈睡，北炕晚辈睡，若有客人留宿，则让出南炕以示尊敬（此种布置形式，锡伯族和满族是相同的），炕上置有炕桌和炕柜，炕柜上叠放被褥。

3. 建造

满族人入关后，在与汉族长期共处的过程中，吸取了许多汉族建筑的设计和施工方法，其民居的处理手法和外观逐渐与汉族建筑相同。如檐廊的加设，外屋向大厅的性质的转变，四合院布局的完整性，倒座房、连廊、垂花门头的出现等，尤其是一些官宦人家和经济条件宽裕者，其居住建筑和庭院布局越来越与汉族的类同了。

4. 装饰

在与汉族的共处中同样吸取了许多汉族民居装饰的特点。装饰上其手法与汉族建筑类似，如门窗的花棂格处理，构件上多有雕花彩绘的装饰，垂花门头的出现，影壁的美化装饰，屋脊的装饰，

图 2　满族民居门头内景

檐头的花饰砌筑等。

5. 代表建筑

巴里坤县王善贵宅

　　现存于新疆巴里坤的满族古民宅年代最久远的已有200多年的历史，有13代人在此居住过，最晚的也有上百年的历史，有5代人居住过。完整和较完整的有5家。门楼9座。门楼除兰州湾子有一家外，其余均在汉城内。

　　巴里坤县榆树巷5号即为一处典型的满族古民宅，这所宅院的主人叫王善贵（68岁），其祖先是山西平遥县人，当年随岳钟琪来疆戍边，为七品官员，之后升至四品。至今已有十二代人，老人为第十代。当时巴里坤因满族与蒙古族居多且相互间有矛盾，岳钟琪平定边疆后，就将部分官兵留下，融入其中，以便确保巴里坤的安定，这样，才有了这所老房子。房屋为土木结构，原占地约十亩（约6667m²）左右。当时建房用了三年时间，后因历史原因，现仅占地约二亩（约1334m²）左右。此院兴盛时，前后院共有四五十人，一人统领共同生活，现已成为王氏后代祭祖和炎热季节回乡避暑之处。

　　宅院展室共分为五个部分。第一部分为祠堂，第二部分为主室，第三

部分为书屋，第四部分为账房，第五部分为厨房。大门门楼顶上刻有凤；院门前左右两侧砌有祖训碑，面向北；进入大门后，还有一道门，这道门称正门；堂又称之为上房，最里面放有雕花供桌，此桌已经有一百余年，呈红漆色，桌上供着祖先牌位。其外有内佛阁门，犹如一道屏风，关上门时，便将其分隔为两界；主室为长辈所住的房屋，内有一盘土炕；进入书屋呈现在眼前的便是条形书桌，长辈们学习、教育子女们用此桌；厨房为里外套间。

图4　满族民居外景

成因

　　受新疆地区地理环境的影响，满族传统民居建筑具有鲜明的地域性特征。满族建筑具有浓厚的宗教色彩。满族人的住宅既可作为日常居住的场所，也可作为宗教活动的场所。从民间到宫廷，建筑形式皆受到萨满文化的影响。

比较／演变

　　满族传统建筑形式经历了四个阶段的发展历程，从最原始的居住方式到草房，再到院落的出现及清代中后期出现的建筑。这些建筑一部分具有典型的满族建筑特征，一部分则吸收了大量外族文化，如汉、藏等族文化精髓，并将多种建造艺术法则相融合，造就了古代建筑史上的一次飞跃，也为后世留下了宝贵的物质文化遗产。

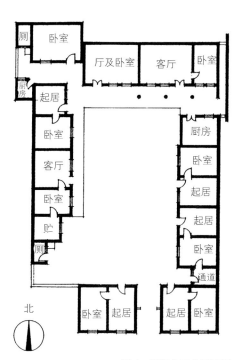

图3　惠远乡王宅平面图

汉族民居

新疆的汉族民居在全疆各城镇里都有，主要集中在各城镇的汉城内，有的大、中城市则集中在某城区、某街巷内。现在在新疆能见到的汉族民居，以过去官吏、富商的住宅较有代表性，一般为清代和中华民国时期建造。

图 1　汉族民居的主屋外观

1. 分布

新疆古称西域，位于祖国的西部边陲，是世界各大文明交汇之处和民族迁徙的重要通道。汉代就有汉人在西域地区活动，这里的汉人，指中原人。汉人是西域新疆古老的民族之一。汉朝将西域纳入中原版图后，调遣大量中原汉人在楼兰、伊循、轮台、高昌等地实行屯田，这些汉人主要来自中原黄河流域的山西、河南等地。随着贸易和时间的延续，汉商逐渐定居于西域各绿洲。魏晋南北朝时，中原汉人多集于西域楼兰、高昌，以耕田戍边为主。之后又经历了几次移居。新中国成立后，在1954年成立了新疆生产建设兵团，大批部队军人转为屯垦戍边的军垦战士。之后国家又不断组织支边青年，分派国家干部和知识分子进疆工作（还包括在1958年后国家困难时期自动进疆的人员）。这些定居新疆的人员大多为汉族。目前，汉族的人口有780万余人，占全疆总人数的40%，列第二位。

2. 形制

汉族传统民居在内地有数千年历史沿革，已逐渐形成一定规制，其建筑文化也发展到成熟的程度。因为初期进入西域的汉民大都来自甘、陕、中原及其他北方地区，因此他们在建造自己的住宅时，大都沿用着他们家乡的原有布局，维持着自己的使用习惯和审美观念，具有中国北方建筑的特点，只是在进疆后由于所处的环境、从属的组织、自身的经济水平、营造的施工技艺等不同而分别出现了几种情况。

新疆的汉族依传统习俗，过去多为一家三四代同堂一院，其院落及所有房屋都以南北向纵轴线为基准对称地安排。依其建筑量的多少和功能要求可形成顺主轴线向南向北的1～4个互相连续的四合院组合，俗称一进、二进、三进、四进。

正房坐北朝南，正面开窗，一般三间，中间大，称中堂，是家中祭祀祖先和家人相聚的大厅，即相当于今天的起居室；两侧小，用于休息，是长辈的卧室。有时为了实际功能的需要，在正房两侧加建耳房，以作书房或辅室。耳房也有在正房两侧各建两间的，因为这些耳房常与东、西厢房前的游廊相对，故形成有"明三暗五"或"明三暗七"的说法。正房一般南向设前廊（也有增设后廊的），木檐头，前后墙窗台以下砖（或土块）砌，后窗户一般为木棂花格窗，由下而上支撑式开启。正面中堂设6～8扇木质花格扇门，门框下方裙板上有木雕花饰，两侧房间一般为棂格窗，可左右开启。正房前方分居中轴线两侧建东、西朝向的厢房。东、西两厢房是正院内的次要建筑，一般也是并列三间，是晚辈的居室（正房和厢房凡加建外廊并互相连通者又称廊院），门窗与正房相同（或减少两扇）。通常在其南沿还设有倒座房，大门在其东侧或正中，通过大门，越过一小敞廊有垂花门，门槛设两道，前门双扇，高大厚实，门上有铜钉、门环之类的装饰，檐部装修考究华丽。二道门用活扇花格门作屏风处理，在婚葬宴请时才得开启，平时走两侧便门进抄手廊可进入主院（即第一个四合院）。主院是一个宅院的主要建筑区（一般建筑量少者便省却了倒座房，以此形成独门独院的一户人家）。厢房南侧靠大门附近又加建较矮的房屋，作为厨房和储藏室之用。正房北侧若不接续第二、第三个四合院而仍感使用面积不够者，往往增建一排与正房平行的后罩房，用于女眷、仆佣和储藏杂物。正房和后罩房

图 2　汉族民居的院落

图 3　汉族民居的大门

图 4　汉族民居的院落大门

之间形成一个狭长的窄院作为通道。有时后罩房也可建成楼房，是家中女儿和女佣的居所。在新疆的汉族民居大都采用这种布局形式，只是建筑材料和施工条件远差于内地。因此，除具有一定官阶和大户人家之外，一般只以正房、东、西两厢房和门房为基础，省却了其他各种辅助建筑，对于柱梁上之雕饰也一应从简。

在农村，建筑的标准更加简易，多为硬山土木混合结构的平房。通常只建正房部分，耳房增建的间数视院落大小随意增添。正房的朝向若院落东西宽度不够也不拘泥于必定朝南，屋顶也有以单坡处理的。时至今日，很多汉族在建筑自己独院的住宅时，多半已放弃了原有的规制，改为按需要布置住宅平面，只是在屋顶四周少许用瓦，檐头部分保持原来汉族建筑的形象。

大型的汉族民居都坐落在城市里，采用北方大木起脊飞檐形式，庭院呈对称布局，大门可随地形开在侧面或正中央。正房坐北朝南，正房、厢房都以单栋建筑形式四面围合成三合院或四合院。围合则是以正房的山墙和厢房的后墙为界，正房和厢房之间、厢房和侧座之间的距离都仅有1.5m，未见有小天井出现，房屋之间的遮挡严重。院子低洼并设渗水井，以便排水。庭院里走道砖铺，院子里种花、植树，有的设花台。

3. 建造

新疆汉族民居大都沿袭内地汉族民居的规制。进入新疆地区后与当地自然、人文环境及其他因素相结合，出现了不同的类型。常见的新疆汉族民居是合院布置形式，同内地的北方合院民居很相似，但因为建材和施工条件远差于内地，往往会省却一些辅助建筑。材料上在屋顶四周少量用瓦，檐头部分保持着原汉族建筑形象。其他类型典型例子如兵团型汉民居，这类营房式住宅大都以土块砌筑，窗均小而简单，屋顶为简易木梁构架、苇席、苇把、草泥覆顶，坡形屋面。

图5 清代风格的汉族门楼

4. 装饰

新疆清代时期汉族民居，基本采用汉族北方的木构架结构体系。屋面双坡或单坡，飞檐椽，小青瓦，正脊为镂空砖雕，檐下未见用斗栱、昂嘴，而是采用西北地区的习惯做法，用如意头，云头挑枋替栱、昂。朱红、棕红、黑色木柱。柱基石呈鼓状或多棱体和鼓形组合，雕刻花饰。屋檐下用条石砌筑天井边缘石。

5. 代表建筑

新疆巴里坤县汉城王家自宅

这户住宅主人姓王，祖籍山西省平遥县，其祖上当年随岳钟琪（岳飞后代）来疆戍边为官升至四品，至今已传至第12代。本宅院位子巴里坤县汉城内。原宅院很大，"文革"期间遭破坏，现只剩主人居住的四合院一组及部分马棚。

成因

汉族传统民居在内地有数千年历史沿革，已逐渐形成一定规制，其建筑文化也发展到一定成熟的程度，因为初期进入西域的汉民大都来自甘、陕、中原及其他北方地区，因此他们在建造自己的住宅时大都沿用他们家乡的原有布局，维持着自己的使用习惯和审美观念，具有中国北方建筑的特点。

比较 / 演变

汉人在进疆后由于所处的环境、从属的组织、自身的经济水平、营造的施工技艺等不同而分别出现了几种情况。原制型汉族民居呈现极为规整的合院布置形式；简易型汉族民居只建正房部分，耳房增建的间数视院落大小随意增添；商户型汉族民居将四合院南侧大门部分改建为一列排房作商铺和货仓之用；兵团型汉族民居大都以土块砌筑，布局和形式都极其简陋粗放。

哈萨克族民居

哈萨克族是典型的游牧民族。在中华人民共和国成立前，哈萨克族主要从事畜牧业，他们绝大多数人过着逐水草而居的游牧生活。因此，哈萨克族的居住以及居住习俗都具有浓郁的游牧特色。

图1 坡顶木屋

1. 分布

中国的哈萨克族主要分布于新疆维吾尔自治区伊犁哈萨克自治州、阿勒泰、木垒哈萨克自治县和巴里坤哈萨克自治县。少数分布于甘肃省阿克塞哈萨克自治县。哈萨克族主要从事畜牧业。

2. 形制

哈萨克族的住房一般有两类：一类是固定居住建筑，指的是冬天住的土房或木房；一类是移动的居住建筑，指的是春、夏、秋住的毡房。

哈萨克牧民一般从11月至来年4月住在冬牧场，一般住土房或木房。形式可分为三类：多边形木屋、坡顶木屋、单坡矩形木屋。屋内有铁皮炉子或土砌炉灶。一般正房为三间，正中一间为客厅，客厅左边一间一般是儿子儿媳的卧室，客厅右边一间为家中长辈的卧室。每间房都有三分之二的面积是炕。城市中的哈萨克族的家中已很难见到炕，家中的摆设也越来越趋于现代化。

一年中的其他几个月哈萨克牧民则居住在毡房中。在新疆天山以北辽阔的草原上，由于游牧民族逐草而居，盘马弯弓，在长期的游牧生活中，逐步形成了其长期沿袭下来的独具特色的"穹庐式建筑"，也被称之为"游动的毡帐"。

这种毡房一般由围墙、房柱、顶圈、房毡和门组合而成。

3. 建造

哈萨克的毡房已有两千多年的历史了。从组成构件来说：毡房由围墙、房杆、顶圈、房毡、门几个基本构件组合而成。房高一般在3m左右，占地面积$20 \sim 30 m^2$。四周是环形的毡墙，上面是圆形的屋顶。毡房的骨架是用戈壁滩上的红柳木做的，外围的墙篱是用芨芨草编的；横竖交错成菱形的围墙也是用红柳木做的，连接的材料是牛皮绳和牛筋，门框和门用松木制作。除此以外，

图2 固定居住的木房

图4 村落

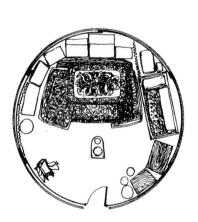

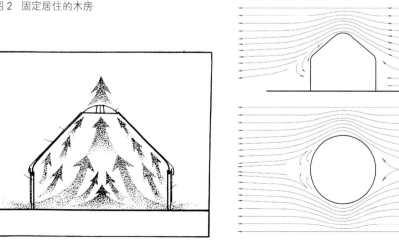

图3 毡房气流图

图5 毡房抗风气流图

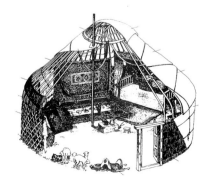

图6 帐幕建筑及其内景

图 8　特殊类型的木屋

图 9　哈萨克族砖木房实例

图 7　装饰花纹

还要用大量的毡子和毛绳，整个毡房不用一枚钉子。

毡房的大小取决于房墙块数的多少，一般以四块房墙为最多。四块房墙当作四间房子来使用，进门靠右边的第一块房墙是厨房；第二块是主人的卧室；第三块是客室或礼拜处；第四块是儿媳的床位。

一般的毡房多用六块毡墙。每块房墙宽约 2～3m，高约 1.7～2m；如果人口多，经济条件好，可建造 8～10 块房墙的毡房。

牧区的哈萨克一年要搬十几次家。除冬季外，其他三季都住毡房。这种毡房具有便于携带、坚固和轻便等优点，拆卸和安装容易，一般两个多小时即可"盖"起来，很受牧民欢迎。

整个毡房的结构简易轻便，易于拆卸、搬迁，也就形成了北方游牧民族特有的建筑模式。由于地理环境、宗教信仰、经济方式以及民族关系等各种原因的影响，新疆哈萨克族的毡房在民居建筑上也形成了其独具的特点。

4. 装饰

毡房扎围墙用的彩色主带，宽约 20～40cm，用毛线织成，主要用于捆房墙和房杆的接头处，使毡房牢固而富丽。房门雕有花纹和绘有图案。

5. 代表建筑

毡房是哈萨克族牧民主要的居住建筑。他们依靠自己的聪明才智，将它经

营得十分完美、得体，富有哈萨克民族文化内涵和特色。哈萨克族的砖木建筑几乎都为平房，"一"字形平面中多半是一明两暗带一储藏室的布置。外墙极少装饰，单向开窗，窗户较小，门窗处理亦少装饰。

经过长期的使用，哈萨克人对毡房内的陈设已精练出一套固定的格式。物品和用具首先紧贴栅栏墙架安放，箱柜安放在靠内最后侧的 30～50cm 高的垫架上，外出使用的马具等物和有关饮食方面的食柜与栏架等用品分别安置在靠前的进门两侧。

毡房的全部建筑材料，都出于大自然的恩赐，价格低廉，如就地可得的树木枝干、草原上生长的芨芨草杆、自己牧养的牲畜的皮和毛等，均属有机质，刚而有弹性，柔而有韧劲。

毡房的全部受力部件均为有弹性的材料制成，装配时其节点均为铰接，通体有绳索绑扎在一起，所以其整体性强，具有极好的柔性结构。整个外形墙体呈圆柱形，房顶成抹尖的圆锥形。无论哪一面都呈圆弧状，对任何方向刮来的风都能以最小的垂直于风向的面积去承受，因此正面受力极小，受力能均迅速传递到毡房的各个部位去分担。

成因

首先，哈萨克族过着游牧生活，便于拆卸、携带、搭建运输的毡房成了他们的居住形式。其次，他们的生活方式决定了其民居建筑材料就地取材，因地制宜。第三，他们的毡房也蕴涵着深厚的历史底蕴。帐篷式的民居建筑是哈萨克族最原本的建筑模式。第四，传统社会结构对他们的民居建筑同样也有影响。第五，哈萨克族是一个有宗教信仰的民族，所以他们的毡房都留有宗教信仰的影子。最后，历史上先民们由于战争、民族迁徙等也对民居的发展产生了影响。

比较／演变

时至今日，哈萨克族人民从事的职业已呈多样，牧民也向着定居和半定居的方式转变，因而在他们的居民建筑上也呈现出多种样式来。大体可以分为以下五类：毡房、石块建筑、木构建筑、生土建筑和砖木建筑。

回族民居

回族自形成之日起，即多杂居于全国各地各民族之中，入乡随俗，其民居多与当地民族特别是汉族大同小异并具有鲜明的地方特色。另外，回族大多数聚居于当地清真寺附近，自成院落。

图1 新疆回族民居庭院

1. 分布

回族在新疆少数民族中人数较多，据2007年统计就有人口90余万，占新疆13个世居民族中的第四位。回族人民在新疆分布极广，几乎每个县、市都有回族人居住。新中国成立以后，先后在新疆成立了回族人口较多聚居的昌吉回族自治州、焉耆回族自治县以及和硕县的乌什塔拉，伊宁县的愉其温、霍城县的三宫、察布查尔县的米粮泉和鄯善县的东巴扎等5个回族民族乡。在其他县、市，如伊宁市、霍城县、乌鲁木齐、吐鲁番、鄯善、托克逊等地人数也较多，此外各地分散的回民也往往相对集中地自成街坊，自成村落地聚居在一起，形成了大分散、小集中的状态。

2. 形制

新疆回族民居的典型形制为三合院、四合院和二进四合院，结构体系分为木构架起脊、飞檐硬山形式，小青瓦、草泥或方砖铺面，房屋呈对称布局，以单栋建筑方式围合空间。四合院则是由上房、厢房、下屋及厨房、厕所、围墙等围合而成内向型院落。上房是主要房屋，供长辈居住、待客等，为三开间或五开间。但无论多少开间，室内都为一个大空间，或再套一二个小空间，空间以木棂花落地罩或隔扇门分隔，内设火炕，前沿有廊。厢房位于上房前面左右两侧，各三至五开间，为晚辈居室、库房或佣人住房。下屋即门厅左右的房间，一般作厨房、佣人卧室或库房、厕所用，但也有作待客室或客厅的。厢房、下屋居室也均设火炕。三合院无下屋，入口处设大门，或建门厅。两个三合院串在

一个中轴线上即构成二进四合院，后院为生活院，前院为商业社交、产品库房及店员、佣人居住的场所。主房内有绘风景静物、铭文壁画的，一般以白墙作为装饰主调，在正房中挂铭文画，炕边挂围帘。

回族民居大门入口和汉族类似，大、中型民居有门厅，设大门和二道门，小型的则仅有一道大门。大门造型典雅华贵，有的头设砖雕花饰，有的则采用垂花门形式，较大型或富丽的住宅还在门前设抱鼓石。

新疆回族民居在清朝及以前时期的建筑为全木结构起脊挑飞檐做法，仅后墙、山墙为土坯或砖包土坯墙、前墙、窗台下槛墙等用木板（有的甚至后墙也用木板），正中开间为隔扇门。隔扇门有六扇至八扇，上段为木格棂花，下段

为雕刻花饰裙板。窗为木格棂花糊纸支摘窗。随着外来文化的影响及对外交流的增加，到中华民国时期，新疆回族民居在建筑构造方面有所改进，主要表现在以土木混合结构取代了全木结构，增强了房屋的保暖性能，扬弃了一些不适于新疆气候的做法。房屋的山墙、后墙、槛墙都用土坯墙或砖包土坯墙，开间的分隔横墙也用土坯墙，并承重。门、窗变小，门不用隔扇门，而用带耳窗的单扇平开门和单扇内外开的木板门组成的双层门形式，窗采用玻璃和木板两层以利于保温。挑檐并非都用檐椽加飞檐椽的形式，有的改为封檐板形式，封檐板上雕刻花纹图案。新疆地域辽阔，各地区气候不同，因此各地的回族民居也因地制宜地学习其他民族建筑的优点。如吐鲁番回族民居采用半地下室；木材缺

图2 "一"字形回族民居

图3 曲尺形回族民居

图4 回族民居基本平面图1

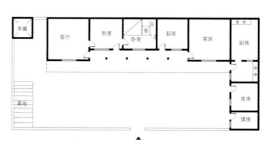

图5 回族民居基本平面图2

图6　新疆回族民居室内布置

图7　透气孔与横栏杆在墙上的装饰

图8　新疆回族民居屋脊和横梁的装饰

图9　普通居民家的门头装饰情况

乏的地方改传统木挑檐为砖挑檐；严寒地区采用带耳窗的平开门，并加木装板门。窗用玻璃、木板，内外开双层窗；不少地方的庭院布局将三、四面用房屋围合的封闭式四合院改半开敞式的庭院形式，即根据宅基地的地形地势而自由布局，用房屋和围墙共同围合成庭院，房屋呈"一"字形、曲尺形设在庭院一角，也有将房屋置于中部形成前后院的。

3. 建造

回族民居就地取材，经济实用，施工简便而传统，多半为土木结构，故宜于居民自行建设，其生土部分有生土夯筑和土块砌筑两种。经济条件较好者有砖木结构或木构架填充围护墙体和分室隔墙的。

4. 装饰

回族民居在檐枋和撑拱的雕刻中有花、果、叶、蔓、卷草、卷云、流水等图案，也有以圆环、菱、方形、矩形、角状等回纹、方胜的几何连续纹样。与汉族民居不同处在于，依照伊斯兰宗教习俗，不采用人物或动物的图形。整体看去均匀流畅，简明生动，刻工精细，舒展自然，增强了建筑的艺术美感。尤其是在屋脊部分，常以砖瓦砌出各式图案，隆起并贯穿屋顶脊部，成为民居外观的一个醒目特色。

5. 代表建筑

乌鲁木齐解放路 232 号民居

这是典型的两进合院式民居，后院为生活院，前院为商业社交、产品库房及店员、佣人居住的场所。主房内有绘风景静物、铭名壁画，以白墙为装饰主调，在正房中挂铭文画，炕边挂窗帘。

成因

历史上，回族长期吸收了汉族、维吾尔族等各族文化，现阶段回族因分布全国各地，长期与汉族共同生活，使用汉文字，故其民居平面形制类似汉族民居。回族信仰伊斯兰教，故其饮食、起居、婚姻等受伊斯兰教影响较深，所以其建筑的室内及细部有民族特点。

比较／演变

回族地区较大的村镇在新中国成立以后曾有"五好"农村建设的活动，布局有序，道路整齐，有配套的林带和水渠系统，建筑也趋定式。纵观回族民居，其平面布局和建筑装修大体类似汉族，但其室内安排和细部处理有其民族的明显特点。

柯尔克孜族民居

"柯尔克孜"为突厥语，系本民族自称，意为"四十个姑娘"。柯尔克孜族逐水草而居，其住房也是围绕着游牧和半游牧的生活而建造的。毡房在漫长的历史过程中，经过不断改进与完善，越来越适应游牧的生产生活条件。它不仅可以在短时间内搭建和拆除，且冬暖夏凉，外形美观，内部舒适，结构合理，如同一首浪漫的音乐凝固在广袤的深山草原上。

图1 柯尔克孜族毡房

1. 分布

柯尔克孜族是我国一个少数民族，主要分布于新疆西部地区，绝大部分在克孜勒苏柯尔克孜自治州，其余在伊犁、塔城、阿克苏、喀什和乌鲁木齐等地区。另外，在黑龙江省富裕县也有零星分布。根据第五次人口普查资料，全国柯尔克孜族有160823人，其中77.4%居住在新疆南部克州境内，而克州境内12.4万柯尔克孜族中又有将近90%的人口居住在农牧区。柯尔克孜族是我国为数不多的几个仍然以畜牧业经济为主的民族之一，兼营农业和以畜产品加工为主的手工业。

2. 形制

柯尔克孜族一直过着逐水草而居的游牧生活，夏天多住在气候凉爽的高山地带的河流附近；冬季迁到向阳的山谷地带。四季搬迁，转移牧场，所以它的民居建筑也是围绕游牧和半游牧的生活而建造的。按季节和农牧业生产需要，柯尔克孜族民居大致可以归纳为流动毡房和固定式平房。

从事牧业的牧民大多住毡房，这种毡房，冬暖夏凉，居住舒适，拆卸方便，利于搬迁。毡房内部天窗下设有灶塘或炉灶，厨房设在进门的右侧，用精致的草帘装饰。右后角为父母及年幼子女的铺位，左后角是儿子和媳妇的铺位。客人过夜便留有中间的位置。左前方放马鞍和狩猎等用具。一个大家庭往往有几顶毡房，成年子女与父母分开住。

而从事农业者居住原木屋和草泥房，其中草泥房多为厚墙、平顶，有壁橱和天窗。柯尔克孜族的固定式住宅因起步较晚，所以其平面布局较为简单，少有独特的格局。其住房通常是三间一幢，或带檐廊，中间一室一般为厨房，正中开门，左右两间为父母及子女的住房，已婚儿子都会另建新屋。若是小儿子，则挨着主屋添接新房以服侍双亲，但厨房与父母共用。当一幢住宅房间较多时，也会采用曲尺形或者"凹"字形平面布局，这样将客厅居中两侧开门通向卧室，形成三间式套房，其他房间依次连接，由外廊连为一体。

3. 建造

毡房的结构形式和材料与哈萨克族相同，称"勃孜吾"，由柳木、桦木、楸木制作的栅栏、支架、天窗架和门框组成。将栅栏架叫"开列盖"，支架撑杆叫作"乌窝克"，天窗顶圈叫"昌格尔阿克"。栅栏可伸缩，用4～5根木条，由骆驼皮条固定成菱形网格，一般的毡房需4～5块。支架撑条的多少决定毡房的大小，一般从40根到上百根不等。栅栏外围上编有花纹的芨芨草帘，外面覆白色围毡和篷毡，用织有花纹的毛织带绑扎。搭建毡房后在房中心和外部用绳索捆绑在固定的大石或木桩上，用以防止大风吹动。毡房门一般开向东南，以避北风，安装木门扇，门外再挂毡制的帘子。

固定式平房指夏季于河流附近的"夏窝子"和"冬窝子"，他们也建木屋或土屋。今天柯尔克孜人半农半牧者日渐增多，已经有了固定的以生产为纽带的"阿寅勒"村落，一般布局在较为平坦的谷地，村庄周围有少量的耕地，住宅的布局也经过一定的整理和规划，牧民们住进整齐的平顶土屋或砖木结构房屋。其中土屋的墙壁厚而坚固，有用土坯和生砖垒砌筑的，也有

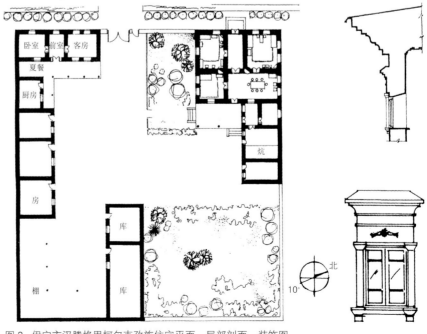

图2 伊宁市汉腾格里柯尔克孜族住宅平面、局部剖面、装饰图

用黄土夯筑的，离牧区近的用草皮叠砌。多为长方形，也有方形的，平屋顶中央有个小小的天窗，夜晚或风雨天盖上活动的花毡盖或木板的窗木盖。

4. 装饰

房内的摆设布置十分讲究。室内正对门方向为上席，正中靠边挂置图案精美的挂毯和刺绣围布，地面上多铺擀制压花的多色毡毯和补花、贴花、多色花的毛织毯。箱柜被褥都靠墙壁叠放整齐，犹如一堵美丽的"花墙"，在其前方顶部还挂花帘装饰。

固定式平房布置仍有毡房的形式，土房门的对面墙上有两米左右的窗台式壁龛，放被褥、枕头，上面盖着绣花的丝毯。房门左右墙上修有小壁龛，放置马鞍和平时用的小物件。室内左侧另搭炉灶，供土炕取暖。土炕面积与室内地铺相当，炕上铺有毡毯、竹席和笈笈草席。富裕人家的土房，还设有客房、厨房、储藏室。

"库西都克"壁毯是柯尔克孜族建筑装饰的一个重要组成，"库西都克"是柯尔克孜语，意为好看的壁挂。一般为 6m×2m 的长花毯，用红、紫、黄、绿等颜色布或金丝绒做面料，四周镶 15～20cm 的黑、黄、红边条，绣以大山河流、草原牧群、飞禽走兽、树木花草等图案。在花毯上还有以高山、波浪、山鹰、刀、枪、剑、戟及战争场面、民间传说故事为主题的图形，形象生动，强劲有力，富有鲜明的柯尔克孜人的民族特点和浓郁的生活气息。若有人问及这些图形的背景，主人便会向你叙述一段英雄玛纳斯的故事。在房内的各种挂毯、帷幔、床单、床帏、枕套、盖布、门帘、窗帘等都能看到精美的刺绣，反映出家庭主妇的心灵手巧。

5. 代表建筑

1）柯尔克孜族的毡房：柯尔克孜族洁白的毡房，下半部为圆形，上半部为塔形，以象征白雪和绵延起伏的山峰。它比哈萨克族和蒙古族的毡房略高而顶尖，也同样具有冬暖夏凉、不存水积雪、拆装快捷、搬运方便的特点。天窗顶部有一块活动的 3～4m² 的天窗盖毡，在夜晚或风雨天时用毛毡绳拉动盖在天窗上，以防风遮雨。

2）新疆阿合奇县苏木塔什乡土房民居。在农耕和半农半牧地区的柯尔克孜族人则住土房。平屋顶中央有个小小的天窗，夜晚或风雨天盖上活动的花毡盖或木板的窗木盖。

3）伊宁市汉腾格里的柯尔克孜族住宅，南侧的曲折形平顶住房是吸收了维吾尔族基本生活单元的基础上建成的，而北侧组团式平面布局及其立面显然是学习了俄罗斯人的建筑风格。

4）柯尔克孜族人定居较晚，一般均仿效附近居住的民居式样修建。新中国成立以后才逐渐增多，大致为三间一幢，中间为厨房，两侧稍大，为父母和子女的卧室，呈一字形居多。后来增添了外廊，房间也按需要增加，平面布局也显丰富起来。本例是较为讲究的一户，将各居室均以内廊联系并在其外又加了前廊和风斗，这样便于冬季保暖，夏季还可在前廊歇荫纳凉，外观也丰富了些。

成因

柯尔克孜族建筑是围绕其特有的生活方式而建造的，季节变化和农牧业生产需求的不同导致了柯尔克孜族建筑的差异。

比较 / 演变

部分牧民延续了传统，居住在便于拆装的毡包内，而随着多民族的交互融合，部分半牧半农的柯尔克孜族也建造了固定式住宅。这是由于自然因素和社会因素共同决定的。

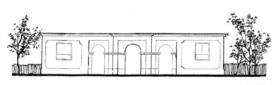

立面图

A–A 剖面图

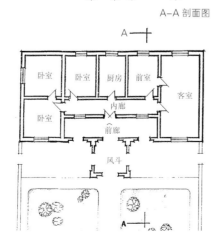

图 3　代表建筑 4 庭院示意图

蒙古族民居

蒙古族的居住地理范围广泛，由于地理条件的不同，地方材料的差异形成了不同形式的民居种类。在新疆的蒙古族人除部分为自古世居者外，不少是从东部派驻和部落西来回归的群体，其大部分因生产方式的关系仍保持着游牧毡帐的居住状态，但也传袭着自元代形成的驻村建城的居住方式，形成不少蒙古族的村落和城镇寺庙，并以当地的自然风貌特色来命名。生活在新疆的博尔塔拉蒙古自治州的蒙古族，适应草场较远的特点，形成了半穴居式的房屋，当地称"冬窝子"。

图1 新疆蒙古族蒙古包全景

1. 分布

新疆的蒙古族主要分布在巴音郭楞、博尔塔拉两个蒙古自治州及和布克赛尔自治县。另外，还分布在伊犁、塔城、阿勒泰等地区。由土尔扈特、和硕特、额鲁特、察哈尔、沙毕纳尔、扎哈沁、乌梁海、喀尔喀等部的人组成。主要从事畜牧业生产，近代有部分兼营农业或转向农业。

2. 形制

蒙古族是新疆世居民族之一，有自己的语言和文字。蒙古族人遍布中国北部，占全新疆总人口的0.85%，列第六位。蒙古族人主事牧业，世代逐水草而居，过着游牧的生活。在这长期的生产、生活状态中，他们形成自己独特的生活方式和风俗习惯。吃牛羊肉及奶制品和面食，喜欢喝奶茶，住毡房（图1～图3）。信仰喇嘛教中的格鲁派，又称"黄教"。

蒙古包是一种由骨架和毛毡构成的蒙古族常见的居住形式。蒙古包内宽敞舒适，是用特制的木架做"哈那"（蒙古包的围栏支撑），用两至三层羊毛毡围裹而成，之后用马鬃或驼毛拧成的绳子捆绑，其顶部用"乌尼"作支架并盖有"布乐斯"，以呈天幕状。其圆形尖顶开有天窗"套瑙"，上面盖着四方块的羊毛毡"乌日何"，可通风、采光，既便于搭建，又便于拆卸移动，适于轮牧走场居住。过去蒙古牧民居住的方式是蒙古包按环形方式围成圆圈，对防卫和内部联系都很方便。现在这种布局方式基本不存在了，而是随山、水地形地势布局。

在一定范围内游牧的牧民，有的除了使用蒙古包外，还在山区及草场里建造一种外观体形近似蒙古包的建筑。这种建筑有的是用山石和草泥叠砌而成，有的是用木材嵌叠而成。同时随着社会的发展，蒙古族有一部分人开始从事农业，随之出现了半定居、定居的建筑。定居的居住建筑首先是效仿喇嘛宿舍，是一种呈一明两暗带外廊的平顶房屋，建筑外形也像汉式。之后和新疆其他民族的文化交流中，也效仿了其他民族的民居。

3. 建造

蒙古包由骨架和毛毡构成，骨架又分栅栏、支撑杆、顶部圈和双扇门，另外还有围席。毛毡分围毡、盖毡、顶盖毡和门帘毡，近代还有帆布毡。另外还有各种厚度、宽度的毛织绳索。骨架用红柳、河柳木制作，柔软结实。围席是以芨芨草用毛线编织成的。毛毡由羊毛擀制而成，绳索用各色羊毛、骆驼毛编织而成，表皮的帆布罩按蒙古包大小制作并饰以图案花饰。蒙古包的室内净高为2.8～3.6m（屋顶架下皮），围栅高1.3～1.5m，室内平面直径为4.6～5.2m。部架多，内径大的相对高一些，但围栅不宜增高太多，这是因栅栏和支撑杆过长不利于运输的缘故。室内地面大部分铺设地毯，毡毯呈扇形或矩形。室内在中央和入口部位留有土地面，中部挖灶，架设三脚架或挖火炉做饭、熬茶。近门的地面起走廊的功能。

图2 蒙古包内景1

图3 蒙古包内景2

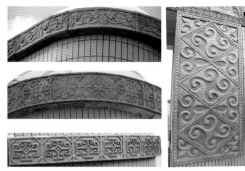

图 4　蒙古族定居点　　　　　　　　　　　　　　　图 5　蒙古族在建筑上的常用图案

蒙古包的门开在向阳处，门对面是室内陈设最好的位置，在箱架上放置箱子、被褥、衣物等，并用绣花布帘盖上。同时这个方位是主人卧榻，也是长辈、客人就座的地方。左右两侧放毡、毯或者床，男子居西侧，女子居东侧，就寝时用挂帘分开。劳动工具、马具放在门的右侧，炊具放在门的左侧。

4 装饰

半定居和定居的蒙古族民居因地制宜，就地取材，结构简单，施工方便，外形简洁规整，质朴大方，平顶、小窗，少装饰，显得敦实而厚重。随着时代进步，交通日渐方便，某些较为宽裕家庭和近期新建的住宅也逐渐注意了檐廊柱头、门窗的装饰和檐头砌筑的变化，改变着原来住宅的形象。

5. 代表建筑

1）江格尔敖包

在新疆和布克赛尔县 217 国道旁，建有东归英雄纪念物——江格尔敖包。

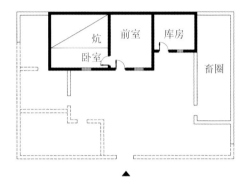

图 6　平面图

江格尔敖包是新疆最大、最整齐、最完美的敖包。江格尔敖包周围用汉白玉围成汉白玉的护墙，墙上有关于江格尔文化的说明。

2）博湖县非物质文化遗产传承中心

位于该县博湖镇巴格西恩随木庙东侧，远看像个大蒙古包。建成后，将能使当地的非物质文化遗产纳入地方政府规范化管理范围，更好的保护、传承和挖掘博湖县蒙古族文化，丰富各族文化生活。

3）和布克赛尔县西七公里夏牧场某蒙古族宅院，是土木结构的定居形式的民居建筑。

成因

大多数蒙古族民居仍然保持游牧毡帐的居住状态，同时也传袭着元代驻村建成的生活方式，建造了部分蒙古族村落和固定式居住建筑。纵观其村镇的成因和规模，大致取决于该地域草场的质量优劣和范围大小。牲畜数量与所需草量、该地区的水草品质和产量以及放牧的出行半径是相互适应的。

比较／演变

蒙古族结合新疆独特的地理环境和人文环境，创造出了独具地方色彩的蒙古族民居，这也是在民族形式基础上的地域化过程。

蒙古包和哈萨包区别：蒙古族把建在草原的叫"蒙古包"，而哈萨克族把建在草原上的叫"哈萨克毡房"或"哈萨克白宫"。它们的区别不是很大，蒙古包的顶是圆形的，哈萨克毡房是尖形的，在体积上略大于哈萨克毡房。内部结构也稍有不同，但构造理念是相同的，所以差别不是很大。

图 7　夏牧场某蒙古族住宅

塔吉克族民居

塔吉克族主要聚居的塔什库尔干，地处世界屋脊帕米尔高原东部。境内群山耸立，南有海拔8611m的世界第二高峰乔戈里峰，北有海拔7546m的号称"冰山之父"的慕士塔格峰，终年积雪，冰川高悬，险峻奇丽，仪态万千。雪岭冰峰之下的河流两岸谷地，既有连绵成片的草原，也有可供稼穑的土地。自强不息的塔吉克人就生活在这里。气温低、雨量少、空气稀薄、缺氧、年平均温度仅为3.6℃、平均海拔为4000m以上的帕米尔高原，自然环境极其恶劣，抗寒保温是塔吉克民居的主要考虑，故外形规整、低矮、室内没有分隔、昏暗是塔吉克民居的统一模式。这是为了适应自然环境的要求，是缺乏取暖燃料的必然。

图1 新疆塔吉克族民居喜用的图案

1. 分布

塔吉克族是生活在新疆帕米尔高原的少数民族，主要居住在塔什库尔干塔吉克自治县，泽普、莎车、叶城、皮山和阿克陶等县也有少量分布。新疆塔吉克族人口共有4.07万人。塔吉克族群众主要从事畜牧业兼营农业，过着半定居半游牧的生活。"塔吉克"三个字在塔吉克族语言中是"王冠"的意思，塔吉克族农牧民以居住在蓝天白云之间而自豪。

"阳光、空气、水"是生态环境中最重要的"三要素"。因此，在塔吉克族牧民定居时，首先要考虑把聚居地—村落安置在阳坡，可以得到充足的阳光。由于海拔较高，空气稀薄，因此住宅要尽可能地设在山脚下有水的地方，解决饮水的问题，周围还要有赖以生存、可以耕耘的土地。塔吉克族在主要的聚居村落都有1～2间清真寺，以满足信徒做礼拜的要求。按教义每天要进行五次祈祷，每星期五要到清真寺由阿訇率领进行祈祷活动。但在塔吉克族农村，要求不是很严格，宗教活动主要在家里进行。塔吉克族的"清真寺"以两个胡拜塔为标志，由祈祷间、管理房和小院落三部分组成，规模较小，装修也比较简单。但清真寺处于村落的中心位置，是村民讨论问题的场所，每逢节庆假日、红白喜事都要在这里举行庆典活动。

2. 形制

早在先秦时代，塔吉克族先民就成为帕米尔高原的主人了。塔吉克族的村庄坐落在高山雪水冲刷成的草原地带，独门独院，土夯院墙，周围栽种柳树、杨树和杏树。每院由门厅、正房、客房、库房组成。正房又称蓝盖力，其室内装饰考究，是家人起居生活的地方。牲畜圈棚紧靠正房，房屋墙底部用石块砌成，上面的部分用土坯砌就。屋顶由主梁、副梁和椽子构成，椽子上面铺苇席和灌木枝，再铺上房顶泥。塔吉克族人的正房都是正方形平顶屋，房顶四边略低于中间以利流水，也可作晒台。门很小，朝东或朝南，以避西北风，进门处设一堵矮墙，墙后为放靴的地方。过土墙，进正厅，三面相连的土炕，一面为灶台。炕是靠墙砌成的实心长方土台，上铺毡子、羊皮或粗毛毯，土台边镶木边，像北方的炕沿。灶台一米多高，在中炕和左炕的上方，既可做饭又可取暖。灶膛深而大，主要是保证高原缺氧地区在炊事时有充足的氧气。灶台两边用两截土墙将房屋隔开，灶台后面部分放置各种炊具，也是妇女做饭的空间。屋内四壁无窗，只在灶台上方的屋顶建有一米见方的大天窗，可采光和通风。有的天窗

图2 新疆塔吉克族民居入口

图3 新疆塔吉克族民居墙体

图4 新疆塔吉克自治县古石头城

高出房顶半米之多，镶玻璃，精雕细刻，彩绘鲜艳。

3. 建造

草皮房是石头城（今位于新疆维吾尔自治区塔什库尔干塔吉克自治县北侧的古城遗址）脚下的金草滩牧场定居房，也是平顶的住房，房屋较矮，以避高原风雪。墙基用石块，墙身用草皮堆垛（草皮即挖草场上连草带土的土块，像不规则的土坯），外墙不抹泥，厚实保暖。屋顶用树枝搭起，室内立木柱或者隔墙支撑，中央开天窗，采光通气。屋顶抹上拌有麦秸的泥土，四周略低，以利流水，秋天可当晒台。

4. 装饰

在县城及农村的住宅比牧区较为精致，建筑形象与维吾尔族在南疆西部农村的建筑形式雷同，那是塔吉克人进入城区后学习维吾尔族建筑的结果，但没有繁复、艳丽的装饰。

5. 代表建筑

帕米尔高原 314 国道旁塔吉克族某宅，房屋为长方形的平顶屋，土木结构，房间比较宽大，食宿、烹煮、接待、起居、唱娱的地方集于一室，是典型的一室户人家。

图 5　帕米尔高原 314 国道旁塔吉克族某宅

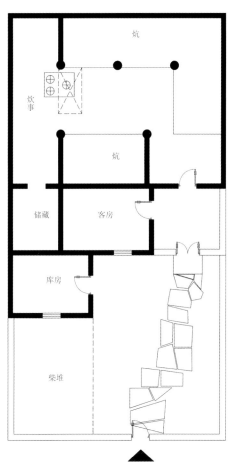

图 6　帕米尔高原 314 国道旁塔吉克族某宅平面图

（平面图中标注：炕、炊事、炕、储藏、客房、库房、柴堆）

图 8　新疆塔吉克族民居室内天窗

成因

塔吉克族人主要从事畜牧业，牧民上山放牧时，使用蒙古包式毡房，也在放牧点选择固定位置修建简易型土屋，形式与"蓝盖力"相似。房侧屋顶开设天窗，下砌炉灶做饭取暖。住宅则比牧区精致，多为土木结构平房或砖木房，建筑形象与维吾尔族南疆西部农村的建筑形式类同，这是塔吉克人进入城区后采纳和学习维吾尔族建筑的结果。

比较 / 演变

若把塔吉克族的民居同维吾尔族的"阿以旺"相比较，可以发现，塔吉克族的民居建筑是对室内空间各种使用要求的共享，没有专业性能的划分。而"阿以旺"虽具有塔吉克民居的"共享空间"的性能，但因有个人隐私要求的宗教活动和家庭生活行为，所以在"阿以旺"旁边修建专用房间，形成更复杂的平面组合形式。可以说，"阿以旺"是塔吉克族民居的发展和演变。

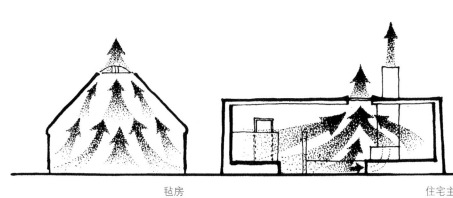

毡房　　　　　　　　　　住宅主室

图 7　新疆塔吉克族毡房及住宅主室气流比较

锡伯族民居

图 1 察布查尔县金泉镇西边某宅

锡伯族是中国境内的一支少数民族，与近代满族、古代鲜卑族有一定的关系。新疆查布查尔地区的锡伯族，至今还完整地保留着自己的语言文字及浓厚的风俗习惯和宗教信仰，并经过与兄弟民族的长期交往，取长补短，丰富和发展了本民族的文化和习俗，主要从事渔猎和农业。

1. 分布

锡伯族最初游牧于大兴安岭东麓，生存在以"嘎善洞"为中心的地带，世代都以狩猎、捕鱼为生。自16世纪编入蒙古八旗后，其社会组织发生了急剧变化，转入稳定的农业经济。18世纪中叶，清政府为巩固西北边防，将部分锡伯族迁往新疆，而后这些锡伯族在伊犁河谷屯田定居，开拓了自己的第二故乡，直至演变成了如今的锡伯族。新疆锡伯族人口大约为4万余人（其中，仅查布查尔锡伯自治县为2万余人），其余主要分散居住在北方各省及全国各地。

今锡伯人主要聚居的新疆察布查尔锡伯自治县地处伊犁河南岸河谷盆地，是新疆通向哈萨克斯坦的交通要道，也是古丝绸北道和南北疆交通古道的必经之地。

2. 形制

新疆维吾尔自治区的锡伯族的住房类型比较多，兼有游牧民族和农区的特色。他们有帐篷、草房、马架子、正房等。现在锡伯族人多住正房，这种房的顶部大都有一个"气眼"。住宅一般是三间，东边称东屋，西边称西屋，中间为外屋。东西两屋住人，外屋做饭。院子内的东、西侧有圆形或方形的小仓库，储备粮食等物品。

锡伯族住房多是独门独院，院落南北长东西窄，四周栽树并围以矮墙。院落以住房为中心分成前后两院，前院小、后院大，大门在前院。前院紧靠住房的旁边搭固定棚，在里侧墙角砌锅台，设厨房。后院栽种果树、杨树、榆树、蔬菜、玉米等。牲畜圈、厕所、菜窖都在后院或房山头。房屋一般为三间，坐北朝南。锅台和北方满族的一样，设在中间的堂屋，通东西耳房的火炕。窗扇雕刻有图案，玻璃窗上有剪纸装饰。

民居整体一般为南北朝向略微偏东，呈"一"字形展开，正中一间略高，两侧低，讲究对称，突显锡伯人对中原文化中的规矩、宗法等理念的吸收与认同。屋顶坡度为16%～20%，房间进深较大时则使用双坡顶，但屋脊不在山墙正中，两侧坡度也不一致；进深较小时采用单坡，屋脊采用类似卷棚的形式，类似于古代木建筑屋顶的反宇向阳。优美的屋顶曲线在延长日照时长的同时又便于排水的需要。屋顶上设有烟囱，设成尖顶，便于排雪、排烟。

3. 建造

屋架采用硕大的抬梁木式结构，梁头搁在柱上，檩条又搁于梁头上，梁上则用矮柱支起较短的梁。门梁一般为3架或5架。屋顶的梁与脊瓜柱之间必须要用特殊的角背构件发挥结构和装饰的双重作用，以模仿锡伯文中的"屋"字形。在锡伯人的文化中，只有具备这样的构件才能称其为房屋。虽地处地震带，但这种木结构使锡伯族老民居历经200多年而屹立不倒。檐部的构造颇为讲究，在木檐椽子层和芦苇把层之间搁置约30mm厚的木板作为面层，遮挡草和泥以美化外观。檐口部为了收口和支撑上部深远的出檐，在芦苇层放置一个纵剖面为直角梯形的木飞椽。

图 4 宅子檐下状况

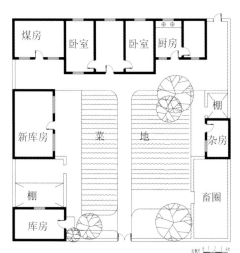

图 2 察布查尔县金泉镇西边某宅平面图

图 3 察布查尔县金泉镇某宅

图 5 察布查尔县金泉镇某宅主建筑端墙装饰

灰土层的檐口部用砖收口，既整齐美观又能遮挡泥土下坠。

4. 装饰

墙上浅凹框的处理方式有正方形，也有长方形，比例和谐，立面统一且富有韵律，这其实是内部房间的反映。主立面墙面两端刻有莲花和牡丹图案的浅浮雕，西屋墙壁上钉桩放完板，上置一个木匣子（里面有符书和布制马首）放置香炉，锡伯语为"海尔堪"。其民居的窗户多为方形，仅在图公祠和靖远寺的墙上出现过圆窗。俄罗斯文化产生的影响还体现在纳达齐牛录装饰性很强的哥特式尖拱窗上。为抵御严寒，窗一般是双层的，外层为木制，里层是玻璃窗。入户大门两侧巧妙地设置了采光的边窗，随着光线移动，室内的光影变化充满趣味。

5. 代表建筑

察布查尔县金泉镇某宅

西迁到新疆的锡伯族人执行了清政府的牛录制。"牛录"是清朝八旗军事组织的基层建制，每一牛录为 300 人。乾隆三十一年（1766 年），锡伯军民迁驻伊犁河南岸设立锡伯营，划分为 8 个牛录，每一个牛录为一个作战单位。一直到 1937 年撤销锡伯营后，牛录制才随之撤销，但当年 8 个牛录所形成的 8 个自然村落至今还保留着。

锡伯族人西迁到察布查尔伊利河南岸分 8 个牛录定居，每个牛录都用夯筑的土墙为城墙围合起来，南、北设门（东、西视需要也有设门的）。城墙高 4～5m，宽 4m 左右，周长六七里（约 3000～3500m），大者十里（5000m），墙上设有垛口，东、西、南、北均有设防，由专人负责看守，实为一个森严壁垒的大军营。有私塾，教满文。在规整有序的村落里，每家可划定大约三四亩地（大者到七八亩）（1 亩约 667m²），圈起围墙在院内经营自己的居住环境。院落呈南北长方形，四周栽以各种树木。住宅居中，分前后院，前院稍小些，设门头与户外道路相通，院内则种植果树和

各种花卉。为防止家禽乱窜践踏，往往又将前院围以齐腰的小矮墙，安上小木门，精心管理。在住房的旁边一般都会修筑辅助用房或搭设固定的棚架，并安上锅灶，为夏日天气炎热时做饭和用餐提供空间。后院稍大，种植蔬菜、杂粮等，有时也种果树或大乔木，并设有后门。大部分人家都将牛羊圈、猪圈、鸡窝、鸭棚、菜窖、停车场（棚）等安置在后院，也有个别人家把牛羊圈和草料棚修建在前院进门的一侧，为的是正屋廊前人们

图 6　锡伯族新民居平面图

图 7　厨房内的家具

图 8　主屋大墙上的神龛

图 9　院内景象

日常活动时能直接看到，照料方便。锡伯族的民居院落整洁干净，村落内溪水清澈见底，家家引渠入院，但不让牛羊直接在渠中饮水，目前各牛录已全部打了机井，引入了供水系统，保证人的饮用水入户，既清洁又卫生。

图 10　门头

成因

清朝伊始，为保边疆安宁，清政府派遣锡伯族部分青壮兵丁，携带家眷西迁，屯垦戍边。因此，新疆锡伯族古时的住房多有帐篷、草房、马架子等。选址定点讲究，必须请有这方面知识的长者给予指导。

比较 / 演变

清朝时期到 20 世纪 20 年代，锡伯族人的住房形式具有自己的民族特点。平房（马架子）多向东，房屋一般为三间，中间为厨房，两耳间是卧室。窗户较小，房内光线不足。自 20 世纪 20 年代开始，锡伯族居民对传统的住房进行了改革，由传统的房屋朝东改变为房屋朝南，使房屋能最大程度的采光，并开始兴建"来兰皮"房屋。锡伯族的住房大都宽敞，屋檐宽出半米左右、屋顶呈"人"字形。最有锡伯族特色的是"来兰皮"房，这种用椽子和剥皮的苇秆及泥土建造而成的房子整洁光亮、冬暖夏凉，深受锡伯人喜爱。来兰皮房子整洁光亮，冬暖夏凉，锡伯族人民群众多建盖这种房屋。

乌孜别克族民居

乌孜别克族是一个具有悠久历史的民族，曾在军事、经济、文化、政治、史学、艺术等方面创造过卓越的成就。全民信仰伊斯兰教，属逊尼派。乌孜别克族的建筑中，有很多具有中亚的建筑艺术和建筑风格。其住房一般为土木结构的平顶长形房屋，这种房屋造型别致，独具风格。

图1 乌孜别克族民居

1. 分布

乌孜别克族的族名起源于公元14世纪蒙古钦察汗国的乌孜别克汗，后其部众自称为乌孜别克人。自元、明以后，越来越多的乌兹别克族人定居新疆。现今我国的乌孜别克族共有1.4万多人，主要居住在北疆的伊宁、塔城和乌鲁木齐及南疆的喀什、莎车和叶城。其中70%在北疆，以伊宁市最多，其次在木垒县乌孜别克族乡、奇台县、吉木萨尔县。30%在南疆，以莎车最多。南疆的乌孜别克族以农业与商业为主，北疆的乌孜别克族以商业与畜牧业为主。

乌孜别克族大多是城市居民，文化发展水平较高，从事教育、科研、文学艺术工作的人数较多。此外，从事农业的乌孜别克人多分布在喀什、莎车、巴楚、阿克苏、叶城、乌鲁木齐和伊犁等大城镇附近。

2. 形制

南疆的乌孜别克人住的一般是平顶而稍有倾斜的长方形土房，屋墙很厚，冬暖夏凉。屋外用土墙围成一个院落，过去在院内离院门1m左右的地方通常砌有一堵土墙。住宅前一般都搭设葡萄棚遮阳，葡萄藤枝密盖其上，棚下就成了夏日凉爽的活动场所。庭院内一般还栽有花卉和其他果树，打扫得十分干净。生活在北疆牧区的乌孜别克人一般居住毡房。这种毡房的形制跟哈萨克族的毡房基本相同，同样一般高约3m，占地二三十平方米。下部为圆柱体，上部为圆弧形。

3. 建造

生活在北疆牧区的乌孜别克人一般居住毡房。这种毡房的形制跟哈萨克族的毡房基本相同，同样一般高约3m，占地20～30m²，下部为圆柱体上部为圆弧形。这种毡房是用红柳木交错连接成木栅栏作

毡房墙，在毡房墙外围上芨芨草编织的草帘，然后再围上白毡。圆弧形顶部用撑杆搭成骨架，外部全用白毡覆盖。顶部留有天窗，上用一块活动毛毡覆盖，可以随时开闭，可以随时拆卸，适合牧民四季迁徙。冬季，乌孜别克的牧民一般都住在固定的土屋或木屋。

4. 装饰

南疆的土房室内墙壁上挖有许多壁龛，壁龛周围用雕花石膏镶砌起来，形状多种多样，别有一番情趣。壁龛内放置各种用具和摆设，既实用又美观。室内挖一小坑，坑内放置火炉，烟筒直通屋外。坑上横置木板，在铺上毡子以供坐卧。

5. 代表建筑

塔西买买提巴依旧居

塔西买买提巴依旧居是新疆伊犁哈萨克自治州近现代重要史迹及代表性建筑之一。塔西买买提巴依旧居位于胜利

图2 乌孜别克族民居外观1

图3 乌孜别克族民居外观2

图4 某乌孜别克族民居里的厨房和冬季的储藏包房

路三巷，大门口前有小河流过，北为人民医院，东邻胜利路，南为伊犁街，西面是铁烈克麻扎。

塔西买买提巴依民居修建于1932年，为庭院式建筑，现在庭院大门保持原风格，正门门楣上刻有建设年代。房屋为组团式建筑，土木结构平房，北墙临街，南北长约19.8m，高约5.6m。屋宇高大，外观豪华气派。东面有走廊。有东南西北四个门，均带有门廊，东门为正门，门廊柱头的装饰独具特色，明

显带有欧洲某些古老建筑的柱头做法。木地板，门、窗均是两层，内扇为玻璃，外扇是木制护板。房屋线条整齐，轮廓简洁，繁简有致，墙面基本平直无装饰，但在门楣、护门板、窗楣、护窗板、檐口线、门廊柱、廊柱的柱根及托梁等地方雕琢有特色的装饰花纹。

该住宅还采用了在同一建筑上两种檐头处理的做法，因为西、北两面原来都是沿街的，主人特地改变手法，把檐头做得比其他两面更加复杂。

整个建筑总体布局合理，单体建筑主次分明，前廊式布局，结构严谨，雕饰精美，错落有致，庭院宽阔幽静，工程精细，极为秀丽。旧居整个建筑都采用厚实的土坯墙、铁皮坡屋顶、檐口砖雕、木雕装饰，宽敞及明亮的内部空间、门廊、铁皮壁炉及木门窗等。它是研究解放以前伊犁建筑史的重要实物资料，对于研究伊犁中华民国时期建筑、乌孜别克族民俗文化和各民族文化交流具有较高的价值。

成因

乌孜别克族民居的形成是基于其不同的生活模式而形成的。在牧区以农牧业为生的居民以有良好移动性的毡房为居；在城镇定居的则以土木结构的平顶房为居。建筑的特色受伊斯兰风格影响，同时吸收当地其他民族特色而成。

比较／演变

乌孜别克族在与其他民族混居的过程中受其他族的影响较大。定居的平顶房的房间居多有组团安排，与俄罗斯族类似；毡房形制与哈萨克族基本相同；室内布置受维吾尔族影响较大。

图5　民居室内布置

图8　塔城某乌孜别克族民居前室入口处外景

图6　民居客厅内景

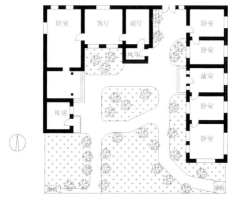

图9　塔城某乌孜别克族民居平面图

图7　民居院内内景

图10　塔城某乌孜别克族民居庭院内景

俄罗斯族民居

新疆俄罗斯族的民居和建筑艺术主要集中在塔城、伊犁、乌鲁木齐、阿尔泰等地区,其在建筑结构、建筑风格上都与其他少数民族不同,具有欧式建筑的特色,是我国少数民族民居和建筑中的一颗艺术明珠。

图1 新疆俄罗斯族民居中的毛炉

1. 分布

新疆俄罗斯族民居主要分布在乌鲁木齐、伊犁、塔城和喀什等地区。其中乌鲁木齐、伊犁和塔城较多。塔城市位于新疆维吾尔自治区西北部,准噶尔盆地西北缘的塔城盆地,距哈萨克斯坦最近距离10km。这里有巴克图口岸是我国通往中亚的贸易口岸之一。市境南北长90km,东西宽58km,总面积为4356.6km²。

塔城俄罗斯族民居营造术的历史与俄罗斯族进入塔城地区的历史有密切的关系。据历史记载,早在清咸丰元年(1851年),《中俄伊犁塔尔巴哈台通商章程》签订后,塔城便建立了俄国贸易圈。十月革命后,陆续又有几批俄罗斯人来到这里,成为中国塔城俄罗斯族的组成部分。长达一个多世纪的时间里,俄罗斯人在此修建房屋,生儿育女,与

各民族友好相处,同时也把俄罗斯的民居和建筑艺术带到这里。多年来,塔城的俄罗斯族,基于塔城的气候因素和物质条件,吸收维吾尔族、哈萨克族、汉族建筑元素,形成了独具中国俄罗斯特色的民居和建筑艺术。

2. 形制

俄罗斯族民居,大多为砖木或土木结构,地基由各种圆石或砖块砌成,较厚,达60～80cm。房屋冬暖夏凉,屋顶为起脊形,用方木、圆木搭成三角形,用木板把三脚架盖严后,再钉上铁皮,上漆即成。

在房顶一侧留有小木门,可在三角形架内储藏杂物,或养鸽等。房屋内地面多数用加五板铺地,地板与地面空间用圆木顶柱支撑。地面有上漆的,也有保持木头原状的,天棚用加五板铺成,并刻制好,三角形图形木块构成花边。

房门大多为两扇门板做成,门把特别讲究,有玻璃圆柱形,铁制圆形对称。内加玻璃木门两扇。窗户为木制框(双层),并在上角有小窗口通气。窗外一周有木刻花纹装饰。门外有雨棚,用木板、护栏搭成,并靠近台凳、台阶。

还有木屋,用圆木水平地叠成承重墙,墙角相互咬榫。这种圆木房保暖性能好,但因结构技术和材料限制,内部空间不大。两层建筑,下层为仓库、畜栏等,上层住人或办公。为了少占室内空间,楼梯设在户外,通过曲折的平台,联系各个组成部分。复杂的组合体形,轻巧的户外楼梯和平台,经过匠师们的精心安排和设计,体现了俄罗斯族人热烈的性格。

3. 建造

房屋有多种布局,多数为主门在中间,进门后向两侧延伸由多室连接而成,

图2 新疆俄罗斯族建的教堂

图3 新疆俄罗斯族民居1

图4 新疆俄罗斯族民居室内

图5 新疆俄罗斯族民居2

图6 窗楣及门窗楣

图 7　青砖檐头

图 8　彩绘檐头

图 9　扶壁柱及墙面装饰形象

厨房内有列巴火炉（用来烤制面包），墙上有各种壁橱、衣橱、书橱、碗橱，由玻璃和木板做成。院内有洗澡房、闷气式浴室（类似桑拿浴室），有用石头垒成的炉子。房子为砖木结构，大多为十几平方米。厕所多为木板钉成小木房，位置在院墙一角处。院落大门为木制，多种多样，两扇，稍大，可进出马车，大门装饰多用圆形、方形，门框、门把手讲究用铁环，门上框中间刻有建房年代字样。

4. 装饰

塔城的俄罗斯族民居营造术，主要表现在建筑结构及装饰上。外形装饰是俄罗斯民居的一个主要特点，外墙墙壁、窗户、房檐上，都有几何形图案，有的还用砖块雕成花纹，十分别致。在门扇、窗扇、廊檐下口、廊柱等处，都有木块镶嵌的几何形图案和花纹。漏水管道、烟囱、房檐上的铁皮也卷、剪、打成图案，阳台栏杆等地方点缀着雕花，涂有不同色彩的油漆，非常夺目。

5. 代表建筑

塔城俄罗斯红楼

始建于清宣统二年（1910 年），于 1914 年完工，历时三年多。占地 885m²，建筑面积 2034m²，分上下两层，上层住室 16 间，下层为库房。房屋高大，空间宽敞，门高 2.84m，宽 1.65m；窗高 2.84m，宽 1.04m，每个房间都有两到三扇窗户，室内光线充足。窗户均为双层玻璃，外有木制窗扇，夜晚关闭窗扇，既安全又保暖。墙体厚，外墙一般 0.9～1m，内墙一般在 0.7～0.8m，保暖、隔音、隔热，冬暖夏凉。都有通气道，防霉防腐。冬季取暖用圆形铁皮火炉，高矮根据房屋大小来定，置于房屋隔墙的墙角，可以同时使两到三间房屋受暖，节省燃料，还保持清洁卫生。毛炉的炉膛较大，可以使用煤、干牛粪、柴火等燃料，3～5 天保持室内温度摄氏 22℃左右。毛炉上还设有小型烤箱，里面放茶壶、面包和饭菜，不用时将烤箱门盖打开，增加散热面积。整体房屋长方形，铁皮屋顶。漏水的铁皮管道，可使雨水不至于积聚在屋顶。墙面用红色砖块，墙中搭有木架，整体十分牢固。

成因

新疆地区俄罗斯族特色建筑，是其带来的信奉宗教信仰和建筑艺术等特色的文化与当地其他民族文化经过多年的吸收与融合之后，才形成的独具特色的民居和建筑艺术。

比较 / 演变

俄罗斯族至今仍保持着原欧洲人的食宿习惯，建筑保留着大壁炉、大厨房甚至蒸汽浴室等。但在新疆地区，与当地其他民族的交流中，其特点也在得到改变。建筑运用了当地常见的土木建构，草泥屋面，睡木床土炕，这些都是俄罗斯建筑在新疆地区本土化演变的印证。

塔塔尔族民居

因为文化与生存环境的不同，导致了各民族建筑都有其独特的艺术特征。塔塔尔族作为我国人口较少的民族之一，其建筑文化与其他民族有所不同。无论是建筑形式还是空间，布局，都有所反映。

图 1 塔塔尔族民居大门

1. 分布

新疆塔塔尔族在历史长河中铸就了自己的建筑文化。据史料记载，塔塔尔族人口大约在 4200 人左右，是我国人口较少的民族之一，其中大多数人现居住在新疆。塔塔尔族是个具有较高文化水平的民族，信仰伊斯兰教。历史上，塔塔尔族人民迁址新疆塔城地区，极大地促进了塔城地区的文化教育以及科学技术的发展，并在塔城地区兴建了许多具有自己特色的住宅以及民居街巷。因此在塔城地区，塔塔尔族的民居建筑更能表现塔城地区的建筑文化特点。塔塔尔族人主要源自于欧洲，其生活习惯以及文化特征方面仍然还存留着一些欧洲的特征，尤其是在其建筑文化方面。塔塔尔族人民用自己的热情建造出了具有民族文化的建筑，显示出本民族文化与其他民族的不同，并展现了塔塔尔族人民较高的文化素养，以及对于建筑文化的特殊见解。

2. 形制

1）塔塔尔族民居建筑一般有平顶土房、毡房以及木房三种。平顶土房一般为居住在城市中的塔塔尔族人民居住的建筑，地面铺木地板，室内土木结构，墙壁厚实，冬暖夏凉。

塔塔尔族平顶土屋平面布局特点：塔塔尔族的建筑形式特点依然保留着欧洲的一些文化特点，每家每户都是按照独门独院的规划形式进行建筑规划。室内布局空间较为宽敞，一般分别由客厅、餐厅、居住室以及储藏室这几部分构成，室内设有套间。厨房和居住室一定是分开建造的，这是塔塔尔族的一个传统的

习惯——不在居住室做饭，并且厨房是建造在旁边，有的则是建造在外面，这样可以防止火灾的发生这一安全隐患，并且安全卫生。

2）毡房一般为牧区塔塔尔族人民居住的建筑，与哈萨克族毛毡房称呼一致，门为双扇雕刻花纹实木门，门面彩色喷绘图案。门框高 1.5m，宽 0.8m，外挂门帘，一般情况下门帘由包裹一层花毡的芨芨草编制而成，既保暖又美观。进入毡房内部挨着门的右上方一般是长辈的休息床位，在床的下方一般是存放碗柜、食品以及锅等用具的地方。在左上方则是晚辈们的居住床位，在床位的下方则是存放马鞭、猎具、马鞍等用具的地方。在这个地方还有另一个用途，当春季的时候，塔塔尔族居民便会将此处的马鞭、马鞍等用具移出，空下位置留给刚出生的小羊羔。毛毡房的中间位置是塔塔尔族居民用来放置火炉生火做饭的地方，上方则是放置衣柜的地方，在衣柜的上方有时还会存放些衣服、被褥等用品，并铺有一层毛毡。在支撑房顶的几根木杆上，聪明的塔塔尔族牧民再

在上面穿插几根短树枝，用来悬挂一些食品等物品。

3）居住在森林山区的塔塔尔族就地取材，修建了一些富有诗意的木头房屋建筑。森林中的木房子是塔塔尔族的传统建筑，透漏出一种神秘的色彩。这里不仅有建筑物与绿色植物融合在一起的民居，塔塔尔族人民还用木头修建了学校、商店等一些建筑，古老典雅，精巧而又别致。塔塔尔族的木房一般则采用天然的木头修建而成，在房屋的内外都不会涂抹染料或者是油漆等建筑用料，完全保持木头的原本色调及其轮廓纹理，有些居民还会花钱来请一些专业的雕刻工匠，在房屋的门窗、圆柱、围栏登处雕刻上美丽的花纹，使建筑更加典雅古朴。木房由圆木错落有致的堆积咬合搭建而成，整个建筑物不会利用一枚钉子，室内铺设地板，屋顶由倾斜木头搭建形成，远处望去呈"人"字形建筑房顶。整个木房抗震、干燥、防潮，冬暖夏凉。

塔塔尔族木房平面布局特点：塔塔尔族木房多为木构墙身与屋顶，其平面布局类似于平顶土屋平面，多为简单的

图 2 塔塔尔族民居

图 3 塔塔尔族民居门廊

矩形平面，起居室、卧室与其他辅助空间并列布置，各空间设独立出入口与外部联系。

3. 建造

塔塔尔族的住房房顶一般有两种，一种为平顶，另一种为斜坡顶，此处介绍平顶土房的建造。平顶土房房顶一般采用芦苇、草泥、麦梗、树枝以及铁皮等材料。在房屋上面一般则将芦苇、麦梗以及树枝铺设在横梁上方，然后在这些材料下方铺设一层芦苇，最后用草和泥巴混合成的草泥磨平加以固定。这样能够很好地固定好这些材料，并且在草泥中的水分蒸发之后会非常坚硬。一些生活条件比较好的塔塔尔族人民除了运用这些材料，之后在修房时会加盖一层比较昂贵的铁皮材料。这种铁皮表面每年都要涂上一层油漆，用以防止铁皮被雨雪侵蚀。

4. 装饰

塔塔尔族民居的门窗用料十分讲究，首先正门一般采用木质材料构成，并且门的厚度要比一般的门板要厚。在门前一般建造有一定高度台阶的门廊，门廊装饰多样、美观。在门廊的顶部采用半圆形的花栅造型，两侧采用对称的栅壁浮雕卷云以及各种花卉图案，美观、典雅。除此之外，在比较低矮护栏以及门廊的廊柱上雕刻出许多几何形状，使门廊装饰丰富、美观。在民居的窗户上则装饰有凸龛护檐，这些装饰采用带有雕刻图案的砖相砌而成，整体呈"山"字造型，带有浓厚的装饰功能。同时，塔塔尔族的窗门则采用可关闭的木质窗门，在木质材质上有格式花纹加以装饰，增加门窗的装饰作用，同时也能够起到很好的保暖防寒以及防盗的作用。塔塔尔族建筑外部一般粉刷靛蓝色的石灰，整个建筑外观大多采用素色，使得建筑从外观上显得宁静而安详，门廊的护栏采用浅蓝色及绿色油漆为主，让建筑本身增添典雅感，庭院种植绿色植物相互映衬，显得整个环境典雅朴素，宛如世外桃源一般。从屋顶上看，塔塔尔族建筑一般在建筑顶部采用黄色或者是青色这两种砖檐进行装

图 4　某塔塔尔族民居外景

图 5　塔塔尔族商人商住两用楼

饰，将带有颜色的材料进行多层次的相砌建造，从远处看去，在建筑屋檐处形成一条完美的轮廓线。住宅内部墙壁则以白色为主，在墙壁上则悬挂彩色壁毯进行装饰。

5. 代表建筑

聚居在新疆伊犁哈萨克自治州的塔塔尔族受维吾尔族和哈萨克族的影响，喜住平顶房，单门独院，院内栽各种果树花草，环境清幽。室内以木板搭炕，中间立一细木柱，板炕上铺花毡，被褥叠放在墙角，墙边立几个靠垫，使坐靠更舒适。进门正厅隔出的一小间，是方便老人起居生活的卧室。土房的室内除有的搭火炕外，其他的装饰和木房的一样。到了采红花的季节，鲜红欲滴的红花晒满了院子，形成独特的风景。不论哪个房间，都可作为卧室，也用于待客，厨房和储藏室单建，有的还单建馕坑。

成因

塔塔尔族在建筑文化方面有一些欧洲建筑特征，并在不断的迁徙中为适应不同的居住地积极吸收当地特色，最终形成自己独有的建筑特色。

比较／演变

新疆地区塔塔尔族吸取了不少当地民族住宅建造的优点，并加以自己民族文化的特点，建造出了更加适应地域气候的民居建筑，既实用又具有很高的艺术价值。

达斡尔族民居

达斡尔，意为耕耘者，是达斡尔族人的自称，最早见于元末明初。目前达斡尔族已有人口12.14万。达斡尔族的村庄大都依山傍水，风景十分秀丽。房舍院落修建得十分整齐。一幢幢高大的"介"字形草房，给人一种大方粗犷的印象。

图1 达斡尔族民居庭院

1. 分布

达斡尔人沿袭了先民的游牧生活习惯，早期的屯居大多选择在土地肥沃、物产丰富、依山傍水、向阳背风的河谷、山丘或平原地带。今天在新疆的达斡尔族，一般认为，新疆的达斡尔族，是清乾隆年间在塔城戍边的达斡尔族将士的后代。据2007年统计，达斡尔人共有0.65万，占新疆总人口的0.03%，主要聚居于塔城地区的阿西尔乡。此外在霍城县、乌鲁木齐等地也有少量达斡尔人分布。他们在保卫和开发边疆的事业中做出了自己的贡献。新疆维吾尔自治区政府于1984年11月成立了阿西尔达斡尔民族自治乡。

2. 形制

古朴雅致的达斡尔族传统民居为典型的三合院，整个院落呈方形或长方形，建筑布局具有传统中轴式特征，对内开敞、对外隔绝反映出汉族封建宗法观念和儒家思想对他的强烈影响。正房坐北朝南，位于南北向中心主轴线上，东西轴向线上布置了左右相对的厢房、仓房、碾房。此外，柴垛、畜栏、牛粪堆、羊草垛等堆筑在前院较远处；院门根据八山定位图规定的南为离山，龙左足，为吉祥之门，多开向正南方。四周以院墙围之。后院为菜园。

正房以间为单位，有二开间、三开间和五开间之别。一幢达斡尔族二开间的正房，西屋为居室，东屋为厨房。而常见的三开间或五开间正房，中间为厨房，东西两侧为居室。这样，布局均衡统一、易于对称。西屋南面、西面开窗，室内设有弯子炕。东屋东面、南面开窗

并设炕，东西屋隔扇门对开，中间厨房南面、北面开窗，设有灶台。居室天棚和墙壁大都裱糊和粉刷，并装饰鸡、凤、鹌鹑、狩猎等各种剪纸和图案，美丽的雉羽和带花纹的野兽皮毛有时也作为装饰物。为抵御漫长冬季的严寒，争取更多的太阳辐射，避免遮挡正房的采光，东西两侧厢房都左右退后一定距离，并与正房之间留出1m左右的过道，便于居民通往后院劳作。为保温防寒的需要，门、窗都朝院子打开。西厢房由晚辈们居住，西面设炕及灶台，并供有祖神和娘娘神，东面及南面开窗。而东厢房屋内设置较简陋，供远亲、雇工居住，有时也用于贮藏衣物、粮食等。在北墙和东墙盘炕，炕沿用一尺（约0.33m）高的木板围着，上面铺满能够随意取拿的板子，板下的空间用于烘干谷物而设置。仓房一般有两间到三间大小，多为用粗木头垛起来的高脚式阁楼，离地1m左右，墙壁一直到房檐用粗木头垒起，通风干燥，宜用来贮藏谷物和不常用的东西。碾房很宽绰，有两间大，里面有臼和簸箕。达斡尔族院墙颇具特色，多数是土坯墙，材料主要采用草根密集、不易碎裂的草

皮坯，一小块一小块地累积而成。也有用单层或两层的木栅栏或用柳树条编织成的带有各种花纹的篱笆组成。

3. 建造

达斡尔族住房在造型上别具特色，大都是"介"字形房屋。为防潮湿，达斡尔族民居地基高出地面1～2尺（0.33～0.66m），夯实后，将立柱深埋在3～4尺（1～1.33m）的坑中以"立"字形木架起脊，椽子间隔1～1.2尺（0.33～0.4m），整个房屋的框架用榫卯接合。房顶以松木为骨架，两侧钉有"人"字形木板，有的上边饰有花纹图案和精美的雕刻。屋顶上先覆盖一层用柳条编的柳笆，然后用羊草和泥抹平，再在上面铺上苫草压住。由于苫房草耐腐耐燃，经久不烂，所以这种屋顶具有冬温夏凉的特点。墙用草皮坯砌成，里外用羊芥草和泥浆抹平再用白灰抹光。故达斡尔族民居墙体厚重、保温隔热、御寒性强。这也是民居为抵挡冬季寒冷北风的侵袭，所采用的最朴素、最自然的节约取暖能源的方法。

图2 塔城市阿西尔达斡尔民族乡某宅院

4. 装饰

窗户是民居艺术装饰中最常见的部分，有通风、采光、丰富立面等功能。达斡尔族传统民居以多窗著称，若正房为二开间，则西屋南面设 3 扇窗，西面设 2 扇窗，房门两侧还各开一扇，共 7 扇窗；若正房为三开间，窗子可能有 9 扇，多的可达 13 扇。而且南窗一般都较大，显得与房子不协调，因其便于接受更多的阳光。另外，达斡尔人以西为尊，房屋朝向为坐西朝东，有开西窗的传统。因为西窗不仅夏季通风良好，还可保证室内采光充足，延长冬季日照时间。达斡尔族传统民居中常用的窗户形式是支摘窗，窗子分上下两段，上段可支起以利通风，下段可摘掉以利采光。窗户的格木在里面，纸糊在外面。用棂条组成的窗格图案式样繁多、千姿百态，如方格、条框、菱形花等。但民间多采用构造简单的平行垂直线条所组成的直棂窗和水平线条组成的平棂窗。

门最初的作用在于其交通与防卫功能，后来逐渐演变为民居艺术的组成要素。门作为建筑上的重要外表，门上表现的文化和装饰反映着不同民族、不同地域的人们在审美上的不同理念与追求。与数量繁多的窗子相比，达斡尔族传统民居中门的数量很少，主要是为了抵御寒冬时北风的侵袭。但门上的装饰则比较讲究：正房大门的门头雕刻是以蝙蝠为题材的图案，有镇宅、驱邪避祸的作用，蝙蝠取其谐音，象征着富、福之意；隔扇门的用材多为黑桦或果松，其上的木雕或花纹，图案对称分布，平衡感极强。门头以满、汉文的福、禄、寿、喜、吉等字装饰，门身中部由棂条组成，充满玲珑剔透之感，下部则装饰着达族的吉祥物——猎鹰，它是达翰尔族人坚贞、顽强的化身，象征幸福、如意、吉祥、拼搏。

5. 代表建筑

塔城市阿西尔达斡尔民族乡某宅院

其住房为土木或砖木结构建筑，松木为房梁，屋顶有脊或微有起坡的平房，草泥屋面，房门向东开设，以两间或三间并列组成一幢。房间进深 6m 左右，

图 3 塔城市阿西尔达斡尔民族乡某宅院平面图

图 4 塔城市阿西尔达斡尔民族乡某宅院门

图 5 达斡尔族民居庭院入口

开间 3m 左右，大间则由两开间或三开间连通成一间，均以短木料灵活处理，外形规整简单少变化。达斡尔人对居室十分注重采光的充足和通风良好，所以窗户较大且多。如东侧门的两旁各有一窗，南面开窗三樘，西面也要开窗两樘，所以房间虽只两间，窗户却有七扇，均挂窗帘。室内墙上喜挂贴画或剪纸作为装饰。他们以西房为贵，沿南北墙砌两炕，长辈睡南炕东端，女儿睡南炕西端；北炕由儿子媳妇睡，夫妻睡东端，小孩睡西端。少有家具，若有炕柜则放置在北炕西墙边，亦有另加西炕专供客人起居。现在大都分室分代居住，客人也有客房，很少混居一室了。

成因

达斡尔族传统民居的形成是达斡尔族根据当地地理环境，同时结合地方文化特色，并以建筑技术科学基本原理创造出的富有生命力的民居形式。达斡尔族民居的建筑特色传达出了其生产方式、生活习俗、文化内涵与价值取向。

达斡尔族村落都建在依山傍水的向阳之地。这种生态环境为达斡尔族的农、林、牧、渔、猎生产提供了得天独厚的自然资源。而建筑格局保留了传统的中轴式特征，正方形，分正房、仓房、畜栏、菜园等。同时由于长期和维吾尔、哈萨克等民族杂居，在新疆生活的达斡尔人，其民居则和当地民族的民居很相似了。

比较／演变

达斡尔族居住形式由原始的"柱克查"帐篷式建筑改进成为大马架的草房，后演变为"介"字形、房脊朝向南北的草土房。

香港民居

XIANGGANG MINJU

1. 中式合院民居
　三间两廊三合院
　三间两廊四合院
　明字间曲尺形合院
　串联式三合院
　联排式合院
　单跨院三合院
　单跨院单护龙三合院
　单跨院单护龙四合院
　双跨院双护龙四合院

2. 宗族组合式民居
　围村
　护耳式围屋
　院落式围屋
　联排式围屋

3. 折中式民居
　前廊式宅邸
　前廊式联排屋
　前廊式双护龙合院大屋
　大屋顶式宅邸
　西式宅邸

4. 店铺式民居
　沿街式街屋
　街角式街屋

中式合院民居·三间两廊三合院

三合院为香港中式传统民居的基本形制，也是广府民居所谓的三间两廊，一般由南北向的正房（正身）和东西厢房（护龙）组成，中间围合部分为庭院或天井。

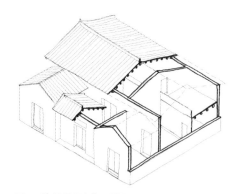

图1 张屋民居剖切透视图

1. 分布

香港的中式传统民居主要分布在九龙半岛北面的新界地区，原来隶属于广东的新安县，包括新界西北的元朗、上水、粉岭、荃湾、大埔、沙田，以及新界东北的马鞍山和西贡地区。民居多建于清康熙年间之后，村落基本上集中在一些农业或渔业发达、地形平坦的平原，比如新界的元朗平原或者沿海的沙田、荃湾等地。

2. 形制

香港三合院的基本格局为"三间两廊"式，当地又称"斗廊屋"或金字间形屋，类似潮州的"下山虎"民居形制。所谓三间，即一栋南北向三开间悬山或硬山顶的主屋，明间为厅堂，一般设有神龛，用以安放祖宗牌位，两侧次间为居室。主屋前有庭院或天井，天井两旁的东西向房屋为廊，此谓两廊。天井下方以围墙封闭。整座房屋平面为规矩的矩形。两廊中，右廊开门与街道相通，一般为门房；左廊多作厨房或厕所等服务空间（图1）。

3. 建造

香港的民居建筑木料多采用杉木，因其在南方较容易得到。普通的住宅很少用梁架结构，而是以硬山墙体直接承托杉木檩条，形成露明的密檩式。墙体多为青砖砌筑，也有用三合土、花岗石等材料的。屋顶多用灰瓦或黑瓦，入口多为凹斗式设计。

4. 装饰

香港的三间两廊三合院一般多为普通民居，装饰较为简单，风格朴素。也

有少量装饰较丰富的三合院民居，屋主往往较为富有，合院面积也较大。建筑会使用灰塑或木雕作为装饰，有时会出现彩绘檐板或者壁画。

5. 代表建筑

1）张屋民居

该民居位于香港新界大埔区的一个传统客家村落，始建于清乾隆年间。

该民居背枕村傍风水林，为一进一院式建筑，面阔三间。建筑以青砖为主要材料，两边为硬山墙，其直檩式梁架外露于山墙处，清晰可见。入口的左右两旁为厢房，作厨房及浴室。正厅三间相通，并设阁楼，正间则摆放了奉祀先祖的神位（图4、图7）。民居的主入口为凹斗式设计，天井两旁的厢房皆有一道门及独立屋顶，而民居的正厅及其厢房则有同一屋顶（图9）。屋脊采用了简单的平脊，屋顶铺有黑瓦屋面及仰瓦灰梗屋檐。此外并无多余装饰，风格简朴。

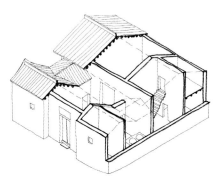

图2 海坝村民居剖切透视图

2）海坝村民居

海坝村民居建于清光绪三十年（1904），原为商人邱元章的住所。

该民居为一进一院式布局，面阔三间，以夯土、青瓦、青砖和杉木为建造材料，两边为硬山墙，直檩式梁架（图2）。民居前方有一门楼，楼后为天井。天井左右两侧为厢房，左厢房为厨房，右厢房有阁楼与正屋相连。建筑入口为凹斗式，门框以花岗石制成，墙头饰有灰塑及花草壁画。

3）罗屋

罗屋为一进一院式院落，面阔三间，属于典型的中式客家建筑。罗屋入口为凹

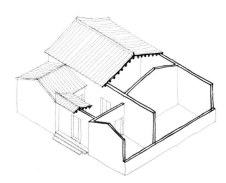

图3 罗屋剖切透视图

斗式，有独立屋顶，门框和门槛是以花岗石制成。院落中间为天井，天井两旁为厢房，主要是做一些农业生产及厕所、厨房等。正厅明间为主居室，左右两侧为寝室。屋脊是朴实的平屋脊，全屋无雕饰。（图3、图5、图6、图8、图10）

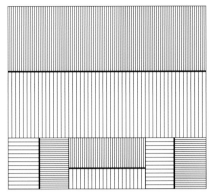

图 4　张屋民居屋顶平面图

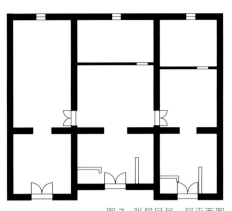

图 7　张屋民居一层平面图

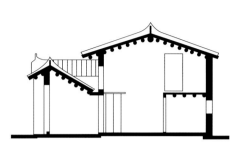

图 9　张屋民居剖面图

图 5　罗屋民居山墙

图 8　罗屋厨房灶台

图 10　罗屋侧立面

成因

　　三间两廊的三合院是香港中式民居建筑的基本单元，体现了中国传统农耕社会以家庭为生产构成的单位，反映了汉文化理想的家庭关系、人与环境的关系，及阴阳五行的观念。另一方面，三间两廊的三合院也是四合院原型在南方气候较湿热、人口较集中地区的一种简化。

比较／演变

　　三合院是四合院建筑形制发展过程中的一种简化形式，没有四合院对外的门房，大门也会由于院子面积的狭小而采用随墙式的大门。三合院的基本单位为一进，根据户主的不同需求，也可增加纵深扩建至多进，或通过跨院、护龙等在横向布局上扩建产生新的合院形态。

图 6　罗屋全貌

中式合院民居·三间两廊四合院

四合院为香港中式传统民居的完整基本形制，是在三间两廊三合院的南侧，加上入口门廊，与南北面的正房（正身）和东西厢房（护龙）组成四合院，中间围合部分为庭院或天井。

图1　王屋村民居透视

1. 分布

香港的中式传统民居主要分布在九龙半岛北面的新界地区，原来隶属于广东的新安县，包括新界西北的元朗、上水、粉岭、荃湾、大埔、沙田以及新界东北的马鞍山和西贡地区。民居多建于清康熙年间之后，村落基本上集中在一些农业或渔业发达、地形平坦的平原，比如新界的元朗平原或者沿海的沙田、荃湾等地方。

2. 形制

香港四合院的基本格局主要是在传统的"三间两廊"基础上，在入口处加建一间房或门楼，形成四面房屋、中间庭院或天井的一种合院民居。四合院的形制与三合院相仿，仅是在面积或屋主经济许可的情况下扩建一间门房，保留了传统的空间格局。正房多为三开间，中间一间为厅堂，一般设有神龛用以安放祖宗牌位，两侧为卧室。两侧厢房为卧室或厨房，中间为天井或庭院。入口处倒座往往为门楼或用于放置杂物（图1、图3、图4）。

3. 建造

香港的民居建筑木料多采用杉木，普通的住宅很少用梁架结构，而是以硬山墙体直接承托杉木檩条，形成露明的密檩式。墙体多为青砖砌筑，也有用三合土、花岗石等材料的。屋脊多为平脊，屋瓦一般为黑瓦或灰瓦。入口多为凹斗式设计（图2）。

4. 装饰

香港的四合院一般多为普通民居和三合院相比，有些四合院装饰相对丰富华丽，装饰细部也更精致，体现了更高的工艺水平。有些四合院住宅在正房和天井使用大量木雕，入口、山墙和屋脊饰以灰塑及石湾陶瓷。檐板有时会有壁画，主题多为山水花鸟，或是寓意吉祥的八仙过海、状元及第等民间故事题材。

5. 代表建筑

王屋村民居

王屋村位于香港沙田圆洲角，由广东王氏夫妇兴建于19世纪，作为王氏族人居住及劳作之用。

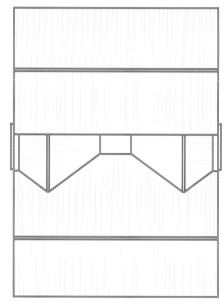

图3　王屋村民居屋顶平面图

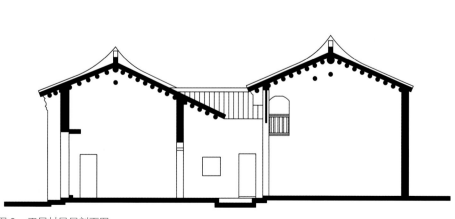

图2　王屋村民居剖面图

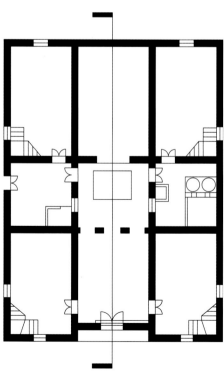

图4　王屋村民居一层平面图

图 5　王屋村民居正面手绘图

图 8　王屋村民居俯视手绘图

图 6　王屋村民居天井手绘图

此民居为两进式建筑，面阔三间，属于中型民居。建筑主要由青砖建成，墙身有麻石基座，两边为硬山墙，檩架是直檩式设计。两进两旁皆是有阁楼的厢房，天井左侧的厢房是厨房（图 5、图 6、图 8）。入口为凹斗式，保留了原本的趟栊式木门。墙头有瑞兽及花鸟灰雕以及八仙和花鸟造型的木雕檐板，做工细腻精致。屋脊为双龙，末端平脊，屋内外饰有大量山水、墨龙及花鸟壁画（图 7）。

成因

四合院是汉民居的完整基本单元，提供了内向的庭院环境和围合式的居住空间，体现了汉文化理想的家族关系，人居与自然环境的互动，以及阴阳五行的观念，是中国传统家庭结构和空间等级与生产关系的反映。而香港的三间两廊四合院，在保留了理想四合院的主从和内外关系之外，又为适应南方湿热的气候和较集中的居住方式，而在尺度和布局上做了调整，通过减小庭院的面积、加高主屋及加强空气的流通，而创造出较适宜的居住环境。

比较 / 演变

完整的四合院一户一宅，平面的大小和布局往往由户主家庭的情况来决定。在香港，多进的四合院民居不多见，通常都是一进院落，在东西两侧有跨院或护龙，用作厨房、饭间、厕所等，也有作读书、会客、起居之用，各家不同。

图 7　王屋村民居侧面

中式合院民居·明字间曲尺形合院

曲尺形合院从形制上来说就是两合院，由一间两开间的正房与一间厢房构成。两间房屋平面上呈90°曲尺般的形状，正房与厢房之间为庭院或天井。

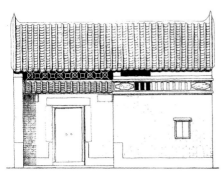

图1　辋井围民居立面图

1. 分布

曲尺形合院是传统三合院的一种变形，主要分布在香港九龙半岛北面，新界地区的一些传统村落或围屋内，包括新界西北的元朗、上水、粉岭、大埔、荃湾及沙田，以及新界东北的西贡地区，比如新界的元朗屏山区的辋井围等地方。

2. 形制

曲尺形合院当地又称"平廊屋"或"明字间形屋"，是指在传统"三间两廊"基础上，将三合中的一合减去，变成一间两开间的正房、一间厢房与两面围墙形成的一个封闭式合院。平廊屋是在屋主经济或土地条件的限制下，将三间两廊简化成"两间两廊"的合院形制，正房和厢房间呈90°，形如曲尺，是香港传统村屋民居在数量上仅次于三间两廊的一种普遍类型。节约用地、形式简约。曲尺形合院主屋为厅堂，一般设有神龛用以安放祖宗牌位，由于室内空间较小，也有些曲尺形合院会在主屋上加上夹层阁楼，增加室内使用空间。厢房前部一般设厨房，也有设店铺对外者。后部则为住屋。（图1、图3、图5）

3. 建造

香港的民居建筑木料多采用杉木，普通的住宅很少用梁架结构，而是以硬山墙体直接承托杉木檩条，形成露明的密檩式。墙体多为青砖砌筑，也有用三合土、花岗石等材料。屋脊多为平脊，屋瓦一般为黑瓦或灰瓦。入口多为凹斗式设计。（图7）

4. 装饰

曲尺形合院的装饰风格与三合院相似，甚至更为简单，风格朴素。屋脊多为平脊，屋瓦多为黑瓦或灰瓦。两边硬

图2　辋井围民居外部

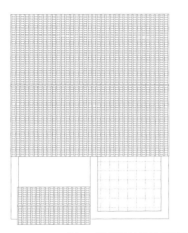

图 3　辋井围民居屋顶平面图

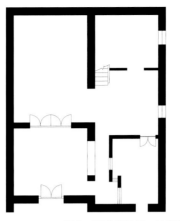

图 5　辋井围民居一层平面图

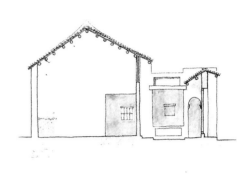

图 7　辋井围民居剖面图

山墙直接承檩条，屋架外露可见。檐板、窗棂有时会使用木雕装饰。

5. 代表建筑

辋井围民居

　　辋井围，位于元朗区屏山乡的西北部，是屏山乡的原住村落，与辋井村相邻，有村路连接深湾路。围村内存有若干座典型的曲尺形合院民居。其形制为一间两开间的正房、一间厢房与两面围墙形成的一个封闭式合院。立面为青砖，入口处设小门斗，门四周镶以麻石（图2）。进入后即是小天井，后为主屋，设有神龛用以安放祖宗牌位。厢房前部设厨房，为平屋顶，立面上方装饰有女儿墙。后部则为带阁楼的住屋（图4、图6）。

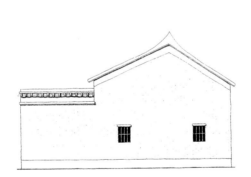

图 6　辋井围民居侧立面图

成因

　　曲尺形合院是三合院的一种简化变形。此类合院形式多出现在一些围村或村落内，由于受到村内有限的用地限制，或是因为屋主经济的情况，将三开间的主屋缩短成两开间，也省略了三合院中的一合，转而用围墙代替。

比较 / 演变

　　由于曲尺形合院的室内空间相对较小，天井有时会被加上屋顶，作为服务性空间。很多围村内的排屋都是以曲尺形合院为基本的单元，也有些主屋会加建阁楼或二层，增加使用空间。

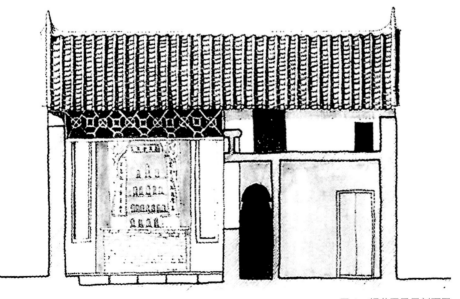

图 4　辋井围民居剖面图

中式合院民居·串联式三合院

串联式三合院由两个并排的三合院构成，两个合院单元共享中间的厢房，但各有一个单独的院落以及各自的厢房，如同中间厢房重叠的两个三合院。

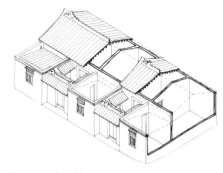

图1 下田寮下村民居透视图

1. 分布

串联式三合院是传统三合院或四合院之间扩建重组而成的一种变形，主要分布在香港新界村落或一些围村的内部，比如新界西北的元朗、大埔、锦田以及新界东北的西贡，或者沿海的沙田、荃湾等地。

2. 形制

从平面上来看，串联式三合院既可以被理解为两个共享厢房的三合院，也可以理解为两个由一间厢房连接的并排的曲尺形合院。一般为同家族或同家庭成员共享（图1）。

合院左右两侧为厢房，多作为卧室或其他房间。两个正房一般为主人卧室，或放置神像成为祭拜祖宗的地方。两正房中间为两院共享的厢房，多作为共用的厨房或厕所等服务空间（图4、图7）。

3. 建造

香港的民居建筑木料多采用杉木，因其在南方较容易得到。普通的住宅很少用梁架结构，而是以硬山墙体直接承托杉木檩条，形成露明的密檩式。墙体多为青砖砌筑，也有用三合土、花岗石等材料的。屋顶多用灰瓦或黑瓦，入口一般为凹斗式设计（图8）。

4. 装饰

串联式三合院的装饰与普通三合院相比略为考究。一般在立面及山墙檐部作砖雕、灰塑或壁画。窗棂有时会使用木雕装饰。装饰主题一般为山水花鸟，或是象征吉祥的福禄寿、状元及第等图案，体现了屋主对家族的美好愿景。

5. 代表建筑

下田寮下村民居

下田寮下村位于香港新界大埔区，由钟氏族人所建，具体年代已不可考。

该民居是一进一院式建筑，面阔五间。该建筑可分为两间民居，较大的一边由一正厅、一天井及两边的厢房组成，较小的一边则由一正厅、一天井及一厢房组成。整座建筑物主要以青砖建成，两边为硬山墙，檩架是直檩式设计。当中两间的凹斗式设计显示该两间为民居的入口，但从其余三间墙身的青砖及麻石的堆砌痕迹可以推测昔日在两入口之间仍有第三个入口。凹入的两个开间各有门楼，门楼后有天井，天井旁有檐廊，与其余三间盖上独立平屋顶的房间相通。民居的正厅分为三组空间，左右相通，左右厢房割分了房间和阁楼，中央的厅堂则仅一开间（图2）。

此民居的屋脊是双龙末端屋脊，正面墙头有别致的灰塑，以花草、暗八仙

图2 下田寮下村民居外部

图3 下田寮下村民居外部细节装饰

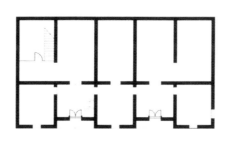

图4　下田寮下村民居屋顶平面图

图7　下田寮下村民居一层平面图

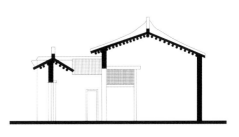

图8　下田寮下村民居剖面图

图5　下田寮下村民居正立面图

图6　下田寮下村檐下灰塑细节

和蝙蝠等为题材，山墙的灰塑则有花卉及卷草图案以及鱼形出水口，入口顶部的壁画则有山水花鸟造型。檐板除了有花鸟及书卷为题的木雕之外还镶有许多细巧的镜片，正门的窗罩饰以鱼及花果灰雕装饰，做工精美，别具特色（图3、图5、图6）。

成因

串联式三合院多半由两个同一家族（宗族）里的不同家庭共享。其配置既保证了两个相邻合院各自的私密性和院落的完整性，又强化了两个院落之间的流线联系，共享服务空间也在一定程度上提高了空间的实用性和效率，所以成为在香港较常见的合院类型之一。

比较／演变

串联式三合院在形态上是由两个并排的三合院演变而成，但因为属于节约型的压缩改变，也不容易进一步演化成更复杂的形式。

中式合院民居·联排式合院

联排式合院是指数个面阔一间的一进院落连成一排，并使用同一屋顶。各院落之间相对独立，没有连通，各为一个完整的居住空间。

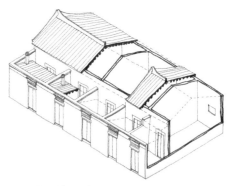

图1 蕃田村民居剖切透视图

1. 分布

联排式合院是院落节约组合的一种变形，主要分布在香港新界村落，或一些围村的内部，比如新界西北的元朗、大埔、锦田以及新界东北的西贡，或者沿海的沙田等地方。

2. 形制

联排式合院是由几个最基本的居住单元组合而成的集合住宅。在平面的配置上，建筑由数个面阔一间的一进一院式院落并列排成一排，入口朝向一致，互相紧邻但并不相通，但结构形制上如同一个多开间住宅，外形也是一个整体屋顶的合院（图1）。这类合院中每个院落的面积都较小，前面为天井，后面为生活空间。天井有时会被盖上屋顶以增加室内面积，用作厨房、浴室、储物间等服务空间。房间内既为起居空间，也为就寝空间，有时室内会有隔断将两种空间进行粗略区分。有些联排式合院会有阁楼，作为室内空间的延伸（图5、图7）。此类民居过去在香港的村落中较为常见，如今多为新式多层村屋取代，保留下来的已经不多。

3. 建造

香港的民居建筑木料多采用杉木，因其在南方较容易得到。普通的住宅很少用梁架结构，而是以硬山墙体直接承托杉木檩条，形成露明的密檩式。墙体多为青砖砌筑，也有用三合土、花岗石等材料的。屋顶多用灰瓦或黑瓦，入口多为与外墙平式设计（图8）。

4. 装饰

联排式合院相较于三合院、四合院及其他合院组合，往往空间相对较小、

图3 蕃田村民居墙头灰塑细节

图2 蕃田村民居入口

图4 蕃田村入口通道

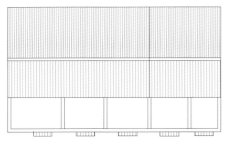

图 5　蕃田村民居屋顶平面图

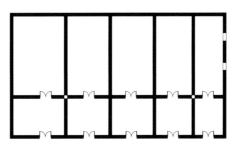

图 7　蕃田村民居一层平面图

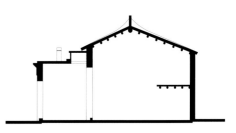

图 8　蕃田村民居剖面图

私密性相对低，所以多为普通民居。此类合院装饰朴素，甚至没有装饰。一般使用灰塑或砖绘等传统装饰元素，有些较为华丽的联排式合院内部会有砖雕和木雕。装饰主题多为花果山水等意象，或是象征吉祥的蝙蝠、八仙等形象。

5. 代表建筑

蕃田村民居

该民居位于香港新田的蕃田村，为当地村民住所，具体建筑年代已不可考。

该民居为一进一院式的青砖建筑，没有被建在花岗石基座上。建筑两边为硬山墙，梁架为直檩式设计。此民居实际上是五个独立的居所，面阔各一间，每间的面阔不全相同，属小型民居，风格简朴实用。每一个居所都设有一独立正墙门罩式入口、一个天井和一个房间，每个房间都有阁楼。各房间互相紧邻但不相通，共用一个屋顶（图 2～图 4）。

现在部分房间的天井已经用混凝土瓦覆盖，成为室内空间的延伸，用作厨房和浴室。房间一层前部为主居室，主居室后方分隔出一个小空间作为卧室，卧室上方的阁楼用于储物。

整座建筑的屋脊是翘角形，饰以花果及瑞兽等灰塑图案，寓意吉祥。室内基本无装饰，仅于门罩和墙头等地方饰以一些花果、瑞兽、福禄寿等造型精美的灰塑和灰雕（图 6、图 9）。

图 9　蕃田村民居入口门罩灰塑

图 6　蕃田村民居侧立面

成因

联排式合院作为院落原型分割而成的一种变形，每户一厅一院，功能齐全简单经济。相对于传统合院的形制，联排式合院容纳了多个住户单元，提高了空间效率，保障了各院落之间的独立性和私密性，并降低了建造成本。

比较 / 演变

在结构共享的基础上，联排式合院是村民们在经济能力无法负担独栋三合院的情况下，联合发展出来的高效率节约式集合住宅，在近年新界村落土地有限的条件下，是一种常见的做法。

中式合院民居·单跨院三合院

单跨院三合院就是在标准三合院的基础上，再加出一个单跨院。一般由三间两廊的正房（正身）的东或西侧加出一个开间，以及一个附带的小天井跨院。

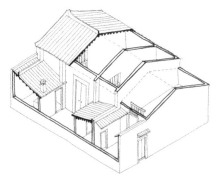

图 1 坑尾村民居透视图

1. 分布

单跨院三合院是传统三合院扩建而成的变形，为民居典型的增建方式，主要分布在香港新界的元朗、屏山、锦田、大埔、沙田、西贡等地形平坦的地区。

2. 形制

单跨院三合院无论在面积还是装饰上，规格都高于普通的三合院或四合院，屋主一般是较为富有的村民。单跨院三合院一般分为两部分，即作为主体建筑的传统三合院，以及左侧或右侧以天井相连的跨院（图 1）。此种合院主体建筑格局上遵循"三间两廊"的基本模式，附带的跨院则增加了合院的整体面积。合院的入口一般在附带的跨院处，前面是天井，后面的房间一般为厨房或厕所，有些较富裕的家庭也会将这个房间作为磨房。主院的正房中间为厅堂或

家庭祭拜祖先的地方，两侧为卧室。主院的两个厢房一个是连接跨院与主院的通道，另一个是卧室或储物空间（图 3、图 5）。

3. 建造

香港的民居建筑木料多采用杉木，因其在南方较容易得到。普通的住宅很少用梁架结构，而是以硬山墙体直接承托杉木檩条，形成露明的密檩式。墙体多为青砖砌筑，也有用三合土、花岗石等材料的。屋顶多用灰瓦或黑瓦，入口多为与外墙平式设计（图 4）。

4. 装饰

单跨院三合院较之普通三合院面积更大，屋主多为较富有的家庭，房屋装饰也往往更为华丽。屋脊除了简单的平脊之外也有其他样式，细节装饰也更为复杂。房屋一般会在墙头、檐下或门罩

等处有灰塑装饰。室内会有砖雕、木雕或彩绘装饰。家具做工精细，显示出屋主的富足（图 2）。

5. 代表建筑

坑尾村民居

该民居位于香港新界屏山的坑尾村，由邓氏族人建于清嘉庆至道光年间，距今已有一百多年历史。

该民居为一进一院式建筑，面阔三间，属中型民居。建筑可分为两个主要部分。左边主建筑是面阔三间的主居室，前方有天井，天井两侧为厢房，作为厨房及磨房等服务空间。右边附属建筑为一个面阔一间的跨院，作为该民居的主要入口通道。跨院前面为天井，天井后有一间房作为仓库及偏厅。

该民居主要以青砖砌成，墙角由麻石构成，两边为硬山墙。屋架为直檩式

图 2 门罩处灰塑

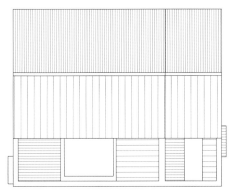

图3　坑尾村民居屋顶平面图

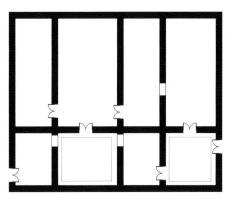

图5　坑尾村民居平面图

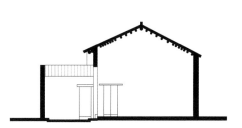

图8　坑尾村民居剖面图

设计，有极密的二十六根檩条（图8）。主居室中央为祖先神厅，两侧为耳房。耳房之间有一个相连的阁楼作储物之用。主入口是正墙门罩式，主居室屋脊为翘角式设计。山墙墙头及门罩处可以找到一些以花石及瑞兽等造型为主题的灰塑。室内有精致的木雕家具，如卧室的木床，磨房也基本为大户人家才有。可见该民居屋主较为富有（图6、图7）。

图6　翘角式屋顶及开窗细节

成因

单跨院三合院是"三间两廊"的形制在经济许可的情况下简单的扩建方式，其附带的跨院扩大了住宅整体的面积，并且提供了生产活动的场所。跨院作为服务空间相对独立于主院的活动空间，保证了屋主家居的生活质量，满足了富裕阶层的生活需求。

比较／演变

随着屋主需求的转变以及其经济能力的发展，单跨院三合院也可以被扩建为双跨院三合院，或跨院、三合院、护龙的组合。

图4　坑尾村民居建筑侧立面

图7　坑尾村民居入口

中式合院民居·单跨院单护龙三合院

单跨院单护龙三合院是指在传统三合院的基础上，另外在两侧加建一个护龙（厢房）和一个跨院，和原有建筑以院或廊连接，形成一个更大并且更丰复的合院空间。

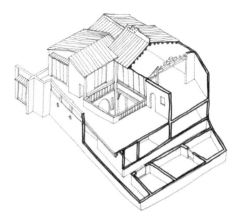

图 1　清暑轩剖切透视图

1. 分布

单跨院单护龙三合院多为富有的商人或乡绅的宅邸，主要分布在香港新界的元朗、屏山、锦田、新田等土壤相对肥沃和地形平坦的平原地区。

2. 形制

单护龙单跨院三合院是在传统三合院的基础上，于两侧各添加一个护龙和一个跨院，从而得到更大的合院空间。建筑的主入口一般位于跨院，跨院前部为天井，后部为服务空间或生产空间，如磨房、轿房。正院正房为主厅，有时会摆放神龛作为日常祭拜空间。正房两侧的厢房为卧室。护龙主要是作为厨房和厕所。有些单跨院单护龙三合院会加建第二层，并在上层用廊连接护龙和正院。二层的房间一般为卧室（图1、图5、图6）。

3. 建造

香港的民居建筑木料大多采用杉木作为梁柱与檩条等大木建材。墙体多为青砖，也有用三合土、花岗石等材料砌筑而成的。屋脊多为平脊，屋瓦一般为黑瓦或灰瓦。结构上多用硬山墙体承杉木檩条，形成露明的密檩式。主屋部分也有采用抬梁式与穿斗式相结合的木架形式（图7）。

4. 装饰

单护龙单跨院三合院面积较大，装饰华丽，基本都为富有的乡绅或商人的住宅。屋顶多为复杂的翘角式屋脊，檐下饰有精致的灰塑或壁画，主题多为山水花鸟或人物故事。墙上开雕花木窗，饰以灰雕或彩绘，窗上或会使用玻璃等在当时非常昂贵的材料。屋内木作家具

图 3　清暑轩跨院通道

图 2　清暑轩鸟瞰手绘图

图 4　清暑轩内院装饰

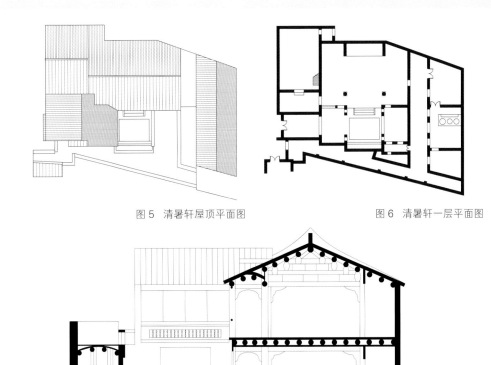

图 5　清暑轩屋顶平面图　　　　　　　图 6　清暑轩一层平面图

图 7　清暑轩剖面图

图 9　清暑轩主入口

的露天走廊相连，构成较为复杂且互相贯通的空间，可见其因地制宜的空间布局特点（图 2、图 4）。

清暑轩饰有大量木雕额枋和以人物故事为主题的驼峰，主建筑内有细致的木雕花罩，阁楼卷棚有镂空雕板。精致的灰雕可见于建筑的各处，如通往浴室及厨房的走廊上方。位于主建筑的照壁有以灰雕环绕的漏窗，左附属建筑有西式的窗户和装饰（图 8、图 9）。

陈设也较为精致。有时建筑内会出现西式风格的装饰，体现了屋主的身份和富足的条件。

5. 代表建筑

清暑轩

清暑轩坐落于香港元朗屏山，与觐廷书室相邻，由邓氏族人邓香泉兴建于1874 年，为当时到访村中的宾客及鸿儒的下榻居所。

清暑轩是由主建筑、右侧附属建筑及左侧以走廊连接的附属建筑构成的大

型民居。主建筑是一进一院式建筑，楼高两层，面阔三间。穿过清暑轩及右侧书室相连的廊道可抵达正门，经过月门及天井可以抵达主建筑，其与门屋皆有阁楼。左侧护龙的附属建筑包括厨房和轿房，并另设廊道与外部连通。主建筑另一侧的跨院是厅堂功能的延伸，后方设有楼梯通向二层卧室。二层有露台廊道连接左附属建筑上层的一个房间及书室上层。该廊道下方是有多重拱门的走廊，既能通往室外，又与左附属建筑旁

成因

单跨院单护龙三合院是三间两廊的形制，在经济许可的情况下进一步的扩建方式，其附带的护龙和跨院扩大了住宅整体的面积，并且提供了生产活动的场所。跨院和护龙作为服务空间相对独立于主院的活动空间，保证了屋主家居的空间层级与生活质量，满足了富裕阶层的生活需求。

比较 / 演变

护龙与跨院是三合院居住单元，因为不同的空间与加建的需求，而产生出来的不同扩建方式。三合院单元可以进一步发展成双跨院、双护龙，或单护龙单跨院。清暑轩的跨院是三合院厅堂的延伸，护龙则提供了服务功能。因而不同于一般住宅，结合庭院趣味，序列空间的经营由小到大，有明确的设计意图，是单护龙单跨院三合院类型的特殊案例。

图 8　清暑轩外墙细节

中式合院民居 · 单跨院单护龙四合院

单跨院单护龙四合院是指在传统四合院的基础上，另外在两侧加建一个护龙（厢房）和一个跨院，和原有建筑以院或廊连接，形成一个更大且更丰富的合院空间。

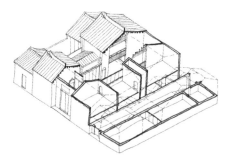

图 1　大夫第透视图

1. 分布

单跨院单护龙四合院属于大型民居，一般是富有的地方乡绅的大宅，分布在香港新界的元朗、屏山、锦田、新田等土壤相对肥沃并且地形平坦的农业发达地区。

2. 形制

单护龙单跨院四合院是在传统四合院的基础上，于两侧各添加一个护龙和一个跨院，从而得到更大的合院空间。建筑的主入口一般位于正院的门楼，正院中间为天井。正房面阔三间，中间为主厅，作为会客及日常祭拜场所，主厅两侧为卧室。正院内厢房多用来连接跨院和护龙，内作服务或生产空间。护龙内一般为卧室，跨院内一般为厨房等服务空间（图1～图3）。

3. 建造

香港的民居建筑木料大多采用杉木作为梁柱与檩条等大木建材。墙体多为青砖，也有用三合土、花岗石等材料砌筑而成的。屋脊多为平脊，屋瓦一般为黑瓦或灰瓦。结构上多用硬山墙体承杉木檩条，形成露明的密檩式。主屋部分也有采用抬梁式与穿斗式相结合的木架形式。（图4）

4. 装饰

单跨院单护龙四合院屋主一般为较富裕的商人或乡绅，所以建筑装饰华丽，色彩丰富，有时细节会带有西洋风格。房屋往往大量使用灰塑及陶塑，主题多为人物故事或吉祥意象。山墙常有彩色壁画或灰雕、石刻等装饰，主题多为瑞兽或山水花鸟。室内装饰华丽，随处可见精致木雕。有时建筑内会使用西式的浮雕或纹样。

5. 代表建筑

大夫第

大夫第位于香港新界元朗区新田永平村，为文氏子弟文颂銮于清同治年间（1865年）修建。

大夫第由多幢建筑物组成，属大型民居。主入口有门楼，旁边为饲养场。门楼与主建筑之间为前院，前院旁有工

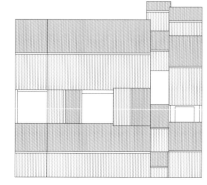

图 3　大夫第平面图

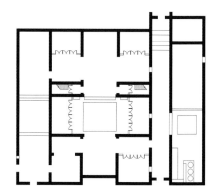

图 4　大夫第剖面图

图 5　大夫第主立面

图 6　山面

图 7　正厅

图 8　跨院

图 9　厨房

图 10　檐口脊饰

作坊和小码头。主建筑为两进，分主体建筑和次轴建筑，后方为果园（图 5、图 6）。主体建筑面阔三间，左右次轴各面阔一间，末进屋顶以十五根檩条承托，两边为青砖砌成的硬山墙。一进檩架为直檩式，末进为混合式。入口为凹斗式，两侧皆有耳房，天井有厢房和檐廊，其一厢房有阁楼。末进正厅为两层高，设有祖先灵位。右次轴建筑主要为耳房，左次轴建筑主要为厨房（图 7～图 9）。

大夫第装饰华丽。墙头饰以吉祥灰塑、人物故事陶塑及彩塑壁龛，屋脊上有人物故事陶塑。硬山墙有瑞兽、山水灰雕及花瓶山尖，整座建筑饰有花草图案为主的灰塑，以及墨龙及山水图案的壁画。室内饰有大量木雕，门上有半圆形彩色玻璃，饰以花及蝙蝠造型，并有仿洛可可的花叶浮雕（图 10）。

成因

以大夫第为代表的单跨院单护龙四合院，事实上是对三间两廊四合院形制的扩建，其附带的护龙和跨院扩大了住宅整体的面积，也提供了相对独立的服务空间或者会客、居住空间，是因生活方式之需而对理想形态的改变。

比较／演变

护龙与跨院是四合院居住单元因为不同的空间与形式加建的需求而产生出来的不同扩建方式。四合院单元可以进一步发展成双跨院、双护龙或单护龙单跨院。大夫第的跨院是厅堂的延伸，一侧的厢房有二层空间，护龙则提供了服务功能。大夫第不同于一般住宅，宅邸前面有大广场，侧面有庭园水塘，是新界典型地方士绅的大宅邸，也是护龙跨院四合院类型的特殊案例。

中式合院民居·双跨院双护龙四合院

双跨院双护龙四合院是在原有四合院的基础上，两侧都加建护龙（厢房）。加建部分与原有建筑以廊或庭院相连，形成面积更大并且层级清楚丰富的四合院空间。

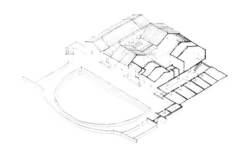

图1 岭梅庄透视图

1. 分布

双跨院双护龙四合院属于大型民居，是地方士绅大家族的大型住宅，主要分布在香港新界的元朗、屏山、西贡等土地平坦的农业地区。香港地区这种住宅形式的原型多半来自粤东的客家人府邸，分布地区也和客家移民在新界的聚落分布有关。

2. 形制

双跨院双护龙四合院的传统住宅类型，粤东客家人称之为"府第式"，也类似闽北的"五凤楼"。此类住宅配合地形，适合家族同堂，空间层级清楚的生活方式。建筑平面配置以南北向为中轴，东西对称前低后高，布局规整主次分明。背靠半圆形山丘，建筑主体结构为"一进三厅两厢一围"，大门前有一块禾坪和一个半月形池塘。禾坪用于晒谷乘凉和其他活动，池塘具有蓄水养鱼、防火抗旱、调节气候等作用。"府第式"围龙屋基本空间结构在中心轴线上为二堂（厅）或三堂，最多者达五堂，称为

"龙厅"。左右两厢俗称横屋，在左右横屋尽头，筑起围墙形的屋，把正屋包围起来，称为"护龙"（图1～图3）。

3. 建造

香港的民居建筑木料大多采用杉木作为梁柱与檩条等大木建材。墙体多为青砖，也有用三合土、花岗石等材料砌筑而成的。屋脊多为平脊，屋瓦一般为黑瓦或灰瓦。结构上多用硬山墙体承杉木檩条，形成露明的密檩式。主屋部分也有采用抬梁式与穿斗式相结合的木架形式。（图4）

4. 装饰

双跨院双护龙四合院规模较大，一般为大家庭或整个家族的居所。建筑外部装饰简单，立面为客家风格的白墙黑瓦，有时会有简单的灰塑装饰。细部装饰风格则受到了广府围屋的影响。建筑内部也较为朴素，一般使用木雕漏窗或木雕家具为装饰品。

5. 代表建筑

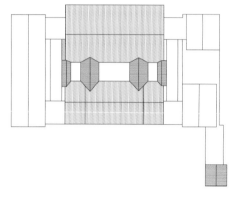

图2 岭梅庄屋顶平面图

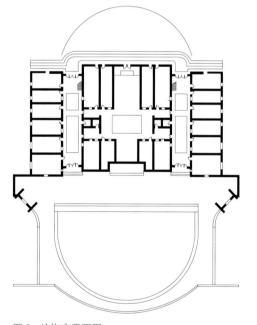

图3 岭梅庄平面图

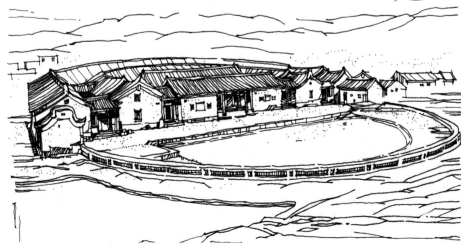

图5 岭梅庄建筑俯瞰手绘图

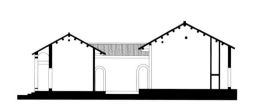

图4 岭梅庄剖面图

图 6 细部

岭梅庄

岭梅庄位于香港元朗，是一座建于1930年前后的客家大屋，作为罗氏族人的居所。

岭梅庄主要由主建筑、左右次轴建筑及附属建筑组成，次轴建筑与附属建筑间以院落相连。建筑前有一半圆水塘，闸门设于两侧的门楼（图5）。主建筑是两进一院的设计，面阔三间。次轴建筑及附属建筑皆面阔一间，后者为平顶造法。此民居属大型民居，正厅屋顶以十五条檩条承托，属梅县客家的建筑风格（图6）。整座建筑以青砖建成，主建筑两边为硬山墙，梁架为直檩式设计。一进为门屋，二进为主居室，同时安放了祖先牌位及神龛，作为祭祀场所。两进两旁皆为耳房。次轴建筑主要做卧室及其他用途（图7、图8）。

图 7 岭梅庄建筑外部

此民居有三个入口。中央的主入口为前檐廊式，通往门屋。次入口则通往次轴建筑与附属建筑之间的院落。民居的屋脊是平脊，屋内建筑装饰较为朴素。门屋内的屏门顶部有几何装饰木雕，另有许多以风景、花鸟为主题的装饰壁画。建筑内有大量花形漏窗，附属建筑的栏杆及女儿墙皆有通花花纹，地面也可见花形图案的铺砌。

成因

香港双跨院双护龙四合院的传统住宅类型，多半源自粤东客家人的"府第式"围龙屋，虽然已有清楚的空间原型为参照，然而就建筑形态的发展来看，也代表了完整三开间的四合院，进一步往东西两侧扩建的典型做法。

比较/演变

岭梅庄的双跨院双护龙四合院一方面源自粤东的围龙屋，另一方面也是四合院主屋往两侧发展的表现。发展了双跨院之后的主屋，也可以看成是一栋五开间的大宅，加上两侧双护龙的服务空间。就形态的发展来审视岭梅庄的双垮院双护龙四合院，也可以看成是一个香港客家围屋与广府大型四合院的融合形式。

图 8 建筑主立面手绘图

宗族组合式民居·围村

围村是一个村庄基于防御需求用高墙围拢起来的聚落形式，在香港发展成为一种特殊类型，平面由联排的屋子左右对称组成，外围是结合围墙的附属建筑，是新界最普遍的村庄形式之一。

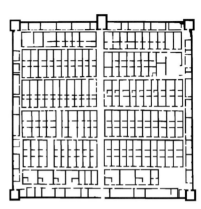

图1 吉庆围平面图

1. 分布

围村在广东主要分布在客家人与潮汕人或广府人的交接地区，在香港新界的围村则多位于农耕发达但远离官方力量的地区，因为强烈的防御需求而产生的聚落形式。香港的围村主要建于清康熙复界之后，分布在新界包括元朗、锦田、上水、粉岭、荃湾和西贡地区。根据新安县志的记载，清嘉庆年间新界地区就有将近三十个围。

2. 形制

香港的围村形制虽然类似在闽粤赣交界山区的"寨"，但主要是复界以后广府人士为了防御而建，又称为广府围村。围村的布局以一条纵向的主要巷道为空间主轴，由入口门楼通向中轴尽端的祠堂。轴线两侧的村屋由一排排平行

的排屋组成，多半是小单元的联排式合院，没有横屋。每排屋子之间以水平的巷弄分隔，是村子主要的通道系统。巷子有纵走向的，组成一个方形或长方形的"棋盘式聚落"。在棋盘式村屋的外围，加上前后左右四面的排屋，结合了防御围墙，四角再加炮楼。正面围墙中央开门，四面围墙外挖护城河，村内挖井，就成为一个香港典型的围村了（图1、图6、图7）。

3. 建造

围村的砌墙材料有三合土、卵石、蚝壳、青砖等。清代以后外墙多使用青砖，墙脚使用花岗石（麻石）。棋盘式围村内的建筑建造技术与一般联排合院屋相仿，屋脊多为平脊，屋瓦一般为黑瓦或灰瓦。结构上多用硬山墙体承杉木

图4 入口细部

图2 围村四角碉楼

图3 巷道

图5 细部

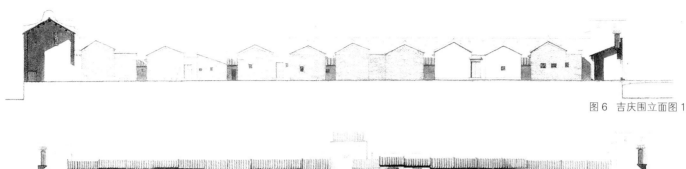

图 6　吉庆围立面图 1

图 7　吉庆围立面图 2

檩条，形成露明的密檩式。

4.装饰

围村的外部以防卫为第一要务，以高大实墙面包围内部的住宅，一般没有装饰，有些围村在角部有高耸的碉楼，成为一地的标志。外立面硬山墙面一般以简单线脚及漆饰勾勒。部分规格较高的硬山墙也用"观音兜"式，当地称为"茶壶耳"。入口处为防御而设的连环铁门亦具有装饰性，如"吉庆围"的连环铁门，这座铁门同时因其为英军所掠后失而复得的故事，有很高的知名度（图 2～图 5）。

5.代表建筑

吉庆围

吉庆围位于香港锦田，由邓伯经始建于明代初期。

吉庆围呈长方形，内部的排屋建于明代成化年间（1465～1487 年），共有六排屋，五条巷，设计整齐、对称，是典型的围村建筑。初建时并每面长 80m，以青砖砌成，墙基无围墙。至清康熙年间（1662～1721 年）为了防止流寇侵扰，排屋外加建围墙和四角更楼。

图 9　吉庆围民居平面图 1

图 10　吉庆围民居剖面图 1

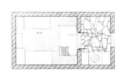

图 11　吉庆围民居平面图 2

图 12　吉庆围民居剖面图 2

围外设有护城河，如今已经被填平。围墙高 7m，用石筑砌而成，厚达 18 英尺（约 5.27m），壁上有炮口。围墙四角均筑炮楼，并加连环铁闸。东面设有神厅，吉庆围只有一个出入口，设在西面，一条约 2m 宽的大街由正门延伸至村尾，尽端有一个小型祠堂（图 8、图 13）。

成因

香港的围村，既受广府围村的影响又保留了粤北、赣南客家寨子的特色。它在广府村落棋盘配置的布局上，加上围墙和四角炮楼。香港围村形制的成因一则因为防御的功能需要，另外也反映了本地客家人的建筑文化与认同。这些同族人居住的围村也可视作是一种大型合院聚落与联排屋结合的变形（图 9～图 12）。

比较 / 演变

香港围村和围屋虽然尺度不同，却有一种形式的相似性，在祠堂轴线和巷弄空间，以及围墙炮楼的空间形式上互相影响。如今香港围村数量不断减少，同时保留下来的围村内部建筑也不断地翻修更新，每户的宅基地上，因为新界的丁屋政策，多建起了二层至三层不等的现代独栋楼宇。

图 8　吉庆围主入口

图 13　吉庆围中轴巷道

宗族组合式民居·护耳式围屋

围屋是香港客家人的大家族,基于防御需求建造的大型合院,长方形的平面配置中轴对称,由并列的几组四合院,加上周边一圈横屋组合而成,结合高墙与碉楼以及护耳山墙,在香港新界与深圳地区成为一种特殊的住宅类型。

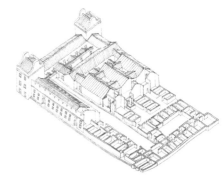

图1 曾大屋剖切透视图

1. 分布

香港的围屋主要出现在清代中叶以后,基本分布在新界元朗、锦田、上水以及沿海的大埔、沙田及西贡等地区。

2. 形制

护耳式围屋在中心轴线上配置二或三个厅堂,中轴两侧各有一对三进两院式四合院,外加护龙式横屋,最后以一圈结合围墙的排屋形成完整的布局。围屋在平面布局上保留了粤北客家民居堂屋、禾坪的主要结构,后面不带花头和围龙。除此之外,四角碉楼屋两边有两个护耳一样的山墙,四周则被二层围楼包围起来。深圳有些围屋会在后围中央增建"望楼",是全楼最高点,围楼顶层周围建成通廊"走马楼"(图1、图3、图4)。

3. 建造

围屋建筑外墙多用"三合土"夯筑或青砖垒砌,是东江流域和深圳、香港民居的一大特色。中心轴线上的堂屋多用穿斗抬梁混合式结构,横屋及围屋一般为直檩式屋架,入口一般以花岗石发券做拱门(图6)。

4. 装饰

护耳式围屋的装饰多半集中在外立面檐部及屋脊处。四角碉楼的护耳山墙处一般以线脚及彩画重点勾勒,碉楼檐部有做叠涩出挑装饰的例子,见于曾大屋(图5)。

5. 代表建筑

曾大屋

曾大屋位于香港新界沙田区博康邨南端旁边,邻近狮子山隧道,由曾贯万建造。曾大屋始建于1848年,1867年建成,是区内保存得最好的围村之一,亦是仅存的最大客家式大宅。

曾大屋属典型的客家三堂四横围村

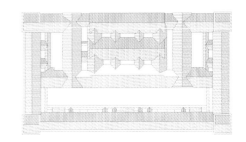

图3 曾大屋屋顶平面图

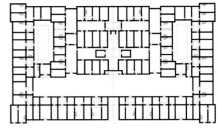

图4 曾大屋一层平面图

图2 护耳式围屋曾大屋外景

图5 护耳式围屋碉楼顶部护耳山墙

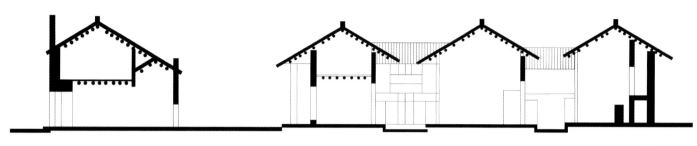

图 6　曾大屋剖面图

图 7　护耳式围屋曾大屋碉楼细部

图 8　曾大屋檐口细部

图 9　曾大屋宗族祠堂

图 10　风水塘及曾大屋围屋主入口

造法。围墙采用了花岗石、青砖和精选的木材，而四角均筑有护耳型三层高碉楼，碉楼上有枪孔和瞭望台（图 2、图 7）。围村整体以四方形平面设计，中央主要以三列楼口。中门最大，门顶圆拱形，四周以麻石砌成，只能通往祠堂（图 10）。祠堂为三进两院式建筑，面阔一间，属小型祠堂。祠堂以青砖所建，两边为硬山墙，梁架为直檩式设计（图 8、图 9）。村内的建筑主要分上、中、下三厅，厅与厅之间有天井分隔，这三个厅与左右两横屋相连，形成棋盘状，围屋内有住屋 99 间，取其长长久久的好兆头（图 11）。

成因

香港的客家护耳式围屋以沙田的曾大屋为代表，外形与深圳的大万世居以及龙田世居极为类似，造型明显地受到它们的影响。然而曾大屋的平面配置自成一体，与院落式围屋的三栋屋互为呼应，其形制一则反映了防御的功能需要，一则也反映了客家人的建筑文化与空间认同。

比较／演变

与围村相比较，护耳式围屋的合院形制更能结合防御功能的需求。护耳式围屋四周突起的碉楼与围村的炮楼相仿，但开窗以及山墙护耳的细节更体现出合院住宅的建筑尺度。保存至今的曾大屋虽然为这种类型在香港地区的孤例，但外形明显的与深圳的大万世居和龙田世居类似。

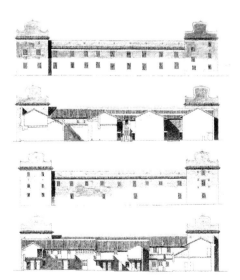

图 11　曾大屋立面图

宗族组合式民居 · 院落式围屋

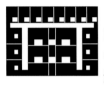
院落式围屋主要是在广府的"三间两廊"式和客家的"三堂四横"式基础上互相融合形成的一种合院式住宅。平面配置由中轴线两侧的四组三合院，加上周边一圈横屋组合而成，是香港地区一种特殊的住宅类型。

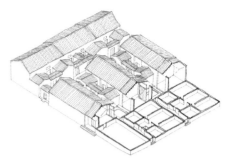

图1　三栋屋透视图

1．分布

香港的围屋民居主要出现在清代中叶以后，基本分布在新界元朗，锦田、上水以及沿海的荃湾、沙田及西贡等地区。

2．形制

院落式围屋长方形的平面配置中轴对称，中轴形成两进单开间的祭祀厅堂，两侧配有四组三合院，加上左右和后面围合了一圈串联式三合院，配以防御高墙，成为一种完整形制的大型家族宅院。围屋选址多受到风水影响，讲究前水后山，平面布局保留了传统客家围屋的形态，围内有堂屋和横屋，但四角没有客家围屋常见的角楼（图1～图3）。

3．建造

建筑主要以当地材料建成，如泥土、石灰混合物等，就地取材，譬如三栋屋以原始方法围板夯打，物料则用黏土灰泥禾秆草。围屋的屋身梁架选取本地木材搭建，楼房两边的硬山墙，梁架为直檩式设计，饰以壁画及彩色木刻。石材主要使用花岗石，用于墙和基座角（图6）。

4．装饰

从装饰上来看院落式围屋有着广府围屋相类似的装饰特点。主要装饰部位集中在中心轴线的祠堂一路，重点刻画室内壁画及雕花檐板等部位。外立面硬山墙面一般以简单线脚及漆饰勾勒。有些较为华丽的院落式围屋内部会有砖雕和木雕。装饰主题多为花果山水等意象，或是象征吉祥的蝙蝠、八仙等形象。

5．代表建筑

三栋屋

三栋屋又名陈四必堂，位于香港荃湾，建于清乾隆五十一年（1786年）。

三栋屋以原始方法围板夯打，物料则用黏土灰泥禾秆草，筑成三堂四横式的建筑群。沿中轴线依序布置前厅、天井及后厅等，前厅是仓库，后厅安放祖宗神位。

三栋屋是三堂四横式的大型民居。该民居整体以四方形平面设计，中央主要以三列楼房组成。正中央沿中轴线为祠堂，而左右两旁各有一列民居（图4）。祠堂面阔一间，入口为凹斗式。一进为门屋，左右两旁的建筑为住宅或仓库。中进为正厅，作为聚会或举行仪式的地

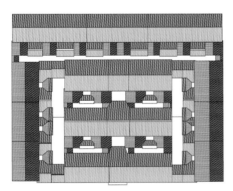

图2　三栋屋屋顶平面图

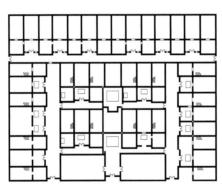

图3　三栋屋平面图

图4　三栋屋俯瞰手绘图

图5　三栋屋入口

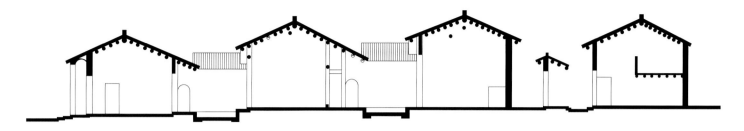

图 6　三栋屋剖面图

方。末进则为后寝。左右次轴各有面阔三开间的建筑，合共四间。每座建筑都有一个宽敞的门，门屋后有天井，两旁设厢房。天井后有一主居室，左右两侧亦有厢房作卧室之用（图5、图8、图9）。

楼房的两边有硬山墙，梁架为直標式设计，祠堂入口处墙角为麻石。屋脊为平脊，仅祠堂为翘角式屋脊。祠堂有花鸟与蝙蝠造型的壁画，另有花鸟檐板作为装饰（图7）。

成因

香港院落式围屋格局自成一体，与曾大屋互为呼应，形制与成因都反映了广府建筑与客家建筑的融合。三栋屋也可视作是几组三间两廊三合院与串联式三合院，以及明字形合院组合出的大型院落，满足了大规模家族的居住生活与空间认同的需要。

比较 / 演变

相较于粤北的客家围屋，香港的院落式围屋在"三堂四横"的主体基础上，四周围合的外墙呈现出较为亲切的立面，四角并不设碉楼，而直接以硬山墙收尾，也不似曾大屋那样注重防御功能。

图 7　三栋屋外部四角山墙立面

图 9　三栋屋内部通道

图 8　三栋屋入口内部

宗族组合式民居·联排式围屋

联排式围屋以两个三开间主屋单元为基础，结合中间祠堂组成的联排式建筑，加上两侧的横屋和门楼，围以院墙形成一种形制简单的围屋形式。

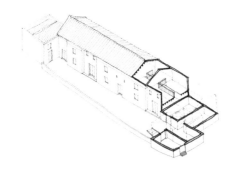

图1　上窑村民居剖切透视图

1. 分布

香港的围屋主要出现在清代以后，基本分布在新界一带。这些围屋主要集中在元朗平原，锦田、上水、西贡等依山傍水之地。

2. 形制

联排式围屋以两个三开间主屋单元，加上中间祠堂与两侧的单间，组合成的联排式建筑，形制也可视作是联排式合院的一种变形。主屋由毗连的三开间和单开间的居住单元组成，前方设有横向前院，辅助空间设在主屋两侧，四周以院墙围绕加上门楼（图1～图3）。

3. 建造

联排式围屋建造技术相对简单。主要以当地材料建成，入口处一般作清水青砖墙，花岗石门框，其他墙体则为土墙加石灰抹灰。楼房的两边有硬山墙，梁架为直檩式设计。辅助用房的墙体也有用花岗石干砌的例子（图4）。

4. 装饰

联排式围屋建筑的装饰相对简朴，外立面檐部一般以简单线脚及漆饰勾勒，没有多余装饰，表现出实用的特点。

5. 代表建筑

上窑村民居

上窑村位于香港西贡，由黄氏居民建于19世纪末。

民居建于一个约5m高的平台上，以城墙环绕，作为防卫以及防止风浪之用。该民居由一个塔楼、一所内置八个单位的大型民居建筑及两边的附属建筑组成。入口处设有塔楼，面向西南。围墙门口设在更楼下面，使塔楼上的人可以居高临下看守以防御海盗及匪徒（图5）。大门旁有一小洞供猫狗出入。

该民居建筑内八个单位面向东，都是简单的一进结构，面阔一间，以青砖做外墙。室内则以一层碎石砌成，梁架是直檩式结构，屋脊是简朴的平脊（图6）。每个单位内均有一个偌大的空间，作为起居、厨房、仓库之用，另设有阁

图5　上窑村民居围屋

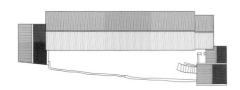

图2　上窑村民居屋顶平面图

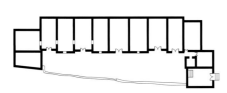

图3　上窑村民居平面图

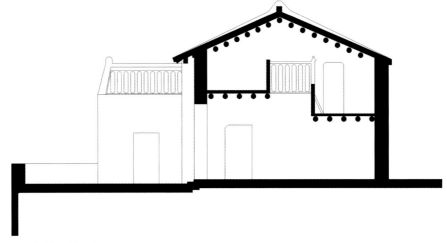

图4　上窑村民居剖面图

图 6　内部屋架　　　图 7　灶台　　　图 8　上窑村民居围屋单元入口

楼用以睡觉或储物，其中有些单位相通。此建筑的右方为厨房和牛栏，左方为猪舍。建筑前方也有可能是烧制石灰的地方（图 7～图 10）。

该建筑物基本没有装饰，表现出简朴实用的特点，是香港现存传统建筑中唯一结合了居住与生产功能的建筑群（图 11）。

成因

香港联排式围屋一般在田园独立兴建，自成一体。其形制可视作联排屋加合院的一种变形，反映了香港客家围屋后期的演化形式，以及广府建筑的影响和生产功能的需要。

比较/演变

相较于客家围屋以及院落式围屋，联排式围屋的布局更为精简，功能上虽然保留了中轴的祠堂，却省却了纵向的仪式性空间序列，更为强调横向院落的生产空间。相对于联排式合院，其四周的围合则更强调了作为一个生产共同体的防御特征。

图 9　上窑村民居围屋晒台

图 10　上窑村民居围屋牛栏和厨房

图 11　上窑村窑口遗址

折中式民居·前廊式宅邸

前廊式宅邸指在立面上融合了欧洲外廊式建筑的前廊，平面布局则维持了传统三开间合院的形制，是在近代以后出现的一种中西合璧的大宅。

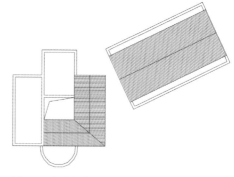

图1 石庐屋顶平面图

1. 分布

前廊式宅邸主要建于19世纪末至20世纪初，在中国南部沿海开埠口岸附近多有分布。在香港地区，这些建筑多半分布在市区，以及新界一带的村落中也有零星的分布。

2. 形制

前廊式宅邸格局上主立面入口一般为外廊空间，其形式有凸出立面者，也有与立面平行的走廊式。前廊又按开间数量的不同有敞开式以及尽端封闭式的分别。建筑的主体一般带天井，平面为三开间布局，中轴对称加两边的厢房，是融合了中西建筑布局的一种住宅形式（图1～图3）。

3. 建造

前廊式宅邸在建筑结构上多采用现代的钢筋混凝土结构；在围护结构部分则延续了传统新界民居的青砖等材料。屋顶一般采用木结构，铺覆灰瓦。

4. 装饰

前廊式宅邸的装饰风格既保留了中式传统元素，又受到西式风格的影响。屋顶主体一般为中式坡屋顶，但使用了西式的女儿墙。屋前的前廊使用西式风格的立柱，立面开窗也多为西式的百叶窗，而非中式雕花漏窗（图4、图5）。

5. 代表建筑

石庐

石庐位于崇谦堂东面，由徐仁寿先生（1889～1980年）于1925年兴建。徐仁寿先生祖籍广东五华，幼年随父到香港生活，1919年及1925年分别在香港及九龙创办华仁书院，1920年代起在粉岭定居。

石庐为两层高中西合璧的建筑，屋前为草坪。正面突出有八边形的门厅及露台，顶部有半圆形砖墙，上有"石庐"

图2 石庐外观透视手绘图

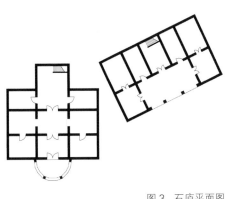

图 3　石庐平面图　　　　　　　　图 4　附属建筑主立面　　　　　　　　图 5　石庐附属建筑侧立面

字样的灰塑，周边饰有小尖塔，是典型的西式府邸的入口手法（图 6）。建筑物的部分正面有外廊，做平素的方框形，其余部分为木质百叶窗，山墙部位做成西式的带线脚的三角形（图 7）。值得注意的是，石庐的屋顶却是中国传统的金字顶，以木梁及板条承托，并以瓦片铺筑。另外在平面布局上，以天井为中心，房间的布局中轴对称，主从右边，与中国传统的民居别无二致。

图 6　石庐主体建筑主立面

成因

19 世纪末至 20 世纪初，受港岛西式建筑的影响，新界富裕的人家以传统的三开间平面形式为基础，在建筑正面采用了前廊形式代替了原先的前院，并采用西式建筑的手法，来装点入口、正面和屋顶这些重要的部位，形成了一种折中式的前廊建筑。

比较 / 演变

相比传统的合院，前廊式更为强调立面的象征。其前廊的形态与立面山墙都反映了西式建筑风格，且在整个 20 世纪上半期，这一"西化"的风气愈演愈烈，也随着西方建筑的发展而不断有新的变化，前廊式宅邸是这一个时期的序幕。

图 7　石庐主体及附属建筑外观

折中式民居·前廊式联排屋

前廊式联排屋是以传统单开间联排屋的平面为基础，正立面结合了西方外廊式建筑的前廊，而形成的一种折中式联排屋。

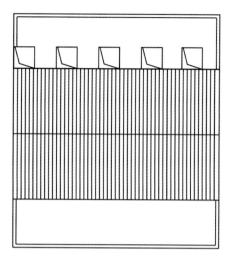

图1 发达堂屋顶平面图

1. 分布

前廊式联排屋主要建于19世纪末至20世纪初，在中国南部沿海开埠口岸附近多有分布。在香港地区则分布于新界一带。

2. 形制

前廊式联排屋一般为两层，在建筑的正面采用了前廊。平面以传统单开间联排平面形式为基础，以相邻的重复单元构成。每个单元包括了前廊空间，主要生活空间以及后侧的服务空间（图1～图3）。

3. 建造

前廊式联排屋在建筑结构上多采用现代的钢筋混凝土结构；在围护结构部分则延续了传统新界民居的青砖等材料。屋顶一般采用木结构，灰瓦铺砌。其建造是现代建筑技术、当地材料，和传统技艺的结合。

4. 装饰

联排屋一般有较宽的正立面，主要的装饰集中在正立面的中端屋顶以及柱廊。柱子一般为简易的仿西方古典样式，山墙一般为硬山做法，以灰塑装饰，或者做西式的三角形山花。

5. 代表建筑

发达堂

发达堂位于新界沙头角下禾坑，由李道环祖兴建于20世纪30年代。

发达堂楼高两层，建有长长的客家式人字瓦顶，正面有平顶外廊（图4、图5）。建筑物以传统的青砖和木材，以及现代的钢筋混凝土建成。大宅正面最具特色，上下两层皆有柱廊。立面五开间，中间一间的平屋顶上做醒目的装饰，有卷云状的三角山花装饰护墙，饰

图4 发达堂建筑外部

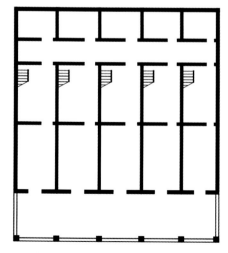

图2 发达堂底层平面图

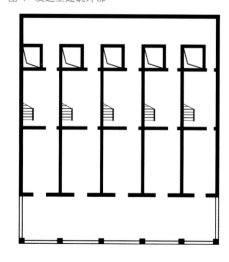

图3 发达堂二层平面图

图5 发达堂入口走廊细节

图 6　发达堂侧背立面

成因

19世纪末至20世纪初，受西方外廊式建筑的影响，新界的部分家族以传统的联排屋的平面形式为基础，在建筑的正面采用了前廊形式代替了原先的前院，形成了这样一种折中式的联排屋。

比较／演变

相比传统的联排屋，前廊式联排屋对于立面更为强调。其前廊的形态与山墙立面都反映了西式建筑风格的影响。其在建筑材料、结构上结合了近代建筑工法的同时也延续了传统建筑工法及平面形式。在城市中，同样的平面形式则形成了沿街式联排屋，接近于公寓的空间关系，供多户不同的人家居住。

图 7　发达堂立面开窗细节

图 8　发达堂露台走廊

以球形和瓮形顶饰，并以灰雕刻有兴建年份"1933"及"发达堂"字样。两旁还有悬联："发奋开基先人产业，达堂构筑后裔蜗庐"（图6～图10）。为加强保安，大宅所有正门均设金属制的中式趟栊门，楼下多排窗户亦装有金属窗罩。

图 9　发达堂护墙及灰雕细节

图 10　发达堂二层露台

折中式民居·前廊式双护龙合院大屋

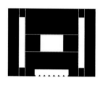

前廊式双护龙合院大屋指以传统双护龙合院为基础，在立面结合了外廊式建筑特征的前廊，平面上以三开间的空间形式为基础，加上两侧的护龙，正立面则做成三段式，中间一段有仿西方古典式的柱廊。

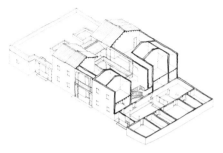

图1 慎德居剖切透视图

1. 分布

前廊式双护龙合院多分布于新界一带。

2. 形制

前廊式双护龙合院大屋基本结构与传统双护龙合院大屋相同，主屋平面为三开间布局，中轴对称加两边的厢房。其特别之处在建筑的正面入口处采用了前廊。由于建造工艺的发展，有些护龙改作平屋顶形制。（图1）

3. 建造

前廊式双护龙合院大屋在建筑结构上多采用现代的钢筋混凝土结构，在围护结构部分则延续了传统新界民居的青砖等材料。主建筑部分的屋顶一般采用木结构，灰瓦铺砌。护龙建筑屋顶也有混凝土平顶筑成。以其建造反映了折中主义因地制宜的混搭特征。

4. 装饰

大量使用岭南近代建筑的装饰工艺，即在传统石雕、砖雕、木雕、灰塑、陶塑、水磨青砖、彩绘的基础上，加上水磨石、水刷石、铜铸、铁铸、铜铆、铁铆，彩色玻璃等装饰工艺。

5. 代表建筑

慎德居

慎德居，又名大梁屋，位于香港元朗的崇正新村，原为客家印尼华侨梁翰臣居所。始建于1936年，后于1956年加建附属建筑。

慎德居分为主建筑、左右次轴建筑及附属建筑。主建筑高两层，为两进一院式，面阔三间。次轴建筑高两层，面阔一间。附属建筑则为平顶建筑，高一层，面阔一间，与次轴建筑以院落相连，属于典型大型民居。末进建筑以十四条檩条承托，混合了客家及西方建筑风格（图2～图4）。

民居主要以混凝土所建，主建筑两边为马头墙，采用直檩式梁架。两进都有多间房间，天井旁为厅堂及通往上层的楼梯，附属建筑的天井旁更建有拱廊。该民居有三个入口，全部建成前廊式，并运用了西方的方形及圆形混凝土柱子。主入口通往主建筑的天井，次入口则通往次轴建筑与附属建筑之间的天井（图5）。

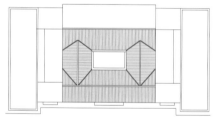

图2 慎德居屋顶平面图

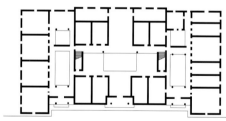

图3 慎德居一层平面图

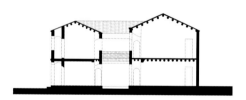

图4 慎德居剖面图

图5 慎德居建筑主立面

图 6 慎德居入口细节

图 7 慎德居开窗细节

民居的屋脊是简单的平脊。主建筑上层的栏杆和附属建筑的女儿墙均设计成花纹图案，更有云彩造型的女儿墙。民居内还使用了大量寓意吉祥的传统装饰，如天井精致的木雕漏窗、入口墙头的花果壁画、山墙上铜钱造型的洞窗等（图 6～图 9）。

成因

19 世纪末至 20 世纪初，受港岛西式建筑的影响，新界富裕的人家以传统的三开间平面形式为基础，在建筑正面采用了前廊形式代替了原先的前院，并采用西式建筑的手法，来装点入口、正面和屋顶这些重要的部位，形成了一种折中式的前廊建筑。

比较 / 演变

相比传统的合院，前廊式更为强调立面的象征。其前廊的形态与立面山墙都反映了西式及殖民地建筑风格，且在整个 20 世纪上半期，这一西化的风气愈演愈烈，也随着西方建筑的发展而不断有新的变化，前廊式宅邸是这一个时期的序幕。

图 8 慎德居侧立面

图 9 慎德居外部环境

折中式民居·大屋顶式宅邸

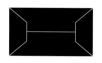

大屋顶式宅邸以西式宅邸形制为基础的富商大宅，屋顶采用了中国宫殿样式的一种近代宅邸。

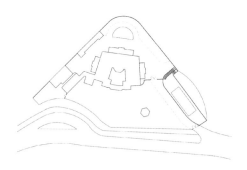

图1 景贤里总平面图

1. 分布

香港的折中式民居主要出现在20世纪初期，多为当时外国人或中国富商的住所，基本分布于风景优美的昂贵地段，如港岛半山区、山顶等。

2. 形制

大屋顶式宅邸主要是指立面主要呈现西式建筑风格，屋顶却是中式琉璃瓦大屋顶的折中式宅邸。主屋平面为三开间布局，大厅中轴对称，两侧的房间向外展开，围合成类似三合院的空间关系。此类建筑选材、布局、细节装饰、内部环境西方色彩浓重，但由于屋顶为典型传统中式风格，所以整体风格带有强烈的中西合璧色彩（图2、图3）。

3. 建造

建筑多使用砖墙和钢筋混凝土楼板。受到当时技术所限，建筑楼板较厚，往往在大空间使用井格式或放射状梁来加强楼板承载。

4. 装饰

装饰中的中西合璧是这一类建筑最大的特色。在外观上主导视觉的是传统宫殿的屋顶样式，多用歇山顶、琉璃瓦，屋脊有琉璃吻兽，檐口做雕花瓦当滴水等，檐下有花岗岩或混凝土筑成的斗栱装饰，栏杆和窗板也多用中国传统的纹样如宝瓶和回纹装饰。建筑内部用来加强结构强度的梁是室内的装饰重点，常被装饰成宫殿式的藻井天花。也有使用彩绘、彩色玻璃和传统的石雕、木雕做装饰者。

5. 代表建筑

景贤里（李宝椿故居）

景贤里位于香港岛湾仔司徒拔道45号，建成于1937年。

景贤里的整个环境布局分前、后两区，用围墙相隔。前区由主楼、副楼、车库、廊屋和前院组成，形成"内宅"，后区包括凉亭、花园和游泳池，形成宽大的"外院"（图1）。

大宅建筑群背离山路，直面大海，丛林环绕。主楼的左边有一廊屋，左后边紧接一副楼，副楼的左边设一车库，主楼的后面偏右有一凉亭，再往右跨过车道有一下沉式游泳池（图4）。

主楼基本高三层，平面遵循岭南传统三间两廊布局，即主屋加两侧翼，开口朝南，南面建照壁墙形成内院（天井）。与传统建筑不同之处是两翼稍为张开，而不垂直主屋。主屋首层南部向内院凸出八角形平面，扩大了进门正厅的面积（图5、图6）。

副楼两层，由多个并联式房间组成，以外廊相连，已有了早期现代住宅平面的简洁性。主副楼二层之间都用厨房和过道连接，巧妙地解决了主人与仆人之间的分隔居住和服务上的联系。车库两层，首层停车，二层住人，屋顶形式采用中国古代盝顶。廊屋一层，长约20m，两端建四方形亭，中间以长廊相连，屋顶形式采用中国古代四角攒尖顶和卷棚顶。凉亭一层，六角形平面，设

图2 景贤里全景

图3 景贤里入口立面

图4 景贤里室外游泳池

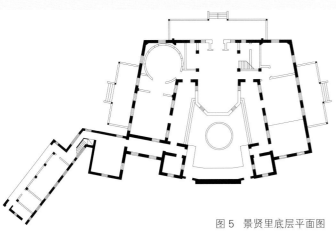

图 5　景贤里底层平面图

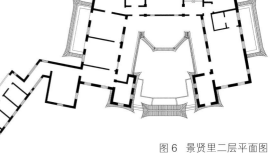

图 6　景贤里二层平面图

两个入口，屋顶形式采用中国古代重檐六角攒尖顶（图 11）。

景贤里的建筑艺术表现在它整体的建筑风格和施工技术上。中式的琉璃瓦大屋顶与西式的红砖墙的结合体现了中西合璧的特点，而对细节的简化又体现了抛弃传统的繁复装饰、转而探求新式设计风格的理念。其施工技艺更是体现了传统工艺水平与近现代建筑技术相结合的特点（图 7 ～图 10）。

图 10　景贤里屋顶细部

图 7　景贤里局部侧立面

图 11　景贤里凉亭

成因

20 世纪初期，在中国的大城市中广泛流行以现代的建造技术和布局为基础，外加传统中国宫殿样式的公共建筑，作为一种民族形式的复兴样式。大屋顶式宅邸即是受到这样一种"中国复兴式"建筑形式的影响，其中的中式元素，并非本地传统，而更多的是受到以北京紫禁城为蓝本的中国宫殿建筑的影响，其形式和布局并非源自于本地民居的传统（图 12、图 13）。

比较 / 演变

相比传统的香港民居，大屋顶宅邸在建筑选材、布局、细节装饰、内部环境都更受西方色彩影响，屋顶则采用典型传统中国宫殿式风格。

图 8　景贤里屏封墙装饰　　图 9 景贤里大门装饰细部

图 12　细部　　图 13　入口牌楼细部

折中式民居·西式宅邸

西式宅邸指建筑形制、建造、风格均以西方原型为蓝本的宅邸。

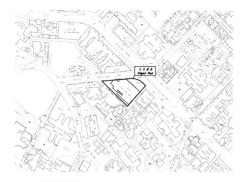

图1 甘棠第位置平面图

1. 分布

香港的西式宅邸出现在20世纪初期，多为当时外国人或中国富商的住所，主要分布于港岛半山区、山顶等（图1）。

2. 形制

西式宅邸在平面布局上一般为较方正的单体建筑，不带合院。建筑多为二至三层；平面上门厅、客厅、饭厅、备餐、卧室依次布置，并设有壁炉。楼梯一般较中式民居宽敞。部分西式宅邸结合香港的气候条件，在建筑的外侧设柱廊空间，起到遮阳通风之用。

3. 建造

19世纪末的西式宅邸多为砖石、砖木混合型外廊式建筑。至20世纪初则多采用钢筋混凝土结构。围护结构则多用清水红砖墙。

4. 装饰

建筑的外墙很多以精致的清水红砖砌成，屋顶装饰绿色琉璃瓦，彩色玻璃窗、室内的木楼梯，地面的马赛克，以及天花则是室内装饰的重点，表现出高

超的工艺水准（图5）。

5. 代表建筑

1）何东宅邸（已拆）

2）甘棠第

甘棠第位于香港岛中环卫城道7号，由香港富商何东之弟何甘棠兴建于1914年。甘棠第在2010年被列为香港法定古迹，如今被改建为孙中山纪念馆。

甘棠第楼高4层，属爱德华时代的古典建筑风格。正立面为三段式，中段的墙面以花岗岩砌筑，左右两段为清水红砖墙。中段的底层为半圆形券廊，二层和三层为贯通的奥尼克式石柱，顶层的女儿墙，中部以巴洛克式的挽带装饰，左右有平素的双柱列（图2、图4）。正门就是大厅，另一端是一个大戏台。大楼有前后楼梯。前梯供何氏家族上落，后梯由佣人使用。木楼梯经过精雕细刻，尽显优雅和温暖的感觉（图9）。内部装修瑰丽，玻璃窗色彩斑斓。建筑物本身，以至屋内的家具陈设如柚木大门、楼梯、着色玻璃等均保留得很好。甘棠第不单在外观上美轮美奂，也是香港最早使用钢筋混凝土结构，并有供电

线路铺设的私人住宅，堪称香港建筑史上的里程碑。房间的天花均饰有以金箔点缀的灰塑镶板，而主楼梯及其他当眼位置亦装设了色彩斑斓的玻璃窗，并以当时流行的新艺术风格图案作为装饰（图6～图10）。

图3 甘棠第侧立面

图2 甘棠第正立面

图4 甘棠第二层平台回廊

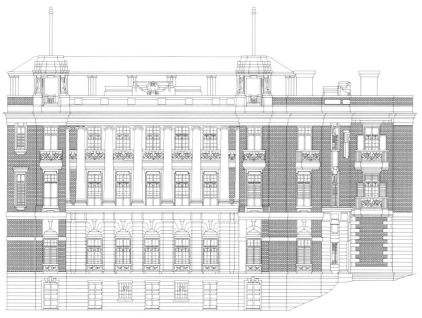

图 5　甘棠第主立面图

图 6　甘棠第室内楼梯

图 7　甘棠第内部走廊

图 8　甘棠第主入口

图 9　甘棠第室内楼梯俯瞰

图 10　甘棠第室内柱式

成因

20 世纪初，香港富商多采用英国古典建筑风格建造自己的宅邸，以反映自己的社会地位和身份。这种建筑类型反映了西方建筑文化和技术的植入。选用爱德华式、摄政式、维多利亚式、新艺术式等英国流行宅邸风格便成了该时期的主流选择。

比较 / 演变

香港的西式宅邸早期以西方外廊式风格为主。20 世纪初，随着城市的发展，出现了更多不同风格的西式宅邸。与地处乡村的折中式大宅相比，城市中的西式宅邸更多是职业建筑师设计的产物，从材料建筑体系到风格，都反映了西式建筑的特征。

店铺式民居·沿街式街屋

沿街式街屋主要为华人居住，在香港又称"唐楼"。底层有列柱敞廊者一般称为"骑楼"，沿街一般联排布置，形成骑楼街。香港政府未大量兴建公共房屋以前，除寮屋居民外，几乎所有港人都是"唐楼"或者"骑楼"的住户。

1. 分布

此种建筑于 19 世纪在中国南方城镇甚为常见。早于 19 世纪中后期开始出现在香港的华人聚集区，现时仍存在的街屋多建于 20 世纪初至 20 世纪 60 年代，在香港岛的上环、湾仔，和九龙半岛都有分布。

2. 形制

最早的街屋一般楼高 2 至 3 层，阔约 4.5m，楼旁则设有木楼梯连接各层。19 世纪末期起，街屋普遍增加至 3 至 4 层，每层高 4m 阔 5m，楼以砖砌支柱支撑，并跨出楼前的行人路。下段一般为宽约 4m 的走廊列柱，中段为楼层，上段为檐口或山花。沿街一面在各层窗台以下的墙面或檐口窗楣处大多有丰富的装饰花纹或浅浮雕。在平面上因地制宜，充分利用空间。功能布置上一般为下商铺上住宅（图1、图6、图7）。

3. 建造

19 世纪的沿街式街屋主要采用砖木结构，墙体以青砖砌成，而屋顶是以木结构及瓦片组成的斜顶，楼梯当中部分街屋更有约 0.6m 阔的铁制骑楼。屋顶为密檩双坡式。20 世纪初开始出现砖混结构。到了 20 世纪 30 年代，混凝土取代了砖成为了街屋的主要建筑材料。现时仍然存在的街屋，尤其是于九龙区的，都是混凝土所建。

4. 装饰

街屋建筑装饰比较丰富且多样，主要装饰集中在立面及柱廊，吸取了西式建筑的各种装饰纹样，尤其是巴洛克式、装饰艺术式、西方古典式，和装饰艺术风格。立面一般作山花和女儿墙。山墙风格多样，女儿墙一般图案简单，强调实用性。楼身墙面的浮雕图案、窗户形式、线脚、腰线、露台铸铁栏杆等也多用西式的曲线或者几何图案。

5. 代表建筑

1）德辅道西 207 号

德辅道西 207 号位于香港岛西营

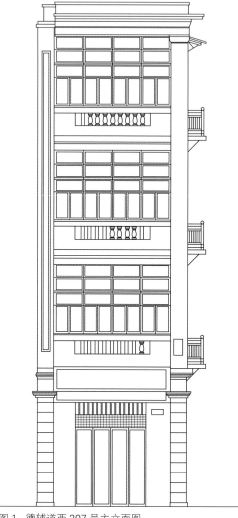

图 1　德辅道西 207 号主立面图

图 2　德辅道西 207 号建筑外观

图 3　德辅道西 207 号侧立面

图 4　德辅道西 207 号一层转角骑廊空间

图 5　和昌大押一层骑廊空间

图 6　德辅道西 207 号底层平面图

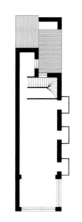

图 7　德辅道西 207 号二层平面图

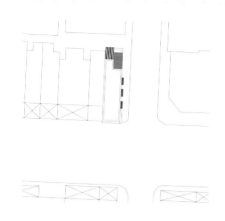

图 12　德辅道西 207 号位置平面图

盘，于德辅道西与正街交界处。该建筑于 1921 年兴建，已被列为香港二级历史建筑（图 2、图 12）。

德辅道西 207 号楼高四层，底层有宽阔的骑楼，二层以上都架于骑楼之上。沿街一进的下部有宝瓶状栏杆，原先似乎应为开敞露台，现在已变成室内空间。后部每间居室设有出挑的阳台，栏杆为简练的几何图案（图 3）。该建筑昔日临海兴建，但经过历年填海，原址已看不到海边景色。该建筑用作商业及住宅用途（图 4）。

2）和昌大押

和昌大押位于香港湾仔庄士敦道 60 ～ 66 号，由 4 幢四层高窄长形的楼宇连成一排，是现时少数留存的四幢相连阳台长廊式楼宇（图 5、图 11）。建筑建于 1887 年前填海所得的土地上，落成于 1888 ～ 1900 年代，面积约为 450 至 700 平方英尺（约 42m² ～ 65m²）。建筑物以木材为基本结构，墙由砖砌成，

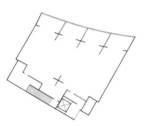

图 8　和昌大押三层平面图

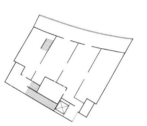

图 9　和昌大押二层平面图

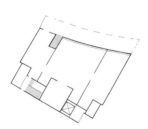

图 10　和昌大押底层平面图

地板由木材铺成，设有窗遮挡的露台，是当时盛行的商业楼宇样式，楼底高，设有采光井，通往阳台处装有法式大窗，面向庄士敦道处设有阳台长廊。楼宇没有厕所，需由专人收集排泄物，而人行道为露台底覆盖。没有电梯，地下曾经用作家庭式商铺，楼上为住宅，曾于 1948 年翻新（图 8 ～图 10）。

成因

骑楼形式最早见于东南亚一带，至 1910 年前后逐渐传到香港。后与香港特有的唐楼建筑结合，形成了香港特有的街屋形式。骑楼是西洋建筑与岭南建筑结合的产物，在岭南湿热多雨的气候条件下，结合商业经营、建筑法规以及居住的需求发展而来。

比较／演变

香港的沿街式街屋受本地建筑法规、人口密度的影响，形成了具有地方特色的发展轨迹。随着市区的急速发展，香港大部分唐楼已经被拆除重建。在香港岛湾仔、西营盘、九龙深水埗及九龙城一带，也有一些尚未拆卸的唐楼。香港市区重建局近年保留了湾仔庄士敦道、茂萝街及巴路士街多幢唐楼，并计划在修葺后作为文化用途。

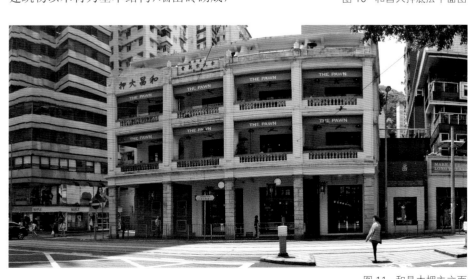

图 11　和昌大押主立面

店铺式民居·街角式街屋

街角式街屋是沿街式街屋的一种特殊类型，因处于街道交叉的路口，故沿街两面底层皆为敞廊。

图1 雷生春主立面图

1. 分布

街角式街屋主要集中在港岛的上环、西营盘、和九龙半岛，位于主要商业道路的转角处。

2. 形制

转角式街屋普遍有3至4层，每层高4m阔5m。下段一般为宽约4m的走廊列柱，中段为楼层，上段为檐口或山花。在平面上因地制宜，在底层充分利用两面的街道空间做连续的敞廊空间，转角处一般做圆角处理。功能布置上一般为下商铺上住宅（图1、图5、图8、图11）。

3. 建造

19世纪末的沿街式街屋主要采用砖木结构，屋顶为密檩双坡式，而砖混结构则至20世纪初才出现。

4. 装饰

街屋建筑的装饰比较自由，底层的柱廊、二层以上的外廊或阳台栏杆以及女儿墙是重点装饰的部位，尤其是转角处，一般会在底层做标示性很强的券门，在顶层有高耸的标志，取材主要是西式和现代的装饰纹样，如巴洛克式、装饰艺术式、西方古典式等（图2、图3）。

5. 代表建筑

雷生春

雷生春位于香港九龙旺角荔枝角道及塘尾道交界，建筑物的名字源于一副对联，寓意雷生春所生产的药品能够妙手回春。

雷生春楼高4层，以钢筋混凝土筑建，楼面面积为762m²，是典型的"走马大骑楼"唐楼，结合现代装饰艺术风

图4 雷生春地层转角通道

图2 雷生春转角立面

图3 雷生春侧立面

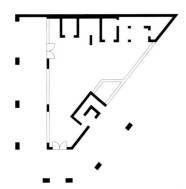

图 5　雷生春底层平面图

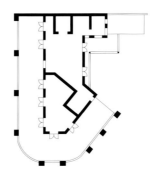

图 8　雷生春二层平面图

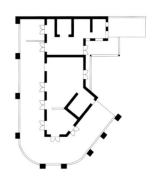

图 11　雷生春位置平面图

格的横线设计与古典元素，这可从其方形框架及其上的栏杆装饰得见其建筑特色。雷生春正门设于荔枝角道和塘尾道交界，1 到 3 楼有石磨柱支撑的露台，大楼顶层外墙嵌有家族店号的石匾。大宅于 1931 年落成，楼高 4 层，总实用面积 598m²，上层为住所，底层为三间

店铺，是典型的骑楼式铺居大宅（图 4、图 6、图 9）。内墙、楼板均用砂泥构造及铁筋承重。地面层外墙以掺杂黑石米及白赤两色蚝壳的水磨石装饰，室内及走廊的铺地物料是 20 世纪初常见的水泥地砖，整个地面设计也是同一图案。大楼正面设计甚为精致，富有古

典意大利风格，如楼顶凹凸不平的山墙即为一例，位于塘尾道的侧门入口设有后院。至于大楼的弧形主立面，则是为了迁就道路交界的窄角而特别设计的。（图 7、图 10）

雷生春于 2012 年由政府修复改建为非营利机构经营的中医诊所。

成因

香港的街角式街屋是传统街屋或者骑楼对现代城市的一种适应。通过雷春生的例子可以看到，街屋的平面是一个不规整的三角形，显然是受到地块形状的限制，在转角处做成圆形，则是应对机动车出现以后道路交叉口的特殊规定。这些现代城市的功能和法规改变和规范了传统的街屋，而街屋也对这新的环境产生了积极的回应，产生了香港的街角式街屋这种因地制宜的建筑形式。

比较／演变

香港的沿街式街屋受本地建筑法规、人口密度的影响，形成了具有地方特色的发展轨迹。相比沿街式街屋，其所处街角的位置决定了骑楼形式特色更为突出，转角处一般做圆角处理，易于从多角度欣赏，往往成为地标性建筑。但是不少街屋原先在二层以上都有宽阔的前廊，在 20 世纪以后为了增加室内的使用面积，绝大部分的前廊都被改建为室内空间。

图 6　雷生春后花园

图 9　雷生春底层骑廊空间

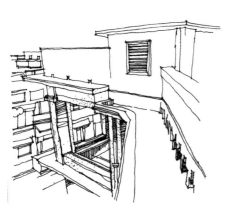

图 7　屋顶细节手绘图

图 10　二层露台细节

澳门民居

AOMEN MINJU

1. 中式合院民居
   广府大屋四合院
   广府大屋组合四合院

2. 围里式民居
   围合式围
   巷弄式围

3. 折中式民居
   前廊式宅邸
   葡式宅邸
   葡式公寓宅邸

4. 店铺式民居
   沿街式街屋
   骑楼式街屋
   碉楼式街屋

中式合院民居·广府大屋四合院

澳门的广府大屋四合院类似于广州荔湾地区的西关大屋，是华人商贾士绅的城市宅邸。基本上在广东民居原型三间两廊的基本形制上加建门廊，发展为两层楼的天井庭院式四合院，前后厅堂高广，穿廊空间通畅。

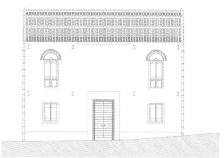

图 1　卢家大屋主立面图

1. 分布

澳门的中式民居主要分布在澳门半岛城市内的华人聚居区。与葡人居住区相比，华人住宅区分散在数个不同的华人据点，在半岛的北部、东北部和西部各自独立发展。19世纪末20世纪初，中国内地战乱不断，士绅商贾纷纷避祸于澳门，澳门人口陡增，中式民居住宅成为这一时期建造量最大的建筑类型，较具规模的中式民居多聚集于内港一带。

2. 形制

广府大屋四合院建筑往往由广州或附近地区迁来的商贾修建，平面多呈纵长方形，临街面宽15～16m，深40～60m，外观体面，室内堂皇。屋内的空间分配大抵遵从广东民居的三间两廊式的格局，每厅为一进，全屋分二至三进，并参考华东大宅的厅堂布置，在纵深方向上展开。住宅整体呈左右对称设计，中间为主要厅堂，厅之间用小天井隔开，天井上加小屋盖，设有高侧窗或天窗采光通风。厅两侧分别有书房和客房。门口装修设角门、趟栊、硬木门等三重门扇。在左右偏厅外墙与两侧邻居临近的地方，各留一条小巷，宽约2m，称为青云巷，其功能是防火通道（图1、图4）。

3. 建造

广府合院多为砖木结构、青砖石脚，高大正门用花岗石装嵌。屋架结构多为木构架，柱直接承托檩条，大量使用短柱，节点简洁，仅以穿枋联系整体结构，充分表现出南方木构架的特点。

结构方式主要采用山墙承檩的方式，檩间距可随意安排，较为自由。墙多为实心砖墙，与普通民居采用淌白砖墙和粗砌砖墙所不同的是，广府大屋四合院由于施工精细，主要采用耗费巨大人工的水磨砖墙。大门多采用凹斗式设计（图7）。

4. 装饰

澳门广府大屋四合院承传了广州广府大屋的门面装饰，设矮脚吊扇门、趟栊、硬木大门等门扇。室内装修典雅，使用木石砖雕、陶塑灰塑、壁画石景，均极富岭南韵味与风采。又因为受到西式建筑的影响，多使用玻璃镶嵌木窗，在天井四边都多用镂花铁窗搭配蚀刻彩色玻璃，卷曲的线性图案充满窗棂之间，成为精美的装饰。

5. 代表建筑

卢家大屋

位于澳门大堂巷七号，清朝光绪十五年（1889年）由澳门商人卢华绍建造，最初修建规模为联排数间，如今仅剩一栋。

卢家大屋高两层，以厚青砖建造。布局为广府大屋风格，是晚清时期澳门

图 2　民居正立面

图 3　民居外部及周围环境

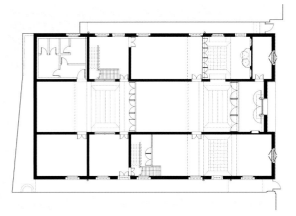

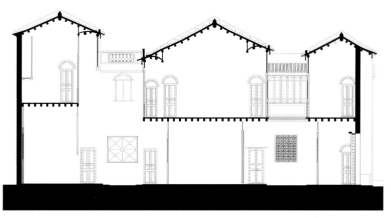

图 4　卢家大屋底层平面图

图 7　卢家大屋剖面图

粤式民居温婉纤细建筑风格的典型（图2、图3）。该建筑为三开间三进上下两层的格局，包括厅、房、厨房、杂物房、天井等。建筑内布置多个天井，便于通风和采光，整个中轴线上的空间是通透的，但有屏风隔断。内部融合中西方装饰材料和手法，既有粤中地区常见的砖雕、灰塑、横披、挂落、蚝壳墙，又有西式的假天花、满洲窗、铸铁栏杆，两种特色装饰共冶一炉，饶有趣味。正立面窗户全为葡式百叶窗，其中以上方左右两扇最为精美。窗扇以金属包角，百叶窗上加半圆形彩色玻璃窗，玻璃窗上是灰塑装饰，反映了澳门特有的中西建筑风格合璧的民居特点（图5、图6）。

图 5　入口内部

成因

澳门的广府大屋四合院形制受到粤中传统民居的影响，类似广州的西关大屋，代表澳门华人富商士绅的城市宅邸，因此在格局上遵从原有广府大屋的高天井、大进深、布局紧凑、空间流通的平面形式，以大量的室内外过渡性空间，形成对流通风、自然采光的微气候，在装饰上则豪华讲究，并且大量采用西式的装饰材料和纹样。

比较 / 演变

广府大屋四合院属于澳门华人中式民居中高等级的建筑形制，为了满足士绅的生活需求，往往在宅邸旁边修建花园，如郑家大屋和已拆毁的唐氏大屋。广府大屋也有将祠堂的功能放入建筑正厅中，形成多重功能的建筑空间，如营地大街的赵家大屋；而广府大屋的数个四合院单元也可以组合成大家族的多合院宅邸，如郑家大屋。

图 6　天井

中式合院民居·广府大屋组合四合院

广府大屋组合四合院是以几组广府大屋为单元，形成数个跨院联排大屋发展出来的大型宅邸，主要由澳门富商望族修建，是结合花园、书房、门厅与作坊等附属建筑的组合型民居。

图1 郑家大屋内部庭院

1. 分布

澳门广府大屋主要修建于澳门半岛内港一带的华人聚居地中。因为此类大型宅邸数量极少，且主人的社会地位较高，就澳门地区来看，往往分布在华人城区与葡人城区之间的重叠区，方便主人的社交活动。

2. 形制

澳门广府大屋组合四合院从形制上来看，是在四合院的基础上灵活加建其他附属建筑或合院，结合形成的面积较大、布局较复杂的组合型合院。从装饰风格上来看，广府大屋组合合院在传统广府大屋的基础上结合西方建筑元素。澳门现存中式合院平面布局与广东地区相似，一般平面为三开间，其中细分为三间两廊式、四合院式或组合式，屋内有天井，屋旁有庭院或花园，不一定采用传统的中轴对称布局方式。建筑风格一般为在典型中式民居风格基础上结合西方建筑设计特色，西方装饰特色鲜明。

3. 建造

广府大屋组合四合院主立面一般都有砖雕的大门，通常为一层或两层。屋顶使用双层板瓦透空屋面，即檩上置椽，椽上重叠铺两层瓦，上下层直接架空约10cm，用砂浆作黏结材料。这种铺瓦方式可以在屋顶形成通风管道，以利隔热与通风。盖瓦用灰泥覆盖，以防大风侵袭，是澳门一带乃至粤中地区的独特做法。墙多为实心砖墙，与普通民居采用淌白砖墙和粗砌砖墙所不同的是，广府大屋组合四合院由于施工精细，主要采用耗费巨大人工的水磨砖墙。

4. 装饰

广府大屋的门面装设角门、趟栊、硬木大门等门扇。室内装修典雅，木石砖雕、陶塑灰塑、壁画石景、玻璃及铁漏花、满洲窗、刻彩图案、红木家具、木雕花饰、槛窗等，均极富岭南韵味与风采。

5. 代表建筑

郑家大屋

郑家大屋为近代思想家郑观应的祖屋，约建于清光绪七年（1881年），位于澳门半岛亚婆井前地龙头左巷，为规模较大的晚清中式建筑群。也是澳门唯一的"荣禄大夫第"（图1）。

建筑占地面积约4000m²，纵深达120多米，顺序为大门、辅助房区、门楼及门楼后由两座并列的岭南传统式四合院建筑组成的主房区。房区之间有通道和内院相连，而门楼则将主次建筑隔开，秩序井然（图2）。主房区南面原有花园及若干附属建筑物。主体建筑均以青砖为主要材料，屋顶为连续的中式坡屋顶，多为两层，间或也有达三层者

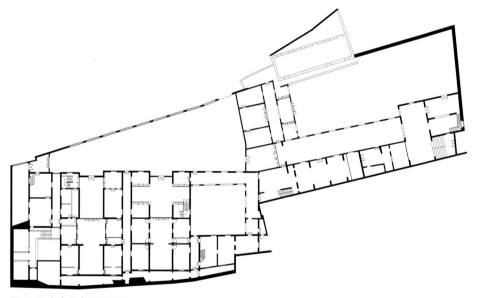

图2 郑家大屋底层平面图

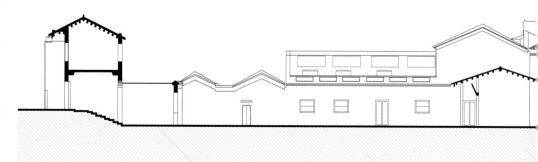

图3 郑家大屋剖面图

图 4　郑家大屋

（图3）。佣人房为硬山建筑，部分为上人坡屋顶。建筑外围高墙，主入口向东，有高大门楼。因地形限制，建筑并非正南北向，没有采用中轴对称布局方式，而是错置为两组，按其与主入口的关系分为前后两个组群，两者通过角部咬合连接。前组群采用中国合院形式，周围分别围有门楼、倒座、正房和附属用房等。中间位开敞院落，通过隔墙分为面积不等的两部分，左边为较小的"丁"字形流线空间，右边为住宅花园。后组群中轴对称，采用大面阔的布局方式。大屋虽主要以中国岭南形制构建，

但却有别于一般中式民居建筑，特别是将抬梁式主厅置于二楼位置的做法更是罕见。此外室内天花泥塑图案，门楣窗楣的式样，以及外墙抹灰等建筑细节，也体现欧洲建筑文化的影响。

郑家大屋主要采用中式合院的形制与布局，门楼、倒座、入口处的神龛等体现了其作为中式合院的特点，而灵活的布局、西式的砖柱与拱券、外墙的西式花纹石刻又将其区别于传统的中式合院民居（图4）。

成因

与广府大屋四合院类似，组合型四合院的每个空间单元，都类似西关大屋为代表的广府大屋，其主人多是澳门华人的名门望族。由于家族兄弟成员各有成就，家族内的主要成员家庭各自拥有四合院大宅，几个四合院相连并列，并且共用前庭花园和花厅书斋。

比较 / 演变

与单栋的广府大屋四合院相比，组合型大屋更注重单元大屋之间的联系关系，形制类似而又有主从之分。中心建筑中设置较大的厅堂，从属的其他大屋则主要设置居住的生活空间。郑家大屋是组合型大屋的典范形式，也代表了澳门中式民居的高峰发展。

围里式民居·围合式围

围合式围是一种以单向入口的巷道组成的城市里弄建筑，通常由四至八栋二层的街屋式住宅单元组成，具有清楚的门廊牌坊作为空间界定，是 20 世纪初澳门特有的集合住宅形式。

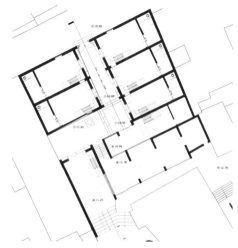

图 1　六屋围底层平面图

1. 分布

澳门的城市结构是沿着山脊线，以串联各教堂、广场的直街为主轴，两边街道则如叶脉般延伸生长，形成一个有机的城市形态。这个由葡萄牙人发展出的街道内部，穿插着华人的手工业铺坊与商业区，如小贩巷、工匠街、工业街、卖鱼巷、卖菜街，也交织着华人居住的"围"、"里"与"巷"所组成的中式建筑形态，是一种社会基层的住宅建筑，主要分布在澳门半岛东侧与珠江内港水道之间，例如关前后街、营地大街，庇山耶街、十月初五日街、下环街等的内部巷道里弄，以及其跟海岸线垂直的街道如新埠头街、福荣新街及夜姆斜里等。

2. 形制

"围"是 19 世纪在澳门形成的特有的组合式民居建筑形态，是一种由澳门历史城区中街道等级最小的巷弄一级所形成的典型都市肌理。围合式围是一种宽 4～5m，长 8～10m 的中式传统街巷建筑，在澳门的街道分类中，"围"通常指组织八栋至二十栋住宅的单向入口短巷（图 1、图 5、图 6）。因为有一个清楚的门廊牌坊作为空间界定及入口标识，它同时意味着一个自给自足的社区，有着自己清楚的领域范围（图 4）。封闭式围主要由一个门廊作为唯一的入口，围内的住宅沿街道两侧排列，形成不同的空间形态，例如"I"、"L"、"U"等形状。每个建筑单元通常有两层高，面向大街的单元一般会将地面层作为店铺等商业用途。大部分面向巷弄的地面空间则会作为会客吃饭，举行习俗仪式，或者作其他公共性活动之用的厅堂；至于上层空间，则多为储物的阁楼、一般的房间、睡房或其他私密性活动用途。房子后侧的服务型空间通常会留有一个少于 2m² 的天井，方便透光和通风，并作为厨房或浴室之用。

3. 建造

围的通道宽度一般由 1.5～3m 不等，以碎石或石板做铺面。围内住宅大多与传统澳门民居类似，为传统的砖石造建筑，多采用山墙承檩的结构方式，可随意安排檩距，调整沿街面宽，较为自由。两侧墙体多为青砖，也有用三合土、卵石等材料砌筑而成的。屋脊多为平脊，屋瓦一般为黑瓦或灰瓦。入口多为凹斗式设计，大面窗户和正门口均开向"围"的方向（图 2、图 3）。

图 2　六屋围入口

图 3　六屋围内部巷道

图 4　六屋围民居立面细节

4. 装饰

围作为底层华人的集合住宅，装饰较为简单，风格朴素。入口门洞一般是装饰最丰富之处，各有特色，有的施以壁画，有的设置百叶窗，门洞有拱门和木栅等种类。建筑用双层百叶窗和木栅门，屋脊为平脊，屋瓦多黑灰色。两边硬山墙直接承檩，梁架外露可见（图4）。

5. 代表建筑

六屋围

位于内港区，是现有保存较好的早期围合式围，围内的巷弄为"I"形，两侧布置六栋一进两层一院落的住宅单位，房子后侧通常会有一个小天井，便于通风和采光，也可用作服务空间。主体结构形式为砖木混合型，木楼板，木屋架，瓦屋顶，均为凹斗式门楼。二层立面的百叶窗形式为来自葡萄牙的特有装饰风格（图7）。

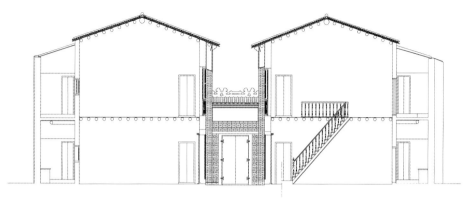

图 5 六屋围民居剖面图

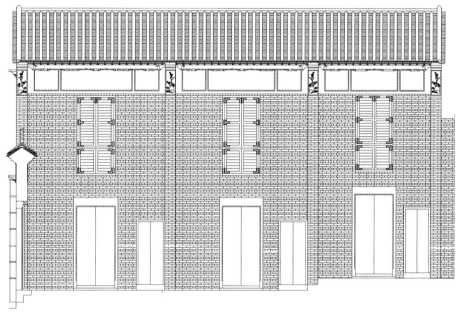

图 6 六屋围民居立面图

图 7 六屋围俯瞰

成因

围合式围这种特殊的住宅集合体，是澳门华人城区高密度不规则的城市肌理以及土地划分形式的产物，塑造出被环绕的场所感觉，并产生一种特殊的居住环境品质。它在华南炎热的夏季提供了一种遮荫与日照的户外空间。

比较 / 演变

早期发展的围多为围合式围，建于城墙外边的斜坡街区台地上，由于地块和经济的限制，尺度较小，每个围大约只有10间左右住宅楼房，如六屋围、凤仙围。这与后期建造于填海街区的巷弄式围不同。

围里式民居·巷弄式围

巷弄式围是澳门城区由巷道组成的城市里弄，通常由十几栋住宅单元组成，具有清楚的门廊牌坊作为空间界定。与围合式围的不同在于，巷弄式围拥有较长的巷道和双向的开口。

图1 光复围侧立面图

1. 分布

"围"是19世纪在澳门形成的特有的组合式民居建筑形态，是一种由澳门历史城区中街道等级最小的巷弄一级所形成的典型都市肌理。巷弄式围与围合式围类似，均是华人城区独特的城市肌理，是一种社会基层的住宅建筑，主要分布在澳门半岛东侧与珠江内港水道之间，例如关前后街、营地大街，庇山耶街，十月初五日街、下环街等的内部巷道，或是跟海岸线垂直的街道内，例如草堆街、新埠头街、福荣新街及夜姆斜里等。与围合式围不同的是，巷弄式围需要更为纵长的地块，因此多建于19世纪末期填海的土地上。

2. 形制

巷弄式围相对于围合式围，指双向开口且较长的巷道。巷弄式围有多种不同空间形态，如线型、转折型、分支型及综合型等。围内住宅多为澳门传统民居风格，为小型的竹筒屋形式，平面为一开间长条形，两侧与其他住宅相连。建筑多为两层。底层是厅堂与厨房，二层为卧室，房屋后侧往往会有天井以便通风和采光（图1、图5）。

3. 建造

围内住宅建筑大多采用传统的建造方式，两侧以砖石墙为承重结构，采用木檩条支撑屋顶，窗户和门均开向入口方向。室内地面铺设大阶砖，是一种质地较疏、防潮能力强的大方砖。天井多铺石板，屋顶采用双层隔热顶，家人洗澡多在厨房、厕所或天井解决。竹筒屋的通风、采光、排水效果都很好，对于澳门湿热的气候有明显的适应能力。

4. 装饰

大门设三道，里面是双扇厚木门，中间是趟栊，外面是角门，分别起着采光、通风和防盗作用。正面外墙上开木花格窗，有时在窗户上沿施以白色的葡萄牙风格的线脚装饰。青瓦屋顶，屋脊多为朴素的平脊。

5. 代表建筑

光复围

光复围在澳门内港区南侧，位于下环街以北，河边新街以南，距今已有百年以上历史。

图2 光复围鸟瞰

图3 光复围内部巷道

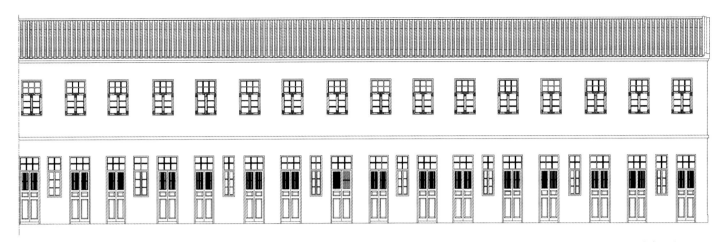

图 5　光复围主立面图

光复围原址是一片农田，19 世纪初时被建成居民区，后来逐渐发展成为光复围。围内住宅楼房约有四十多间，房屋高密度地整齐排列在街巷的两旁。整个围的建筑皆为斜顶的砖木结构，用作住房或商住街屋（图 2、图 3）。围内住宅大多是大进深的两层楼建筑，房子后侧通常会有一个小天井，便于通风和采光，也可用作服务空间（图 4、图 6、图 7）。

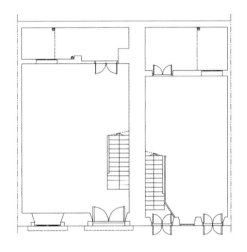

图 6　光复围民居平面图

成因

巷弄式围这种特殊的住宅集合体，是澳门华人城区高密度的城市肌理，也是街区地块划分，以及 20 世纪澳门住宅开发模式的产物。巷弄式围塑造出被环绕的场所，并产生一种特殊的居住环境品质。它在华南炎热的夏季提供了一种有效遮荫与日照的户外空间。巷弄式围与围合式围的空间特性十分相似，主要的不同在于，巷弄式围拥有双向的开口以及较长的巷道。

比较 / 演变

巷弄式围多为 19 世纪末 20 世纪初期建造在填海地区上，与海岸线呈直角的地块上。尺度较 19 世纪初的巷弄式围更大，有时围内的住宅楼房会多达 40 余间，如下环街的光复围和绿豆围，随着城市向西填海扩展，围渐渐发展出更有效率的动线及较长的巷道，而住宅楼房的单位也变得相对较小。

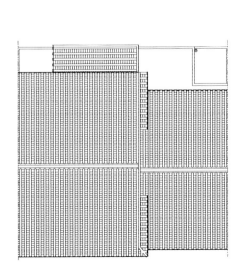

图 4　光复围民居屋顶平面图

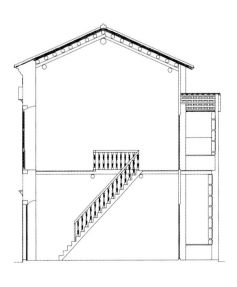

图 7　光复围民居剖面图

折中式民居·前廊式宅邸

前廊式宅邸是以传统广东民居平面为基础，围绕天井修建起来的多层建筑。相比澳门广府大屋仅在细部装饰上体现西洋风格不同，其西化程度几乎难以辨别跟西式宅邸的不同。

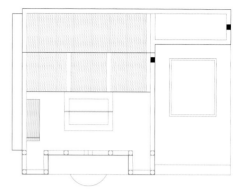

图1 高家大屋屋顶平面图

1. 分布

前廊式宅邸由西化较深的华人富商修建，主要分布在南湾一带上流葡萄牙人的居住区内，因此其外形完全与周边的葡萄牙人住宅建筑融为一体，两者难以区分。

2. 形制

前廊式宅邸在外立面上采用柱列前廊，是葡萄牙人从东南亚一带的欧洲人殖民地引入的一种建筑造型。建筑平面上则采用传统广东民居的三间两廊三合院或四合院的形制，以天井为中心，柱廊仅为正立面的附加物。建筑多三层以上，底层布置会客室，主人的卧室位于楼上两层。

3. 建造

由于本地工匠和材料易得，屋顶建造时虽然使用西式的桁架结构支撑的斜屋顶，却往往使用中式的平瓦铺盖，整体呈现出明显的中式风格特点，带有典型中西交融的审美风格。墙体垂直上升封住屋檐，形成女儿墙，结构上虽然与下部的墙体连为一体，但在一般的装饰处理中保有相对独立性（图1）。

4. 装饰

前廊式宅邸使用女儿墙来遮盖屋檐，并将其作为立面上的装饰重点。女儿墙与下部墙体之间使用线脚或其他方式作为分割和过渡，或是变形为镂空的栏杆代替实墙，体现了更为轻盈的风格特点。除了女儿墙以外，窗户也是前廊式宅邸中一个重要的装饰元素。窗户的形制多种多样，主要分为直角双额窗、拱形窗和复合窗。窗与不同的装饰元素相结合，变得充满多样性与装饰性，富有表现力。建筑立面构图带有西方古典式的元素，但其山花、檐部与柱子的比例应用自由，柱子往往比较纤细，立面前廊空间开敞，细部简化，墙面上常涂有鲜明的粉红色或黄色（图6）。

5. 代表建筑

高家大屋

高家大屋位于澳门水坑尾街29-31号，建于1916年。原为土生葡人的住

图3 高家大屋侧立面

图4 露台装饰细节

图2 底层前廊空间

图5 主入口细节

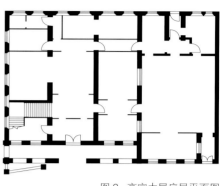

图 8　高家大屋底层平面图

图 6　高家大屋主立面图

宅，后被澳门富商高可宁购入作为自己的府邸。

大屋高三层，建筑面积约为1500m²，分为主体建筑与附属建筑两部分，平面有院落（图 8）。建筑正立面为券廊式，外墙粉刷为黄色，饰以白色雕化及装饰线条（图 2、图 5、图 7）。主体部分为坡屋顶瓦屋面，附属建筑为平屋顶。建筑主体结构为砖墙与钢筋混凝土混合结构，坡屋顶部面为钢筋混凝土梁上铺木地板。

高家大宅的外立面为典型的西式风格，而入口处的三重门和内部厅堂百寿图隔断则体现了中式传统元素。室内装修以西方古典风格为主，但饰有中国传统花纹，家具也为中式（图 3、图 4）。

成因

前廊式宅邸出现的原因在于澳门地区部分上层居民开始接受西方文化，进入葡萄牙社交圈的历史背景，其中式合院平面与纯粹西式立面的结合，形成特有的混合式建筑。

比较 / 演变

前廊式宅邸是 20 世纪初澳门上层居民住宅暨广府大屋之后西化进一步加深的产物，其后现代建筑潮流的发展，居民生活模式的改变，使得以中庭为布局核心的建筑转向西方前后花园的形式，这类前廊式宅邸是转变期间的过渡性住宅模式。

图 7　高家大屋主立面

折中式民居·葡式宅邸

葡式宅邸是澳门的葡人或土生葡人经常采用的民居建筑形式，一般为两层的前廊南欧样式，进门后为前厅，厅内有楼梯通往二楼起居主层。颜色为浅绿色或白黄色，带有周边的庭园，具有强烈的南欧民居色彩。

图1 别墅内部

1．分布

澳门葡式宅邸主要分布在澳门南湾，以及离岛区的氹仔岛与路环岛上，作为澳门离岛高级官员的官邸及一些土生葡人家庭住宅。

2．形制

葡式独栋民居多采用葡萄牙别墅式建筑风格，这是欧洲本土的葡萄牙人经常采用的一种别墅形式。其特点是做成独立式的单层或二层住宅，常采用"L"形或"U"形前廊。平面配置布局对称，类似乔治式的三开间配置，中央楼梯大堂，两侧安排了四个房间，分别用作客厅、饭厅、寝室及厨房，二楼则辟为寝室，包括主人房及两个客房。二层的别墅往往在底层设置前廊便于纳凉。侧门位于台阶上，没有休息平台也没有雨棚或门廊，借用了巴洛克建筑的做法（图5、图6）。

3．建造

葡式宅邸建筑以砖木结构为主，底层先以厚砖叠拱架空1m左右，再以厚砖建造拱廊围绕，在室内铺设木地板，屋顶常为木结构四坡顶，设置天花。屋面往往使用红色波纹瓦，屋檐不伸出墙面而是隐藏在女儿墙之后，强调檐部的厚重和几何线条（图2）。

4．装饰

建筑外形采用南欧风格，用色清淡以粉刷和线脚装饰为主，墙面多涂成绿色或粉红色，并用白色线脚装饰。门洞造型为半圆拱，洞口之上有一圈白色灰泥线脚，墙墩与起拱处有一段层叠出挑较大的白色线脚作为分界，并使半圆形线脚在此收头。窗户通常都做内外两层，里面是玻璃窗，外侧是涂有与墙面强烈对比颜色的活动百叶窗。建筑造型多采用简化的古典元素，如山花、线脚等，但不用柱式，屋顶上用红色波形瓦，带有明显的南欧乡土风格（图3、图4）。

图2 别墅全景

图3 别墅主立面

图4 别墅侧立面

5. 代表建筑

氹仔住宅博物馆（原氹仔海滨别墅）

氹仔住宅博物馆，位于氹仔海边马路边的龙环葡韵景点，建造于1921年，是典型土生葡人的别墅式建筑。每幢别墅面积约350m²，地上二层，地下有架空层，建筑东南两面有外廊，室内保持原有装饰。立面檐口距地面高约9m，屋顶距地面高约12m，外墙表面用绿色粉刷，白色线脚，四坡屋顶，红色波纹瓦屋面，结构为木屋架，木楼板。每幢建筑之间相距10m左右，门前铺有碎石小路，充满葡萄牙风情（图1、图7、图8）。

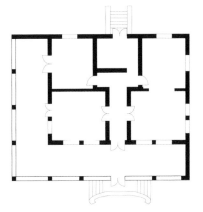

图 5　别墅底层平面图

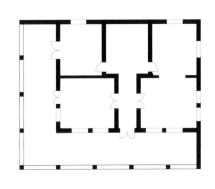

图 6　别墅二层平面图

成因

葡萄牙殖民者在澳门修建的葡式宅邸，反映了他们在南欧悠闲的生活习性，在平面布局和装饰上均采用了前廊殖民式的设计，然而在建筑材料上，则采用了中国的杉木与青砖。建筑形式受到南欧样式的影响，同时为了适应亚热带的气候，多设计了可以遮阳的拱廊。

比较／演变

与华人修建的前廊式宅邸相比，葡式宅邸并不具有中央的天井庭院。葡式宅邸具有类似英国的乔治式住宅的配置，由于澳门葡人的人口较少，该类建筑并没有明显的演变过程。

图 7　别墅立面细节

图 8　别墅底层外廊空间

折中式民居·葡式公寓宅邸

葡式公寓宅邸是澳门葡人民居中高等级的建筑类型，业主多为葡澳政府官员或公务员等上层人士。建筑结构严谨方正，进门后为前厅，厅内有楼梯通往二楼起居主层。外观多采用装饰艺术风格，造型简洁，色彩鲜明，充分反映了澳门葡式的建筑特色。

图1 立面装饰细节

1. 分布

澳门的葡式公寓宅邸主要分布在半岛的直街两侧，以及半岛东侧的南湾等地，靠近政府部门和城市中心地带，现存建筑以半岛西南部西望洋山下的亚婆井前地周边为聚集地。

2. 形制

葡式公寓宅邸是多层集合住宅，每层为一个住宅单位。主体建筑呈长方形，周边带有单层的佣人住房和服务性房间。建筑平面常采用"T"形走廊，主要房间分布在建筑东西两侧，中间为厕所、浴室和楼梯井。两侧布置会客室、饭厅、书房、寝室和厨房，以取得最好的日照。在建筑的前方有小院作为出入口。底层住宅的大门与通往上层楼梯间对称布置，形式相同。显示出建筑的功能性的导向尚未影响传统对称立面的设计，可以视作后来现代公寓建筑的雏形。

3. 建造

葡式公寓宅邸建筑以厚重的青石条为基础，主体结构采用当时最先进的砖石混凝土结构建造，室内的楼板则保持原有传统的木结构，顶部常为钢筋混凝土平屋顶，女儿墙上翻做内排水，避免污损立面。

4. 装饰

葡式公寓宅邸主要利用原有葡人民居的装饰材料与配色，重新以19世纪末20世纪初欧洲大陆流行的装饰艺术风格设计表现。墙面多涂成黄色，并用白色直线条装饰。葡人民居中原有繁复的造型均简化为抽象几何图案，立面图底关系简单。窗户保留了原有的双层百叶窗形式，涂以深色油漆。入口山花和女儿墙上有较为复杂的装饰图案（图1）。

5. 代表建筑

亚婆井前地7、9、21号住宅

亚婆井前地的葡人公寓宅邸建造于20世纪初，外观为装饰艺术风格。7号、9号每栋约300m²，为二层建筑。21号约460m²，为三层建筑（图4～图6）。平面基本为长方形，两楼相距5.9m，用一层平房连接（图3、图7）。室内装饰基本保持原状。7号，9号高约10m，21号高约13m。建筑立面有装饰艺术风格的装饰线条，入口结合地形，外墙表面为黄色粉刷，白色装饰线条，屋顶形式为平屋顶，结构为砖墙与钢筋混凝土混合结构，梁上铺木楼板。该组建筑是澳门早期葡人居住区的历史见证，也是装饰艺术风格建筑在澳门的典型实例（图2）。

图2 亚婆井前地21号室外

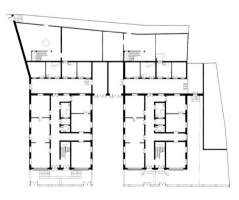

图3 亚婆井前地21号一层平面图

图 4　亚婆井前地 7 号住宅主立面图

图 7　亚婆井前地住宅位置平面图

成因

葡式公寓宅邸是土生葡人在澳门城区内修建的聚居建筑，因此与在离岛修建的别墅建筑相比，从形式到平面布局上更与当时的国际建筑潮流吻合，也采用当时刚刚出现的钢筋混凝土等比较新颖的建筑材料。

比较 / 演变

随着澳门人口的增加以及建筑技术的改变，澳门的葡萄牙上层人士得风气之先，在居住建筑逐渐改变最初葡人民居红瓦白墙具有南欧特色的建筑形态，开始采用现代式的立面和多层的建筑体量，逐渐与现代多层住宅融合。

图 5　亚婆井前地 9 号住宅主立面图

图 6　亚婆井前地 21 号住宅主立面图

店铺式民居·沿街式街屋

沿街式街屋属于澳门华人中层商贩阶层的商住两用建筑，其原型来自于广府民居中的竹筒屋，然而由于澳门半岛华人城区地块具有进深浅的特点，因此街屋往往只有两进一院，甚至仅有一进，在房屋后侧带有采光天井。

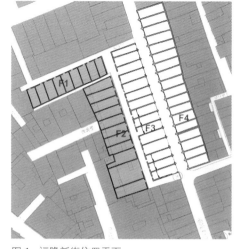

图1 福隆新街位置平面

1. 分布

沿街式街屋建筑曾广泛分布在澳门半岛19世纪中期填海以前即存在的华人区街巷，如十月初五街和下环街，除此以外在内港干道的巴素打尔古街与沙梨头海边街尚保留一批。

2. 形制

沿街式街屋在广东地区竹筒屋的原型基础上发展而来，层高多为2~3层，满足下铺上居的功能需求。每层有卧室一间，厕所和楼梯置于后侧。由于城市区块的不规整，往往无法形成纵深的合院，甚至有些三角形等极端地形之处，单栋街屋仅能建造立面，室内空间需要与相邻地块联合使用（图1、图4）。

3. 建造

澳门沿街式街屋与传统民居类似，入口多为凹斗式设计。多采用山墙承檩的结构方式，可随意安排檩距，调整沿街面宽，较为自由。墙体多为青砖，也有用三合土、卵石等材料砌筑而成的。屋脊多为平脊，屋瓦一般为黑瓦或灰瓦（图2、图3）。

4. 装饰

沿街式街屋一般多为普通民居，装饰较为简单，风格朴素。屋脊多为平脊，屋瓦多为黑瓦或灰瓦。两边硬山墙直接承檩，梁架外露可见。在繁华商业街道的由大业主修建的街屋中，有时会出现各种西洋式风格石膏线脚装饰和葡萄牙式百叶窗（图5）。

5. 代表建筑

福隆新街

福隆新街民居，建造于清同治年间（1862～1874年），是澳门传统街屋民居的代表。整条街现有民居50幢左右，下层为商店，上层住家，每幢建筑面阔为3～5m，进深9m左右，地上二层，平面为长方形，建筑面积约60～90m²，室内装饰简单。立面总高约8.6m，双坡硬山顶，墀头略有装饰。白色墙面、红色油漆门窗是其特点，主体结构形式为砖木混合型，木楼板，木屋架，瓦屋顶，地域特色明显（图6、图7）。

图2 福隆新街建筑立面

图3 福隆新街街景

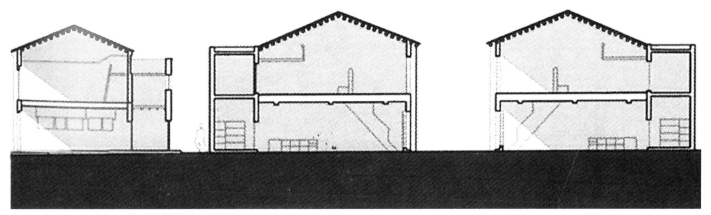

图 4　福隆新街建筑剖面图

图 5　福隆新街建筑立面细节

成因

　　沿街式街屋是澳门城区内最早出现的华人商住屋形式，来自于周边地区的移民以广州等城市中的竹筒屋原型修建，但在建造上为了适应澳门独特的不规则城市形态，放弃了竹筒屋纵向延伸的特点，转而发展出二至三层的多层建筑形态。

比较 / 演变

　　沿街式街屋代表澳门半岛未填海前最早一批的澳门商住屋形式。在后期葡澳政府的干预下，大部分沿大马路的商住街屋均重建或改建成带有底层骑楼的骑楼式街屋形式，无骑楼的沿街式街屋退入城市的次级道路，如下环街和十月初五日街等区域，在这里街区一些具有较大进深的地块内，发展为数进合院的街屋形式。

图 6　福隆新街建筑立面门窗细节　　　图 7　福隆新街建筑立面开窗及檐口细节

店铺式民居·骑楼式街屋

骑楼式街屋来源自广东地区城市中的竹筒屋原型，平面布局除了在建筑沿街面底层带有约两米宽度的骑廊外，其他与澳门的沿街式街屋类似。骑楼在客观上减少了底层商铺的面积，并非是一种自然形成的布局，而是葡澳政府的规划行为，这是在受到 19 世纪葡萄牙人和英国人在马六甲地区修建的外廊式建筑和商住楼的影响后，形成的澳门地区特有的骑楼式街屋建筑。

图 1 河边新街民居侧立面

1. 分布

澳门的骑楼式街屋主要分布在商业发达的区域，从整个内港河边新街，火船头街，巴素打尔古街一线一直到新马路两侧。这一建筑形式与澳门炎热多雨的气候相适应，在现代商住建筑中也一直使用。

2. 形制

与沿街式街屋类似，由于地块进深浅，澳门的骑楼街屋往往只有一进，且不带有后院。从平面上看即单栋的硬山顶建筑。建筑通常 2～3 层，底层为商铺，上层为主人卧室，楼梯设在建筑后方。与同时期的英属马六甲地区的骑楼建筑相比，澳门的骑楼式街屋具有骑廊空间宽大和沿街面宽阔的特点。骑楼以拱券支撑，形成连续统一的立面效果。大多数建筑物都由承重墙构成，以支撑楼面和楼顶，通常都采用结构墙而不用框架建造。在承重墙之间接近的间距架设木托梁。在楼层间用横梁支撑楼面，可缩小托梁之间的跨度。屋顶则用桁架取代之，为了缩短间距，楼面托梁通常采用圆木杆。这种底层带有骑楼的、商住混合的联排式竹筒型铺屋，建筑首层沿街铺位外空间成为公共空间和行人往来的通道。底层用作商店，楼上住房有单开间或打通隔墙使用两开间，虽然面积小，室内空间布局简单，但是实用性很强。沿街外墙立面成为主要的装饰部位，建筑平面布局多为竹筒式，根据功能需求而灵活布局，平面紧凑，建筑一般为两层半或以上（图4、图6）。

3. 建造

从建筑结构上看，19 世纪末的骑楼建筑主要采用砖木结构，屋顶为密檩双坡式，而砖混结构则迟至 20 世纪初才出现（图5）。

4. 装饰

澳门的骑楼式街屋的装饰风格可分为新古典主义、葡萄牙式、装饰艺术风格、早期现代式五种。其中新古典主义两种风格最早出现在 19 世纪 80 年代，在 20 世纪初以前大量使用；葡萄牙式风格则迟至 20 世纪头十年，在澳门骑楼式街屋中所占比重较少；装饰艺术风格和早期现代式两种均在 20 世纪 30 年代开始出现，且在 50～60 年代成为主流。

图 2 河边新街建筑全景

图 3 河边新街建筑立面

5. 代表建筑

河边新街 209～211 号、217～219 号

河边新街 209～211 号及 217～219 号为两栋新古典主义风格的骑楼，建于 19 世纪 80～90 年代。均带有澳门特有的非正圆形拱廊的特征，二层的立面设置百叶窗模仿葡萄牙人的住宅（图 1～图 3）。

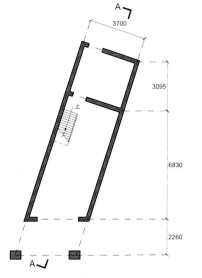

图 4　河边新街 209-211 号底层平面图

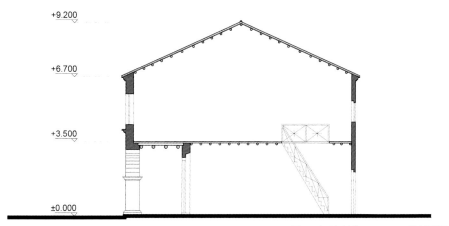

图 5　河边新街 209-211 号剖面图

图 6　河边新街 209-211 号、217-219 号立面图

成因

骑楼式街屋最初出现的原因在于葡澳政府在亚洲殖民地式港口城市建设风潮的影响下，对新开辟的港口都市景观的控制，由此引入拱廊这一西方建筑元素，在传统街屋的双坡屋顶下直接退缩作为骑楼底，也有在双坡屋顶的前壁加骑楼底宽度的两层平屋顶的做法。而在这一政策推行的过程中，骑楼所带来的便利和舒适性利于商业活动的进行，因此在 1915 年建成的新马路沿街街屋中，皆采用骑楼的形式。

比较 / 演变

早期骑楼式街屋保持着古典主义的线条，随着新材料的引入建筑物越来越简单，澳门固有的风格逐渐淡化，最后被线条形建筑物所取代。20 世纪 30 年代的骑楼建筑，均呈现平屋顶、平梁式骑楼和装饰艺术风等风格。伸出式的骑楼克服了楼房正面的单调感，给市镇楼房增添特别的建筑活力。骑楼可以这样挡雨观景，也可以在高高离开地面的楼层上种植花草。骑楼二层由建筑物外墙伸出来的托座承托。垂直支撑物是细条的铸铁或石柱。

从骑楼底柱廊的形式来看，19 世纪末最早出现的为拱廊式，呈现扁拱或椭圆拱的形式，是澳门拱廊独有的特征。其中又可细分为中国澳门传统式和东南亚式两种。前期拱廊的柱距多有变化，因此各拱之间跨度不同，形成活泼的韵律感，后期逐渐统一。20 世纪 30 年代出现平梁式柱廊，最开始的平梁柱廊有新古典主义繁复的雕花，后来渐渐简化为几何形的托架，到了 20 世纪 50 年代托架也被取消，呈现最简单的形式。

店铺式民居·碉楼式街屋

碉楼式街屋是澳门中式街屋中最为特殊的一种，是专用于中国传统典当行业的建筑类型。其形式发展自传统街屋的"前铺后宅"形式，而把"后宅"改为"后楼"，以确保贵重物品的保存，在建造上注重防盗和私密性的功能需求。

图 1　德生大按门窗细节

1. 分布

碉楼式街屋随着澳门 19 世纪末商业的繁盛而兴起，其主要分布在华人区商业活动最为繁荣的地段，如 19 世纪末的河边新街和 20 世纪的新马路，往往毗邻街角建造，避免窃贼利用相邻建筑攀入碉楼，保证安全性。

2. 形制

一间典型的前铺后（货）楼格局的当铺，分为前厅和主楼两个部分。入口有传统木趟门。其平面分为前后两厅，其间墙下为砌石，上为铁栏杆，顾客只能站在前厅与后厅之间议价。当楼高度一般三层，上层为办公室。后厅之后是天井，然后是碉楼式的货楼；货楼高度一般超过 20m，平面呈正方形。底部为砌石结构，上为两层空心青砖墙。建筑物四面都设多个窄长的小窗，既防盗也利于通风。室内常常设置青砖墙分割空间来安放木货架（图4、图6）。

3. 建造

与一般的街屋相似，当铺以青砖墙体和木檩条承搭屋顶，建筑物屋顶为木结构，铺瓦，外墙上部有"某某大按"的灰塑字样。其特点在于碉楼的建造强调坚固与密封，因此多使用数米高的青石砌底，上层的青砖也比一般街屋厚数倍，如板樟堂街 6 号的高升大按。20世纪 20 年代建造的碉楼，则多使用最新的钢筋混凝土技术，上层墙面和底层柱墩用水刷石立面，如现存新马路的德成按当铺（图2、图3）。

4. 装饰

碉楼因为是防御性建筑，立面的

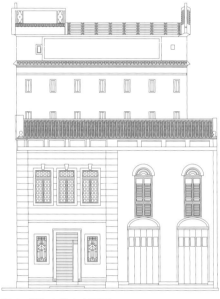

图 4　德生大按主立面图

图 2　德生大按背立面

图 3　德生大按侧立面

图 5　德生大按周围环境

装饰以开口较小的窗洞为主。高耸的山墙面成为其最引人注目的特点，往往会以红框勾勒出巨大的当铺名称来招引顾客，山墙的形式多变，有镬耳形状和平屋顶铺设灰瓦两种。而作为跟随潮流的商业建筑，街屋的沿街立面会随着风潮的改变而改变（图1、图7）。

5. 代表建筑

德生大按

位于澳门十月初五街65号，建于19世纪。该建筑下层为当铺，当铺后有单独的高楼作为存贮典当物件的场所。存贮楼为五层，只在上部朝内院方向开设小窗，沿街侧面不开窗以确保安全。外墙用青砖砌筑，正面右侧上层采用了半圆券形窗，外面加有木百叶窗扇，是受到葡萄牙建筑形制影响的表现，反映出19世纪澳门中西式建筑的交融（图5）。

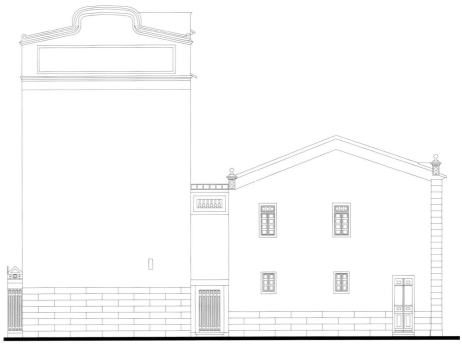

图6　德生大按侧立面图

成因

碉楼式街屋是传统街屋的特殊形式，继承了传统防御性建筑的形式，来适应当铺对商业功能的独特要求。在当时平均建筑高度不超过十多米的城市中具有高度的视觉辨识性，也满足了当铺追求广告效果的要求。

比较 / 演变

碉楼式街屋由于功能特殊，多采用类似的前店后楼的形式。营业规模较大的当铺往往会将二、三层作为办公使用，而普通的当铺有时会沿袭传统街屋下铺上居的格局，作为私人的居所使用。

图7　德生大按建筑外部

台湾民居

TAIWAN MINJU

本岛民居·客家堂横屋

堂横屋是客家民居中的基本模式，是其他类型建筑的原型。相对于土楼、围屋等防御性强的客家建筑，它的防御性减弱，用最简单的形制完成了对环境的适应性要求。

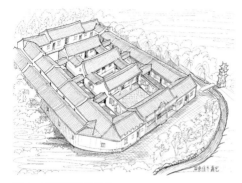

图1 屏东客家堂横屋

1. 分布

客家堂横屋主要分布在台湾北部的桃园、新竹、苗栗以及南部的高雄和屏东一带。

2. 形制

堂横屋是客家民居的基本模式，是其他类型建筑的原型。典型的堂横屋由三种空间组成：坪塘空间、三堂空间和横屋空间。

坪塘空间是指由禾坪与池塘共同构成的空间，禾坪通常为长方形，既是建筑主要出入口的前广场，也可在作物收割时用于打场晒谷，古称之为禾坪。池塘平面多为半圆形，位于禾坪之前，具有养鱼、洗涤、灌溉、消防的功能，另具风水要求。

三堂空间是指由下堂、中堂、下堂为主的公共活动空间。通常，下堂为大门出入口，中堂为议事厅，上堂供奉祖宗牌位，横屋为居室。

横屋空间是指以横屋间与横厅为主构成的居住空间，典型的横屋对称于厅堂两侧，长度与三堂空间相等。

堂横屋根据的平面形制有许多变化，除通常的三堂四横外，还有三堂二横、双堂四横、四堂四横等。

除此之外，在台湾许多客家移民与闽南移民共居的地区，客家民居也采用了"三合院"和"四合院"的形式，即一堂两横或一堂三横的形式，且在屋顶正脊的处理上与闽南移民民居相同，这是客家移民受闽南移民影响的结果。

3. 建造

在地理上，桃园、新竹、苗栗与高雄、屏东的气候、水文、生态显著不同，北部多雨潮湿，南部炎热干燥，所以北部民居多以砖造为主，南部多以土造及木造为多。北部屋顶多用硬山式，而南部多用悬山式，可增挡阳防热功能。南部平原受台风侵袭频率高，屋顶坡度较缓，北部多偏居山区，有山为屏障，屋顶坡度趋陡一些，以利排雨水。

除此之外，北部民居由于长期受漳州人或泉州人建筑的影响，正脊呈弧形曲线，有的砌成向两端起翘的燕尾脊，而南部民居深处较完整的

客家文化圈里，较多地保留了大陆原乡的建筑特征。

4. 代表建筑

屏东佳冬萧宅

萧家仿照广东梅县的老宅兴建宅第，先建立第一进到第四进，日本占领时期人口持续增多，五进规模推断应是到了日本占领时期才完成。宅第的兴建颇讲究风水。高屏溪一带多为平原，没有明显的地形起伏，较难营造出背山面水的理想格局。佳冬萧宅则运用溪水营造防御工事。溪水原本流经住宅东侧，萧家将溪水疏导，使水流绕到住宅的前院。使得东侧和前头都有溪水流过，并没有采用粤东客家人常见的马蹄形围龙屋，或者闽西一带的圆形、方形客家土楼。

萧宅是传统的合院式住宅，前面三进和后面二进各成系统，形成一个五进的住宅。所以说是五堂双横式的住宅。面阔五开间，中央以及两侧皆设出入口。第一进和第二进之间有两道高墙连接，并且各辟有八角门；第一进和第二进之

图2 关西客家民居民宅

图3 客家民居正堂摆设

图 4　佳冬萧宅全景图

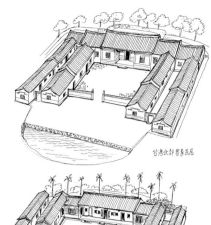

图 7　台湾北部客家民居与南部客家民居

图 5　佳冬萧宅前门外有水圳

间有过廊衔接，亦开八角门；最为紧凑的地方就是第三进和第四进之间，它们之间的院落规模较为狭窄，也有过廊将其连接起来。不过是采用封闭型的空间，只对内庭开放。最后的第四进和第五进之间又有大庭院，不做过廊和高墙，应是晒谷场。

五个院落外围有深长的横屋，其屋脊从后方到前段渐次降低，即第一进的屋顶较低，第二进、第三进的屋顶渐次升高，而最终以安放祖宗牌位的第四进屋顶为最高，这是精神性的祭祀空间。这种屋脊高低的安排符合古时尊卑序位。随着屋顶的升高，主从之间的高

图 6　佳冬萧宅很长的横屋与侧院

低关系也明显可见。正式的空间与男性的空间居于建筑的中间部分，侧边的院子为妇孺的生活空间，用围墙加以区隔。

成因

台湾客家民居是在延续广东与闽南客家民居的堂横屋的特点又受到闽南移民民居影响下形成的，有客家堂横屋的形式，又有闽南合院式民居的形式。

比较／演变

台湾北部的客家民居与南部的客家民居差异是因不同的地理环境和社会环境形成的。北部客家受到漳州、泉州等地移民建筑的影响，所以表现出与闽南民居的相似性，而南部民居身处于较完整的客家文化圈，保存了较多大陆原乡的特征，北部和南部的客家民居在建材、平面布局、屋身高度、屋顶形式与屋脊线条等方面有较大的差异。

台湾客家民居与大陆广东、江西、福建的客家民居相比较，在建筑形式方面不如大陆客家具有多样性，这是不同的历史、社会环境与地理条件所决定的。但客家建房重视风水、尊重伦理道德的传统在台湾客家中仍有保留。

本岛民居·一条龙、单伸手、三合院、四合院、多护龙

一条龙和单伸手以其体量小、建造简单等特点成为台湾民居中较为普遍的形式，而三合院和四合院是传统民宅之基本形态，以其良好的功能特点在台湾应用得十分普遍，也非常成功。多护龙是台湾较为典型的民居形式，规模宏大，布局严谨，装饰精美，是台湾民居建筑的杰作。

图1 三合院民居

1. 分布

在山区陡峭地形，无法建造合院式，所以采用一条龙形式较多，主要分布于台湾北部的山区，在南投、嘉南平原等地亦有所分布。

三合院和四合院在台湾的分布较广，在台湾北部以及南部高雄、屏东等地都有分布。此外，多护龙式民居在台湾亦颇为常见，分布也比较广泛，在台北、彰化等闽南移民聚集地都有分布。

2. 形制

一条龙只有正身，即正堂及左右或边间厨房、柴房等。通常人口较少的家庭可采用此型，当人口多时，可在其一侧或两侧加建护龙（北方称厢房，客家称横屋），若在一侧加建，则形成单伸手式，指与正身呈90°直角，方向

不同。单伸手即是只有单边护室，常常为地形限制或迈向三合院之前的过渡形式。其平面呈"L"形，又称为曲尺形，除了地形限制因素，曲尺平面也是一种过渡，当人口增加后才完成三合院式平面。

台湾对于三合院平面民宅，俗称为"正身带护龙"，即拥有正身，并带左右护室。有的三合院还有围墙，并设墙门或门楼，以别内外。三合院多见于乡村，农宅多用之，前埕可作晒谷场。据调查人员在北部及南部高雄、屏东所作调查，三合院的左右护龙并非完全平行，而是略呈夹角，向内包近一点小角度，匠师俗称"包护龙"。从此可见，传统民居之平面配置也暗藏了一些规矩，其作用据说为"向心"及"聚财"之象征。

在三合院之前建屋，构成"口"字

形平面，谓之四合院。在台湾一般匠师屋主并不如此称呼，他们惯用"正身护龙两落起"，意即前后有两进，左右有护室。从清代以来，四合院多为官绅阶级或富商地主所喜用。其格局较大且严密，四合院围住了宁静的中庭，私密性较强，与开放式的农宅三合院不同。

在三合院或四合院左右两侧增建数列的护龙，在台湾颇常见，通常农村大宅多采用此种扩建方式。宅的优点为居住成员不必经由中轴大门出入，可直接由护龙的"过水门"进出，得方便之利。

多护龙要具备土地宽广之条件，辈分越高的越靠近中轴正身，血统较远的旁支只居于外缘的护龙。在护龙与护龙之间，为了内部交通，狭长的天井中常建有亭子，亦被称为"过水亭"。它连着各列护龙，并可通行正身之步口廊。护龙间之天井亦常凿井，供应饮用水。宽广的院落配置提供了较充足的日照及通风，通常这种格局为大家族所喜用。

3. 建造

建筑结构为穿斗式木构架或硬山搁檩，山墙为承重墙，墙体多为砖砌，地面多用红砖、卵石或石板铺设。屋顶多为双坡硬山或悬山式，通常是山区多用悬山，便于挡雨，沿海地区多用硬山，防止台风侵袭，多铺红瓦。屋顶曲线富于变化，檐口曲线从房屋重点开始向外向上起翘，曲率平缓柔和而富有韵律，正脊呈弧形曲线，有的正房屋脊向两端起翘成燕尾式，富有生气和活力。两侧伸手的山墙面向正前方，多

图2 南投地区之一条龙式民居

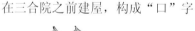
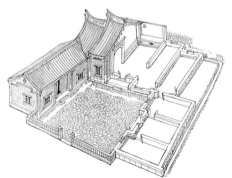

图4 三合院剖透图，可见厅堂殿后

图3 桃园民居之正身带护龙三合院

图5 台中大甲杜宅为四合院平面

图 6　林安泰古厝外貌　　　　　　　　　　　　图 8　林安泰古厝正堂摆设

图 7　安溪风格的台北林安泰古厝

使用马背山墙。

　　由于台湾多闽南漳州、泉州地区移民，在建筑色彩上也延续了闽南地区的风格，外墙喜用红砖、屋顶喜用红瓦、宅内多用红地砖铺设，在一定程度上体现并延续了闽南民居红砖文化的特性。

4. 代表建筑

台北林安泰古宅

　　建于道光初年（约 1823 年），为林家迁台第四代林志能，因在艋舺经商获利而在大安地区购地所建。该宅为台北盆地所剩唯一做工精细的民宅建筑，已于 1980 年迁建，但仍然维持了原建筑坐东北朝西南的方位。

　　古宅的平面是四合院，前后两进的格局，左右各有三个护龙，总计是六列护龙。越外层的护龙其修筑年代越晚，最晚在 20 世纪 20 年代兴建。古宅前有一个半月形的水池，及一个门口埕。古宅的左侧有一栋独立的书房，正堂和护龙之间有小门廊，称之为过水廊，过水廊有墙壁遮挡外人探视内部的活动。

　　前后有廊衔接外护龙，使得主体四合院之房间只对内庭或侧庭开窗，实际上形成两层屏障，有利于安全。门厅甚为考究，为所谓凹巢三川门，其木雕及石雕皆属上乘作品，尤以门厅之大木作最为可观，瓜筒之造型为台湾之佼佼者。正厅为开放式，没有隔扇门。就细部之做法及整体比例视之，为台湾北部最优秀之作品。

成因

　　由于家庭人口增加和经济进步，人们对居住要求提高，合院便逐渐取代"一条龙"和"单伸手"成为台湾地区传统民居的主要形式。而多护龙是在三合院或四合院的基础上的横向发展而来，规模宏大，功能齐全，通常是多年增建的结果，为经济实力雄厚的大家族所喜爱。因此多护龙式的产生是家庭人口增加、经济水平提高的产物，其规模较大，私密性小，适合大家族多小家庭的居住模式。

比较 / 演变

　　台湾地区的一条龙、单伸手、三合院、四合院以及多护龙基本上沿袭了闽南地区民居的形式，这是闽南移民入台之后仍沿袭传统建造房屋的结果。因此，无论在民居形式、建筑材料以及色彩等方面都可见闽南民居的特点。

离岛民居·马祖石头厝

石头厝是马祖岛民居的典型代表，它就地取材，是为了应对海岛多台风的气候环境形成的一种特征鲜明的建筑形式。

图1　马祖牛角聚落中的石头厝

1. 分布

石头厝主要分布在台湾马祖岛，属于闽中北系统。

2. 形制

平面形制最为常见的是三面或四面砌筑厚重石墙的长方形平面，这与陡峭的坡地腹地不大有关。偶尔亦可见曲尺形或左右长短不对称的三合院，另外有一种较为严谨的四合院形式，天井很小，有如云南地区常见的"一颗印"。

室内格局与传统做法相同，祖厅位于中轴，如果是二层就位于二楼，左右则以木屏分隔为室，厨房多位于突出的外室。门口的空间是居民生活的重点，随着地形的变化出现高低错落的趣味，随意设置的石栏杆或石椅形成邻居及家族闲聊联络情谊的地点，也是晒干衣物及种植瓜棚的工作场所，有时亦设照墙

门以别内外。有的民居于入口前置照壁，因为面向海，前方并无遮挡物，所以在风水上的考虑可能不高，而纯粹是反射阳光及挡风的作用。因坡地的关系，二楼的后门常架梁为桥可直接通往后侧横巷，亦为其空间使用的特色。

3. 建造

主要建材以石、砖瓦、木材等，其中尤以石材为最主要的材料，马祖的花岗岩地质，使得石材毫不匮乏，其色泽丰富温润，有略带黄、红或青等不同样式，也丰富了建筑的立面，另有一种全黑的玄武岩，亦偶有出现于墙体立面。

在马祖最多的屋顶形式就是五脊四坡顶，这种屋顶形式在中国传统的做法中称为庑殿顶，属于紫禁城太和殿的层级才能使用，而马祖地区地处偏远，再加上自然环境恶劣，如何达到防风

的效果，才是主要的考虑因素。为了防风，檐口不出挑或以女儿墙压檐，屋坡缓（约只做三分水，即一尺三寸）是其最大的特色，另外并以石块、条石压放在屋瓦上，或以灰泥封住檐口板瓦，来防止狂风掀瓦。还配以不同山墙的两坡顶及山尖极小的歇山顶，屋脊砌做平直亦为其特点。

外墙为防风、防雨或防盗的考虑，以石砌承重墙为主，或一面完全为木结构，形成强烈对比。多为两层构造，这样较能达到避潮气，又宜远眺的功用，且通常一、二楼正面均开门。墙体砌筑的方法常见的有乱石砌、人字躺、四指寮等，有的民居为了增加稳固性，墙线呈上部向内收分，下部向外倾斜的弧线造型。两坡顶造型之建筑左右夹以厚重山墙，山墙形式以人字形、虾姑形及马鞍形为主，不似闽中、北出现的

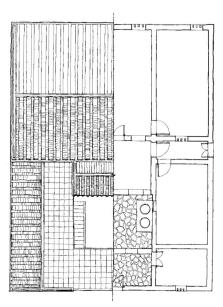

图2　一颗印式平面图

图3　马祖民居为防风多用四坡顶

图4　民居多用石材建造

图5　马祖民居门楣上鲤鱼吐水装饰

图6　屋顶压顶石块可防风

成因

马祖岛以花岗岩地质为主，岛上多山，丰富的石材为居民提供了良好的建筑材料，居民就地取材。同时，其屋顶形制及其他细部构造处理都是出于防台风等安全考虑，入口空间等的处理则是因渔民生活所需，可以说马祖石头厝是对地理与气候环境充分适应的一种民居形式。

比较／演变

马祖岛的石头厝的石砌墙体、屋顶压石等做法与福建平潭等地相同，但其屋顶形式、山墙造型等处理有所差别。如平潭民居屋顶多为人字坡硬山顶，而马祖多为五脊四坡顶，这种屋顶坡度更缓，更能适应岛上风大的恶劣环境。

种类多。

4. 装饰

马祖民居给人以质朴之感，没有过多的修饰，但仍有部分构造透露出匠师的巧思。屋顶女儿墙以砖砌成镂空图案或叠涩线脚，转角做短柱，在样式上受到近代建筑的影响，具有洋楼的趣味。有时入口上方为避免雨水直接流下，则砌筑一道挡雨墙，将雨水导至两侧的鲤鱼吐水口，形成"双鲤吐水"的景象，为了辟邪，亦有放置泥塑脊兽于屋顶上。

门窗多以石为楣的平拱形式，有时亦可见以砖或石砌筑半圆拱，讲究者并以牙子砌作为窗楣的装饰，据说早期为了防盗窗子开口极小。有的于外门安装腰门，门臼以石雕成，直接插入墙体。门框内侧常见雕成鱼形、瓶形与葫芦形的插香处，与石门柱一体成形，或以灰泥塑成极富巧思。

离岛民居·澎湖合院

澎湖之开发甚早，可上溯至宋元时期，其古聚落及古民居为数不少。澎湖民居以三合院为基本型，但其具有独特性，与金门、漳州、泉州或台湾之民居有显著的不同。

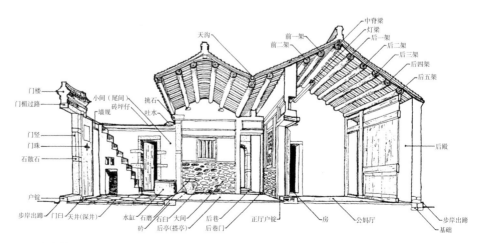

图1 典型的澎湖民居

1. 分布

澎湖民居分布于数十个大小岛屿之上。

2. 形制

一般而言，澎湖民居为一种紧缩的最小三合院格局，面宽三间，进深亦三间，包括左右护室两间及正身房间。它的面宽约在10至12m，进深略长，约在15m左右。在平面上，是由厚而封闭的外墙所围闭，天井狭小，而且正面围墙很高，总显得封闭。此种做法，为的是适应澎湖的强劲海风。在住宅附近的旱田里，居民以硓石堆成所谓巢墙，发挥挡风作用，以利农作物生长。

澎湖民居以三合院为基本型，若将前面围墙易以有顶门厅，则成为四合院。澎湖民居称此门厅为前亭。相对的，在正厅前常建有一座亭子，骑在左右护室墙上，特称之为后亭。后亭有的只占单开间，但也有横跨三开间的，这种属于较大型的住宅。另外，前面护室可以增长，凸出于围墙之外。值得注意的是澎湖很少有横向增建护龙之情形。

一座典型的澎湖民居，常常还有附属设施，天井的一侧有水缸，一半在墙外，一半在室内，即设于尾间的厨房。由外面汲上来的井水即可方便地倒入水缸中。而且室内也方便取用。有些水缸做成八角形，形体较优美。

3. 建造

澎湖民居的主要建材为石、砖、蛎壳灰、瓦与木材。其中，以本地所产之石材最具特色，构成了澎湖建筑之外观形式与色泽上之特征。

澎湖民居外墙深具特色，不但材料与他地不同，砌法亦别具技巧，构成了民宅外观上之明显风格。外墙有的全为一种材料，有的分上下两段，下半段槛墙易以较坚固之做法。

门楼分前后坡屋顶，也遵循前坡短后坡长之原则。山墙鹅头多做成有角的"木"行，脊身常镶嵌彩瓷。门楼两侧的高墙上缘亦做成脊垛状，有如水车堵，特称之为"墙瓜"，可能为"墙规"之转音。正面外墙比侧面或背面更为讲究一些，较好的材料多用于正面。

澎湖民居之屋架主要为搁檩式，亦即檩木直接架于三角形山墙之上。民居之正身三开间之四堵墙，直接承住檩木，只有护室与正身相接之处，即大间之内侧使用木屋架，通常为五架或七架，所有瓜柱均落于大通梁上，属于一种简便而实用的屋架，屋架使用头巾及束木等构件，大都不上漆。

澎湖之自然地理环境特殊，风大而雨量少，且日晒足，故防风防热为澎湖民居必须解决的问题。民居之屋顶颇能反映应付环境之道。澎湖民居并不高，屋顶显得厚实，硬山式为屋顶之主要形式，山墙粗厚，脊身及规带亦做得宽，具有压重屋顶及防风之作用。

另外，值得注意的是澎湖民居的护室常有平顶做法，即"砖坪仔"。其做法为在密集的檩木之上铺木板，再铺尺砖而成。砖坪仔可利用为曝晒作物之场所，屋顶略具斜坡，使雨水向内流下，一般切忌外流，恐以邻为壑也，且认为雨水向天井排放，亦聚财之象征。

4. 代表建筑

澎湖二崁陈宅

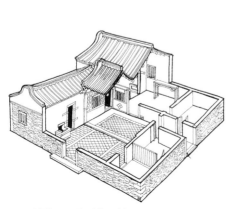

图2 澎湖民居典型格局剖透图

图3 澎湖传统民居构造名称图

图4 澎湖民居中庭之轩亭

图5 澎湖二崁陈宅外观图

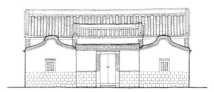

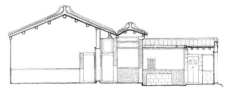

图8 澎湖二崁陈宅立面图与剖面图

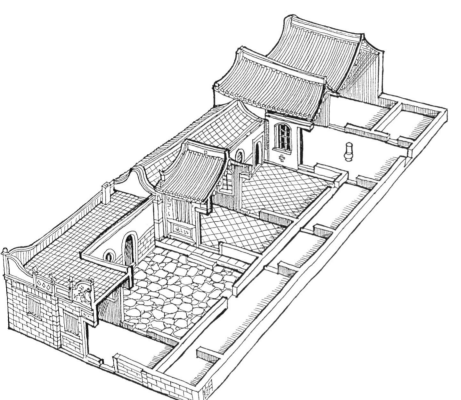

图6 澎湖二崁陈宅透视图

成因

为适应澎湖地区风大雨量小的特殊自然环境，形成了围墙很高，山墙粗厚、硬山顶，天井较小，面宽较小，通常在纵深方向发展的建筑特点。除此之外，澎湖民居就地取材，采用当地珊瑚礁、海石等材料，造就了色泽和质感皆具特色的建筑立面。

比较/演变

澎湖民居与台湾其他地域的合院民居相比，通常只在纵深方向发展，面阔通常较小，是为了适应强风的自然环境。除此之外，其正房前通常建轩亭，这也是其他地区比较少见的做法。

澎湖二崁陈宅为陈岭、陈邦两兄弟在经商致富后,回乡所建之合院式建筑。其兴建于1911年，建筑形制为三间三进宅院，建筑材料以澎湖的硓𥑮石与玄武岩为主。建造匠师是当地之池东师傅陈妈挺，陈宅之建筑风格不但融合了闽南建筑与澎湖地方建筑之特色，亦反映出当时西洋式建筑之影响，属闽洋折中式样建筑。

此外，由于陈宅进深较大，三进之间即形成了两处宽敞的天井，而其建筑配置可分为门厅、正厅与后堂。其中在第一进的门厅可见到洋式风格的浮雕装饰，至正厅，可见其前方带有轩亭，而后堂之卷棚轩连接符孙巷。

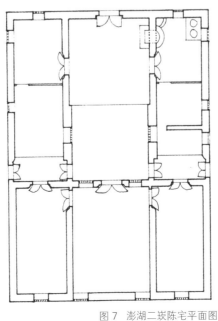

图7 澎湖二崁陈宅平面图

离岛民居・金门合院与洋楼

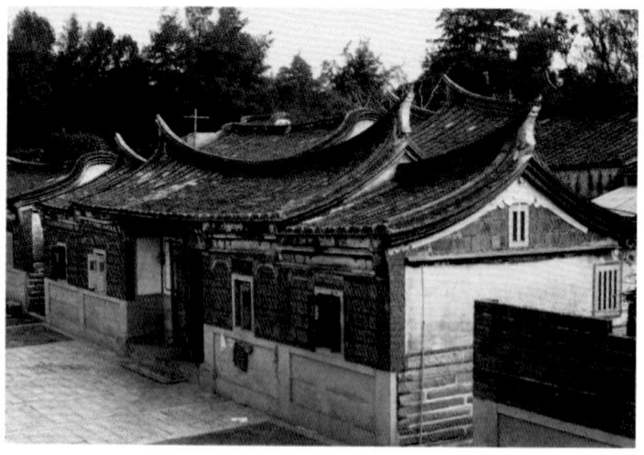

图 1　典型的金门聚落

金门民居可分为合院式与洋楼建筑。合院是以三合院、四合院为原型，并在西洋楼的影响下形成的一种独特的民居形式，它通常有着传统合院的布局，但常设阁楼、方亭等具有西洋建筑元素。洋楼建筑乃是匠人将西洋建筑之山墙、拱券等形式融入传统民居之中，出现了丰富的类型。洋楼又称为“番仔楼”，华侨回乡为了光宗耀祖或安置亲族长辈而建。

1. 分布

主要分布于台湾金门地区。洋楼在厦门鼓浪屿最多，质亦最精。金门洋楼具有很高水平，在两次世界大战之间（1920 ~ 1940 年）因经济繁荣，大量出现洋楼，其形式以三角形山墙（Pediment）及拱廊或拱窗为最明显特色。

2. 形制

金门民居可以找到它的基本原型，即俗称的“一落带二榉头”，它的平面为三合院，面宽三开间，左右护室称为“榉头”，一般为两间长，所以整个平面略近正方形，很像云南“一颗印”式的平面。从平面的原型经过扩展可以发展出“三盖廊”、“突规（陡归）”及“大六路（五开间）”等三种形式。

所谓“三盖廊”即是有第一进门厅的做法；“突规”指在一侧增加一间，成为不对称平面，正面看上去为四开间；“大六路”为左右各扩展一间，合为五开间，其纵向墙体为六路，故名。其次，当家族成员再增多时，可增护室来解决，在护室的前端或后端起楼，屋脊可采不同方向，有如“丁”字，称为“丁字楼”，它有如一座高耸的碉堡，具有眺望或防御功能。利用屋顶上的空间，也是金门民居常见的技巧，包括平顶（砖坪）、虎尾楼（屋顶上突出小屋顶）及“丁字楼”。

3. 建造

石材在金门民居中运用最广，也是最能展现民居坚实质朴精神的一种建材。金门本地的花岗石很多，聚落里的巷道台阶或围墙多用之。石条可做台基砛石、地面、门槛、门楣或槛墙。它的砌法主要有平砌、交丁砌及人字砌三种。

将石条或石块与砖片混砌，亦是金门常见的特殊手法，据说这种砌法是在明万历年间泉州大地震之后发明的，称为“出砖入石”。利用不规则的石、砖与瓦掺杂运用，意趣横生，不但构造很坚固，外观也呈现着一种纵肆不羁或随遇而安的自然美感，散发着顽强的生命力。经仔细分析，可见此种砌法也自有其脉络可寻，石条多呈垂直摆置，上下错开。砖片则厚薄不一，充填在石条之间的空隙中，所谓“出砖入石”，很生动地解释其砌法。

金门民居的屋顶少用悬山或九脊歇山，为了防风沙，硬山是最主要的形式。山墙以砖石材料砌成，具有封火作用。

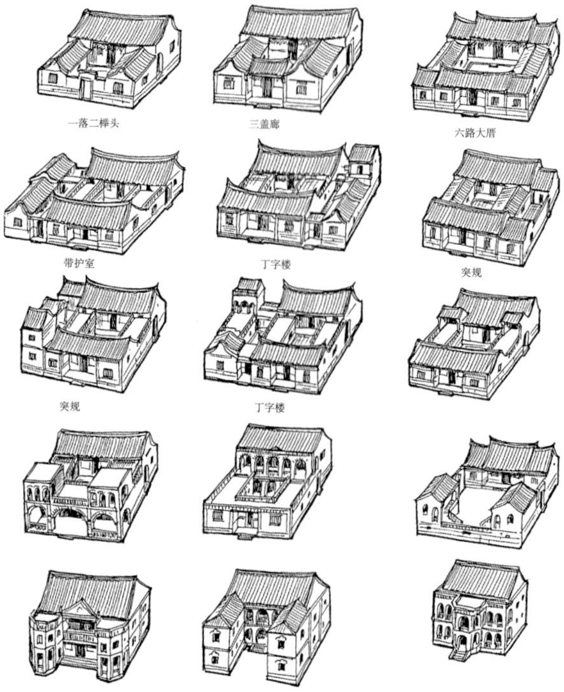

图 2　金门民居类型

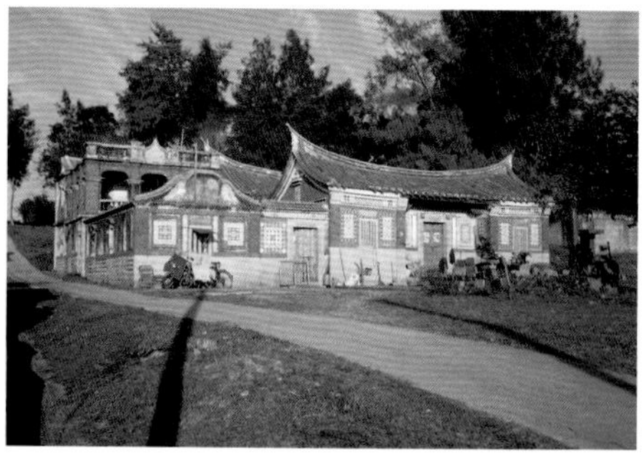

图 3　金门水头民居附建洋楼

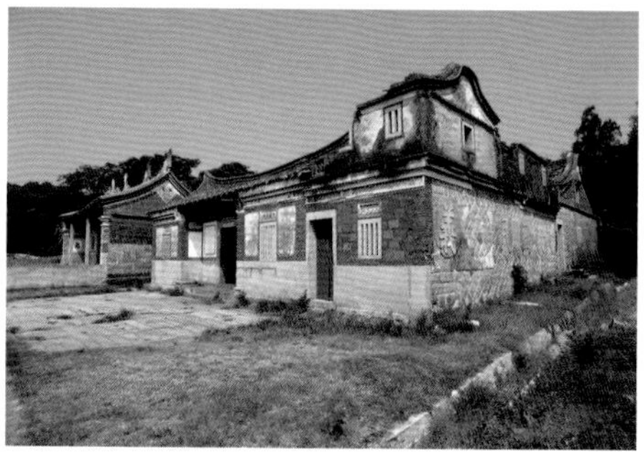

图 4　金门民居突起楼

图 5　有虎尾楼之金门民居

图 6　以大小不等之砖石所砌之墙称为"出砖入石"

图 8　五行山墙样式

图 7　金门洋楼民居

图 9　民居山墙

山墙顶部的鹅头形状有几种变化，分别象征金、木、水、火、土等五行。一般民居屋顶多用板瓦，但在两侧常有三道或五道的筒瓦，据说与屋主之官阶或社会地位有关。

4. 装饰

金门民宅之装饰手法至为多样变化，艺术表现力亦充沛丰富。其建筑装饰与构造细节，可以体现出古人的审美判断与价值理念。在外观上，凡是人们视线易达之处，即成为装饰焦点，工匠在那里发挥他的巧思与妙艺，将各种深含寓意的题材以建筑技术表达出来。砌砖、砖雕、泥塑、贴瓷及彩绘是常用的技术。金门民居继承了中国南方建筑的硬山墙搁檩构造传统，特别重视山墙装饰。

金门的硬山墙形式大约有五种之多，分别象征金木水火土五行。以"火"（燕尾形）及"金"（单弧形）最多，"土"（平顶八字规）及"水"（三弧）次之，"木"（高圆弧形）较少。这几种形式运用在民居或祠庙上有其特殊的规则，例如主屋为"金"，轩为"水"；主屋为"金"，轩为"土"；主屋为"水"，轩为"土"。另外也有主屋与轩均为"土"者。分析起来，主要的理由乃是方位及五行相生之说。山墙五行之别亦盛行于广东潮汕与台湾之民居，在一组屋顶中，可"上"生"下"，及主屋生耳房或护厝。或"下"生"上"，使其相生不相克，则家宅平安，人丁旺盛。

成因

金门合院保留了传统合院的形式，在建筑局部呈现出西洋化的特点，这是和金门的社会与历史息息相关的，西洋文化输入的同时也将其建筑特征植入到当地民居中，虽然这种影响在台湾其他地区也有所体现，但是金门民居"变体"形式之多样则较为少见。洋楼的出现则多为华侨回乡为光宗耀祖或安置亲族长辈而建，充分反映了"侨乡"的特点。

比较 / 演变

金门合院与台湾地区其他合院相比，形式更为多样，这跟金门"侨乡"背景有着重要的联系。

413

撰文
图片

调查与编写组

总撰文和图片组织：住房和城乡建设部村镇建设司

发起与策划：赵　晖

秘书长：林岚岚　　　　　协　调：王旭东

专家顾问：陆元鼎　冯骥才　崔　恺　孙大章　朱光亚　罗德启　陈震东　黄汉民
　　　　　黄　浩　朱良文　陆　琦　张玉坤　李晓峰　戴志坚　王　军　陈同滨
　　　　　何培斌　王维仁　沈元勤

中心工作组：罗德胤　穆　钧　李　严　李春青　薛林平　王新征　徐怡芳　赵海翔
　　　　　吴　艳　郭华瞻　潘　曦　杨绪波　周铁钢　解　丹　朱　玮　王　鑫
　　　　　李君洁　李　唐　方　明　顾宇新　陈　伟　鞠宇平　褚苗苗

各地区编写成员：

贵州民居

南侗民居、北侗民居、苗族半边吊脚楼、苗族吊脚楼　撰文：罗德启；南侗民居、北侗民居、苗族吊脚楼图片：罗德启，苗族半边吊脚楼图片：罗德启、李先逵《干栏式苗居建筑》。
瑶族民居、水族民居　撰文：谭晓冬、董明；瑶族民居图片：卢现艺、谭晓冬，水族民居图片：谭鸿宾。**东部苗族民居**　撰文与图片：罗德启。**泥砌土房、刮砌民居**　撰文：王建国、余军；泥砌土房图片：余军、陈婧姝、董明，刮砌民居图片：余军、罗德启、陈婧姝。**夯土民居**　撰文：王建国、陈婧姝；图片：余军、陈婧姝、董明。**屯堡民居、石板房、垒砌石构民居**　撰文：罗德启、朱玮；图片：罗德启。**镇远民居、隆里民居**　撰文：董明、谭晓冬；镇远民居图片：谭鸿宾，隆里民居图片：董明、卢现艺。**黎平翘街民居**　撰文：张剑；图片：李玉祥、黎平县住房和城乡建设局、黎平县政府。**青岩民居**　撰文：余军、陈婧姝；图片：余军。**永兴古镇民居**　撰文：张剑；图片：永兴镇政府。**彝族大屯土司庄园、土家族衙院土司庄园**　撰文：董明、谭晓冬；彝族大屯土司庄园图片：谭鸿宾、卢现艺，土家族衙院土司庄园图片：谭鸿宾、王军。**山地单进合院、山地二进合院、山地多进合院**　撰文：余压芳、吴茜婷；山地单进合院图片：余压芳、谭鸿宾、董明、卫凤华，山地二进合院图片：吴茜婷、谭鸿宾、董明、余压芳，山地多进合院图片：谭鸿宾、余压芳、吴茜婷。**仡佬族民居、布依族民居**　撰文：谭晓冬、董明；仡佬族民居图片：谭鸿宾，布依族民居图片：卢现艺。

贵州民居隔页图：罗德启。

云南民居

傣族干栏式民居、傣族土掌房、傣族合院、壮族干栏式民居、傈僳族干栏式民居、傈僳族井干式民居　撰文：施润、杨大禹；傣族干栏式民居图片：杨大禹、杨大禹《云南民居》，傣族土掌房图片：杨大禹、方洁、熊濯之、杨大禹《云南民居》、沈环艇《土掌房的建构逻辑及其模式语言》，傣族合院图片：杨大禹、云南省设计院《云南民居》、《云南少数民族图库—傣族》，壮族干栏式民居图片：杨大禹、杨大禹《云南民居》、《云南少数民族图库—壮族》，傈僳族干栏式民居图片：杨大禹、杨大禹《云南民居》、蒋高宸《云南民族住屋文化》、云南省设计院《云南民居·续篇》，傈僳族井干式民居图片：施润。**拉祜族木掌楼、拉祜族挂墙房、佤族鸡罩笼、佤族木掌楼、苗族吊脚楼、苗族落地式民居、瑶族吊脚楼、瑶族叉叉房、景颇族干栏式民居、景颇族落地式民居、德昂族干栏式民居、基诺族干栏式民居**　撰文：张剑文、杨大禹；拉祜族木掌楼图片：杨大禹、杨大禹《云南民居》、《云南少数民族图库—拉祜族》、云南省设计院《云南民居续篇》，拉祜族挂墙房图片：杨大禹、杨大禹《云南民居》、蒋高宸《云南民族住屋文化》，佤族鸡罩笼图片：杨大禹、杨大禹《云南民居》、《云南少数民族图库—佤族》，佤族木掌楼图片：杨大禹、杨大禹《云南民居》、《云南少数民族图库—佤族》、马杰茜、周琦，苗族吊脚楼图片：杨大禹、刘伶俐，苗族落地式民居图片：杨大禹、刘伶俐、杨大禹《云南民居》，瑶族吊脚楼图片：杨大禹、杨大禹《云南民居》、蒋高宸《云南民族住屋文化》、范冕《金平傣族、瑶族的民居建筑》，瑶族叉叉房图片：杨大禹、杨大禹《云南民居》、蒋高宸《云南民族住屋文化》，景颇族干栏式民居图片：杨大禹、《云南少数民族图库—景颇族》、杨大禹《云南民居》，景颇族落地式民居图片：杨大禹、云南省设计院《云南民居》，德昂族干栏式民居图片：杨大禹、杨大禹《云南民居》、《云南少数民族图库—德昂族》，基诺族干栏式民居图片：杨大禹《云南民居》、云南省设计院《云南民居·续篇》。**布朗族干栏式民居**　撰文：张剑文、毛志睿；图片：毛志睿、蒋高宸《云南民族住屋文化》。**布依族干栏**

式民居、普米族木楞房、怒族平座式垛木房、怒族竹篾房、独龙族木楞房、藏族土掌房、藏族闪片房 撰文：张剑文、杨大禹；布依族干栏式民居图片：刘伶俐、杨大禹《云南民居》、《云南少数民族图库—布依族》，普米族木楞房图片：杨大禹、杨大禹《云南民居》、《云南少数民族图库—普米族》、云南省设计院《云南民居》、云南省设计院《云南民居·续篇》，怒族平座式垛木房图片：杨大禹、杨大禹《云南民居》、云南省设计院《云南民居·续篇》、蒋高宸《云南民族住屋文化》，怒族竹篾房图片：云南省设计院《云南民居·续篇》、王芳《怒江中游新地域民居建设策略》，独龙族木楞房图片：杨大禹、杨大禹《云南民居》、云南省设计院《云南民居·续篇》，藏族土掌房图片：杨大禹、杨大禹《云南民居》、胡雪松等《云南乡土建筑文化》、蒋高宸《云南民族住屋文化》，藏族闪片房图片：杨大禹、杨大禹《云南民居》、蒋高宸《云南民族住屋文化》、胡雪松等《云南乡土建筑文化》。**彝族土掌房、彝族木楞房、彝族瓦板房、彝族茅草房、彝族合院** 撰文：施润、杨大禹；彝族土掌房图片：杨大禹、杨大禹《云南民居》、蒋高宸《云南民族住屋文化》、胡雪松等《云南乡土建筑文化》，彝族木楞房图片：杨大禹、云南省设计院《云南民居》、胡雪松等《云南乡土建筑文化》，彝族瓦板房图片：杨大禹、云南省设计院《云南民居》、杨世文《撒尼村落形态和民居建筑研究》，彝族茅草房图片：杨大禹、高文月《云南彝族传统民居生成系统研究》、云南省设计院《云南民居》，彝族合院图片：杨大禹、《云南少数民族图库—彝族》。

哈尼族蘑菇房、哈尼族干栏式民居 撰文：施润、毛志睿；哈尼族蘑菇房图片：杨大禹、杨大禹《云南民居》、《云南少数民族图库—哈尼族》、蒋高宸《云南民族住屋文化》，哈尼族干栏式民居图片：杨大禹、何俊萍、方洁《云南传统民居平面布局比较研究》、《云南少数民族图库—哈尼族》、云南省设计院《云南民居·续篇》。**白族合院、白族土库房、白族栋栋房、白族干栏式民居** 撰文：施润、杨大禹；白族合院图片：杨大禹《云南民居》、《云南少数民族图库—白族》，白族土库房图片：杨大禹、《云南少数民族图库—白族》、蒋高宸《云南大理白族建筑》，白族栋栋房图片：杨大禹、蒋高宸《云南民族住屋文化》，白族干栏式民居图片：杨大禹、蒋高宸《云南大理白族建筑》、蒋高宸《云南民族住屋文化》。

纳西族合院　　撰文：张剑文、杨大禹；图片：杨大禹、杨大禹《云南民居》、云南省设计院《云南民居》。**纳西族木楞房**　　撰文与图片：潘曦。**回族合院、阿昌族合院、蒙古族合院、汉族滇中昆明合院、汉族滇西腾冲合院、汉族滇东会泽合院、汉族滇南建水合院、汉族滇南石屏合院**　　撰文：张剑文、杨大禹；回族合院图片：杨大禹、杨大禹《云南民居》，阿昌族合院图片：杨大禹、杨大禹《云南民居》、《云南少数民族图库—阿昌族》、云南省设计院《云南民居·续篇》，蒙古族合院图片：杨大禹、施润、张剑文、苏双容、杨大禹《云南民居》，汉族滇中昆明合院图片：杨大禹、张剑文、杨大禹《云南民居》、蒋高宸《云南民族住屋文化》、云南省设计院《云南民居》，汉族滇西腾冲合院图片：杨大禹、张剑文、杨大禹《云南民居》、杨大禹《走出来的侨乡和顺》，汉族滇东会泽合院图片：杨大禹、杨大禹《云南民居》、杨大禹《润泽百家会泽古城合院民居特色》，汉族滇南建水合院图片：杨大禹、杨大禹《云南民居》、蒋高宸《云南民族住屋文化》，汉族滇南石屏合院图片：杨大禹、孙朋涛、杨大禹《云南民居》。

西藏民居

亚东夯土坡屋顶民居、萨迦块石碉楼、块石碉楼庄园、高层碉楼庄园、拉萨块石碉楼四合院、块石碉楼僧舍、门巴族石墙坡屋顶民居、琼结土坯碉楼、隆子片石碉楼、夏尔巴人坡屋顶民居　　撰文：马骁利、格桑顿珠；亚东夯土坡屋顶民居、萨迦块石碉楼、块石碉楼庄园、高层碉楼庄园、拉萨块石碉楼四合院、块石碉楼僧舍、门巴族石墙坡屋顶民居图片：马骁利、格桑顿珠，琼结土坯碉楼、隆子块石碉楼图片：马骁利、益西参列，夏尔巴人坡屋顶民居图片：格桑顿珠、益西参列。**错高石墙木屋顶民居**　　撰文：冯新刚、马骁利；图片：冯新刚、李志新、田家兴。**错高石墙干栏式民居**　　撰文：李志新、格桑顿珠；图片：李志新、赵亮、夏渤洋、潘曦。**鲁朗石墙木屋顶民居**　　撰文：梅静、马骁利；图片：马骁利、梅静、何悠。**波密石墙干栏式民居**　　撰文：李志新、格桑顿珠；图片：李志新、何悠。**波密藏式木板房**　　撰文：高朝暄、益西参列；图片：高朝暄、益西参列。**朗县石墙木屋顶民居**　　撰文：

梅静、马骁利；图片：梅静、王汉威。**珞巴族石墙木屋顶民居**　撰文：高朝暄、益西参列；图片：高朝暄、何悠、连旭。**米堆藏式木板房、东坝富商夯土碉楼、纳西族夯土碉楼、昌都干栏式平顶民居、昌都石墙井干式民居、牦牛帐篷、雅布堆秀帐篷、索县夯土碉楼、普兰夯土碉楼、阿里窑洞**　撰文：马骁利、格桑顿珠；米堆藏式木板房、东坝富商夯土碉楼、纳西族夯土碉楼、昌都干栏式平顶民居、昌都石墙井干式民居、牦牛帐篷、索县夯土碉楼、普兰夯土碉楼民居图片：马骁利、格桑顿珠，雅布堆秀帐篷图片：马骁利、格桑顿珠、益西参列，阿里窑洞图片：马骁利、格桑顿珠、群英、李兴业。

陕西民居

靠崖窑、砖石锢窑、土基锢窑、窑洞四合院　撰文：李立敏、张容；靠崖窑、砖石锢窑图片：西安建筑科技大学，土基锢窑、窑洞四合院图片：西安建筑科技大学、张容。**窄四合院、地坑院**　撰文：李立敏、李涛；窄四合院图片：西安建筑科技大学、王军《西北民居》、李涛，地坑院图片：西安建筑科技大学、李涛、李晨《在黄土地下生活与居住——陕西三原县柏社村地坑窑院生土建筑的保护与传承研究》。**石片房、合院、吊脚楼、夯土房**　撰文：李立敏、魏璇；图片：西安建筑科技大学。**陕西民居隔页图：**西安建筑科技大学。

甘肃民居

夯土堡寨　撰文：戴海雁、张新红。**河西走廊夯土围墙合院**　撰文：李珂珂、王雅梅。**夯土围墙庄堡式四合院**　撰文：刘奔腾、杨仕恩。**秦陇风格四合院**　撰文：刘奔腾、李鸿飞。**秦巴山区板屋**　撰文：张涵、郭兴华。**秦巴山区合院**　撰文：李鸿飞、赵春晓。**秦巴山区土屋**　撰文：王国荣、孟祥武。**羌藏板屋**　撰文：陈谦、周琪。**甘南藏族干栏式民居**　撰文：闫幼锋、安玉源。**穿斗式石屋**　撰文：孟祥武、叶明辉。以上类型图片均由兰州理工大学提供。**高房子**　撰文：王雅梅、杨林平。**庄堡式民居**　撰文：杨林平、侯秋风。**陇中夯土围墙合院**　撰文：张新红、杨仕恩。**靠崖窑**　撰文：朱伟、黄跃昊。**地坑窑**　撰文：李振泉、窦海萍。**锢窑** 撰文：李振泉、叶明辉。**陇东板屋** 撰文：侯秋凤、窦海萍。**临夏回族四合院** 撰文：张小娟、张涵。**临夏庄廊** 撰文：陈谦、郭兴华。**甘南藏族庄廊院** 撰文：陈伟东、毕晓莉。**甘南藏族毡房** 撰文：王国荣、孟祥武。以上类型图片均由兰州交通大学提供。**甘肃民居隔页图**：兰州理工大学。

青海民居

汉族庄廊 撰文：卢平利、罗旸；图片：衣敏、马黎光、吕云英、同仁建设局、平安建设局。

回族庄廊 撰文：吕云英、臧青生；图片：马黎光、张克雪、同仁建设局、兴海县建设局。

撒拉族庄廊 撰文：张克雪、芦熙斌；图片：王军、吴延军、崔文河、《清水大庄历史文化名村保护规划》、王文兴、《互助县大庄村规划》。**土族庄廊** 撰文：臧青生、杨艳；图片：周长亮、马黎光、《互助县大庄村规划》、《互助县土观村规划》、周长亮、《互助县五十镇五十村传统村落保护发展规划》。**藏族庄廊** 撰文：张克雪、罗旸；图片：周长亮、吕云英。**藏族碉房** 撰文：周长亮、臧青生；图片：周长亮、《电达村保护规划》、《多伦多村传统村落档案》。**藏族碉楼** 撰文：王军、杨艳；图片：王军、崔文河、吕云英。**藏族帐篷** 撰文：王军、卢平利；图片：王军、崔文河、衣敏、晁元良。**蒙古包** 撰文：周长亮、卢平利；图片：苏克、科肖图、达拉、纳木德。**青海民居隔页图**：王军。

宁夏民居

所有类型由燕宁娜、李钰撰写。平顶房图片：燕宁娜、王军，堡寨图片：燕宁娜、王军，高房子图片：燕宁娜、王军。土坯房图片：燕宁娜、王军，窑洞图片：燕宁娜，**宁夏民居隔页图**：燕宁娜。以上图纸中的部分测绘图来源自或参考王军《西北民居》重绘。

新疆民居

所有类型由陈震东、李军环撰写。维吾尔族喀什地区民居图片、维吾尔族和田地区民居图片：艾斯卡尔·模拉克、陈震东，维吾尔族伊犁地区民居图片、维吾尔族吐鲁番地区民居图片、满族民居图片、汉族民居图片、哈萨克族民居图片、回族民居图片、柯尔克孜族民居图片、蒙古族民居图片、塔吉克族民居图片、锡伯族民居图片、乌孜别克族民居图片、俄罗斯族民居图片、塔塔尔族民居图片、达斡尔族民居图片：陈震东，**新疆民居隔页图：** 艾斯卡尔·模拉克。以上图纸中的部分测绘图来源自或参考陈震东《新疆民居》重绘。

香港民居

三间两廊三合院、三间两廊四合院、围村、院落式围屋、联排式围屋、护耳式围屋 撰文：王维仁、李颖春；三间两廊三合院图片：王维仁建筑设计研究室、香港中文大学建筑学院建筑文化遗产研究中心、香港特别行政区政府康乐及文化事务署古物古迹办事处、何培斌、徐怡芳、王天翮，三间两廊四合院图片：王维仁建筑设计研究室、香港中文大学建筑学院建筑文化遗产研究中心、香港特别行政区政府康乐及文化事务署古物古迹办事处、何培斌、王天翮、王健、苏鑫、陈敏华，围村图片：香港大学建筑学院、徐怡芳、王维仁建筑设计研究室，院落式围屋图片：王维仁建筑设计研究室、陈乐诒、香港中文大学建筑学院建筑文化遗产研究中心、香港特别行政区政府康乐及文化事务署古物古迹办事处、何培斌、王天翮、王海云、陈敏华，联排式围屋图片：徐怡芳、王海云、香港中文大学建筑学院建筑文化遗产研究中心、香港特别行政区政府康乐及文化事务署古物古迹办事处、何培斌、孙培真，护耳式围屋图片：王维仁建筑设计研究室、徐怡芳、香港大学建筑学院、香港中文大学建筑学院建筑文化遗产研究中心、香港特别行政区政府康乐及文化事务署古物古迹办事处、王海云、王天翮。**前廊式宅邸、前廊式联排屋、前廊式双护龙合院大屋、大屋顶式宅邸、西式宅邸、沿街式街屋、街角式街屋** 撰文：王维仁、冯立；前廊式宅邸图片：王维仁建筑设计研究室、朱雨曦、王天翮、王健，前廊式联排屋图片：王维仁建筑设计研究室、陈乐诒，前廊式双护龙合院大屋图片：王维仁建筑设计研究室、陈乐诒、香港中文大学建筑学院建筑文化遗产研究中心、香港特别行政区政府康乐及文化事务署古物古迹办事处、霍晓涛，大屋顶式宅邸图片：王维仁建筑设计研究室、徐怡芳、王天薏，西式宅邸图片：徐怡芳、王天薏、王维仁建筑设计研究室、蒋灿然、王妍，沿街式街屋图片：王维仁建筑设计研究室、徐怡芳、王天薏，街角式街屋图片：徐怡芳、张秋艳、王天薏、王维仁建筑设计研究室、蒋灿然。**明字间曲尺形合院、串联式三合院** 撰文：王维仁、徐矗；明字间曲尺形合院图片：香港大学建筑学院、王维仁建筑设计研究室、陈乐诒，串联式三合院图片：香港大学建筑学院、王维仁建筑设计研究室、王天薏、蒋灿然、香港中文大学建筑学院建筑文化遗产研究中心、香港特别行政区政府康乐及文化事务署古物古迹办事处、何培斌、王海云、陈敏华。**单跨院三合院、单跨院单护龙三合院、单跨院单护龙四合院、双跨院双护龙四合院** 撰文：王维仁、蒋灿然；单跨院三合院图片：王维仁建筑设计研究室、陈乐诒、香港中文大学建筑学院建筑文化遗产研究中心、香港特别行政区政府康乐及文化事务署古物古迹办事处、何培斌、王海云、陈敏华，单跨院单护龙三合院图片：王维仁建筑设计研究室、黎少君、香港中文大学建筑学院建筑文化遗产研究中心、香港特别行政区政府康乐及文化事务署古物古迹办事处、何培斌、王天薏、王海云、陈敏华，单跨院单护龙四合院图片：王维仁建筑设计研究室、徐怡芳、香港中文大学建筑学院建筑文化遗产研究中心、香港特别行政区政府康乐及文化事务署古物古迹办事处、何培斌、王海云、蒋灿然、陈敏华，双跨院双护龙四合院图片：香港中文大学建筑学院建筑文化遗产研究中心、香港特别行政区政府康乐及文化事务署古物古迹办事处、何培斌、王海云、王天薏、王健、陈敏华。**联排式合院** 撰文：王维仁、王天薏；图片：王维仁建筑设计研究室、朱雨曦、香港中文大学建筑学院建筑文化遗产研究中心、香港特别行政区政府康乐及文化事务署古物古迹办事处、何培斌、王海云、陈敏华。**香港民居隔页图：** 徐怡芳。以上图纸中的部分测绘图来源自或参考何培斌《一百间香港传统中式建筑》（香港中文大学建筑文化遗产研究中心、香港特别行政区政府康乐及文化事务署古物古迹办事处）、《测绘图集·上》（香港大学建筑系）重绘。

澳门民居

澳门所有类型由王维仁、徐翥撰写。广府大屋四合院图片：王维仁建筑设计研究室、曾文山、王天薏。广府大屋组合四合院图片：王维仁建筑设计研究室、欧阳兆龙、王天薏。围合式围、巷弄式围图片：澳门特别行政区政府文化局、王维仁建筑设计研究室、欧阳兆龙。前廊式宅邸图片：王维仁建筑设计研究室、曾文山、王天薏、袁怡雅。葡式宅邸图片：王维仁建筑设计研究室、曾文山。葡式公寓宅邸图片：王维仁建筑设计研究室、欧阳兆龙、王天薏。沿街式街屋图片：王维仁建筑设计研究室、欧阳兆龙。骑楼式街屋图片：王维仁建筑设计研究室、徐翥。碉楼式街屋图片：王维仁建筑设计研究室、曾文山。**澳门民居隔页图：**欧阳兆龙。以上图纸中的部分测绘图来源自或参考《澳门历史城区——建筑测绘图集》（澳门特别行政区文化局出版）、刘先觉、陈泽成《澳门建筑文化遗产》（澳门特别行政区文化局出版）及王维仁、张鹊桥《围的再生·澳门历史城区肌理研究》（澳门特别行政区文化局出版）重绘。

台湾民居

文字及图片：

均采编自李乾朗、阎亚宁、徐裕健《台湾民居》。

注：本书有个别图片取自互联网，在此对作者表示感谢。如有疑问，请与我们联系。